北京市职业技能鉴定教材

果树园艺工

《果树园艺工》编委会　组编

中国农业大学出版社
·北京·

内容简介

本书为北京市职业技能考核与培训用书，以“果树园艺工国家职业标准”为依据编写。

本书主要介绍了初级、中级、高级果树园艺工需要掌握的基础知识、专业知识和操作技能。全书分为总论、各论和实践操作技术3部分；其中，第一、第二部分内容基本包括概述、主栽品种介绍(品种与砧木)、生长结果习性、苗木繁育与建园特点、土肥水管理、整形修剪、花果管理、主要病虫害防治、采后处理与简易贮藏等，第三部分主要介绍果树生产全过程中涉及的实践操作技能。

本书是考核鉴定前培训和自学教材，也是各级各类职业技术学校果树种植专业师生必备的复习资料。本书特别结合了北京市果树产业生产现状及在果树产业建设“推广一流技术、建设一流基地”的实践中总结出的一系列实用配套技术，对果树生产者具有理论性、前瞻性、实用性的指导作用。

致谢：

本书封面照片由西北农林科技大学赵政阳教授提供，封底照片由国家梨现代化产业技术体系首席科学家张绍玲教授提供，特此致谢。

图书在版编目(CIP)数据

果树园艺工/《果树园艺工》编委会组编. —北京：中国农业大学出版社，2013.3

ISBN 978-7-5655-0677-2

Ⅰ.①果…　Ⅱ.①果…　Ⅲ.①果树园艺-技术培训-教材　Ⅳ.①S66

中国版本图书馆CIP数据核字(2013)第034704号

书　　名　果树园艺工

作　　者　《果树园艺工》编委会　组编

策划编辑　孙　勇　　　**责任编辑**　冯雪梅

封面设计　郑　川　　　**责任校对**　陈　莹　王晓凤

出版发行　中国农业大学出版社

社　　址　北京市海淀区圆明园西路2号　　　**邮政编码**　100193

电　　话　发行部 010-62818525,8625　　　读者服务部 010-62732336

编辑部 010-62732617,2618　　　出　版　部 010-62733440

网　　址　http://www.cau.edu.cn/caup　　　**e-mail** cbsszs@cau.edu.cn

经　　销　新华书店

印　　刷　北京时代华都印刷有限公司

版　　次　2013年3月第1版　2013年3月第1次印刷

规　　格　787×1 092　16开本　20.5印张　500千字

定　　价　35.00元

《果树园艺工》编委会

主　任　付占芳
副主任　张　瑞　韩振海
委　员　付占芳　张　瑞　韩振海　姚允聪　魏钦平　赵晨霞

《果树园艺工》编写组

组　长　韩振海
副组长　张　瑞　姚允聪　魏钦平
成　员　（以姓氏笔画为序）
方建辉　王玉柱　成钰厚　张　杰　张　瑞　张开春
张运涛　张林生　张铁强　李天红　李松涛　姚允聪
赵晨霞　郝艳宾　姬千龙　徐海英　秦　岭　郭继英
韩振海　鲁韧强　魏钦平

目　　录

第一部分　总　　论

第一章　总论……………………………………………………………………… 3
第一节　概论……………………………………………………………………… 3
一、果树的分类 ………………………………………………………………… 3
二、北京市果树产业基本情况 ………………………………………………… 4
三、北京果树产业发展中存在的主要问题 …………………………………… 5
第二节　果园建立………………………………………………………………… 6
一、园地选择与规划 …………………………………………………………… 6
二、果树栽植 …………………………………………………………………… 7
第三节　果树育苗………………………………………………………………… 7
一、苗圃地的选择和规划 ……………………………………………………… 7
二、实生苗的繁殖 ……………………………………………………………… 9
三、嫁接苗的培育……………………………………………………………… 10
四、自根苗的培育……………………………………………………………… 13
第四节　果树的结构 …………………………………………………………… 17
一、果树的枝干………………………………………………………………… 17
二、果树的芽…………………………………………………………………… 18
三、果树的叶…………………………………………………………………… 20
四、果树的根…………………………………………………………………… 20
第五节　果树的生长发育规律 ………………………………………………… 22
一、果树生命周期的生长发育规律…………………………………………… 22
二、果树一年中的生长发育规律……………………………………………… 23
三、果树器官间生长发育的相互关系………………………………………… 28
四、一年内树体营养的变化规律……………………………………………… 29
第六节　果园土肥水管理 ……………………………………………………… 32
一、果园土壤管理……………………………………………………………… 32
二、果园施肥…………………………………………………………………… 34
三、果园灌水与保墒…………………………………………………………… 38
第七节　果树整形修剪 ………………………………………………………… 40
一、果树的整形修剪…………………………………………………………… 40
二、常用部分树形……………………………………………………………… 41
三、修剪的时期和方法………………………………………………………… 42

第二部分　各　　论

第二章　苹果 …………………………………………………… 47
第一节　苹果主要品种和砧木 ……………………………… 47
一、苹果主要优良品种……………………………………… 48
二、苹果主要砧木…………………………………………… 48
第二节　生长结果习性 ……………………………………… 49
一、根系……………………………………………………… 49
二、花、果形成与发育 ……………………………………… 49
第三节　苗木培育与果园建立 ……………………………… 50
一、苹果苗的培育…………………………………………… 50
二、果园建立………………………………………………… 52
第四节　土肥水管理 ………………………………………… 54
一、苹果园土壤改良与管理………………………………… 54
二、苹果园施肥技术………………………………………… 55
三、苹果园水分管理………………………………………… 57
四、果园土壤局部改良保肥节水技术……………………… 57
第五节　苹果常见树形及培养 ……………………………… 58
一、小冠疏层形……………………………………………… 58
二、自由纺锤形……………………………………………… 59
三、细长纺锤形……………………………………………… 60
四、改良式纺锤形…………………………………………… 61
第六节　花果管理 …………………………………………… 61
一、合理负载与疏花疏果…………………………………… 61
二、保花保果………………………………………………… 63
三、果实套袋………………………………………………… 64
四、增加果实着色的技术措施……………………………… 66
第七节　主要病虫害防治 …………………………………… 67
一、主要病害及防治………………………………………… 67
二、主要虫害及防治………………………………………… 70
第八节　苹果商品化处理 …………………………………… 73
一、苹果等级标准…………………………………………… 73
二、苹果简易贮藏保鲜……………………………………… 73
第三章　梨 ……………………………………………………… 75
第一节　梨主要种类和优新品种 …………………………… 75
一、梨树主要栽培种类……………………………………… 75
二、主要优良品种…………………………………………… 76
第二节　梨树的生物学特性 ………………………………… 78
一、叶芽……………………………………………………… 78

二、枝……………………………………………………………………………………… 79
三、叶……………………………………………………………………………………… 79
四、花芽…………………………………………………………………………………… 80
五、果实…………………………………………………………………………………… 80
六、根……………………………………………………………………………………… 81
第三节　苗木繁育 ……………………………………………………………………… 82
一、砧木类型……………………………………………………………………………… 82
二、育苗…………………………………………………………………………………… 82
三、嫁接时期与方法……………………………………………………………………… 83
四、嫁接苗的管理………………………………………………………………………… 84
五、出圃与分级…………………………………………………………………………… 84
六、苗木保管、包装、运输………………………………………………………………… 85
第四节　梨园的建立 …………………………………………………………………… 85
一、园址的选择…………………………………………………………………………… 85
二、品种选择与配置……………………………………………………………………… 86
三、栽植方式与高光效果园建设………………………………………………………… 87
四、定植与栽后管理……………………………………………………………………… 87
第五节　土肥水管理技术 ……………………………………………………………… 88
一、土壤管理的方法……………………………………………………………………… 88
二、根系生长与地上部分生长的关系…………………………………………………… 89
三、梨园施肥……………………………………………………………………………… 89
四、梨园水分管理………………………………………………………………………… 91
第六节　北京地区常用梨树树形 ……………………………………………………… 93
一、主干疏层形…………………………………………………………………………… 93
二、纺锤形………………………………………………………………………………… 94
三、棚架形………………………………………………………………………………… 94
第七节　花果管理 ……………………………………………………………………… 95
一、疏花疏果……………………………………………………………………………… 95
二、授粉…………………………………………………………………………………… 96
三、果实套袋……………………………………………………………………………… 97
第八节　梨树病虫害防治 ……………………………………………………………… 98
一、真菌病害……………………………………………………………………………… 98
二、虫害 ………………………………………………………………………………… 100
第九节　果实采收和贮藏……………………………………………………………… 101
一、果实采收 …………………………………………………………………………… 101
二、分级 ………………………………………………………………………………… 101
三、包装 ………………………………………………………………………………… 102
四、果实的贮藏 ………………………………………………………………………… 102
五、运输 ………………………………………………………………………………… 103

第四章　桃 …… 104
第一节　主要种类和品种 …… 104
一、桃的分类 …… 104
二、主要优良品种 …… 104
第二节　生长结果习性 …… 107
一、桃树的生育习性 …… 107
二、各器官的生长习性 …… 108
三、桃树花芽分化 …… 109
第三节　育苗 …… 110
一、砧木品种 …… 110
二、砧木苗的培育 …… 110
三、苗木出圃 …… 111
第四节　桃园土肥水管理 …… 112
一、土壤管理 …… 112
二、营养与施肥 …… 112
三、水分管理 …… 113
第五节　整形修剪技术 …… 114
一、桃树常用树形 …… 114
二、桃树修剪技术 …… 115
第六节　花果管理 …… 117
一、人工辅助授粉 …… 117
二、疏花疏果与保果 …… 117
三、果实套袋 …… 118
第七节　主要病虫害防治 …… 118
一、主要病害及其防治 …… 119
二、主要害虫及其防治 …… 120
三、桃主要病虫害的综合防治 …… 121
第八节　果实采收和贮运 …… 121
一、果实采收 …… 121
二、分级 …… 122
三、包装 …… 122
四、运输 …… 123
五、贮藏 …… 123
第五章　葡萄 …… 124
第一节　主要优良品种 …… 124
一、鲜食品种 …… 124
二、酿酒葡萄品种 …… 126
三、制汁品种 …… 126

第二节　生长结果习性……127
一、枝和芽……127
二、花和花序……127
三、果穗、浆果和种子……128
四、根系……128
五、物候期……128
第三节　育苗与建园……129
一、葡萄育苗……129
二、建园……131
第四节　土肥水管理……131
一、施肥……131
二、灌溉和保墒……132
三、土壤管理……132
第五节　整形修剪……132
一、葡萄的主要架式……132
二、整形与修剪……133
第六节　花果管理……134
一、疏花序和花序整形……134
二、疏果……134
三、套袋……135
第七节　病虫害防治……135
一、主要虫害……135
二、主要病害……136
三、主要生理病害……138
四、病毒病……139
第八节　葡萄采收和商品化处理……139
一、采收……139
二、采后商品化处理……140
第六章　杏……143
第一节　主要种类和品种……143
一、主要种类……143
二、主要鲜食和加工杏品种……143
三、仁用杏品种……145
第二节　生长结果习性……146
一、杏树主要器官的形态特征……146
二、生长发育特性……147
三、成花结果特性……147
四、杏树物候期……148
第三节　育苗与建园……148
一、苗木分级……148

二、园地选择 …… 149
第四节　土肥水管理 …… 150
一、土壤管理 …… 150
二、施肥 …… 151
三、排水与灌水 …… 151
第五节　整形修剪 …… 152
一、主要优质丰产树形 …… 152
二、修剪技术 …… 153
第六节　花果管理 …… 154
一、提高坐果率的技术 …… 154
二、预防花期晚霜危害 …… 155
三、疏花疏果技术 …… 156
第七节　杏设施栽培技术 …… 156
一、品种选择 …… 156
二、环境调控 …… 156
第八节　主要病虫害及其防治 …… 157
一、主要病害及其防治 …… 157
二、主要虫害及其防治 …… 158
第九节　采后处理与简易贮藏 …… 159
一、鲜食品种采收与贮藏 …… 159
二、仁用杏采后处理 …… 160
第七章　李子 …… 162
第一节　主要种类和优良品种 …… 162
一、主要种类 …… 162
二、主要优良品种 …… 163
第二节　生长结果习性 …… 164
一、生长 …… 164
二、结果 …… 164
第三节　育苗与建园 …… 165
一、育苗 …… 165
二、建园技术 …… 165
第四节　土肥水管理 …… 166
一、合理施肥 …… 166
二、合理排灌 …… 167
第五节　整形修剪 …… 168
一、与修剪有关的枝芽特性 …… 168
二、李的主要树形 …… 168
三、幼树的修剪 …… 168

四、结果期树修剪 …… 169
五、衰老树的修剪 …… 169
第六节　花果管理 …… 169
一、开花结果特点 …… 169
二、花果管理要点 …… 170
第七节　主要病虫害及其防治 …… 170
一、主要病害及其防治 …… 170
二、主要虫害及其防治 …… 171
第八节　采后处理与简易贮藏 …… 173
一、采后处理 …… 173
二、简易贮藏 …… 173
第八章　樱桃 …… 174
第一节　优良品种 …… 174
第二节　生长结果习性与环境 …… 175
一、生长结果习性 …… 175
二、对环境条件的要求 …… 177
第三节　育苗特点 …… 178
一、砧木 …… 178
二、苗木繁育 …… 178
第四节　土肥水管理 …… 179
一、土壤改良 …… 179
二、施肥 …… 180
三、水分管理 …… 180
第五节　整形修剪 …… 181
一、与修剪有关的生长特点 …… 181
二、修剪技术 …… 182
第六节　树体保护 …… 183
一、霜冻 …… 183
二、抽条 …… 183
三、冻害 …… 185
四、鸟害 …… 185
五、伤口保护 …… 185
第七节　病虫害防治 …… 186
一、主要病害 …… 186
二、主要虫害 …… 188
第八节　采后处理与简易贮藏 …… 189
一、采收 …… 189
二、简易贮藏 …… 190

第九章　草莓…… 192
第一节　主要栽培品种…… 192
第二节　生长结果习性…… 193
一、根 …… 193
二、茎 …… 194
三、叶 …… 194
四、花 …… 194
五、果实 …… 195
第三节　苗木繁育与建园…… 195
一、匍匐茎繁殖 …… 195
二、分枝繁殖法 …… 196
三、种子繁殖 …… 196
四、组织培养法 …… 197
第四节　土肥水管理…… 197
第五节　日光温室草莓促成栽培技术…… 198
一、选择良种壮苗 …… 198
二、土壤消毒及整地作垄 …… 198
三、定植时期和密度 …… 198
四、扣棚保温及地膜覆盖 …… 198
五、温度、湿度及光照管理…… 199
六、水肥管理 …… 200
七、赤霉素(GA_3)处理 …… 200
八、植株管理 …… 200
九、辅助授粉 …… 201
十、施用二氧化碳 …… 201
十一、草莓畸形果产生的原因及预防措施 …… 201
第六节　植株及花果管理…… 202
一、中耕除草 …… 202
二、摘除匍匐茎 …… 202
三、疏花疏果和垫果 …… 202
第七节　主要病虫害防治…… 203
一、主要害虫 …… 203
二、主要病害 …… 204
三、药剂防治 …… 205
第八节　采后处理、包装及简易贮藏 …… 206
一、采后处理和包装 …… 206
二、简易贮藏 …… 206
第十章　无花果…… 207
第一节　主要种类和品种…… 207

第二节　生长结果习性……209
一、生长特点……209
二、结果习性……210
三、对环境条件的要求……210
第三节　育苗与建园……211
一、育苗技术……211
二、建园特点……212
第四节　土肥水管理……212
一、土壤管理……212
二、施肥技术……212
三、灌溉与排水技术……213
第五节　整形修剪技术……213
一、树体结构与整形……213
二、不同年龄时期的修剪……214
三、夏季修剪与结果枝组培养……214
第六节　主要病虫害防治……215
一、主要病害防治……215
二、主要虫害防治……217
第七节　采收与贮运加工……219
一、采收……219
二、包装、保鲜、贮藏……219
三、简易加工技术……220
第十一章　柿子……221
第一节　种类和品种……221
一、主要种类……221
二、柿品种的分类……222
三、柿的优良品种……222
第二节　生长发育习性……224
一、柿树的根系……224
二、柿树的枝、芽、叶特性……224
三、柿树花的特性……224
四、柿果实的发育特点……225
第三节　柿树对环境条件的要求……225
一、温度……225
二、水分……225
三、光照……225
四、土壤……226
第四节　育苗与建园……226
一、柿园选址……226

二、柿园建立 …… 227
第五节 柿园土、肥、水管理技术 …… 227
一、果园覆盖方法 …… 227
二、绿肥的种类及果园生草 …… 227
三、柿园施肥种类 …… 228
四、柿园灌水与排水 …… 228
第六节 柿树的整形修剪技术 …… 229
一、柿树的树形 …… 229
二、修剪 …… 229
第七节 花果管理 …… 232
一、生理落果 …… 232
二、疏花 …… 232
三、疏果 …… 232
第八节 主要病虫害防治 …… 233
一、主要病害防治 …… 233
二、主要虫害防治 …… 235
第九节 采收、脱涩与贮藏加工 …… 237
一、采收 …… 237
二、柿子脱涩方法 …… 237
三、柿的贮藏 …… 239
四、柿饼制作法 …… 240
第十二章 枣 …… 241
第一节 种类和品种 …… 241
一、种类和分布 …… 241
二、品种分类 …… 241
三、优良品种介绍 …… 241
第二节 生长结果习性 …… 243
一、根系 …… 243
二、芽 …… 244
三、枝 …… 244
四、花 …… 245
五、果 …… 245
六、枣树与环境条件的关系 …… 246
第三节 育苗与建园 …… 247
一、优质枣苗的繁育 …… 247
二、建园栽植 …… 247
第四节 土肥水管理 …… 248
一、土壤管理 …… 248

二、施肥技术 …… 248
三、水分管理 …… 248
第五节　整形与修剪 …… 249
一、枣树的主要树形 …… 249
二、不同年龄时期枣树的修剪 …… 250
第六节　花果管理特性 …… 251
一、提高花期营养供给水平,促花坐果 …… 251
二、创造良好授粉条件,促花坐果 …… 252
第七节　主要病虫害防治 …… 252
一、枣树主要虫害的防治 …… 252
二、枣树主要病害的防治 …… 253
第八节　采收与贮藏加工 …… 255
一、采收期的确定 …… 255
二、制干及干枣贮藏 …… 256
三、鲜枣保鲜贮藏 …… 256
第十三章　核桃 …… 257
第一节　主要种类和品种 …… 257
一、核桃的主要种类 …… 257
二、核桃的优良品种 …… 257
第二节　生长结果习性 …… 258
一、对环境条件的要求 …… 258
二、核桃的生物学习性 …… 259
第三节　育苗及建园 …… 261
一、育苗 …… 261
二、果园建立 …… 263
第四节　土、肥、水管理技术 …… 263
一、土壤管理 …… 263
二、施肥 …… 264
三、灌水和排涝 …… 265
第五节　整形修剪技术 …… 265
一、修剪时间 …… 265
二、核桃幼树的整形与修剪 …… 265
三、盛果期核桃园的整形修剪 …… 266
四、核桃高接换优技术 …… 267
第六节　花果管理 …… 268
一、疏雄 …… 268
二、疏果与保果 …… 268
三、人工辅助授粉 …… 268
第七节　主要病虫害防治 …… 269
一、病虫害综合预防 …… 269

二、病害防治 …… 269
三、虫害防治 …… 270
第八节 采收与贮藏加工 …… 271
一、果实采收 …… 271
二、果实采后处理 …… 272
三、贮藏 …… 272
第十四章 板栗 …… 273
第一节 主要种类和品种 …… 273
一、主要种类 …… 273
二、板栗品种及北方栗与南方栗的区别 …… 274
三、主要优良品种 …… 274
第二节 生长结果习性 …… 276
一、板栗对土壤条件的要求 …… 276
二、板栗的根系 …… 276
三、板栗芽的类型与特点 …… 276
四、板栗枝条与特点 …… 277
五、板栗的花 …… 277
第三节 建园 …… 279
一、果园选址 …… 279
二、品种选择 …… 279
第四节 土、肥、水管理 …… 279
一、土壤管理 …… 279
二、施肥方法和数量 …… 280
三、灌水时期和灌水量 …… 281
第五节 整形修剪 …… 281
一、主要树形与整形修剪 …… 281
二、不同栗树修剪方法 …… 282
三、修剪量的确定 …… 283
第六节 花果管理 …… 283
一、提高板栗雌花数 …… 283
二、除雄技术 …… 283
三、花期施硼减少空蓬率 …… 283
四、疏除二次花 …… 283
第七节 主要病虫害防治 …… 283
一、主要病害及防治 …… 283
二、主要虫害及防治 …… 285
第八节 采收和贮藏 …… 287
一、采收 …… 287
二、贮藏 …… 287

第三部分　实践技术

第十五章　果树生产实践技术…… 291
第一节　种子层积…… 291
一、层积处理的定义 …… 291
二、层积处理方法 …… 291
第二节　果树扦插和压条繁殖…… 292
一、果树扦插和压条繁殖的定义 …… 292
二、扦插繁殖 …… 292
三、压条繁殖 …… 293
第三节　果树嫁接繁殖…… 294
一、嫁接的定义 …… 294
二、嫁接的原理 …… 294
三、嫁接时期 …… 294
四、嫁接方法 …… 294
五、接穗的采集及处理 …… 296
六、操作技术 …… 297
第四节　苗木的挖掘、分级、包装和假植…… 297
一、苗木的挖掘 …… 297
二、苗木的分级 …… 297
三、苗木的检疫和消毒 …… 297
四、苗木的包装 …… 298
五、假植 …… 298
第五节　果树结构与根枝芽特性的观察…… 298
一、观察乔木果树地上部的基本结构 …… 298
二、观察果树枝条和芽的类型 …… 298
三、观察果树的根系结构 …… 300
第六节　果树的施肥方法…… 300
一、土壤施肥方法 …… 300
二、根外追肥 …… 301
第七节　果树的夏季修剪…… 302
一、花前复剪 …… 302
二、除萌和疏梢 …… 302
三、摘心和剪梢 …… 302
四、扭梢 …… 302
五、拿枝 …… 302
六、开张角度 …… 302
七、环状剥皮 …… 303

第八节　果树高接技术…… 303
一、高接的时期和方法 …… 303
二、高接的部位 …… 303
第九节　人工授粉…… 304
一、授粉前的准备 …… 304
二、花粉的采集、贮藏和生活力的鉴定…… 304
三、去雄 …… 304
四、花粉的稀释 …… 304
五、授粉时间 …… 304
六、人工授粉 …… 305
第十节　疏花疏果…… 305
一、苹果疏花疏果 …… 305
二、桃树疏花疏果 …… 306
第十一节　果实分类与构造的观察…… 306
一、仁果类果实 …… 306
二、核果类果实 …… 306
三、浆果类果实 …… 306
四、坚果类果实 …… 306
五、柑橘类果实 …… 306
第十二节　果树产量的预估…… 307
一、选择标准树 …… 307
二、调查花芽数量 …… 307
三、估计单株产量 …… 307
四、计算总产量 …… 307
第十三节　果树防寒技术…… 307
一、防寒时期 …… 307
二、一般果树的防寒 …… 307
三、果树埋土防寒 …… 308
四、葡萄防寒 …… 309

第一部分
总　　论

第一章　总　论

第一节　概　论

一、果树的分类

果树是指能够生产可供人们食用的果实或种子的多年生乔木、灌木、藤本或草本植物。

果树种类很多，目前全世界果树约有 60 个科，2 800 余种，品种数以 10 万计；我国约有 50 多个科，300 多个种。按生态适应性分类，把果树分为寒带果树（山葡萄、秋子梨、榛子、醋栗、树莓等）、温带果树（苹果、梨、桃、李、核桃、枣等）、亚热带果树（无花果、柑橘类、荔枝、杨梅、橄榄等）和热带果树（番荔枝、香蕉、菠萝、榴莲、槟榔等）。按果树的高度和树型，可以将果树分为乔木果树（苹果、梨、柑橘、桃、柿树等）和灌木果树（无花果、石榴、金柑等）。果树常见的分类方法主要是栽培学分类，主要是根据果树形态特征、果实构造等进行综合分类，具体分为：

（一）木本落叶果树

（1）仁果类　果实由花托和子房共同发育而成，其食用部分主要是肉质的花托，花芽均为混合花芽。如苹果、梨、山楂、木瓜等。

（2）核果类　果实由子房发育而成，外果皮薄，内果皮木质化为硬核，中果皮肉质，为食用部分。如桃、李、杏、樱桃等。

（3）浆果类　果实多汁，种子小而多，散布在果肉内。如葡萄、猕猴桃、树莓、醋栗、穗醋栗、石榴等。

（4）坚果类　果实外面多具坚硬的外壳，食用部分多为种子，含水分少。如板栗、核桃、榛子、银杏等。

（5）柿枣类　包括柿、枣等。

（二）木本常绿果树

（1）柑果类　包括柑、橘、橙、柚等。

（2）浆果类　枇杷。

（3）核果类　橄榄、芒果。

（4）坚果类　腰果、椰子。

（5）荚果类　酸豆。

（6）荔果类　包括龙眼、荔枝、杨梅、香榧等。

（三）多年生草本果树

香蕉、菠萝、草莓等。

二、北京市果树产业基本情况

北京市 13 个区县现有果树 231 万亩，在昌平、房山、密云等 7 个山区区县还有上百年生的柿树、核桃树、板栗树、梨树、杏树等散生老果树 300 余万株。北京林木覆盖率为 52.6%，其中果树贡献了 9.2 个百分点；因此，果树是北京生态建设的重要组成部分，全市果园在抵御风沙、保持水土、调节气候、涵养水源、增加碳汇方面具有巨大的生态价值。同时，果树对于促进农民增收、推动新农村建设和丰富市民生活、率先形成城乡经济社会发展一体化新格局具有不可替代的作用。"十一五"期间，北京果品产量由 9 亿千克增长到 9.8 亿千克，果品收入平均每年以 2.4 亿元的速度增长，2011 年果品总收入达到了 42.7 亿元，全市 30.9 万户果农户均年收入达到 1.38 万元。

从"十一五"开始，北京市果树产业紧紧围绕"由数量规模型向质量效益型转变；由一般大路型果品向唯一特色型果品转变；由粗放管理型向集约经营型转变"的发展思路，主抓了调整品种结构、大力推广果树有机栽培技术等，全面提高果品质量水平，增强果品市场竞争能力，大大推动了果树产业的发展，并形成了"八带百群千园"，构成京郊果树产业布局的总体框架。

"八带"：即八大树种优势产业带。包括：①山前暖区苹果产业带，主要集中在昌平、延庆、顺义、密云、门头沟等山前暖区，面积 14 万亩；②永定河、潮白河、温榆河沙地梨产业带，主要分布在大兴、房山、顺义，面积 16.5 万亩左右；③平原、丘陵大桃产业带，主要分布在平谷、大兴、昌平、通州，面积 41 万亩左右；④平原、山区盆地葡萄产业带，主要分布在大兴、通州、延庆、顺义，面积 7 万亩左右；⑤丘陵黄土区柿子产业带，在房山、昌平、平谷，面积 20 万亩左右；⑥花岗岩、片麻岩成土区板栗产业带，主要分布在怀柔、密云、平谷、昌平，面积 68 万亩左右；⑦山地沟谷核桃产业带，主要分布在门头沟、房山、平谷、昌平，面积 20 万亩左右；⑧深山区仁用杏产业带，主要分布在延庆、房山、门头沟等，面积 17 万亩左右。

"百群"指百余个左右的名特优新品种群，即受北京特殊的地理地貌、自然气候条件影响，经过几百年甚至上千年的栽培、演化，形成某一特定区域独有的特色果品群以及从国外引进的适合北京地区栽培的品质优良的品种，如地方品种郎家园小枣、西峰山小枣、北寨红杏、拳杏、佛见喜梨、金星蜜梨、京白梨、玉皇李子、香山水蜜桃、石窝水蜜桃、燕山红栗，外来品种如富士系、日韩梨系列、欧美葡萄、甜樱桃系列等。这些优质的名特优品种群，分散布局，也是京郊果树产业实现"生产唯一性果品，满足个性化需求"的基础。

"千园"，即选择交通便利或与旅游景区结合的部分地区建设 1 000 个特色明显、品质优良、具有观赏、休闲、科普、颐养身心功能的公园式旅游观光休闲果园。由单纯"一产"功能向"二、三产"的加工旅游服务功能延伸，以实现生态效益与经济效益的完美结合，加速城乡一体化建设。北京为特大型城市，又为我国首都。近年来，观光休闲旅游果业飞速发展，收入倍增，为快节奏生活氛围中的都市人群提供了休闲度假的理想场所，在提高市民生活幸福指数，维系社会和谐稳定方面发挥了积极作用。果树产业中快速增加的丰富的果树品种，为市民提供了多样的果品消费。目前由北京市果树产业协会授牌的观光果园已有 300 余个。

三、北京果树产业发展中存在的主要问题

(一)从业人员素质参差不齐,难以满足果树产业提升的需求

北京果树从业户有30余万户,其中多为长期从事粮食或蔬菜生产、退耕还林或产业结构调整后改为果树生产者,对果树的生长发育规律不了解,对其生产管理技术不熟悉,难以全面实现高水平管理。

(二)基础设施薄弱、装备水平低,难以达到“双一流”技术目标

突出表现在:①果园灌溉条件差。全市有106万亩山地果园基本没有水浇条件,甚至没有水源。果园缺少供水能力,近300万株散生果树基本靠天吃饭。②减灾防灾设施不具备。近年来京郊风雹灾害较重,鸟害日趋严重,严重时受害率高达20%～30%,损失在500～2 000元/亩不等。这类灾害可以通过配备防雹防鸟网加以减轻或避免,但因一次性投入较高,京郊绝大多数农民配不起。③果园肥力水平低下,难以满足果树生长需求,果品产量和质量难以控测。据分析,全市果园土壤有机质含量一般在0.3%～0.6%,好的在0.8%左右。虽然通过连续6年的土壤改良,有些果园的土壤有机质含量达到了1%以上,但所占比率较低。与国外发达国家果园的3%～5%相比差距甚大。④装备水平低,果园机械化程度有待提高。据统计,全市果园中仅有动力喷雾机26 777台,旋耕机6 677台,割草机3 312台,挖掘机65台,粉碎机409台,运输车65 010辆,小型选果机137台,大型清洗、分级、打蜡设备5台,农药检测仪(速测)3台,冷藏车42辆。这些机械远远不能满足果园生产的需求;80%以上的果园管理操作依然靠人工,造成生产成本高,效益低下。现代化的冷链贮运能力弱,每年靠现代冷库贮藏的果品总量只有3 156万千克,占果品总量的3%,加上农民库窖贮藏量1 137万千克,也只有4%。而发达国家靠现代冷库贮藏果品量大多都在80%以上。全市仅有24辆果品冷藏运输车,所以果品冷链运输也基本还是空白。

(三)果树品种结构不能适应首都市场对果品多样化、唯一性特色消费的需求

北京鲜果面积占比例最多的桃一直以来以硬肉、耐储运的北方品种群为主,相对南方品种群(水蜜桃系列)而言风味品质欠佳;20万亩柿子均为涩柿且成熟期集中,价格低、卖果难;苹果多为晚熟品种,中早熟品种比例很小;68万亩板栗品种单一,不能满足加工企业的需求。

(四)产业服务体系亟待加强

优质农资供应缺乏固定渠道,农民盲目购买、质量没有保证且不方便。技术推广体系不完善,产销信息不畅。果品产后商品化处理程度低,难以实现农超对接。

(五)果品深加工环节薄弱,不能有效保证适宜加工果品的增值

北京加工企业数量多、规模小,与果树产业整体发展水平极不相称。据不完全统计,北京现有加工企业24家,年产量7万多吨,产值8.2亿元,利用消纳自产果约3 000万千克。

(六)多数观光果园功能没有充分发挥,多功能、综合性不足

近几年,北京观光果业出现了迅猛发展的势头,观光果园数已达600多个,2009年采摘人数达741万人次;但是,采摘收入仅有3.3亿元,人均消费不足50元。观光果园的旅游休闲功能还没有充分发挥,如体验、科普、餐饮等服务接待功能较弱,难以满足城市居民的大量而多功能性需求。

第二节 果园建立

一、园地选择与规划

(一)园地选择

在气候条件适宜的前提下,要根据地势、土壤、水源和交通等条件确定建园地点。

园地应选地势平坦、背风向阳、土层深厚(1 米以上)、土质良好(疏松肥沃、中性或微酸的壤土和沙壤土),水源充足,管理及交通运输比较方便的地方。

山坡地建园,应利用小于 5 度的缓坡地。超过 10 度的斜坡地,应先做好水土保持工作,然后再栽树;超过 25 度的陡坡,不宜建立果园。坡地建园应选光照条件好的南坡和西南坡,有利于果实着色和提高品质。

海拔高度不同,温度、光强度和光质差异较大,常致树体生长和果实发育状况不同。高海拔地区树体矮小,结果早,色泽艳,品质高,耐贮运;但海拔过高、温度太低,使果个变小,含糖量低,着色不良,品质变劣。

河滩或沙荒地建园,尽量选择沙性较轻、有机质含量较高,地下水位低,无盐碱,不漏水、不积水的地块。老园地不宜重茬建园。

(二)果园规划

果园无论面积大小均应搞好规划,整体安排生产设施,如道路、机井、水架、电力、防护林等,以提高建园质量。

1. 小区划分

根据果园面积、地形等条件,将园地划分成若干栽植小区。集中经营的较大面积果园,一般平地每 50～100 亩划为一小区,山坡与丘陵地每 10～30 亩划为一小区。

小区形状:平地果园应为长方形,长边与当地主风向垂直;山地果园随地形而定,长边最好在同一等高线上,有利于水土保持和排灌系统设置。

2. 道路规划

大面积果园设干路、支路和小路。干路与附近公路相接,并贯穿全园,路宽 4～5 米。支路连接干路和小区道路,小区道路宽 2～3 米,常为小区界限。小路是小区内的作业路,宽 0.5～1 米。山地果园应顺山坡修盘山路,支路应尽量连通各等高台田。内侧修排水沟,路面稍向内斜。

3. 排灌系统

灌溉系统主要是喷灌、滴灌及沟渠灌溉,应与道路、防护林等规划结合进行,使路、渠、林配套。排水系统由明沟排水和暗沟排水两种方式,有能力的果园应以暗沟排水为主。

4. 防护林建立

较大面积的果园应设防护林,包括主林带和副林带。主林带与当地主风向垂直设立,乔木与灌木结合,一般栽 5～7 行树,行距 2～3 米,株距 1～2 米,三角形栽植。防护林树种应生长迅速,树体高大,寿命长,蜜源丰富,病虫害少,有一定的经济价值。常用的防护林树种有杨树、洋槐、榕树、柿树、杏树、山植、桑树等。

5.树种和品种选择

根据不同树种、品种对土壤、气候的要求,结合当地自然环境条件和市场要求进行选择,合理搭配早、中、晚熟品种及加工品种的比例。小面积果园,主栽 2～3 个能相互授粉、经济价值较高的品种即可。

6.授粉品种的配置

多数果树有自花不实特性;即是自花授粉能够结实的品种,若进行异花授粉,坐果率提高,品质更佳。因此,建园时必须配置适当数量的授粉品种。

授粉树配置要求:

①与主栽品种同时开花(花期一致),并能产生大量发芽率高的花粉;

②与主栽品种同时进入结果期,经济结果寿命长短相近;

③与主栽品种授粉亲和力强,并能生产经济价值高的果实;

④能与主栽品种相互授粉,两者的果实成熟期相近或早晚相互衔接。

二、果树栽植

(一)栽植方式

主要是根据树种和品种确定栽植密度、行向和株行距等。对于乔木树种来讲,在密度一定的条件下,尽量使行距比株距起码要大 2.5 米,南北向栽植。

(二)选用良种壮苗

良种壮苗在同等栽培管理条件下,可获得最佳的经济效益。自育或外购苗木,都应坚持质量标准,选用品种和砧木纯正的苗木,以保证建园质量。有条件时,最好采用无病毒苗木。

(三)栽植时期

在北京地区,果树主要在春季萌芽前栽植,宜在 4 月上旬进行。

(四)定植坑的挖掘与回填

定植坑应提早挖好。一般是春栽树秋挖坑,早挖坑早填坑,有利于土壤熟化,使埋入坑内的有机肥和秸秆提早分解,接纳雨水蓄墒。

栽植坑一般为最小(80 厘米×80 厘米×80 厘米)的方坑或圆穴,将有机肥和表土、秸秆、杂草或树叶等有机质与表土分层填入坑内。

第三节 果树育苗

一、苗圃地的选择和规划

苗圃是培育和生产优良果树苗木的基地。苗圃的地势、土壤、pH 值、施肥、灌水条件、防治病虫害及管理技术水平,对培育优质苗木有重要影响。

(一)苗圃地的选择

1.地点

应设在需用苗木的中心位置,既可以减少苗木运输费用和运输途中的损失,所育苗木又对当地环境条件适应性强，栽植成活率高，生长发育良好。

2. 地势

应选择背风向阳、日照良好的平地或坡地。平地苗圃地下水位宜在 1～1.5 米以下。

3. 土壤

以沙质壤土和轻黏壤土为宜。土壤的酸碱度对苗木的生长有明显影响，不同树种对酸碱度的适应性不同；如板栗、砂梨、柑橘和枇杷喜微酸性土壤，葡萄、枣、扁桃、无花果等则较耐盐碱。

4. 灌溉条件

种子萌芽和苗木生长，都需要充足水分供应，保持土壤湿润。在我国北部地区容易发生春旱，必须根据土地面积准备水源，如挖井或筑塘坝等，以供灌溉之用。

5. 病虫害

在病虫害较严重的地区，尤其是对苗木为害较重的立枯病、根头癌肿病和地下害虫(如金龟甲的幼虫蛴螬、金针虫、线虫、根瘤蚜)等，必须采取措施加以防治。

(二)苗圃地的区划

专业苗圃应根据苗圃的性质和任务，结合当地的气象、地形、土壤等资料进行全面规划，包括母本园和繁殖区两大部分。

1. 母本园

主要任务是提供良种繁殖材料，如砧木和实生苗种子、自根砧木繁殖材料、自根苗繁殖材料和优良品种接穗。母本树应和砧木、品种区域化的要求相一致。

2. 繁殖区

根据所培育的苗木种类，分为实生苗培育区、自根苗培育区和嫁接苗培育区。为了耕作和管理方便，最好结合地形采用长方形划区，长度不短于 100 米，宽度可为长度的 1/3～1/2。

(三)育苗方式

1. 露地育苗

指育苗全过程是在露地条件下进行和完成的育苗方式。

2. 保护地育苗

是利用保护设施，在人为控制条件下，完成培育果树苗木的育苗方式。它可以在不良的外界环境下，给予适宜的温度、湿度和光照，满足果树苗木生长发育的必要条件。

3. 容器育苗

在装有培养基质的容器内，按照常规的育苗方法进行育苗；适用于集约化育苗、组培苗的过渡培养、葡萄的快速育苗及稀有珍贵苗木的扦插繁殖。

4. 组织培养

是在人工培养基中，放入果树植物或其经过脱毒的茎尖、茎段、叶片、叶鞘或胚，作为外植体进行培养，使其成为完整植株的繁殖方法。目前，草莓、葡萄、苹果、柑橘、菠萝、猕猴桃等树种的组培成苗已获成功。

(四)苗圃地档案制度

为了积累资料，统筹生产，掌握进度，苗圃必须建立档案制度。档案内容包括：

(1)苗圃地原来地貌特点，改造建成后的苗圃平面图、高程图和附属设施图，并按比例制留档案。

(2)土壤类型,各区的土壤肥力原始水平及建立土壤改良档案和各区土壤肥水变化档案。

(3)各区的树种、品种档案和母本园品种引种档案、栽植图。

(4)苗木销售档案。

(5)苗圃土地轮作档案。

(6)繁殖管理档案。

二、实生苗的繁殖

用种子播种方法培育成的苗木,称为实生苗。实生苗的主要特点是:主根强大,根系发达,入土较深,对外界环境条件适应能力强;具有明显的童期和童性,进入结果期较迟,有较强变异性和适应能力。

1.种子的采集

注意选择品种纯正、生长健壮的无严重病虫害的植株作为采种母树。种子必须在母树上充分成熟时采集。

2.种子的层积处理

是指落叶果树种子在适宜的外界条件下,完成种胚的后熟过程和解除休眠,促进萌发的一项措施;因处理时常以河沙为基质与种子分层放置,故又称沙藏处理。沙藏种子一般都用干净的河沙,沙子的用量一般为种子容量的5~8倍。种子较多时,可选择地势干燥、背风阴凉、不易积水的地方,挖沟埋藏。沟深80~100厘米,宽50~60厘米,长度视种子量的多少而定。层积时底部先铺放6~8厘米的湿沙,然后放入1厘米厚的种子(小粒种子),大粒种子可以稍厚一些,一层种子一层沙,交替填放;但仁果类的小粒种子,如海棠、杜梨等适宜混合贮藏(种子与沙子混合拌均匀)。填土至距地面10~15厘米时,要堆土成屋脊形,喷洒少量水,促使冻结。层积温度宜在0~8℃范围内。如种子量少,可将种子与湿沙混合,装入木箱或花盆内,放在背阴处,温度保持在5℃以下,沙的湿度控制在10%左右。在贮藏期间经常检查,不使过干、过湿或者发霉,上下翻动,有助通气,并使温度均匀。同时,还要防止鼠害。

层积后熟时间长短主要是由不同树种的遗传特性所决定(表1-1),但也与层积前贮藏条件有关。

表1-1 主要果树种子的层积天数

树种	层积天数	每千克种子粒数	播种量(千克/亩)	成苗数(株)	播种方式	嫁接树种
海棠果	45~50	56 000	1~1.5	12 000~15 000	条播	苹果
西府海棠	40~60	56 000	1~1.5	12 000~15 000	条播	苹果
杜梨	80	28 000	1.5~2	7 000~10 000	条播	梨
山楂	240	13 000~18 000	7.5~15			山楂
核桃	60~80	70~100	100~150	3 000~4 000	点播	核桃
君迁子	90	3 400~8 000	5~10			
毛桃、山桃	80	200~400	30~50			桃、李
山葡萄	90~120					葡萄
酸枣	80	5 000	5~6	6 000~7 000	条播	
山杏	80	大900	30~60	6 000~7 000	条播	李
		小1 800	25~30	7 000~8 000	条播	李

3. 浸种催芽

已经沙藏但尚未萌芽的种子，再经浸种可加速萌发。核桃、山桃、山杏等带有硬壳的大粒种子，可把种子放在冷水中浸泡5～6天，每天换水一次；或把种子装在草袋内，放在流水中，待种子吸足水后，即可播种。小粒种子，如海棠、杜梨等，如冬季未经沙藏可在播种前3～5天用两开对一凉的温水浸泡5分钟，经充分搅拌自然降温后，再放在冷水中浸泡2～3天，每天换水一次，再经短期沙藏或将种子摊放在暖炕上，上盖湿麻袋，温度保持在20℃左右，每天翻动，待少量种子萌动后即可播种。

4. 播种

(1)播种地准备　播种地一般应深翻20～30厘米，深翻时结合施入腐熟厩肥60 000～75 000千克，然后整平除去杂物，作畦或作垄。畦的宽度以有利苗圃作业为准，长度可根据地形和需要而定。一般长10米，宽1米，每公顷作畦750个。苗圃地不能重茬连作，繁殖同一树种苗木，一般需轮作2～3年。

(2)播种时期　多为春播。春播的种子必须经过层积沙藏或其他处理，使其通过后熟解除休眠，才能播种，以保证出苗正常和整齐一致。

(3)播种方法

①条播　条播是在地面或畦床内按计划行距开沟播种，出苗后生长比较整齐，容易施肥、中耕、除草、起苗、出圃等作业。

播种深度根据种子大小和土壤质地而定，土壤疏松可深些，黏重土壤宜浅。经过沙藏的种子可与湿沙一起播下，播后应立即覆土，并轻轻镇压；最好用地膜覆盖，既能保墒又可提高地温，出苗快而整齐。

②点播　大粒种子，如核桃、板栗、桃、李、杏等，可按一定行株距点播。一般行距30厘米，株距15～20厘米，覆土深度为种子横径的1～3倍。此法用种量较少，苗木生长健壮，田间管理方便，起苗出圃容易，但单位面积产苗量较少。

三、嫁接苗的培育

将优良品种植株上的枝或芽通过嫁接技术接到另一植株的枝、干上，成活后长成新的植株即为嫁接苗。用做嫁接的枝或芽称为接穗，承受接穗的植株为砧木。

嫁接苗的根系是砧木的根系，主要是利用砧木的特性，如抗寒、抗旱、耐涝、耐盐碱、抗病虫害、矮化等，提高嫁接苗的适应性或进行矮化栽培。其次，接穗来自阶段性成熟、性状稳定的优良品种的母株上，能保持母本品种的优良性状，生长快，结果早，品质优。所以果树生产上大都用嫁接苗。

(一)嫁接成活的原理

1. 嫁接愈合过程

果树嫁接成活主要决定于砧木和接穗能否相互密接产生愈伤组织，并进一步分化产生新的输导组织而相互连接。嫁接时砧木和接穗接切面细胞内含物氧化、原生质凝聚形成隔离层。以后砧木切面髓射线和初生木质部薄壁细胞、接穗切面形成层及部分韧皮部和髓射线细胞膨大伸长、分裂，产生愈伤组织，冲破隔离层；砧穗接合部愈伤组织先从周围开始，后向中心扩展，充满接合部的空隙，砧穗愈伤组织的薄壁细胞互相连接愈合为一体。砧穗形成层分裂延伸也形成形成层环而相互连接，接穗形成层向内产生新的木质部，向外产生新的韧皮部，逐渐延伸与砧木产生的木质部和韧皮部连接。愈伤组织部分细胞分裂形成管状组织,与砧穗木质部导管和韧皮部的筛管上下连通,形成新的输导组织,成为一个新的植株。所以愈伤组织增生越快,则砧穗连接愈合越早,嫁接成活可能性越大。

2.影响嫁接成活的因素

①砧木和接穗的亲和力　砧木和接穗的亲和力是指两者在内部组织结构、生理和遗传特性方面差异程度的大小,差异越大,亲和力越弱,嫁接成活的可能性越小。若嫁接亲和力低,嫁接后即是成活,也往往树体衰弱、结合部位上下粗细不均,即所谓"大脚"或"小脚"等。

一般亲缘关系越近,亲和力越强。同属同品种间的嫁接亲和力最强,同属异种间的嫁接亲和力因树种而异。

②嫁接时期　嫁接成败与气温、土温、砧木与接穗的活跃状态有关。北京一般在春秋两季进行;春季嫁接过早,温度较低,愈合组织增生慢,嫁接不易愈合。据试验,苹果的愈合组织的形成,在5～32℃的范围内随气温的升高而加快。核桃嫁接后形成愈合组织最适温度为26～29℃。

③砧木和接穗的质量　砧木和接穗组织充实,贮存的营养丰富,嫁接后容易成活。因此,应选择组织充实、芽体饱满的枝条做接穗。

④接口湿度　愈合组织是由薄壁柔嫩的细胞组成,在愈合组织表面保持一层水膜,对愈合组织的大量形成有促进作用。因此,结合部位用塑料布条绑缚可起到保湿作用。

⑤伤流、树胶、单宁物质的影响　核桃、葡萄等树种根压较大,根系开始活动后,地上部有伤口部位易出现伤流。因此,春季嫁接核桃或葡萄等树种,由于接口处出现大量伤流,窒息切口处细胞的呼吸而影响成活。此外,桃、杏等树种伤口部位流胶;核桃、柿等树种切面细胞内单宁氧化形成不溶于水的单宁复合物,都影响愈合组织的形成而降低成活率。

(二)砧木与接穗间的相互影响

1.砧木对接穗的影响

①对生长的影响　嫁接后,某些砧木可促进树体生长高大,这种砧木称为乔化砧。另一些砧木嫁接后使树体矮小,这种砧木叫矮化砧。

②对结果的影响　砧木对嫁接果树达到结果期的早晚、果实成熟期及品质都有一定的影响。例如,嫁接在矮化砧或半矮化砧上的苹果进入结果期早,色泽鲜红,而且耐贮藏。

③对抗逆性、适应性的影响　果树所用砧木一般是野生或半野生的,它们都具有较强的适应性,如山定子的某些类型可抵抗零下50℃的低温,因此,嫁接在山定子上的苹果抗寒能力强;而海棠果、西府海棠等耐盐碱力较强,嫁接苹果后能增强抗盐碱能力。用山桃嫁接的桃树,抗寒、抗旱能力较强,用毛桃嫁接桃树耐湿能力较强。

2.接穗对砧木的影响

接穗对砧木也会产生一定影响。例如,用杜梨做梨的砧木,其根系分布浅、且易发生根蘖。

3.中间砧的影响

中间砧对接穗具有和矮化砧木相同的影响,矮化效果与中间砧的长度呈正相关;中间砧越长,矮化效果越明显,一般使用长度为20～30厘米。

4.砧木苗的培育

(1)砧木的选择　不同种类的砧木,对气候、土壤等环境条件的适应性不同。从当地原产的树种中选择果树适宜的砧木,一般能适应当地或与其环境条件差异不大的地区。

（2）砧木苗的培育　种子采集、贮藏、播种、培育方法，基本和“实生苗的培育”相同。

5. 接穗的选择与采集

接穗采自优良品种的植株上，采取接穗的母株必须具有丰产、稳产、优质的特性；而且，要生长发育健壮，无检疫病虫害。

芽接用的接穗应采自当年生的发育枝。在生长季芽接时，最好随采随接。采后立即剪掉叶片，需保留叶柄，以减少水分蒸发。如当日或次日嫁接，可将接穗的下端浸入水中；如隔几日嫁接，则应在阴凉处挖沟铺沙，将接穗下端埋入沙中，并喷水保持湿度。

枝接用的接穗来自一年生发育枝，可结合冬季修剪采集，采集的接穗按品种打捆，并加品种标签，埋于窖内或沟内的湿沙中。在贮藏期间，注意保温防冻；春季回暖后，要控制接穗萌发，以便延长嫁接时期。

接穗需要远距离运输时，应用塑料薄膜包好，再装入布袋或木箱中，以保持水分。

6. 嫁接方法

生产上常用的嫁接方法主要有芽接和枝接两种。

（1）芽接法　优点是可经济利用接穗，当年播种的砧木苗即可进行芽接，而且操作简便、容易掌握、工作效率高、嫁接时期长、结合牢固、成苗快；未嫁接成活的便于补接，能大量繁殖苗木。

芽接时期在春、夏、秋三季；凡皮层容易剥离、砧木达到芽接所需粗度、接芽发育充实，均可进行芽接。北方地区芽接时期主要在 7 月初至 9 月初。

芽接的具体方法有 T 字形芽接，方块芽接及嵌芽接等。

（2）枝接法　果树的枝接时期，以砧木树液开始流动而接穗尚未萌发时最好；但树种不同，枝接的适宜时期亦有区别。现将不同果树枝接的适宜时期列于表 1-2 中。

表 1-2　不同果树枝接时期及方法

树种	枝接时期	适用方法	采用接穗
苹果 梨、桃、杏	萌芽前后（3 月下旬至 4 月上旬）	切接、腹接、较粗砧木用皮下接或劈接	1 年生充分成熟的发育枝，每接穗应有饱满芽 2～3 个
枣	萌芽前后或生长季期（4 月下旬）	嫩梢接（拉栓接）	1～2 年生枣头 1 次枝或 2 次枝，生长季利用当年生枣头
柿	展叶后（4 月下旬）	皮下接或切接	发育健壮的一年生枝每接穗有两个以上饱满芽
	树液开始流动至近萌芽期	劈接、方块芽接	生长季节利用未萌发的芽
板栗	芽膨大期（4 月上中旬）	切接、腹接、皮下接	有 2 个腋芽的 1 年生发育枝
核桃	砧木顶芽已萌动（4 下旬至 5 上旬）	劈接、切接、皮下接	粗壮 1 年生发育枝的中上部，每接穗应有 2 个芽

常用的枝接方法有切接、劈接、腹接、皮下接、舌接等。

7. 嫁接成活的技术关键

嫁接能否成活，嫁接技术十分重要。果树嫁接时应掌握的技术关键主要有以下几点：

①砧木和接穗的形成层必须对准对齐。接穗、砧木的削面越大，则结合面越大，嫁接成活率越高。

②绑紧绑严，使砧穗形成层密接，促进成活。

③保持适当湿度是能否成活的关键。因此,枝接时应对接穗及接口用塑料薄膜条绑缚,即可保湿而且可增加结合部位的温度,有利于愈合组织的形成而促进成活。

④操作要快。无论哪种嫁接方法,削面暴露在空气中的时间越长,削面越容易氧化变色,影响愈合组织的形成而降低嫁接成活率。尤其是核桃、板栗、柿的枝芽中含单宁较多,在空气中易氧化变黑,影响成活。

8.嫁接苗的管理

(1)芽接苗的管理

①检查成活,解除绑缚物及补接 多数果树芽接后15天,即可检查成活情况及解除绑缚物,未成活的进行补接。凡芽体和芽片呈新鲜状态、叶柄一触即落时,说明已经成活。芽接未成活的,如砧木尚能离皮,可行补接,补接时要防止品种混杂。

②越冬防寒 在冬季严寒干旱地区,为防止接芽受冻,于结冻前应培土保护,春季解冻后要及时扒开,以免影响接芽萌发。

③剪砧 春季萌芽以前,应将接芽以上的砧木剪除,以集中营养供接芽生长,剪口应在接芽以上0.5厘米处呈马蹄形。

④肥水管理 嫁接苗生长的前期,应注意加强肥水管理,中耕除草,防治病虫害;秋季适当控氮肥、控水,促进枝条成熟。

(2)枝接苗的管理

枝接成活后,如成活接穗较多(劈接、切接、皮下接),应选生长健壮,愈合良好,位置适当的保留一枝,其余剪除,以集中营养;当地如春季风大,为防嫩梢折断,应立支柱绑缚。同时,注意及时除掉萌蘖,以节约营养供接穗生长。其他管理与芽接苗同。

四、自根苗的培育

(一)自根苗的特点

自根苗是用扦插、压条、分株等方法繁殖的苗木,组培苗木也可以称为自根苗。

自根繁殖的果树,进入结果期较早,变异性小,能保持母株的优良特性,生长较为一致;繁殖比较简单,但繁殖系数较低,抗逆性、适应性较差。

(二)自根苗繁殖

自根繁殖主要利用果树器官的再生能力发根或发芽后,与母株分离形成一个独立的植株。无论采取哪种自根繁殖的方法,成活的关键在于形成不定根或不定芽的能力;而再生不定根或不定芽的能力与树种及品种的遗传特性有关。

1.不定根的形成

多年生木本果树的不定根原始体通常在枝条的次生木质部产生,有些果树不定根原始体是从形成层和髓射线交界处产生。

不定根的根原体产生时期,多数果树是在扦插、压条的过程中由于茎内某些细胞的分裂分化而形成根原体,进而产生不定根。

2.不定芽的形成

分株繁殖的过程中,在母株的根上产生不定芽,特别是在根系受伤的情况下,更易发生不定芽。在幼年根上,不定芽产生的中柱鞘靠近维管形成层的部位;在老龄根上,不定芽是从木栓化形成层或射线增生的类似愈合组织里形成。在受伤的根上，主要在伤口面愈合组织里形成不定芽。

(三)影响扦插、压条生根的因素

1. 内部因素

①树种、枝龄与位置　果树树种不同，其枝条发生不定根或根上发生不定芽的能力不同。枣、山楂、山定子、核桃、李、海棠等树种，枝条上发生不定根的能力很弱，但根上产生不定芽的能力很强，根插易成活。而葡萄、石榴等树种，枝条上容易产生不定根，扦插枝条容易成活。

枝条年龄对扦插成活影响也较大，通常从实生幼树上剪取的枝条较容易发根；枝龄较小，皮层幼嫩，其分生组织的生活力强，扦插容易成活。

②插条内的营养物质　在营养物质中，尤其以碳素营养和氮素营养对促进生根关系密切；插条中的淀粉和可溶性糖类含量高时发根好。许多树种的插条在糖液中浸泡一定时间，可以提高发根率。

③生长调节剂　有些生长调节剂能促进形成层细胞的分裂，加速愈合组织的形成，同时还可加强淀粉和脂肪的水解，提高过氧化酶的活性，从而提高生根能力。生长素、赤霉素、细胞分裂素对根的分化均有作用；生产上常在扦插前用外源激素(吲哚丁酸、ABT 生根粉)处理插条，可促进生根。

2. 外部因素

①温度　北方春季气温的升高快于土温，而插条生根的最适土温为 15～20℃以上或略高于气温 3～5℃，因此，提高早春土壤温度、使枝条先发根、后发芽，以利于根系对水分的吸收、并平衡地上部分的水分，可促进扦插成活。

②土壤水分与空气湿度　插条在生根以前往往地上部芽体萌发在先，消耗大量水分。即使生根以后，根系吸收水分的能力与地上部的耗水量在相当长的一段时间内也不能平衡，而细胞的分裂、分化，根原体的形成都需要一定的水分供应；因此，插条内水分的过量损失和水分供需的失调常是扦插失败的重要原因。为保证扦插成活，一般在插条旺盛生长之前，土壤含水量不能低于田间最大持水量的 60%。

③土壤通气　土壤通气对插条生根也相当重要。例如，葡萄扦插土壤中氧气的含量在 15%以上时，发根情况最好；土壤中氧气的含量低于 2%，几乎不能发根。一般树种扦插发根时，要求适宜的水分和空气之比大致为 1∶1。因此，扦插时应选择土壤结构疏松、通气保水状况良好的沙壤土。

④光照　插条生根前或发根初期，强烈的光照会加速插条及土壤水分的蒸发而使插条干枯，扦插失败。因此，扦插时应避免强光直射；尤其是绿枝扦插，在扦插初期，应搭棚遮阴。

3. 促进生根的方法

①加温处理　早春扦插，常因土温低而致生根困难，成活率低。可采用加温愈伤处理，效果很好；当前生产上利用的加温方法有火炕、地热线、阳畦、塑料棚、温室等。总的原则是在保持湿度的条件下，使插条基部保持 20～28℃、插条上部处在 10～15℃，能促进愈伤，约 10 天后形成愈伤组织，然后降温锻炼 2～3 天，即可扦插。

②生长调节剂处理　对不易发根的树种、品种，采用药剂处理加强插条的呼吸作用，提高酶的活性，促进分生细胞的分裂而发根。药剂种类繁多，常用于促进插条生根方面的植物生长调节剂，其中以吲哚丁酸(IBA)，吲哚乙酸(IAA)和萘乙酸(NAA)效果良好；采用的浓度为

50～500毫克/升，浸泡12～24小时。

③机械处理 对扦插生根比较困难的树种品种，可采用纵伤、环剥、环刻等方法处理，能促进生长。

(四)扦插繁殖法

1.枝插

扦插分硬枝扦插和绿枝扦插。

(1)硬枝扦插 是利用充分成熟的一年生枝，在休眠期进行。如葡萄的硬枝扦插是在春季萌芽前进行。在深秋葡萄落叶后结合冬季修剪采集插条，长50厘米，在湿沙中贮藏，温度保持在1～5℃。扦插时将插条剪成2～3节为一段，上端剪平，下端剪成马蹄形，插条上端距离最上芽2厘米。用萘乙酸或吲哚丁酸处理后，将插条斜插(45度)在苗床上，在春季风大地区使顶芽露出地面并覆土保护；温暖而湿润地区插后灌水后可不覆土。

(2)绿枝扦插 是利用半木质化的新梢在夏末进行。选健壮的半木质化枝蔓，每段3节左右，将下部叶片去掉，只留上部两叶片，插条最好在早晨枝条含水量多而空气凉爽、湿度大时采集。插后应遮阴并勤灌水，待成活后再逐渐除去遮阴设备。

绿枝比硬枝容易发根，但绿枝对空气和土壤湿度的要求严格；因此，实行绿枝扦插时，多用室内弥雾扦插繁殖，使插条周围保持湿度100%，叶片被有一层水膜，叶温比对照低5.5～8.5℃，室内气温平均21℃左右，降低蒸腾作用，增强光合作用，减少呼吸作用，从而使难发根的插条保持生活力的时间长些，以利发根生长。

2.根插

主要用于繁殖砧木苗。在枝插不易成活或生根缓慢的树种中，如杜梨、秋子梨、山定子、海棠果、苹果营养系矮化砧等砧木树种，可利用苗木出圃剪下的根段或留在地下的残根进行根插繁殖。根段粗0.3～1.5厘米为宜，剪成10厘米左右长，上口平剪，下口剪成马蹄形。根段可直插或平插，以直插容易发芽，但切勿倒插。枣、柿、核桃、长山核桃、山核桃等根插较易成活，李、山楂、樱桃、醋栗等根插较枝插成活率高。

3.压条繁殖法

压条是在枝条不与母株分离的状态下把枝条压入土中，促使生根，生根以后再与母株分离，成为一个独立的新的植株。对于扦插繁殖不易生根的树种，常采用压条繁殖。

4.分株繁殖法

(1)根蘖分株法 适用于根系容易大量发生不定芽而长成根蘖苗的树种，如枣、山楂、树莓、榛子、樱桃、李、石榴、杜梨、山定子、海棠果等。生产上多利用自然根蘖进行分株繁殖。为促使多发根蘖，可于休眠期或发芽前将母株树冠外围部分骨干根切断或造伤，并施以肥水，促使发生根蘖和旺盛生长，秋季或翌春挖出分离栽植。

(2)匍匐茎分株法 草莓地下茎的腋芽生长当年可发生匍匐茎，在匍匐茎的节上发生叶簇和芽，下部生根长成一幼株，夏末秋初将幼株挖出，即可栽植。

(3)根状茎分株法 草莓根状茎分枝能力和发新根的能力比较强，可用根状茎进行分株繁殖。

(五)无病毒苗木的培育

果树被病毒侵染后，生长量减少，产量下降，品质变差，严重影响着果树生长和发育，制约着果品产量与品质。要防止果树病毒的危害，目前主要的措施就是栽培无病毒苗木。

1. 无病毒苗的培育途径

无病毒苗可直接从国家级或省级无病毒母本园引进材料繁殖苗木。生产中大部分材料都带有病毒，因此在使用时，要进行脱除病毒的处理，然后再通过病毒鉴定检测，确认无病毒后再按一定要求繁殖。

（1）脱毒处理　脱毒处理方法，主要有热处理脱毒、热处理结合茎尖培养脱毒等方法。

（2）病毒鉴定检测　病毒的鉴定检测方法，主要有指示植物法、酶联吸附免疫法和特异性核糖核酸分析法等。

2. 繁殖无病毒苗木的要求

（1）获得无病毒原种材料后，要分级建立采穗用无病毒母本园。园中的母本树应建立档案，定期进行病毒检侧，一旦有应检病毒后，立即取消其母本树资格。

（2）繁殖无病毒苗木的单位或个人，必须填写申报表，经有关植物检疫机构审查批准。

（3）繁殖无病毒苗木的苗圃地，要选择地势平坦、土壤疏松、有灌水条件的地块，同时也应远离同一树种 50 米以上，远离病毒寄主植物 100 米以上。

（4）繁殖无病毒苗木使用的接穗，必须采自无病毒母本树，附有无病毒母本树合格证。

（5）繁殖无病毒苗木使用的砧木，必须是未嫁接过的实生砧木或无病毒营养系砧木。无病毒营养系砧木，须附有无病毒母本树合格证。

（6）繁殖无病毒苗木的嫁接过程，必须在有关人员的监督下进行，并进行登记，按无病毒母本树的编号排列，嫁接工具也要专管专用。

（7）繁殖的无病毒苗木，须经有关植检机构检疫，检疫合格后签发无病毒苗木产地检疫合格证，并发给无病毒苗木标签，方可按无病毒苗木出售。

（六）苗木出圃

苗木出圃是果树育苗的最后一个环节。为了保证质量，必须严格按照有关技术规程要求，做好苗木出圃工作。

1. 准备

首先，要对出圃苗木进行清查，核对树种、品种和数量，做到数量准确，品种不乱。其次，根据清查做出出圃计划，制定出圃技术操作规程（包括起苗技术要求、分级标准和包装质量等）。另外，还要准备工具、场地、包装材料和组织劳力。

2. 起苗

从苗木生长停止后至次年春季萌芽前均可进行。秋末冬初起苗，有利苗木根系伤口愈合和冬季苗木出售；春季起苗可省去苗木的假植工序。起苗时应尽量避免伤根系，然后还应就地临时用土埋住根系，避免风吹日晒。

3. 分级和修苗

分级应按照有关统一的分级标准进行。不合格的苗木应留圃重新培养达到标准后方可出圃。

4. 检疫与消毒

苗木检疫是防止病虫传播的有效措施。凡携带有国家规定检疫对象的苗木，均不得出圃，应就地销毁。苗木调运前，必须经当地植物检疫部门检验、签发检疫合格证之后才能起运。

除严格控制检疫性病虫害传播外，一般性病虫害也应防止传播。因此，出圃苗木应进行消毒处理。消毒杀菌,可用4～5波美度石硫合剂药液浸泡苗木10～20分钟,然后用清水冲洗根部1～2次;或用1∶1∶100波尔多液浸泡苗木10～20分钟,再用清水冲洗苗木根部1～2次。

5.假植、包装和运输

不能及时栽植的苗木必须进行假植,以防吹干或冻死。假植应选避风、干燥、平坦的地方,东西向开沟,沟深50厘米、宽1米,长度依苗木数量而定。假植时将苗木分层向南倾斜45度左右排列在沟内,并覆土到苗木高度的1/2处,然后适时浇水,使覆土实在,以后随温度下降,可再次覆土。假植也可在室内将苗木用湿沙分层覆盖。

苗木远途运输时,应妥善包装,一般用草帘、草袋、蒲包和麻袋等。包装时,先将苗木50～100株扎捆,根部用泥浆或用湿润锯末填充,以免根系失水干枯。随后包装好根部,并用草绳捆紧。每捆苗木都应挂标签,注明品种、砧木、级别和数量等,即可发运。运输途中要防止重压、风吹日晒和冻害。

第四节 果树的结构

果树树体分为地上部和地下部两大部分;地上部分包括主干和树冠,地下部分为根系,地上部和地下部的交界处称为根颈。

一、果树的枝干

(一)树干

树干是果树的中轴,分为主干和中心干两部分。从根颈到第一主枝之间的部分称为主干,主干以上到树顶之间的部分称为中心干。

(二)树冠

树冠由骨干枝和枝组组成。

1.骨干枝

树冠内比较粗大起骨架作用的枝,称为骨干枝。骨干枝主要指中心干、主枝、侧枝,是构成树冠骨架的永久性枝。直接着生在树干上的永久性骨干枝称为主枝;由主枝上分生出来的大枝称为侧枝。

辅养枝是临时性枝。在幼树期,其上所生叶片对树体生长有辅养作用,可加速成形,提早结果,以后可改造为枝组。

2.枝组

枝组亦称结果枝组,它是由各级骨干枝上分生出来的、具有生长和开花结果能力的小枝群。

(三)枝条

1.枝条的种类

(1)按枝条的性质,可分为营养枝和结果枝两类。

①营养枝　只有叶芽而没有花芽的一年生枝叫营养枝,根据营养枝的生长情况可分为:

发育枝　芽体饱满,生长健壮,是构成树冠和发生结果枝的主要枝条。

徒长枝　由休眠芽或不定芽萌发而成，生长直立，长而粗，芽体瘦小。

叶丛枝　节间极短，叶序排列呈丛状，腋芽不明显，苹果、梨的叶丛枝易转变为结果枝。

②结果枝　着生花芽能开花结果的枝条称为结果枝。根据枝条的长短和形态可分为长果枝、中果枝、短果树、短果枝群和花束状果枝。

长果枝　仁果类的长果枝＞15 厘米，核果类长果枝＞30 厘米。

中果枝　仁果类的中果枝长 5～15 厘米，核果类中果枝 15～30 厘米。

短果枝　仁果类的短果枝＜5 厘米，核果类短果枝＜15 厘米。

短果枝群　短果枝结果后，经连续分枝结果而成的一群短果枝。

花束状果枝，枝极短，长度仅 1～5 厘米，顶芽为叶芽，围绕顶芽密集着生花芽，开花时形似花束，故名花束状果枝。花束状果枝在核果类果树中常见。

果树的种类、品种不同，最好的结果枝类型也不同。苹果、梨一般以短果枝结果为主；桃以长果枝结果为主；李以花束状结果枝为主。

(2)按枝条年龄可分为新梢、一年生枝、二年生枝及多年生枝。

①新梢　当年萌发的新枝、冬季落叶以前称为新梢。一般落叶果树一年可抽生 1～2 次新梢，春季抽生的叫春梢，春梢顶端当年秋季继续抽生的枝条叫秋梢。常绿果树如柑橘、金柑等，每年抽生 3～4 次新梢，即春梢、夏梢、秋梢、冬梢。核果类、葡萄由于芽具早熟性，新梢上侧芽当年再萌发抽枝叫副梢或二次枝，二次枝上再抽生的枝叫三次枝，形成一年多次生长的现象。

②一年生枝　新梢落叶后到第二年萌发前叫一年生枝。

③二年生枝及多年生枝　着生一年生枝的枝条叫二年生枝。依此类推为三年生枝、四年生枝……。二年生以上的枝条统称为多年生枝。根据枝条剪口和枝条基部的轮痕，可以鉴别枝条的年龄。

2.枝条的特性

①顶端优势　又称先端优势或极性，指位于枝条顶端的芽或枝生长势最强，向下依次减弱的现象。

顶端优势的形成，是由于树体内养分、水分首先相对较多地运送到先端，光照也较好，因而顶端的枝、芽生长较旺，同时由于先端萌芽，产生的生长素向下移动，对下部的侧芽有抑制作用。

顶端优势与枝条着生状态、位置以及枝、芽的质量都有密切关系。枝条越直立，顶端优势表现越强；充实饱满的枝、芽顶端优势比瘦瘪的枝、芽强。修剪时，对生长旺盛的枝条加大角度，可削弱顶端优势，缓和长势；对弱枝抬高角度，可促进生长。

②干性　中心干的强弱和维持时间的长短称为干性。苹果、梨、甜樱桃、银杏、板栗等干性较强；桃、石榴、葡萄等干性较弱。苹果中的金冠、富士等品种干性较强。自然条件、管理水平、整形方式和修剪程度等，也影响干性强弱。

③层性　由于顶端优势和芽的异质性共同作用，使树冠内大枝形成明显层次分布的现象称为层性。一般顶端优势强、成枝力弱的树种、品种层性明显，如苹果、梨、柿等；顶端优势弱，成枝力强的层性不明显，如桃树。

二、果树的芽

芽是枝、叶、花等的原始体，是多年生植物渡过不良环境的临时性器官。芽与种子在功能上有一定的相似性，在一定条件下，可以形成一个新植株，也可以发生变异，所以芽是果树生长、结果、繁殖更新复壮的基础。

(一)芽的类型

1. 按芽的性质可分为

(1)叶芽　芽较瘦长，先端尖锐，芽鳞松，萌发后只抽枝长叶，不开花结果。

(2)花芽　芽肥大饱满，先端圆钝，芽鳞紧，萌发后能开花结果。花芽又可分为：

①纯花芽　芽内只有花原始体，萌发后只能开花结果，如桃、李、杏、梅、樱桃的花芽以及核桃的雄花芽。

②混合花芽　芽内含有花、新梢和叶的原始体，萌发后既能开花结果，又能抽枝长叶。如苹果、梨、葡萄、柿、板栗、枣、山楂、石榴的花芽。

2. 按芽的着生位置可分为

①顶芽　着生在枝条的顶端。如顶芽为花芽则称顶花芽，仁果类以顶花芽结果为主。

②侧芽　着生在枝条的侧方叶腋间，又称为腋芽。核果类全为腋花芽。

3. 按芽在同一节位上着生的数目可分为

①单芽　在一节上着生一个芽的叫单芽，如柿、板栗、苹果、梨等。

②复芽　在一节上着生两个以上芽的叫复芽。如核果类的桃、杏、李等一节上可着生2～4个芽，其中双芽者多为一个花芽，一个叶芽，三芽或四芽者，中间一芽为叶芽，其他为花芽。

4. 按同一节上芽的大小和位置，可分为

①主芽　位于叶腋中央且最充实的芽为主芽。

②副芽　着生在主芽侧方或下方的芽叫副芽。副芽的大小、形状、数目因树种而异，如枣的主芽位于叶腋正中，副芽位于主芽的侧上方；苹果、梨的副芽隐藏在主芽基部的芽鳞下，呈休眠状态，不易发现；葡萄的冬芽由几个芽组成，中间是主芽，主芽周围有3～8个副芽。

(二)芽的特性

1. 萌芽力和成枝力

一年生枝条上的芽萌发的能力称萌芽力。萌发的芽可生长为长度不等的枝条，把能抽生为长枝的能力称为成枝力。萌芽力与成枝力因树种和品种而异，柑橘、桃、杏的萌芽力和成枝力均强。梨的萌芽力强，但成枝力弱；富士苹果萌芽力和成枝力较弱，短枝型元帅系苹果萌芽力强、成枝力弱。

2. 芽的异质性

在芽的发育过程中，由于内部营养状况和外界环境条件的不同，同一枝条上的芽存在着形态和质量上的差异，称为芽的异质性。

高质量的芽在相同条件下萌发早，抽生的新梢健壮，生长势强。修剪时，对骨干枝的延长枝，常在春梢中上部饱满芽处剪截，以加速成形。对于生长过旺枝条，在剪口下留弱芽带头，可缓和生长势，利于增加中、短枝数量，提早结果。

3. 芽的早熟性

一些果树新梢上的芽，当年即可萌发的特性，称为芽的早熟性。具有早熟性芽的有桃、葡萄、枣、杏、柑橘等，一年可抽生多次新梢。树冠扩大快，幼树进入结果期早。有些果树的芽子，当年形成芽以后第二年才能萌发，这称为芽的晚熟性。苹果、梨的芽具晚熟性。

三、果树的叶

叶是果树进行光合作用、制造养分的主要器官。叶面积的大小,叶片的光合能力直接影响到果树的生长和结果;叶片还具有呼吸、吸收、蒸腾等多种功能。

(一)叶片

生长在枝条上的叶片,最初来源于芽内生长点形成的叶原始体。叶片的大小不仅取决于叶原始体的分化程度,而且也与叶片生长期的营养物质和水分供应密切相关。

不同树种、不同枝条和枝条上不同部位的叶片,从展叶至停止生长所需天数并不一样,梨需 16～28 天,苹果 20～30 天,猕猴桃 20～35 天,葡萄 15～30 天。

从展叶开始到最后落叶,叶片颜色发生着一系列的变化。落叶果树如秋了梨系统的梨,叶片初展时,正是盛花初期,这时树体养分主要用于开花,叶片黄绿色;落花后,叶片变为浓绿色;秋末颜色转黄而脱落。

(二)叶幕

树冠中着生的全部叶片构成的集合体称为叶幕。由于树体结构的成层性,使叶片也呈现出层状分布而构成叶幕层。一般叶幕层越厚,叶片总面积越大;但叶幕层过厚,树冠郁闭时,有效光合面积反而减少。

叶幕层之间的空隙叫叶幕间距,它是树冠内部的主要光路。生产上通过整形修剪来控制叶幕层厚度,调节叶幕间距,改善树冠内部通风透光条件,充分发挥叶片的光合效能。获得光照低于全光强 30%的叶片,消耗大于合成,变成寄生叶;只有那些获得全光强 70%以上的叶片,才能组成树冠效能较高的光合面积。

四、果树的根

果树的地下部分统称为根系。根系是果树生长的基础,根系深入地下,将植株牢固地固定在土壤中,起着支撑树体的作用,同时它有吸收水分、矿质营养、有机质和贮藏养分、输运养分的重要功能。根系还能合成 20 多种氨基酸、三磷酸腺苷(ATP)、磷脂、核苷酸、核蛋白、激动素等重要物质,这些物质都是果树生命活动所必需的。许多果树的根系还具有萌蘖,有形成新植株的能力。

(一)根系的类型

按照果树根系的发生及来源,可分为三类。

1. 实生根系

从种子的胚根发育而来的称为实生根系。一般主根发达,分布较深,生命力强,对外界环境适应能力强,个体间差异较大。我国目前应用的大部分果树的实生砧木都属此类根系。

2. 茎源根系

用扦插、压条繁殖的果树,根系起源于茎上的不定根,称为茎源根系。主根不发达,分布较浅,对根际环境适应能力不如实生根系,个体间差异较小。葡萄、无花果的扦插繁殖,苹果矮化砧压条繁殖,草莓匍匐茎繁殖等都是茎源根系。

3. 根蘖根系

有些果树从根上发生不定芽而形成根蘖,与母株分离后成为新的植株个体,这类植株的根系称为根蘖根系。如枣、石榴、樱桃、山楂等分株繁殖的个体，其特点与茎源根系相似。

(二)根系的结构

果树的根系主要由主根、侧根和须根三部分组成：

1. 主根

由种子的胚根发育而成，向下垂直生长，长而粗大的根。

2. 侧根

从主根上发生的各级较粗大的分枝叫侧根。主根和各级大侧根构成根系的骨架，又称骨干根。这类根粗长、色深、寿命长，起固定和输导作用。

3. 须根

主根和各级侧根上着生的细小根统称须根。须根细而短，是第三、四级或更高级次分枝的根，一般寿命较短，大部分须根在营养生长末期死亡，只有少数继续生存。须根是根系中最活跃的部分。在根系生长期间，须根上长出许多比着生部位还粗的白色、饱满的小根，叫做生长根；生长根上有根冠、生长点、伸长区、根毛区、木栓化区、初生皮层脱落区和输导根区。它有分生新根的能力，也有吸收能力，主要功能是促进根系向新的土层推进，扩大根系纵横分布范围和分生新根(吸收根)，并能转变成次生结构，形成输导根(褐色)，加粗生长后成为骨干根。苹果生长根的直径平均 1.25 毫米，长度在 2～20 厘米之间。

另一类长度小于 2 厘米的白色短根，多半比着生的须根细、寿命短，一般 15～25 天，具初生结构，无分生新根能力，称为吸收根；主要功能是从土壤中吸收水分和矿质营养，并将其转化为有机物质。吸收根有高度的生理活性，根系生长旺季，吸收根的数目可占根系总数的 90%以上。苹果的吸收根平均直径为 0.62 毫米。

(三)根系的分布

1. 水平分布

根沿土壤表层的平行方向生长，分布的远近与果树树种和砧木类型有关。在经济栽培的果园中，果树根系约 60%左右水平分布在树冠垂直投影区之内。伸展最长的根水平分布范围可达树冠的 3.6 倍。水平生长和分布的根称为水平根。

2. 垂直分布

果树根系垂直分布范围主要在 20～100 厘米的土层内；在土壤管理较好的果园中，根系的分布主要集中在地表以下 10～40 厘米的范围内，所以耕作层和树盘管理至为重要。从根颈往下向土壤深处生长的根称为垂直根。桃、杏、梅、樱桃、柑橘、石榴等根系分布较浅；苹果、梨、柿、枣、核桃、板栗等根系分布较深，最深可达 10 米以上。

(四)根颈、根蘖和菌根

1. 根颈

根与茎(地上部)相邻处称根颈，由于根颈处在根与茎两种功能不同的器官交接处，因此是果树器官中机能比较活跃的部分。根颈比地上部组织成熟较晚，秋季进入休眠也晚，但春季开始活动早，因而对环境条件的变化比较敏感，如根颈深埋或全部裸露，均不利于果树的生长。

2. 根蘖

许多果树如枣、李、杜梨、樱桃、石榴等，常在水平根上形成不定芽，发生根蘖，可用作砧木或培养成新的植株。

3. 菌根

许多果树的根系常有菌根共生，如苹果、梨、葡萄、柿、板栗、李、核桃、柑橘等都有菌根。

菌根的菌丝体能在土壤含水量低于萎蔫系数时，从土壤中吸收水分并能分泌磷酸酶，增强对磷(P)、锌(Zn)、铁(Fe)等矿物质的吸收能力；菌根真菌能合成细胞分裂素、生长素、赤霉素和维生素，促进根系生长和活化果树生理机能。菌根的生长也要从果树根系中吸取有机养分，两者相互依存、相互促进。

第五节　果树的生长发育规律

果树是多年生植物，在它整个生长发育过程中蕴含着两个层次的周期变化。一个是一生的变化过程，称为生命周期；另一个是一年的变化过程，称为年周期。认识和掌握果树在一生和一年中的生长发育规律，是制定合理的栽培管理措施的重要理论依据。

一、果树生命周期的生长发育规律

果树一生要经过生长、结果、衰老与死亡等一系列变化过程，这个过程包含了果树一生的全部生命活动，因此称为生命周期，也称年龄时期。果树繁殖方法不同，生命周期不同。

用种子繁殖的实生树，生命周期包括两个明显不同的发育阶段，即幼年阶段(童期)和成年阶段。幼年阶段是从种子萌发起到具有开花能力止。幼年阶段过后，果树具备了形成花芽的能力，从而达到性成熟阶段即成年阶段。进入成年阶段的果树，在适宜的外界条件下，可以重复开花结实，一直持续数年、几十年甚至上百年，最后衰老和死亡。

在现代果树生产中，绝大部分果树都是从进入成年阶段、已经开始结果的植株上采取枝条进行苗木的无性繁殖(营养繁殖)。营养繁殖的果树，从发育阶段上讲，已渡过了幼年阶段，经过一定时间的生长和营养积累，就可以开花结果；所以从严格的意义上讲，营养繁殖的果树在开花结果之前，没有真正的幼年阶段，而只有以营养生长为主的“幼树”阶段。这类苗木栽植后结果的早晚与性成熟过程无关，而与营养生长与生殖生长的协调关系有关。果树的营养生长和生殖生长的矛盾，贯穿于从植株栽植到衰老死亡的全部过程中，这个过程大致可分为四个年龄时期。

(一)幼树期

从苗木定植到开花结果，此期树体扩大迅速，枝条多直立，树冠呈圆锥或长圆形，新梢生长量大、节间较长、叶片较大，一年中具有多次生长，停止生长晚，组织不充实，冬季容易受冻。根系生长一般是先形成垂直根和水平骨干根，继而发生侧根，到定植 3～5 年后才大量发生须根。随着根系和树冠的迅速扩大，吸收面积和光合面积增大，矿物质和同化物质积累逐渐增多，为进入开花结果阶段奠定基础。幼树期的长短因树种、品种、环境条件和栽培管理技术而异。如苹果、梨一般 3～6 年，柑橘 3～5 年，杏、李 2～4 年，桃、葡萄 1～3 年。这一时期栽培管理目标是，加强营养生长，迅速扩大树冠，增进营养物质积累，促使幼树向生殖生长转化。主要措施有：深翻扩穴，增施肥水，促进根系发育；培养树形，充分利用辅养枝，长放轻剪多留枝；结合夏季修剪，促进花芽形成，提早结果。

(二)初果期

从开始结果到大量结果前。此期新梢生长仍很旺盛，主枝逐渐开张，分枝大量增加，树冠逐渐向圆头形转变。根系继续扩展，须根大量发生，吸收根迅速增加。梨、苹果开始以长、中果枝结果为主，柑橘多在树冠外围生长势较弱的枝梢上结果，随后中、短果枝增多，产量逐年上升。初结的果实较大，品质和着色较差，不耐贮藏。随结果年限增加，果实品质逐步表现出品种固有的特性。这一时期栽培管理目标是，在保证树体健壮生长的基础上，迅速增加产量，提早进入盛果期。因此，应加强肥水管理，增施有机肥料，注意氮(N)、磷(P)、钾(K)配合，壮大根系；继续培养骨干枝，控制利用辅养枝，防止树冠旺长；轻重结合培养结果枝组，重视夏季管理和病虫防治，促进花芽形成，使产量稳定上升。

(三)盛果期

进入大量结果、产量最高的时期。这个时期经历从大量结果到高产稳产，再到出现大小年和产量开始下降这样的过程。这一时期，新梢生长逐渐减弱，树冠和根系扩大缓慢或近于停止。发育枝减少，中、短果枝数量增多，花芽形成量大，果实品质完全表现出该品种固有特性。主枝角度开张，逐渐呈下垂状。后期内膛骨干枝上的枝组逐步衰老枯死，结果部位外移。盛果期的长短与树种、品种、环境条件和栽培管理水平有关。苹果为 15～40 年，梨 15～70 年，柑橘 15～50 年，桃 10～20 年。此期栽培管理目标是：调节生长与结果的关系，保持新梢生长、根系生长、开花结果和花芽分化之间的平衡，使其高产、稳产、优质、延长盛果期年限。主要措施为：加强肥水供应，实行细致的更新修剪，均衡配备营养枝、结果枝和预备枝，改善树冠内膛光照条件；做好疏花疏果和保花保果工作；加强病虫防治，严格控制腐烂病、早期落叶病、食心虫、红蜘蛛等病虫害。

(四)衰老期

从产量明显下降到不能正常结果以致主枝死亡。这是果树生命周期中的最后一个时期，树体衰老，新梢数量少而短，花芽形成容易，但花芽质量差、落花落果严重，果实小、品质差，部分侧枝和主枝枯死，根系衰弱，大根开始死亡。在现代果园管理中，考虑到投入产出比率和收益率，对进入衰老期的果园都实行淘汰处理，而另行建园。

二、果树一年中的生长发育规律

果树在一年中，随着季节气候的变化，表现出萌芽、开花、枝叶生长、花芽分化、果实成熟和落叶休眠等一系列有节奏的生命活动。这种在一年中适应季节气候变化而发生的器官形成和生理机能的规律性变化时期，称为生物气候学时期，简称物候期。

落叶果树在一年中的生长发育规律，表现出明显的两个时期，即生长期和休眠期。从春季萌芽开始至秋季落叶为止叫生长期，从秋季落叶至来年春季萌芽前称为休眠期。

(一)根系生长

果树根系没有自然休眠期，在适宜条件下可全年生长。当环境条件不利时，有被迫休眠的现象。由春季起至秋末，一般根的生长有两个高峰：一个是在 6 月份前后，这时地上叶面积最大，光合效率高，土温适宜，根迅速生长，是全年发根最多的时期；以后随果实迅速膨大，花芽大量分化和部分秋梢开始生长，地上部消耗养分增多，加之土温升高，根的生长转入低潮。另一个高峰是秋季(9—11 月份)，花芽分化已具雏形，果实采收后，叶片制造的养分向地下回流，土温又较适宜，促进了根的生长。

影响根系生长的主要因子是温度，水分和通气状况。根系生长的最适土温是 14～26℃。

温度低时，水分扩散慢，不利于根系吸收；土温过高则使细胞受到伤害，木栓化加剧，甚至引起根系的死亡。土壤含水量是影响土壤温度、土壤通气、土壤微生物活动和土壤养分状况的重要因素，土壤含水量达田间最大持水量的 60%～80%，最适于果树根系生长。土壤缺水，根系首先受到伤害，削弱根的机能；土壤水分过多，则通气不良，影响根系呼吸，使根系窒息死亡，呈现“生理干旱”，促使落叶。同时，CO_2 和有害气体在根际周围累积，会引起根系中毒。因此，要保证土壤疏松通气。

（二）萌芽和开花

1. 萌芽

萌芽是指从芽开始膨大起，到幼叶互相分离和花蕾伸长时为止。萌芽是果树由休眠期转向生长期的一个标志。北方落叶果树萌芽所需温度较低，当日平均温度在 5℃以上、土温达 7～8℃时，持续 10～15 天即开始萌芽。柑橘类等原产于温暖地区的果树以及有些北方树种（柿、枣）则要求较高的温度，需日平均气温 10℃以上以及更长的时间才开始萌芽。天气干燥，气温较高，萌芽快而整齐；而阴雨潮湿，低温冷凉，则使萌芽持续时间长。

2. 开花

从花蕾的花瓣开始松裂，到花瓣脱落时为止称为开花期。开花期一般分为三个时期：

①初花期　全树有 5%的花开放。

②盛花期　全树有 25%以上的花开放。

③终花期　花全部开放到花瓣脱落。

树种不同，开花期要求的温度也不同。同一株树上，一般短果枝先开，中果枝次之，长果枝最晚；腋花芽比顶花芽晚开。花期持续时间长短与树种、品种和气候条件等有关。苹果花期 10～15 天，桃 5～11 天，枣 21～37 天，柑橘 5～9 天，枇杷最长可持续 100 天左右。干燥、高温气候，花期短；湿润、冷凉，花期长。具有早熟性芽的果树，如葡萄、金柑等，一年可多次开花。

（三）授粉和受精

花粉从花药传到柱头上称为授粉，精核与卵核的融合称为受精。多数果树开花后，必须经过授粉受精才能结实。果树中凡用同品种的花粉授粉的称为自花授粉，自花授粉一般结实率较低甚至不结实。因此，在果树栽培中，除自花结实的种类可以单品种栽植外，其余必须配置另外的品种作为授粉树；即使能自花结实的品种，如进行异花授粉，更能提高结实率。

单性结实和单性生殖：不经授粉或虽经授粉却未完成受精过程而形成果实的现象叫做单性结实。现代果树生产上常使用生长调节剂，诱导果实子房肥大，如用赤霉素处理巨峰葡萄可以获得无核葡萄。有些果树不经授粉受精，不但能形成果实而且还能形成种子的现象，称为单性生殖，或称为无融合生殖。如湖北海棠的某些类型就是不经过受精，含双倍染色体的卵细胞直接发育成胚。无融合生殖的实生后代，也和无性繁殖系一样，在遗传性状上是比较稳定的。另外，有些果树经过异花授粉受精后，果实或种子发生变化，表现出父本某些性状；这种由父本花粉直接影响所引起的变异称为“花粉直感”。在配置授粉树时应给予注意，例如，栗属植物中的日本栗作为板栗的授粉树，使得坚果涩皮不易剥离，品质受到严重影响，生产上应避免这种结果发生。

(四)果实发育

1.坐果和落花落果

经过授粉受精后，子房膨大发育成果实，生产上叫做坐果。坐果数与开花总数的百分率，叫做坐果率。从花蕾出现到果实成熟采收，有很多花和幼果中途脱落，这种现象叫做落花落果。一般苹果、梨等果树到采收能保留下来的果实仅占总花数的1%～30%，枣为0.2%～2%，葡萄为30%左右。在生产上，如果落花落果过多，不仅引起减产，而且造成有机营养的浪费。引起果树落花落果的原因很多，生产上常见的有：①授粉受精不良；②树体贮藏营养不足；③病虫危害；④药害；⑤自然灾害。生产上要强调加强肥水管理，培养树势、提高树体贮藏营养水平，这是解决落花落果的最根本性措施。

2.果实生长发育过程

从受精、子房膨大到果实成熟称为果实发育期。不同的树种、品种，果实发育期有一定的区别：樱桃45～50天，杏70～100天，桃70～190天，苹果60～200天，梨80～90天，枣95～120天，核桃120～130天。从受精后到果实成熟的整个发育期间，果实体积和重量可增长成千上万倍。一般葡萄品种大约可增长4 000倍，苹果可增长6 000倍。果实体积与重量的增加，主要是果肉细胞的数目、细胞体积和细胞间隙增大的结果，这与花期果肉细胞的数目以及后来的细胞分裂速度、细胞分裂持续时间长短、细胞体积大小有密切关系。在果树生产中，既要重视前一年夏秋的树体管理和当年早春的树体营养调节，使果枝粗壮，花芽饱满，增加花期前后细胞数目；也要重视当年果实生长发育过程中的营养调节，增大细胞体积和充实细胞内含物。

(五)新梢生长

凡是当年抽生，带有叶片，并能明显地区分出节和节间的枝条称为新梢；不易区分节间的称为叶丛枝。新梢生长可分为加长生长和加粗生长两个方面。在一定时间内加长和加粗生长的快慢，称为生长势。生长量和生长势是衡量果树生长强弱的标志。一般落叶果树新梢的加长生长可分为三个时期：

1.开始生长期

从萌芽展叶到迅速加长生长以前，主要依靠上一年贮藏营养供其生长，上年贮藏养分多，新梢开始生长旺盛，反之就弱。

2.旺盛生长期

随着春季气温上升，水分、养分运送迅速，枝条延长加快，叶片数量和面积增加也快。这一时期主要利用当年新梢制造的养分，如果肥水不足，不但影响生长，而且新梢还与幼果争夺水分、养分，引起落花落果，造成减产。

3.缓慢生长期

由于受到枝条本身生长节奏的限制和这一时期果实生长、花芽分化、根系生长的多重影响，新梢长至一定时期后，细胞分裂和生长速度逐渐降低和停止，顶端形成顶芽，转入成熟阶段。加长生长开始之后，加粗生长伴之而行。当新梢生长缓慢或停止生长后，加粗生长仍在继续进行。加粗生长是形成层活动的结果，形成层细胞不断分裂，向内形成木质部，向外形成韧皮部，使新梢不断增粗。生产上一般在生长前期(3—5月份)应加强肥水供应，促进枝叶生长，使其尽快形成较大的光合面积，提高有机物质的生产率。而在缓慢生长期，则应适当控制肥水，使新梢及时停止生长，增加营养积累，充实花芽，促进果实膨大和枝条成熟，为来年积累充足的树体贮藏营养。

（六）花芽分化

花芽分化是果树年周期中非常重要的物候期。花芽形成的数量和质量，决定了来年果实的产量和质量。果树的芽开始形成时，并没有叶芽和花芽的区别。在以后的发育过程中，由于营养物质积累和内源激素的作用，在适合的外界条件下，一部分芽的生长点发生质的变化，形成花原始体，并逐渐发育形成性器官而成为花芽。这种由芽的生长点发生一系列生理和形态的变化而最终形成花器官原基的过程，叫花芽分化。

花芽分化过程大体可分为三个阶段：

- 生理分化期　芽内生长点由叶芽的生理状态转向形成花芽的生理状态的过程。
- 形态分化期　由叶芽生长点的细胞组织形态转化为花芽生长点的细胞组织形态过程。
- 性细胞形成期　雄蕊和雌蕊的形成及成熟过程。

不同种类的果树，花芽分化的时期是不同的。

- 夏秋分化型　大部分温带落叶果树，它们多在夏秋新梢生长缓慢后开始分化，通过冬季休眠，雌雄蕊才正常发育成熟，于春季开花。
- 冬春分化型　如柑橘及某些常绿果树，它们是冬春进行花芽分化，并连续进行花器官各部分的分化，不需经过休眠就能开花，花芽开始分化至开花通常只需要 1.5～3 个月时间。
- 多次分化型　某些葡萄品种，一年内能多次分化花芽，多次开花结果。

花芽开始分化的时期，一般幼树比成年树开始晚；旺树比弱树晚。同一株树上，短果枝分化最早，中、长果枝次之，腋花芽最晚。夏季干旱，花芽分化早，持续时间短；夏季水分多，新梢停长晚，花芽分化迟，但持续时间较长。

1. 花芽分化的过程

果树的花芽分化过程，一般包括六个时期。

①未分化期　与叶芽生长点无区别。其标志是生长点狭小、光滑、原分生组织细胞排列整齐，形态相同，不存在异形变化。

②花芽分化期　生长点肥大隆起，为一扁平的半球体，生长点内出现疏松的髓部细胞；随后肥大的生长点四周有新的凸起形成，每一凸起即为一花蕾原始体。

③花萼形成期　每一花蕾原始体生长点的四周出现花萼原始体。

④花瓣形成期　在花萼原始体内侧，出现花瓣原始体。

⑤雄蕊形成期　在花瓣原始体内侧基部，先后出现雄蕊原始体。

⑥雌蕊形成期　雄蕊原始体形成后，中央部分呈杯状下陷，在杯状的边缘，出现雌蕊原始体。

2. 花芽分化的条件

果树花芽分化是一个复杂的生理过程，它是在内外条件综合作用下进行的，归纳起来主要有以下几个方面。

(1)一定的营养物质　花芽分化必须有充足的营养物质的供应，主要是树体内碳水化合物和含氮有机物的含量。

①光照不足或叶片脱落，碳水化合物积累很少时，不能形成花芽。

②施 N 肥过多，修剪过重，树体生长过旺，碳水化合物积累少，不能形成花芽。

③N肥供应和碳水化合物积累适量，树体生长中庸，花芽大量形成。

④N素不足，生长过弱，碳水化合物积累虽多，能形成花芽，但结果不良。如苹果、梨的短枝，夏季生长停止早，芽内养分积累早而多，容易形成花芽；中枝次之，长枝由于生长结束晚，养分分散，积累迟，不容易形成花芽。生产上采用长枝缓放，夏季摘心和环状剥皮等措施，都能缓和新梢生长，改变树体养分组成比例，增加积累，有利于花芽分化。

(2)内源激素的平衡　内源激素是在植物体内一定部位产生的，只需要微量就能对植物生长发育起到显著的影响。赤霉素(GA)产生于种子，对花芽的形成有抑制作用；细胞分裂素(CTK)产生于根尖，可以刺激花原基的发生与分化。脱落酸(ABA)由于和GA拮抗，引起枝条停长，有利于糖分的积累，对成花有利。乙烯和生长素都能促进花芽的形成。其实，在果树体内，同时存在着促进花芽分化的激素和抑制花芽分化的激素，对花芽分化的调节作用不仅仅是取决于单一激素种类的水平，而常常是有赖于各种激素的动态平衡。

(3)适合的外界环境条件

①光照　光是花芽形成的必需条件，遮光导致花芽分化率降低。苹果在花芽分化期间，如遇10天以上阴雨，分化率减少5.5%～8.1%。因为光照不仅影响有机物的合成，也影响到内源激素的活性和平衡；如强光、特别是紫外光，钝化IAA、诱发乙烯产生，促进花芽分化。

②温度　温度对果树的光合、呼吸、吸收和激素都有影响，因此对花芽分化发生作用。杏树在24℃下比16℃下多分化花芽40%左右；苹果花芽分化期的适宜日平均温度为20～27℃；草莓则要求5℃以上、10℃以下，才能形成花芽。

③水分　在花芽分化期适度的干旱有利于花芽分化，适量的水分供应则有利于花芽的进一步发育。

因此，生产上常采用大行距栽植方式，选用矮化砧木，限制树高，采用纺锤形结构，加大骨干枝角度以改善通风透光条件；新梢生长后期限制水分供应，喷施生长抑制剂，摘心、扭梢、拿枝软化、环状剥皮等措施以控制营养生长，改变养分代谢方向；疏花疏果，可降低赤霉素水平，以减少对花芽分化的抑制作用；增施肥料以利于提高光合效能，增加树体营养积累，提高花芽分化率。

(七)落叶和休眠

落叶和休眠是落叶果树在进化过程中，为了适应不良环境，使其不受冬季低温冻害而形成的一种遗传特性。这一时期自果树开始落叶起至第二年春萌芽前为止。

1.落叶

落叶是果树进入休眠的标志。温带果树的正常落叶，是在日照短于12小时、日平均气温降到15℃以下，叶内叶绿素逐渐分解，光合、呼吸和蒸腾作用进一步减弱，同时叶片中所含的氮、钾和其他营养物质大部分转移到枝芽中去，最后在叶柄基部形成离层而脱落。

果树落叶的早晚，与树种、品种、树龄树势、枝条类别及环境条件等因素有关。一般枣、杏、桃、梅等落叶较早，梨、葡萄次之，苹果较晚。成年树较幼年树落叶早，弱树较旺树早。同一株树上，树冠内膛和下部的较上部和外围的落叶早，短枝较长枝落叶早。同一枝条上，基部叶片较梢部脱落早。如果落叶期温度偏高，水分、氮肥偏多，落叶延迟。土壤过于干旱、水涝或严重病虫害，都能引起早期落叶。早期落叶是非正常落叶，降低光合产物积累，对当年果实发育、花芽分化及来年的结果和生长都能产生严重的负面影响。

2.休眠

果树的芽或其他器官生长暂时停顿，仅维持微弱的生命活动的现象称为休眠。果树进入休眠，体内积累贮藏的大量淀粉，随气温下降转化为糖，同时细胞内脂肪和单宁增加，细胞液浓度和原生质黏滞性提高，原生质膜透性减弱。所以树体贮藏养分愈充足，气温下降后，细胞液浓度愈高，原生质的黏滞性愈高，耐寒力相应增强。幼树停止生长晚，贮藏营养少，因而冬季不耐冻。根据其生理活性状态，果树休眠可分为自然休眠和被迫休眠。

自然休眠是指即使给予适宜生长的环境条件仍不能萌芽生长，需要经过一定的低温条件才能解除休眠而开始萌芽生长的休眠状态。落叶果树在冬季发生的落叶休眠就属于自然休眠。果树为了解除自然休眠而需要在一定的温度界限下经历的小时数，称为果树的需寒量。7.2℃是果树通过休眠的最高界限温度。一般北方落叶果树自然休眠期适宜的日平均温度大致在3～5℃；在此温度下，苹果和梨需1 200～1 500小时(12月上旬至翌年1月下旬)，杏、李、桃720～1 000小时（30～40天)，葡萄、核桃、枣1 600～2 100小时（70～90天)才能结束自然休眠。

自然休眠期内，温度升高，会延长休眠期；超过一定温度界限，不能通过休眠。如金冠、元帅苹果在南亚热带的攀枝花地区栽培，即使在海拔1 900米左右也因冬季温暖、休眠期低温不足，翌春萌芽开花参差不齐，落花落果严重。由此说明，冬季的暖温是决定落叶果树分布的南限，在落叶果树南移时尤需注意。

自然休眠通过后，若环境条件适宜，即可开始生长。此时，常因不利环境条件的限制，如低温、缺水等，使果树不能萌芽，仍被迫地处于休眠状态，叫做被迫休眠。在被迫休眠期，如温度回暖再转寒时，树体容易遭受冻害。生产上常采用树干刷白，早春喷水灌水，喷布生长延缓剂等措施，迫使果树继续休眠，避免早春霜冻。

三、果树器官间生长发育的相互关系

果树是一个完整的统一体，但它又是由许多器官组成的，各种器官又都有它各自的结构和功能，在果树的生命活动中起着不同的作用。但是，它们的活动并不是彼此孤立的，而是相互间存在着依赖和制约的相关性。

(一)根系和地上部分的关系

果树各器官的相互关系中，根系与地上部分的关系最突出。根系生命活动所需营养及某些特殊物质，主要是由地上部分制造和供应；同样地上部分生长发育所需水分和矿质元素，主要靠根系吸收供给。同时，根系能合成多种氨基酸、ATP、磷脂、核苷酸、核蛋白、激动素等物质，这些物质参与代谢与蛋白质合成，对生命活动极为重要。由于根系和地上部经常进行着物质交换和联系，所以它们之间存在着相互平衡的关系，俗语说，“树大根深”、“根深叶茂”即说明了这一关系。

当地上部遭到病虫危害、自然灾害或修剪不当后，地上部分与根系之间原有的协调关系遭到破坏，这时被破坏的器官很快形成再生作用，从而建立新的平衡。如地上部分重剪后，徒长枝大量发生；断根之后发生大量的新根，以利于恢复新的平衡状况。同时它们又是相互制约的，如地上部重剪以后、在新的平衡未建立以前，地下根系生长会受到暂时的抑制，吸收能力减弱，供给地上部的水分和养分减少，又反过来抑制地上部枝、叶的生长；因施肥伤根过多或根部积水，影响根的生长，都可以引起地上部分生长衰弱以致死亡。

枝叶和根系在生长量上常保持一定比例，称为冠根比（T/R）。冠根比的大小常依环境条件和树体状态而变化，如苹果的冠根比值在沙土地为0.7～1.0，而在壤土上则为2～2.5。因此，栽培上要维持同样大小的树冠，沙土地果园要比壤土地的根量高2倍以上。所以沙土地栽培果树，必须加强土壤改良，以促进根系生长。

地上部树冠与地下部根系在分布状态方面也有密切关系，比较明显地表现在地上大枝与地下大根分布的对应状态，即地上某一方位有一生长强壮的大枝，则在同一方位的土壤中，也有相对应的发达强旺的大根。地下某一方向根多根旺，地上同一方向也枝叶茂密。如果地上或地下某一大枝或大根受损，生长发育不良，其相对应的大根或大枝也必然地间接受损而生长发育不良，说明果树同一方向内根系与地上枝叶间养分输送是对应的。这就给施肥时确定部位、数量及整形修剪等管理工作提供了依据。

（二）营养生长与生殖生长的关系

这种关系主要表现在枝、叶生长和果实发育、花芽分化之间的关系，生殖器官的正常生长发育是建筑在营养器官的良好发育的基础之上。果树营养器官的健壮生长发育是高产、稳产、优质的前提。而营养器官本身的生长扩大，也需要消耗大量养分，因此两者常发生竞争养分和水分的矛盾。尤其是在不良的气候条件和管理不当的情况下，如干旱、雨涝、光照不足、土壤瘠薄、肥水过多或不足、修剪不当、病虫危害等，造成树体过弱，营养不良，或生长过旺，消耗过多养分，使生殖器官中的养分不够，造成落花落果严重，果实发育不良，花芽形成不好等情况而影响产量。反之，开花结果过多，消耗大量营养物质，削弱营养器官的生长，会使树体衰弱，光合效率降低，而影响产量和品质，抑制花芽形成。因此，生产上要求保证合理的叶果比，维持营养生长与生殖生长的平衡关系，才能达到高产、稳产、优质。

（三）各器官之间的相互关系

果树各器官是相互依赖、互相制约的，使果树的整体能保持协调和统一。

1. 叶和根

根系吸收水分决定于叶面蒸腾强度，叶的蒸腾强度又受根的吸水量的制约。如根吸水少时，叶面用关闭气孔减小蒸腾来调节；蒸腾强度大时，根加强吸水功能来达到平衡。

2. 果实和种子

果实中种子数目多，产生的生长素也多，能刺激果实发育，使果实形状端正、体积大。但种子产生的赤霉素能抑制附近枝条上的花芽分化，进而影响来年的产量，形成大小年结果现象。

3. 优势器官的抑制作用

果树的某些器官或器官的某个部分，在一定时期较其他器官或部分占优势，而对其他器官或部分的生长产生阻碍或削弱的作用。如能控制优势器官，就可促进劣势器官的生长。

（1）通常植株顶芽生长强旺，侧芽生长较弱或缓慢，有明显的顶端优势。如取掉顶芽，则优势下移，能促进侧芽的生长。修剪上常采用短截、摘心，以削弱顶端优势，促进分枝。

（2）根的顶端生长对侧根的形成有抑制作用，断根可促发侧根；苗圃中对主根性强的树种，进行移栽或断根处理，能促发侧根，提高苗木质量。大树结合深翻、施肥，对根系进行适当修剪，有利于促发侧根，增加根量，扩大吸收面积，促进地上部生长和结果。

四、一年内树体营养的变化规律

果树的生长、结果等一切生命活动的进行，都离不开营养物质。果树的营养来源主要有两条途径：一是通过叶片光合作用制造的有机营养，二是通过根系及其他器官吸收的无机营养。果树生物总量中，有机营养占90%～95%，无机营养仅占5%～10%。但有机营养的形成又离不开无机营养。所以，两种营养成分对果树都是非常重要的。

(一)一年内营养代谢类型的变化

果树在一年中营养代谢有两种基本类型，即氮素代谢和碳素代谢。在营养生长前期，以氮素代谢为主，此期对氮素的吸收和同化十分强烈，营养器官生长扩大快，消耗有机物质多，积累少，所以对肥水(特别是氮素)要求高。在前期营养生长的基础上，光合能力增强，积累增加，树体转入分化时期，此期氮素和碳素代谢都比较旺盛。后期则以碳素代谢为主，氮素代谢渐衰，主要是积累营养，为花芽进一步分化和来年的生长发育贮藏营养。这两种代谢是相互促进、互为基础的。春季的氮素代谢是以上年后期碳素代谢的积累为基础；而前期的氮素代谢扩大了营养器官，又为碳素代谢和进一步积累创造了条件。

果树两类代谢的消长变化，支配着营养水平的变化。常见的代谢失调主要有两种表现：一种是植株营养生长过旺，新梢生长期长，营养物质消耗多，积累少，使花芽形成受到抑制；另一种情况是树体衰弱，营养水平低，新梢生长不良，光合效率低，营养物质积累少，不利于花芽形成。所以在栽培上要注意观察果树的生长状况，根据树势强弱确定合理的管理措施，保证两类代谢的正常进行，使营养生长与生殖生长平衡增长，才能高产稳产。

(二)营养物质的分配与运转

果树体内营养物质的分配和运转的总趋势，是由制造器官(“源器官”)向消费器官(“库器官”)中运送。但在营养物质的分配和运转过程中，有以下几个方面的特性：

1. 营养分配的不均衡性

果树器官之间对营养物质有互相争夺的特性，因而运送到果树各个部分的营养物质是不均等的。一般是极性位置高、代谢作用强的部分得到的营养物质较多，生长旺盛；相反，部位低、代谢机能弱的部分得到的营养物质较少，因而造成了不同部分生长发育强弱不等的差别。在生产上为了平衡长势，促进发育，往往采取调整枝条角度、变换极性位置、调节负载量等方法，都是属于调整营养分配的有效措施。

果树对营养物质分配的不均衡，在不同的发育时期各有其特点。例如，在萌芽开花期，主要是花与叶的竞争；在幼果发育期，主要是新梢与幼果间的竞争；在花芽分化期，主要是果实与花芽的营养竞争，或过多过旺的枝叶生长与花芽果实的竞争。在营养水平低的条件下，矛盾常常激化，因而造成落花落果。植株旺长或生长势衰弱等现象，都会给生产带来不良后果。

2. 营养分配的局限性

果树各类枝条上的叶片数量不同，其同化产物的能力也不同；并且由于各器官与枝条的距离远近不同，因而使营养物质分配产生很大的局限性。

营养枝由于有较大的叶面积，光合能力强，其同化产物除供自身消耗外，还可运送到同一母枝上的其他营养枝、短枝和结果枝中，距离近的得到较多，远的较少。

长果枝也有较强的光合能力，它所生产的同化产物，运到果实中较多，运到着生的母枝中和其他枝中较少。长、中果枝同化物质在花芽分化期主要供应花芽分化，以后则贮藏于母枝中和运送到附近的短枝中。

短枝因叶面积少，制造的同化产物主要是留在本枝，外运很少；在果实迅速生长期，有少量运送到果实中。

所以，在整形修剪时，一定要注意各类枝条的合理配备，以利于营养物质的生产和分配。如长、中果枝多，营养枝可适当少些；中、短果枝多时，营养枝应适当增加。在衰老树上，营养枝少、短枝多的情况下，疏去部分弱枝和过多花芽，对改善保留下来的短枝的营养状况，有促进作用。

3.营养分配的集中性

果树营养物质分配和运转常因物候期的变化，其分配重点也有不同。一般在某一物候期，生长发育最快、代谢作用最旺盛的器官，所获得的营养最多，而其他器官则较少，这种集中分配营养的现象，常与这一时期生理活动旺盛的中心相一致，所以也称为营养分配中心。一般落叶果树一年内营养集中分配大体有四个时期：

①萌芽和开花　主要是利用上年贮存的养分，处于消耗阶段，养分集中供应开花，所以开花同新梢、新叶生长在养分需要上出现了矛盾。如花量过多，消耗大量营养，必然抑制新梢和根系生长，也影响了当年的养分积累；生产上可采取早春施肥、灌水和疏花等措施，以补充营养，促进抽梢，提高坐果率。

②新梢生长和果实发育　新梢生长和幼果发育，二者在时间上几乎一致，而且都要充足的营养，是养分分配比较紧张的一个阶段。此期营养集中供应果实和枝叶生长，如营养生长过旺，必然影响果实发育；如果实消耗过多，则枝梢生长明显下降。

③新梢停止生长和花芽分化　这一时期营养来源，主要是当年叶片的同化产物。此期新梢生长高峰已过，开始进入花芽分化、果实加速生长期。其养分的分配中心由新梢转到花芽分化，后期又由花芽分化转到果实生长，如果此期枝梢持续旺长，对花芽分化和果实发育都有很大影响。所以控制枝条的后期旺长，注意磷(P)、钾(K)肥配合使用，既有利于花芽分化，又可促进果实生长。

④果实成熟和落叶　这一时期营养生长已停止，当年同化营养除一部分继续向果实运送外，另一部分向树干、骨干枝和根系等贮藏器官运转，回流于果树体内，直至落叶。此时应保护好叶片的同化功能，防止叶片的早衰和早期脱落，为花芽的进一步分化，提高树体贮藏营养水平，保证来年的生长发育创造物质条件。

(三)营养物质的消耗和积累

果树各部分不断生长发育和进行呼吸作用，必须消耗大量营养物质。在环境条件不适宜或生长与结果不协调等情况下，往往会加大消耗，造成浪费。如干旱、高温会使呼吸作用急骤增强，营养消耗加大；光照过强，水分和二氧化碳供应不足，会影响光合作用的进行，增加消耗，减少营养物质积累；肥水施用不当，枝叶生长过旺，贪长不停；旱、涝、病虫危害，造成落叶和二次萌芽；修剪不当，冠内通风透光不良，无效枝叶多等现象，都会造成营养物质的大量消耗，积累减少，严重影响果树的生长和结果。

在果树生产管理中要设法促进营养的生产，减少消耗，增加积累。如加强肥水供应，促进前期营养生长、扩大有效叶面积，合理整形修剪、改善通风透光条件，加强病虫防治、延长叶片寿命，根据叶果比合理确定负载量等措施，均能提高光合效率，增加积累，减少消耗。

果树在秋季果实采收后，叶片仍在进行光合作用。此时其他器官的生长发育近于停止，气温降低，呼吸作用强度变弱，因而养分消耗少，是全年养分积累的重要时期。果树积累贮存的物质主要是碳水化合物(淀粉为主)、蛋白质及脂肪等，这些物质贮存于皮层、韧皮部、薄壁细胞及髓部，地下根部也贮藏较多。同时，叶片中的一部分氮（N）、钾(K)等成分，也在落叶前回流到枝干。因此，秋季树体内营养物质积累的多少，对其安全越冬及来年的开花、结果均有密切关系。

贮藏营养是多年生果树不同于一年生作物的重要特性。多年生果树的营养生长和生殖生长，往往在一年中重复进行，呈现多重性。贮藏营养的重要作用，不仅在于为生长发育提供物质基础，而且还可以调节供需关系和缓冲供需矛盾，使营养生长与生殖生长不至于因生长发育的多重性而引起各种生理活动的失调。因此，增强树势，提高树体贮藏营养水平，是衡量栽培水平高低的重要尺度。

第六节　果园土肥水管理

一、果园土壤管理

土壤是果树生长的基础，是养分和水分的源泉。土壤疏松，通气良好，微生物活跃，土壤肥力提高，有利于果树根系的发展。所以，把果树根系集中分布区的土壤，改造成适宜根系生长的活土层，是果园土壤管理的主要内容。

(一)果园土壤改良

果树在丘陵、山区、沙滩地上栽植较多，这些地方一般土壤瘠薄，结构不良，有机质含量低，不利于果树根系的生长发育；必须加以改良，才能使土壤中的水、肥、气、热得到协调。

国外良好的果园土壤，其有机质含量在3%～5%。按照北京市果园实施果树有机化栽培的要求，土壤有机质含量至少应在1.5%以上，才能生产出品质风味浓郁的安全精品水果。生产者鉴别的标准为1米^2 果园土壤上有15堆以上的蚯蚓粪。

1.果园土壤深翻熟化

果园土壤深翻，结合施入有机肥，是果园土壤改良的有效措施之一。山地果园，更应结合水土保持工程做好土壤的深翻熟化工作。

(1)深翻的作用

①改善果园土壤的结构和理化性状。果园土壤深翻后，团粒结构增多，土壤孔隙度增加，提高了土壤蓄水、保水能力，土壤空气条件得到改善，好气性微生物随之增多，活动加强，加速了有机质的分解，使难溶性营养物质转化为可溶性养分，提高了土壤的熟化程度和肥力。

②为果树根系生长创造了良好的环境条件。果园土壤深翻后，可以提高果树的抗旱性及避免极端的低温和高温对根系的危害。另外，深翻促进果树根类、根量增加，特别是吸收根量可增加3～6倍，总根量增加1倍。

③促进果树生长，提高产量。果园土壤深翻后，果树生长健壮，新梢长，叶大色深，花芽分化好，果树产量和果实品质提高。

(2)深翻时期　果园深翻以秋季果实采收后，结合施基肥进行为宜。这时正值果树叶片所制造的有机养分回流，有利于伤根的愈合和产生新根。深翻有助于冬季积雪；但对于冬季干旱地区，深翻后必须灌水，使土壤下沉，防止透风冻根。

(3)深翻的深度　在一般栽培条件下，果树根系不超过1米，故深翻深度以80～100厘米为宜，最浅不少于60厘米。另外，深翻深度还要考虑土壤结构和土质，沙地可浅，黏土可深；水源不足处宜浅，反之宜深。

(4)深翻的方法

①扩穴深翻　幼树定植后的头几年，逐年从定植穴的外缘向外挖宽 50～100 厘米、深 60～80 厘米的环形沟，把沟中的石砂、硬土淘出，填入好土和有机肥，直至株行间全部翻完为止。

②隔行深翻　即每隔一行翻一行，除树盘外，行内全部深翻，次年或数年再翻另一半。此方法优点是只伤害树体的一边根系，对果树的生长发育影响较小，且便于劳力的安排。此法适宜成龄果园。

(5)深翻注意事项

①保护好根系。俗话说"人怕伤心，树怕伤根"。为尽量减少损伤根系，在近树干处浅翻，向外逐渐加深，注意保护粗度在 1 厘米以上的大根，并避免根系暴露时间过长，防止风吹日晒。

②应注意表土与心土上下倒换。

③翻后应及时灌水，使土壤与根系密接。

④深翻与施基肥相结合。

现代果树栽培越来越不主张对初结果期以后的果树进行深翻，尤其是在矮化密植的果园。

2. 盐碱地土壤改良

(1)深沟高畦，引水洗碱　果园顺行间每隔 20～40 米挖一道排水沟，一般沟深 1 米、宽 1.5 米、底宽 0.5～1 米。排水沟与较大排水支渠相连，各种水渠均应有一定的比降，使盐碱能顺利地排出园外。有条件时，还可引淡水洗盐，直至土壤含盐量降至 0.1%左右为止，以后应注意生长期灌水压碱，防止盐碱上升。

(2)深耕并增施有机肥　有机肥除含有果树所需的营养物质外，还含有有机酸，可中和土壤的碱，改良土壤理化性质，促进团粒结构的形成，提高土壤肥力，减少蒸发，防止返碱。

(3)地面覆盖　地面覆草，能够阻止盐碱上升，覆草 15～20 厘米，可起到冬季保温防冻、夏季防晒保墒防盐碱上升的作用。

(4)营造防护林和种植绿肥　防护林可降低风速，减少蒸发，防止土壤返碱。绿肥能增加有机质，改善土壤理化性质。

(二)果园土壤管理制度

1. 幼年果园土壤管理

(1)幼树树盘覆盖　用作物秸秆覆盖，厚度在 1～20 厘米，还可用地膜覆盖。作物秸秆覆盖的时间在冬初进行，地膜覆盖的时间在初春土壤解冻时进行。

(2)果园间作　在果树行间进行，并且间作物要与果树保持一定的距离，结果树留够树盘，做到"以短养长，以园养园"。果园常用的间作物有：豆类(包括绿豆、黄豆、花生等)、薯类(甘薯、马铃薯)、药材(包括地黄、丹参、沙参、红花、丹皮、白芍、白菊花)、蔬菜(大葱、洋葱、蒜、白菜、菠菜、萝卜等)、瓜类(西瓜、甜瓜等)。

2. 成年果园土壤管理

(1)生草法　在果树行间播种禾本科、豆科及一些有经济价值的芳香植物等草种，隔一段时间可留茬刈割的土壤管理方法叫生草法。主要在肥水条件较好的果园应用。

(2)覆盖法　指用各种农作物秸秆、杂草、枯枝落叶或塑料薄膜进行地面覆盖。覆膜以秋季为好，它可延缓地温下降，延长根液流动时间，明显促进新根的产生，冬季起到保温防冻，春季可提高地温，减轻春旱。覆盖有机物宜在春末至夏初进行；还可采用上半年覆膜，下半年覆草。覆草可招致虫害和病害，使果树根系变浅等不利影响，甚至火灾，生产上应加以注意。

(3)免耕法　土壤不进行耕作。免耕法能保持土壤自然结构或状态，土壤有机质分解缓慢，有利于土壤结构的形成和恢复，且节省劳力，但它容易引起土壤冲刷。

二、果园施肥

肥料是果树提高产量和品质的基础，科学施肥是保证果树高产、稳产、优质、低成本和防止环境污染极其重要的环节，在实现果树产业化中居相当重要的位置。

(一)果树必需的营养元素

果树体内所含的元素种类多达 60 种以上。到目前为止，认为果树正常生长发育所必需的营养元素只有 16 种，分别为碳(C)、氢(H)、氧(O)、氮(N)、磷(P)、硫(S)、氯(Cl)、钾(K)、钙(Ca)、镁(Mg)、铁(Fe)、锰(Mn)、硼(B)、锌(Zn)、钼(Mo)、铜(Cu)。这 16 种元素中，有些元素在植物组织中含量比较多，如碳、氢、氧、氮、磷、钾、钙、镁、硫等，称为大量元素，而硼、氯、铜、铁、锰、钼、锌等元素在植物组织中含量很小，称为微量元素。

1. 主要元素对果树生长发育的作用

①氮　氮是组成氨基酸、蛋白质、核酸、磷脂、叶绿素、酶、维生素等的重要成分，在植物生命活动中起着非常重要的作用。

氮肥可促进营养生长，使幼树早成形，老树延迟衰老，提高光合效能，促进花芽分化，提高坐果率，增加果重，提高产量。缺氮时，叶色变黄，影响光合作用的进行与蛋白质的形成，枝叶量少，新梢细弱，落花落果严重；长期缺氮，降低果树的抗逆性，树体寿命缩短。但氮素过多，则造成枝叶徒长，营养生长过旺，花芽分化不良，落花落果严重，产量低而不稳，品质降低，抗逆性减弱。

②磷　磷是形成原生质和细胞核的主要成分，存在于磷脂、核酸、酶、维生素的物质中；它与氮素营养有密切关系，提高磷的含量，能有效地提高蛋白质含量。磷在生命活动旺盛的部分，如新根、新梢、种子中含量较多，与细胞分裂关系密切。

磷能促进花芽分化，提早开花结果，促进果实种子成熟，提高果实品质，增强根的吸收能力，促进物质转化，增强抗逆性。磷不足时，果树延迟开花，萌芽力降低，新梢和根系生长减弱，叶片变小，颜色变浅，绿色变为灰绿色，花芽分化不良，果实色泽不鲜艳，含糖量降低，产量下降，抗逆性减弱，甚至会引起早期落叶。但磷过多，会阻碍锌、铜的吸收，引起缺锌、缺铜症。

③钾　钾对植物淀粉、糖类合成、运转以及蛋白质、叶绿素形成有密切关系。

钾能促进光合作用，促进新梢成熟，提高抗寒、抗旱、抗高温能力。钾在果实中含量最多，能使果实肥大，提早成熟，色泽鲜艳，含糖量高，提高果实的品质和耐贮性。钾不足时，新梢和根系生长减弱，叶小、果小，着色差，品质下降，且易裂果。但钾过多时，会影响镁、锌、铁的吸收，从而出现缺素症。

④钙　钙是植物细胞壁的重要组成成分，能调节植物体中的酸碱度，起着平衡生理活动的作用。钙能使土壤溶液达到离子平衡，促进植物对氮、磷的吸收，还能减轻碱性土中钠、钾离子和酸性土中氢、锰、铝等离子的毒害作用，使果树能正常地吸收铵态氮，保持生长发育的正常。

缺钙时，根粗短弯曲，尖端不久死亡，新梢生长受阻，叶片变小；严重时枝条枯死，花朵萎缩。缺钙常使核果类果树发生流胶病和根癌病，苹果果实发生苦痘病、软木栓病、痘斑病、心腐病、水心病以及裂果，特别是高氮低钙情况下更严重。但钙过多，土壤偏碱易板结，使铁、锰、锌成为不溶性，不能为果树吸收而发生缺素症。

⑤铁 铁是多种氧化酶的组成成分，在叶绿素的形成中起催化作用。一般土壤中铁的含量较丰富，不会缺铁，但盐碱地常因钙的含量较多，使铁变为不溶性，不被果树吸收，在钾不足、地温低、土壤湿度大、通气不良等条件下，铁变为还原铁，果树也不能利用。果树缺铁时影响叶绿素的形成，幼叶失绿，叶肉呈黄绿色，叶脉仍为绿色，随着病情加重，叶脉也相继失绿变成黄色，故缺铁症又叫黄叶病。之后叶片上先出现棕褐色枯斑或枯边，逐渐枯死脱落，有时新梢尖端也枯死，树势衰弱，花芽形成不良，坐果率低。

⑥硼 硼能提高光合作用和蛋白质的合成，促进碳水化合物的转化和运输。在果树的花器中含硼最多，它能促进花粉发芽和花粉管的伸长，促进子房发育，提高果实中维生素、糖含量和果实品质，促进根系发育。缺硼会使根、茎生长点枯萎，叶片变黄，早期脱落，叶柄、叶脉质脆易折断，严重时根系变弱，枝顶小叶簇生，花芽分化不良，受精不正常。但硼过量，会对果树产生毒害作用，影响根系生长。

⑦锌 锌存在于碳酸酐酶中，与叶绿素形成、光合作用、呼吸作用有关，还和生长素的形成有关。它主要分布在幼叶及茎尖中，可以移动。缺锌时，枝叶、果实停止生长或萎缩，生长素含量低，新梢节间极短，叶片窄、质脆、小叶簇生，称小叶病，病枝花果少、小、畸形。沙地、盐碱地及瘠薄山地果园以及灌水次数多、伤根多、修剪重、重茬果园或苗圃均易发生缺锌症。

2.各种元素的相互作用

果树正常生长发育需要多种元素，而且各元素间有一定的比例关系。某一元素的增减，就会影响这种关系，导致另一元素的增减或减增，即相助或拮抗。如氮和钙、镁间就存在相助作用，而氮与钾、硼、铜、锌元素间存在拮抗作用。如过量施用氮肥，树体内钾、硼、铜、锌的含量就相应的减少；相反地，对苹果幼树施少量氮肥，叶片中钾素的含量就增多，且土壤溶液中氮素含量越少，对钾的吸收就越多，甚至导致树体内钾素过剩而呈现氮素缺乏症。磷素施用过量，不相应的增施钾、镁肥，则抑制果树对钾、镁的吸收。而钾素过多，对钙、镁的吸收就减少；相反地，低量钾肥可提高钙、镁的含量。所以，施肥须考虑元素间的相互作用，才能使施用的肥料充分发挥作用。

（二）施肥时期

1.确定施肥时期的依据

①根据果树的需肥时期及果树的营养状况 施肥能否发挥作用，关键在于果树的生理状态。如果对处于休眠期或大量结果后树体内严重缺乏生命活动物质（碳水化合物等有机营养）、或因某种原因根系受害，进行大量施肥非但不能被吸收，反而有害。果树体内的养分分配，首先满足生命活动最旺盛的器官，即生长中心。随着物候期的进展，分配的中心也随之转移。

苹果植株的氮肥营养分为三个时期，第一期从萌芽至新梢加速生长，即大量需氮期，此期氮的来源主要是贮藏氮，同时还取决于各类植株根系生长情况和吸氮能力；第二期从新梢旺长高潮后至果实采收前为氮素营养稳定期，此期各类植株的含氮量处于低水平；第三期从果实采收后到养分回流，根系中含氮量明显回升。由此可见，按物候期施肥最合理。

②根据土壤中营养元素状况和水分变化规律　一般果园春季土壤含氮素较少，夏季有所增加，钾素含量与氮素相似，磷的含量则不同，春季多，夏季少。同一季节不同田块土壤养分含量也不相同。此外，土壤营养物质含量与间作作物种类和土壤管理程度等也有关系。

土壤含水量与发挥肥效有关。土壤水分缺少，施肥有害而无利；积水或多雨地区易造成肥料养分淋溶流失，降低肥料利用率。因此，应当根据当地土壤水分变化规律或结合灌水施肥。

③根据肥料的性质和作用　肥料性质不同，施肥时期也不同。易流失挥发的速效性肥料或施后易被土壤固定的肥料，如碳酸氢铵、过磷酸钙等，应在果树需肥期稍前施入；迟效性肥料，如有机肥等，因需腐烂分解、矿化后才能被果树吸收利用，故应提前施入。

2. 具体施肥时期

(1)基肥　是较长时期供给果树养分的基础肥料，以秋施为好。一般早熟品种在采收后、中晚熟品种在采收前施用，宜早不宜晚。此期施肥的优点：一是正值根系第二次或第三次生长高峰期，有利于根部伤口愈合，并能促发新根，若能适量加入氮肥，效果更好。二是新梢停止生长或接近停止，叶功能正常，制造的营养物质以积累贮存为主，可提高树体营养水平，提高细胞液浓度，增强果树越冬性，可提高花芽质量，有机物能充分腐烂分解，开春可及时供根系吸收。三是有利于果园积雪保墒，提高地温，减少根部冻害。

基肥以迟效性有机肥为主，如厩肥、堆肥、垃圾、人粪尿、鸡粪等；过磷酸钙、骨粉等容易与土壤中的钙、铁等化合，根系不易吸收，可与上述有机肥混合堆积，经腐熟后再施用。基肥最好每年施用1次。

(2)追肥　成年树一般每年追施2～4次。

①萌芽前或花前追肥　果树萌芽开花期需要耗费大量养分，同时还要为树体贮存养分。如果树体营养水平低，氮肥供应不足，必将影响开花坐果和新梢生长。适量追肥可明显提高坐果率，促进新梢萌发和生长。这次追肥，若是老、弱或结果过多的大树，应多施；若为旺树，可少施或不施。

②花后追肥　落花后坐果期是果树需肥较多的时期，这一时期幼果迅速增大，新梢迅速增长，都需要氮素营养。追肥可促进新梢生长，增加叶面积，提高光合效能，减少生理落果。花前、花后肥可以相互补充，如花前施肥量大，花后也可不施。

③果实膨大和花芽分化期追肥　一般在生理落果后，花芽分化期施用。这一时期春梢停止生长或接近停止生长，花芽开始分化。追肥可促进花芽分化，增加花芽数量，提高花芽质量，加速果实膨大，既能提高当年产量，又为来年结果打下基础，对克服“大小年”有很好的作用。这次追肥要掌握好时期和用量，结果少和新梢尚未停止生长的初结果树，氮肥施用量要适当，避免二次生长，影响花芽分化。

④秋季追肥　宜在秋梢停止生长后及早施用，早、中熟品种可在采收后立即施肥，晚熟品种可在临近采收时施肥。这次追肥，主要是解决果树大量结果造成树体营养物质亏缺和花芽分化、养分积累的矛盾。及时追施氮、磷、钾比例适宜的肥料，可使果实增大，产量和品质提高，有利于花芽的发育和枝芽充实，延长叶片寿命和衰老，提高其光合作用，增加树体营养积累，提高树体营养水平。

(三)施肥方法

1. 土壤施肥

施肥效果与施肥方法有密切关系，而施肥方法又要与果树根系分布特点相适应，只有把肥料施在根系分布层内，肥料才能发挥最大效应。常用的土壤施肥方法有以下几种。

①环状沟施　在树冠外沿开环状沟，沟宽30～50厘米、深40～60厘米。将肥料施入沟中后，覆土填平。幼树根系分布范围较小，当用此法，每年随着根系扩展，逐渐扩大环形沟。若肥少，劳力不足，则可用半环状沟施，即每年挖半环施肥，分两年完成。

②放射状沟施　在树冠下顺水平根生长方向，离树干1米处开始，向外挖放射沟4～8条，沟的深度是里浅外深，宽度与环状沟相同，长度达树冠外缘，隔年更换开沟位置，以加大施肥面积。此法伤根较小，多用于成龄果园。

③条状沟施　在果树行间、株间或隔行开沟施入肥料，也可结合果园深翻进行。此法便于机械作业，但伤根较重。

④全园撒施　秋耕时将肥料均匀撒在地面，然后翻入土中。此法施肥较浅，仅15～20厘米，根系有趋肥性，易使主要吸收根系上浮土表，导致果树抗旱力减弱，可与放射状沟施交叉使用。成年果园或密植果园，适于此法。

2.根外追肥

又叫叶面施肥。将肥料配成一定浓度的溶液，亦可用动植物源营养液，直接喷洒到果树枝叶上。根外追肥有以下特点：①肥效快，能均匀地喷洒在各类新梢上，对新梢更为有利；一般喷后两小时即可被果树吸收利用。②用肥省，可减少肥料损失，提高肥效，避免了磷、钾、铁、锌、硼等在土壤中的固定作用，可结合喷药和喷灌进行。③根外追肥有促进光合作用，提高叶片的呼吸作用和酶的活力，改善根系营养状况，促进根系发育的作用。但它不能代替土壤施肥，而只能作为施肥的辅助手段，树体营养绝大部分仍要靠土壤施肥来供给。

根外追肥应在阴天或晴天的早晚进行，浓度过大会引起药害。

3.灌溉施肥

灌溉施肥是将肥料通过灌溉系统（喷灌、微量灌溉、滴灌）进行果园施肥的一种方法。灌溉施肥具有的特点和好处是：①肥料要素已呈溶解状态，因而比肥料直接施于地表能更快地为根系所吸收利用，提高肥料利用率。②灌溉时期有高度的灵活性，可完全根据果树的需要安排。③在土壤中养分分布均匀，既不会伤根，又不会影响耕作层土壤结构。④能节省施肥的费用和劳力。灌溉施肥尤对树冠交接的成年果园和密植果园更为适用。

灌溉施肥须注意的问题是：①喷头或滴灌头嘴堵塞是灌溉施肥的一个重要问题，必须施用可溶性肥料。②两种以上的肥料混合施用，必须防止相互间的化学作用生成不溶性的化合物，如硝酸镁与磷铵肥混用会生成不溶性的磷酸铵镁。③灌溉施肥用水的酸碱度以中性为宜，如碱性强的水能与磷反应生成不溶性的磷酸钙，多种金属元素的有效性会降低，严重影响施用效果。

4.施肥量

(1)确定施肥量的依据

①根据果树需肥情况　果树树种不同，需肥量不一样；例如苹果、葡萄需肥量大，而枣、杏等较耐瘠薄。品种间由于生长特性不同也有差别，不同砧木的嫁接苗吸肥状况也常不同，应在施肥量上加以调节。

幼树根系分布范围小且结果少，需肥量较成年树少。不同生育状况的树，施肥量应有区别，例如，生长势的强弱、结果量的多少都是决定施肥量的重要依据。

②根据土壤、气候等外界条件　土壤状况与施肥量有密切关系。基础好而肥沃的土壤，施

肥量可适当减少；瘠薄的山地、沙地果园除积极进行土壤改良外，必须配合多施肥，才能保证果树生长结果良好。此外，地形、地势、土壤酸碱度、气候条件的综合状况等，对施肥量都有影响。果园的栽培管理技术也是施肥的依据。

③肥料种类和施肥期　各种肥料中有效成分不同，施肥量应有区别。不同施肥时期的作用不一样，使用肥料的种类应区别对待。

(2)施肥量的确定　以前我国果园施肥量的确定大多是根据植株生长势、花芽形成多少、产量指数等，参考当地果园的生产经验施肥量，认为达到既能保证树势健壮，又能获得丰产要求，就是较合理的施肥量。随着科学技术的提高与普及，现已逐渐根据田间肥料试验、土壤分析和叶分析相结合的方法，对照各种需要元素的指标进行施肥，取得好的效果。分析叶片，不仅能查出肉眼见不到的症状，分析出多种元素的适量、不足或过剩，分辨出不同元素引起的相对症状，且能在病症出现前及早测知，可及时补充所需营养元素，因此是确定施肥量较科学的方法。根据国内外叶分析结果认为，氮：磷：钾的大致比例是2.5：1：3.5，因此一般情况下按照2：1：2或2：1：3的比例是较适宜的。根据生产中实际施肥量，每生产50千克苹果约需氮0.35千克，磷0.18千克，钾0.35千克。山东省苹果丰产园施肥标准较高，氮、磷、钾各为0.5～1.25千克、0.125～0.5千克、1.25千克，上述标准只能作为施肥的参考。

三、果园灌水与保墒

(一)水分与果树生长发育的关系

水是果树的重要组成部分，果树一切生命活动都与水有密切的关系。枝叶根等器官含水量约为总重的50%，新鲜果实为80%～90%。水是有机物合成的主要原料，合成的有机物又必须借助水运送到各个器官。水还能维持细胞膨压，调节树体温度。

果树所需的水分大部分是通过根系从土壤中吸收的，少部分由叶片吸收，吸收的水分95%以上用于叶片的蒸腾，而根系吸收水分主要又依赖叶片蒸腾作用产生的拉力。一般情况下，蒸腾作用愈强，拉力愈大，根系吸水力也愈强。这种蒸腾拉力还促使水分在树体内向上运输，从而保证各种生命活动对水分的需要。

土壤水分状况对根系的吸收影响很大。生长期中土壤含水量过低，土壤溶液浓度增高，根系吸水困难，从而引起新梢早期停止生长，叶片萎蔫，严重缺水后枯萎死亡。休眠期中果树蒸腾作用虽然缓慢，但土壤缺水时常引起“抽条”，加重冻害。水分过多，土壤通气不良，影响根系呼吸和吸收，严重时烂根以至整株死亡。

果树树种、品种、树龄不同，抗旱能力不一；枣、柿、板栗、杏、抗旱力最强，核桃、葡萄次之，苹果、梨、桃、柑橘抗旱力较弱。不同果树耐涝力也不同，葡萄、枣耐涝力强，梨、苹果中等，桃、杏、李的耐涝力最差。

(二)果园灌水

1.灌水时期

灌水时期应根据果树在一年中各个物候期对水分的要求，以及气候特点、土壤水分状况等来确定。果树生长前期，一般水分应充足，维持土壤最大持水量的80%左右，以保证新梢生长，开花坐果。后期要适当控制水分，维持土壤最大持水量的60%～70%，以保证新梢及时停长,使果树按时进入休眠,安全越冬。当土壤最大持水量低于50%～60%时,一般应进行灌水,灌水大致分为以下几个时期。

①萌芽至开花前灌水　此期土壤水分充足,可以促进萌芽和新梢生长,使开花整齐,坐果率提高,同时还可以减轻春寒和晚霜危害。

②新梢生长和幼果膨大期灌水　此期果树的生理机能最旺盛,若水分不足,则叶片夺取幼果水分,使幼果膨大受到影响。如果严重干旱,则影响根系的吸收功能,导致生长减弱,产量显著下降,因此,雨水不足则必须灌水。

③果实迅速膨大期灌水　此期也是花芽大量分化期,及时灌水不但可以满足果实肥大对水分的要求,同时还可以促进花芽分化,为连年丰产创造条件。

④果实采收后和休眠期灌水　此期果树进入营养物质积累阶段,养分贮存的多少与来年生长结果有密切关系。这时结合秋耕、深翻、施基肥充分灌水,能促进肥料较快腐烂分解,有利于根系吸收。土壤封冻前灌一次封冻水,能提高地温,减少冻害。

2.灌水量

一般最适宜的灌水量是果树根系分布层内的土壤湿度达到土壤最大持水量的60%～80%。苹果、梨等深根性树种,要求一次浸润0.6米深的土层,全年多次灌水量累计浸润土层达1.2米;桃等浅根性树种可稍浅,一次浸润0.4米深的土层,全年多次累计达1米左右。灌水量也可按下列公式计算:

灌水量=灌水面积×土壤浸润深度×土壤容重(田间持水量－灌水前的土壤湿度)

式中:灌水前的土壤湿度每次灌水前均需测定,田间持水量、土壤容重、土壤浸润深度等可每年测1次。计算的结果,可根据树种、品种、年龄时期、物候期以及日照、温度、风、干旱持续时间等因素进行调整。

3.灌水方法

①地面灌水　当前普遍采用的一种方法。方法简便,投资较少,但耗水量大,土壤易板结,盐碱地易返碱。具体做法有沟灌、畦灌、树盘灌、漫灌等,灌水后应及时松土保墒。

②地下灌水　地下埋设管道,每株树下管道上有许多孔眼,灌溉时水缓缓渗出,浸润土壤。优点是节约用水,耕作方便,不会引起土壤板结;但一次性投资大。

③喷灌　利用专门设备,将水压增加到一定程度后喷射出来,像下雨一般均匀落在果树上。其优点是:节省用水,土壤结构破坏较少;可调节小气候,避免低温、高温、干热(旱)风对果树的危害;还可喷洒农药及叶面追肥,也可以在地形复杂的山地果园使用;工效高,省劳力。但投资较大。

④滴灌　以水滴或细小水流缓慢流入果树根际土壤中的一种灌水方法。特点是:节省用水,比喷灌省水一半左右,提高产量,滴灌结合施肥,可以为结果树创造适宜的水、气、热、养分等条件;大幅度地提高旱地果园产量;适宜山地、丘陵地果园采用;省劳力。但投资较大。

(三)果园保墒

(1)积雪保墒　利用冬季积雪,增加土壤水分,可提高地温,使果树根系免受冻害。

(2)覆盖保墒　果园灌溉或降雨后,利用秸秆、杂草、农膜进行树盘覆盖,减少水分蒸发,稳定地温,减少杂草丛生。

第七节 果树整形修剪

一、果树的整形修剪

(一)概念

(1)整形 人为地把树体整理修造成一定的形状,使其形状符合其自身的生长发育特点。整形的目的是使主侧枝在树冠内配置合理,构成坚固的骨架,能负担起丰产的重量,并充分利用空间和光照,减少非生产性枝条,缩短地上部与地下部距离,使果树立体结果,生长健壮,丰产优质。

(2)修剪 对树体枝条进行剪裁(机械、化学、物理方法),凡是能够控制果树枝干生长的方法都可以称为修剪。修剪是调节果树生长与结果关系的措施,它除完成整形任务外,还应使各类枝条分布协调,充分利用光照条件,调节养分分配,以使果树早结果、早丰产、稳产丰产,延长盛果期和经济寿命。

(二)整形、修剪的意义

(1)可以使果树提早结果,控制营养生长向生殖生长转变。

(2)延长经济寿命,减少冻害及氧化,使枝条老化的速度减慢,改变了物质运输和分配,使生长结果均衡。

(3)提高产量、克服大小年现象。

(4)改善树体通风透光条件,使树冠中光照达有效光强以上,提高品质。

(5)减少病虫害,提高抗逆性。

(三)整形修剪的作用及依据

1. 整形修剪的作用

整形修剪可以调节果树与环境的关系,合理利用光能,与环境条件相适应;调节树体各局部的均衡关系及营养生长和生殖生长的矛盾;调节树体的生理活动。

(1)调节果树与环境的关系 整形修剪的重要任务之一是通过调节个体、群体结构,改善通风透光,充分合理地利用空间和光能,调节果树与温度、土壤、水分等环境因素之间的关系,使果树适应环境,有利于果树的生长发育。

(2)调节树体各局部之间的关系 果树植株是一个整体,树体各部分和器官之间经常保持相对平衡。修剪可以打破原有的平衡,建立新的动态平衡,向着有利生产者需要的方向发展。

(3)调节树体生理活动 修剪有多方面的调节作用,但最根本的是调节果树的生理活动,使果树内在的营养、水分、酶和植物激素等的变化,有利于果树的生长和结果。

2. 整形修剪的依据

(1)树体特征

①仁果类 高大乔木,长势强、有一定层性,宜修剪成“疏散分层形”。

②核果类 小乔木、干性不明显,宜修剪成“自然开心形”。

③灌木类 丛形整枝。

④藤本类 根据架形整枝。

(2)根据栽植密度确定树形

①稀植栽培→大冠分层、剪枝多。

②密植栽培→纺锤形、剪枝少、拉枝。

(3)栽培地点　光照好的阳坡，多留枝叶，充分考虑利用光能。

二、常用部分树形

(一)有中心干形

(1)主干形　由天然形适当修剪而成，中心干上主枝不分层或分层不明显，树形较高。

(2)疏散分层形　主枝5～7个，在中心干上分2～3层排列，一层3个，二层2～3个，三层1～2个，各层主枝间有较大的层间距，此形符合果树生长分层的特性。

(3)纺锤形　又名纺锤灌木形、自由纺锤形，由主干形发展而来。树高2.5～3米，冠径3米左右，在中心干四周培养多数短于1.5米的近水平主枝，不分层，下长上短。适于发枝多、树冠开张、生长不旺的果树，修剪轻结果早。

(4)圆柱形　与细纺锤形树体结构相似，其特点是在中心干上直接着生枝组，上下冠径差别不大，适用于高度密植栽培。

(二)无中心干形

(1)自然圆头形　又名自然半圆形。主干在一定高度剪截后，任其自然分枝，疏除过多主枝，自然形成圆头。此形修剪轻，树冠形成快，造型容易。缺点是内部光照较差，树冠内有一定的无效体积。

(2)自然杯状形　主枝在主干上一分为三，再三分为六，以后则直线延伸，在其外配置侧枝，为开心形。幼树主枝多，整形容易，枝量增加快，早期产量高。

(3)自然开心形　三个主枝在主干上错落着生，直线延伸，主枝二侧培养较壮侧枝，充分利用空间。此形符合桃等干性弱、喜光性强的树种，树冠开心，光照好，容易获得优质果品。缺点是初期基本主枝少，早期产量低些。

(三)树篱形

其特点是株间树冠相接，果树群体成为树篱。此形自然直立，无需篱架支撑，在密植条件下，解决了光照与操作的矛盾，有利于丰产优质和机械化操作。缺点是横向操作不便和空气流通不畅。此形是矮化密植的主要树形，其中常用的有自然树篱形、扁纺锤形等。

(四)篱架形

其特点是需设置篱架，以固定植株和枝梢，整形较方便。常用于蔓性果树。随着果树生产的发展，欧洲、澳洲和美国在苹果、梨等树种上广泛应用，我国近年来也有相当数量的发展，如棕榈叶形、双层栅篱形、Y形等。

(五)棚架形

主要用于蔓性果树，如葡萄、猕猴桃。但在日本梨栽培中，为防御台风和提高品质，也多采用。

(六)丛状形

其特点是无主干，着地分枝成丛状。主要适用于灌木果树。

三、修剪的时期和方法

(一)修剪方法及作用

果树基本修剪方法包括短截、缩剪、疏剪、长放、曲枝、刻伤、除萌、疏梢、摘心、剪梢、扭梢、拿枝、环剥等多种方法。

1. 短截

亦称短剪，即剪去一年生枝梢的一部分。短截可分为轻(剪掉1/4～1/3)、中(剪掉1/3～1/2)、重(2/3～3/4)和极重短截(留基部2～3个芽)，其反应随短截程度和剪口附近芽的质量不同而异。短截反应特点是对剪口下的芽有刺激作用，以剪口下第一芽受刺激作用最大，新梢生长势最强，离剪口越远受影响越小；短截越重，局部刺激作用越强，萌发中长梢比例增加，短梢比例减少；极重短截时，有时发1～2个旺梢，也有的只发生中、短梢。短截对母枝有削弱作用，短截越重，削弱作用越大。

2. 缩剪

亦称回缩，即将多年生枝(2年以上)剪短。缩剪反应特点是对剪口后部的枝条生长和潜伏芽的萌发有促进作用，对母枝则起到较强的削弱作用。

3. 疏剪

亦称疏删，即将枝梢从基部疏除。其作用是减少分枝，使树冠内光线增强。疏剪对母枝有较强的削弱作用，常用于调节骨干枝之间的均衡，强的多疏，弱的少疏或不疏。疏剪在母枝上形成伤口，影响水分和营养物质的运输，可利用疏剪控制上部枝梢旺长，增强下部枝梢生长。

4. 长放

亦称甩放，即一年生长枝不剪。中庸枝、斜生枝和水平枝长放，由于留芽数量多，易发生较多中短枝，生长后期积累较多养分，能促进花芽形成和结果。背上强壮直立枝长放，顶端优势强，母枝增粗快，易发生“树上长树”的现象。因此，不宜长放；如要长放，必须配合曲枝、夏剪等措施控制生长势。

5. 曲枝

即改变枝梢方向。一般是加大与地面垂直线的夹角，直至水平、下垂或向下弯曲，也包括向左右改变方向或弯曲。曲枝的作用是削弱顶端优势，有利于开张骨干枝角度，改善光照；减缓枝内蒸腾液流运输速度。生长素、类似赤霉素含量减少，含氮少而碳水化合物增多，乙烯含量增加。因而曲枝有缓和生长、促进生殖的作用。

6. 刻伤

在芽、枝的上方或下方用刀横切皮层达木质部，叫刻伤，宽度为枝条的1/8～1/5。时间6月下旬至7月上旬。春季发芽前后在芽、枝上方刻伤，可阻碍顶端生长素向下运输，能促进切口下的芽、枝萌发和生长。

7. 除萌和疏梢

芽萌发后抹除或剪去嫩芽为除萌或抹芽；疏除过密新梢为疏梢。其作用是选优去劣，除密留稀，节约养分，改善光照，提高留用枝梢质量。

8. 摘心和剪梢

摘心是摘除幼嫩的梢尖，剪梢包括部分成叶在内。其作用是削弱顶端生长，促进侧芽萌发和二次枝生长，增加分枝数；促进花芽形成。如苹果幼树，对直立枝、竞争枝长到15～20厘米时摘心，以后可连续摘2～3次，从而能提高分枝级数，促进花芽形成，有利于提早结果。葡萄花前或花期摘心，可显著提高坐果率。秋季对将要停长的新梢摘心，可促进枝芽充实，有利于越冬。

9.扭梢

在新梢基部处于半木质化时，从新梢基部扭转180度，使木质部和韧皮部受伤而不折断，新梢呈扭曲状态。苹果树进行扭梢后，枝梢淀粉积累增加，全氮含量减少，有促进花芽形成的作用。

10.拿枝

亦称捋枝。在新梢生长期用手从基部到顶部逐步使其弯曲，伤及木质部，响而不折。在苹果春梢停长时拿枝，有利旺梢停长和减弱秋梢生长势，形成较多副梢，有利形成花芽。

11.环状剥皮

简称环剥，即将枝干韧皮部剥去一圈。环割、环状倒贴皮、大扒皮等都属于这一类，只是方法和作用程度有差别；绞缢也有类似作用。环剥在枣、苹果、梨、柿、柑橘等多种果树上都有应用。

环剥暂时中断了有机物质向下运输，促进地上部分碳水化合物的积累，生长素、赤霉素含量下降，乙烯、脱落酸、细胞分裂素增多，同时也阻碍有机物质向上运输。环剥后必然抑制根系的生长，降低根系的吸收功能，同时环剥切口附近的导管中产生伤害充塞体，阻碍了矿质营养元素和水分向上运输。因此，环剥具有抑制营养生长、促进花芽分化和提高坐果率的作用。

(二)修剪时期

果树一年中的修剪时期，可分为休眠期修剪(冬季修剪)和生长期修剪(夏季修剪)。为提高修剪效果，除应重视冬季修剪外还应重视生长期修剪，尤其对生长旺盛的幼树更为重要。

1.休眠期修剪

指落叶果树从秋冬落叶至春季芽萌发前，或常绿果树从晚秋梢停长至春梢萌发前进行的修剪。由于休眠期修剪是在冬季进行，故又称为冬季修剪。

休眠期树体内贮藏养分较充足，修剪后枝芽减少，有利集中利用贮藏养分。落叶果树枝梢内营养物质的运转，一般在进入休眠期前即开始向下运入茎干和根部，至开春时再由根茎运向枝梢。因此，落叶果树冬季修剪时期以在秋季落叶后、春季树液流动前为宜。

2.生长期修剪

指春季萌芽后至落叶果树秋冬落叶前进行的修剪。

(1)春季修剪　主要内容包括花前复剪、除萌抹芽。花前复剪是在露蕾时，通过修剪调节花量，补充冬季修剪的不足。除萌抹芽是在芽萌动后，除去枝干的萌蘖和过多的萌芽；为减少养分消耗，时间宜早进行。

(2)夏季修剪　指新梢旺盛生长期进行的修剪。此阶段树体各器官处于明显的动态变化之中，根据目的及时采用某种修剪方法，才能收到较好的调控效果。如为促进分枝，摘心和涂抹发枝素宜在新梢迅速生长期进行。夏季修剪的关键在“及时”。夏季修剪对树生长抑制作用较大，因此修剪量要从轻。

（3）秋季修剪　指秋季新梢将要停长至落叶前进行的修剪。以剪除过密大枝为主，此时树冠稀密度容易判断，修剪程度较易掌握。由于带叶修剪，养分损失比较大，次年春季剪口反应比冬剪弱。因此，秋季修剪具有刺激作用小，能改善光照条件和提高内膛枝芽质量的作用。北方为充实枝芽以利越冬，对即将停长的新梢进行剪梢，也属秋季修剪。秋季修剪在幼树、旺树、郁蔽的树上应用较多，其抑制作用弱于夏季修剪，但比冬季修剪强。

第二部分
各　论

第二章　苹　　果

苹果的味道香甜，松脆爽口，老少皆宜。苹果含有的多种营养物质对人的身体有很好的保健作用。苹果的药用在唐代就有记载，具有益心气、和脾胃等功效。现代药学研究发现，苹果中含有抗氧化剂，所以每天吃1～2个苹果，能预防高血压、动脉硬化、胃肠病症、贫血和中风的发生。苹果中还含有利于儿童生长的锌，对增强儿童记忆力有特殊功效。

全世界约有93个国家和地区生产苹果。中国是苹果生产大国，种植面积（约221.62万公顷）和产量（3 160万吨）均占世界种植面积和产量的50%以上；同时，苹果也是我国水果种植面积最大、总产量最高的树种。我国虽有25个省（区、市）种植苹果，但主要集中在渤海湾、西北黄土高原两大产区，其栽培面积分别占全国总面积的38.8%和42.2%，产量分别占全国总产量的43.4%和35.4%。世界上保留的苹果品种（系）约7 500个，生产中广泛栽培的品种仅有100多个。欧美国家苹果栽培品种以元帅系、金冠系、澳洲青苹等传统品种为主，占栽培面积的40%；澳大利亚苹果新品种粉红女士所占比例高达43%；中国是红富士苹果种植大国，占苹果种植面积的70%以上。

我国的苹果生产与世界发达国家相比存在较大差距，具体表现及主要原因有：

（1）平均单产低、出口比例少　世界苹果单位面积平均产量较高的国家分别为瑞士（47.55吨/公顷）、法国（42.83吨/公顷）、意大利（38.8吨/公顷）、新西兰（35.93吨/公顷），而中国仅为16.27吨/公顷；我国鲜苹果年出口数量为110万吨左右，仅占全国苹果生产总量的1/30，平均价格为959美元/吨。

（2）土壤质量差　我国74%的苹果园种植在丘陵、沙滩和无灌溉条件的旱塬，90%的苹果园土壤有机质含量在10.0克/千克左右甚至以下；荷兰苹果园的土壤有机质含量平均在20克/千克以上，日本和新西兰等国家达到了40～80克/千克。

（3）种植方式　我国成龄苹果园90%以上采用乔砧密植（55～110株/亩）的栽培方式，树冠密闭、管理困难等因素抑制了产量增加和品质提高；欧美、澳大利亚、新西兰等国90%以上的苹果园均采用矮化密植栽培。

（4）肥水管理方面　我国果园有机肥用量偏少、化学肥料用量过多，施肥方法、时间和用量较盲目等造成土壤质量退化、有效养分比例失调和肥料利用率低等诸多问题。

（5）果园种植规模小，标准化程度低。

（6）果园装备不完善，机械化程度低，抵抗自然灾害（冰雹、晚霜）能力弱。

第一节　苹果主要品种和砧木

苹果属于蔷薇科苹果属，在果树栽培学上按照果实结构分类属于仁果类果树。

一、苹果主要优良品种

(一)皇家嘎拉

皇家嘎拉是新西兰 1971 年从嘎拉品种中发现的着色系枝变,我国 1980 年引入。果实性状与嘎拉类似,着色比嘎拉更为全面,彩色鲜红,有断续条纹,可达全红,颇为美观。果肉为黄色或淡黄色,肉质致密,稍硬而多汁,酸甜适口,香气浓,品质上等,可溶性固形物 12%~14%。8 月底至 9 月上旬成熟,果实较耐贮藏。

(二)津轻

原产于日本,果实扁圆或圆形,单果重 170 克。果面底色黄绿,果面着红条纹,光滑艳丽。果肉淡黄色,肉质细,松脆,风味甜而稍酸,微香,果汁多。北京、河北一带 9 月上旬成熟,采前有落果现象,果实耐贮性差。

(三)新红星

美国俄勒冈州发现的红星芽变品种,我国于 1966 年引入。果实圆锥形,果顶五棱突出,单果重 200 克左右。底色黄绿、全面浓红,着色均匀、色泽浓艳;果面富有光泽,含可溶性固形物 11%左右,品质上等。在华北地区 9 月中旬成熟,不耐贮藏。

(四)首红

美国华盛顿州发现的新红星芽变,我国于 20 世纪 80 年代初期引入。果实圆锥形,单果重 200 克左右,果顶五棱明显;全面浓红并有隐显条纹。肉质细脆,汁多,风味酸甜,有香气,含可溶性固形物 13%左右。

(五)乔纳金

美国纽约州农业试验站育成,我国于 1979 年引入。果实圆锥形,单果重 200~230 克。底色绿黄或淡黄,阳面大部有鲜红霞和不明显的断续条纹;果面光滑、有光泽,肉质松脆,汁多,风味酸甜,稍有香气,含可溶性固形物 14%左右,品质上等。乔纳金为三倍体品种,注意配置两个二倍体品种为授粉品种。在华北、西北地区于 10 月上旬成熟。

(六)红王将(红将军)

日本早熟富士的浓红型芽变,1992 年由日本引入我国。果实比富士略大,平均单果重 350 克,最大的 745 克,高桩,略呈长圆形;果个整齐,果实全面着鲜红色条纹,后期可转为片红或全红。可溶性固形物含量 15.3%,品质极上,优于富士。果实成熟期比红富士提前 1 个月左右。

(七)宫腾富士

富士苹果的一个芽变品系,1980 年引入我国。果实近圆形,果个大,果肉淡黄色,肉质细、脆、致密,风味微甜,有元帅的香味。果汁多,可溶性固形物 14.5%~15%。果实全面着色,浓红鲜艳,呈粉红色。果实极耐贮存,贮存后果肉不绵,果皮不皱。

二、苹果主要砧木

1. 海棠

又名八楞海棠、海红,扁楞海棠,原产河北怀来一带。冀北山区的地方种,在怀来、涿鹿有集中栽培,北京的延庆、昌平等地也有分布。其抗寒、抗旱、耐涝、耐盐碱,与苹果嫁接亲和力强，为苹果多抗性砧木。

2. SH6

山西果树所培育，以河南武乡海棠与国光杂交培育而成，枝条生长健壮、秋季落叶比较整齐，与基砧八棱海棠、平邑甜茶等嫁接亲和好；与富士、王林、嘎拉等品种嫁接亲和性、生长势均较好；是结果早、品质优、抗寒力强的矮化中间砧木。在北京和全国均有推广应用。

第二节 生长结果习性

一、根系

(一)新根发生的季节特点

苹果根系一年中大概有三次生长高峰，从早春萌芽前开始，吸收根首先开始活动，北京地区到 4 月底至 5 月上旬为苹果根系的春季发生高潮期，并且以吸收根发生为主，此时影响吸收根发生和活动的主要因素是树体贮藏营养和土壤温、湿度。提高树体的贮藏营养水平，早春利用地膜覆盖等措施提高地温和保持土壤墒情，可以促进春季吸收根的尽早发生，对早春的苹果树萌芽、展叶、开花和坐果十分有利。5 月上旬以后，生长根的发生量开始上升，到 5 月底至 6 月中旬春梢停止生长后达到第二次高峰期，一年中以此期的新根发生量最大，持续时间最长；此期正是苹果花芽分化期，旺长树、大年树需在此期追肥以促进花芽分化。8 月底至 9 月上旬是苹果新根发生的第三高峰期，此期正直秋梢停长，这个时间施用基肥对促进新根发生、提高树体贮藏营养具有重要的作用。

综合看来，一年中早春要使新根尽早开始活动，夏季新根量则应稳定保持在较高水平，秋季则要保证新根的发生，以提高树体的贮藏营养水平。

(二)根系的分布

根系的垂直分布受土壤结构和层性的影响。通常 80%左右的根系集中分布在 40 厘米土层内，尤其是在 20 厘米表层土壤分布更加集中。当年产生的新生吸收根 60%～80%集中发生在表层土壤。土壤表层(0～20 厘米)是根系的活性生长区域，温度、水分条件变化幅度大而不稳定，受外界环境条件影响大，生产中应对表层根系进行保护，为表层根系提供稳定适宜的水、肥、气、热条件，是苹果丰产、稳产的基础。中层土壤水肥气热因子比较稳定，利于根系的生长，在保护好上层根的前提下，应该更加重视中层根的土壤管理，果园的施肥、灌水等措施就重点在根系分布的中层，扩大根系的有效分布层。下层根系与地上部的长势有密切关系，根系分布太深，树体易旺长，树势难以控制；下层土壤透气性差，有效养分含量低，地上部器官就容易出现缺素、秋梢旺长、叶片发黄或早期落叶等现象。因此，果园土壤管理应以保护上层(0～20 厘米)、稳定中层(20～40 厘米)、拓展下层(40～60 厘米)为目标，使不同层次根系分布均匀合理，上、中、下层比例协调。

苹果新根的水平分布以树冠边缘部分新根的发生量较大；树干近周新根发生量小，易衰老。

二、花、果形成与发育

(一)开花结果习性

苹果的花芽为混合芽，多着生一年生短果枝的顶端，不同品种结果习性也有差异，有些早熟品种也有中果枝和腋花芽结果现象。苹果花是伞房花序，每个花序开花 5～8 朵，多为 5 朵，中心花先开，边花后开，以中心花的质量最好，坐果稳，结果大。疏花疏果时应留中心花和中心果，多疏边花和边果。每朵花由花梗、花托、花萼、雄蕊和雌蕊几部分组成。芽子萌动后先发叶后开花，并从果台上抽生副梢，果台副梢抽生的多少、长短随品种和结果母枝的营养条件而异。苹果花芽的萌发开花时期与温度和湿度有密切关系，在日平均气温达 15 度以上时，多数品种相继开花。单花的寿命 2～6 天，一个花序 1 周左右，整个花期为 10～15 天；苹果花芽的萌动开花过程，大体可分为芽体膨大、开绽、花序露出、花蕾分离、初花、盛花和谢花等几个阶段，苹果的品种不同，花芽的萌发时期也不同，同一品种因树龄和营养状况不同，花芽的萌发时期也有差异。

(二)花芽分化

花芽分化是苹果树年生长周期的重要生命活动之一，花芽分化的数量和质量直接影响果树的产量。而苹果花芽的分化又与品种、树龄、树体营养的积累，激素水平及外界温度、光照、水分及氮素供应有关。苹果花芽分化过程，可分为生理分化期，形态分化期和性细胞形成期。生理分化期一般在 6 月中旬至 9 月底，其开始时期是芽内生长点发育到一定阶段后发生质变，最先开始在短果枝上；形态分化期始于生理分化期开始后的 2～3 周，从生长点花的原始体出现到花萼、花瓣、雄蕊及雌蕊的形成，时间在 6 月中旬至 12 月；性细胞主要是在第二年春季发芽以后才形成，这一时期，如果营养条件和气候条件差，很容易引起性器官(雄蕊及雌蕊等)的发育不全或退化。

(三)果实发育

苹果开花后经授粉受精而形成果实，叫“坐果”。苹果的果实是由子房和花托发育而成的假果，其中子房发育成果心，花托发育成果肉，胚发育成种子。果实的体积膨大，前期靠细胞迅速分裂的细胞数目的增多，后期靠细胞体积的膨大。果实体积的膨大，中期到成熟之前较快，初期和末期较慢，果实重量以成熟前一个月增长最快。果实发育期一般早熟品种为 65～87 天，中熟品种为 90～133 天，晚熟品种为 137～168 天。

第三节　苗木培育与果园建立

一、苹果苗的培育

(一)乔砧嫁接苗的培育

乔砧嫁接苗是将苹果品种的枝或芽嫁接到砧苗上经过两年而形成的新植株苗木。

1. 苗圃地的选择及准备工作

育苗前首先要选择苗圃地和做好准备工作，才有可能培育出健壮的苗木，适应生产发展的需要。

苹果育苗地土层应当深厚，一般以沙质壤土较好。

深耕施肥是苹果育苗前的主要工作之一，苗圃地一般深翻 20～40 厘米；应结合深翻，每亩施入腐熟的农家肥 5 000～10 000 千克，草木灰 50 千克做底肥。播种圃精细整地，地表 10 厘米以内不能有较大的土块。

培垄做畦利于苗木管理,平邑甜茶、海棠等小粒种子,通常用平畦育苗;畦宽 1.2～1.8 米,畦长依地势而定,一般 25～30 米,埂高 5～10 厘米,做畦时要留出步道和灌水沟。地势低洼,土质黏重,但灌水条件好的地方,亦可采用高畦育苗,以利于排水和提高地温,便于幼苗出土和起苗。

2. 实生砧木苗的培育

通过种子繁殖的砧苗,叫实生砧苗。实生砧苗培育主要包括种子采集和保存、种子层积处理、播种和幼苗管理等环节。

北京地区播种时期以春播为主,一般在 3 月下旬至 4 月上中旬播种;播种量以单位面积生产一定数量砧苗的用种量。可用下列公式求得:

播种量(千克/亩)=计划成苗数/[每千克种子粒数×种子发芽率(%)×种子纯洁率(%)]

实际播种量应高于计算值,因为还需考虑播种质量、播种方式、田间管理以及自然灾害等因素造成的损失。

常用播种方法有两种,露地直播和塑料小拱棚床播。

3. 苗木嫁接与管理

苗木嫁接是将苹果优良品种的枝或芽嫁接到砧苗上形成的新植株苗木。

(1)嫁接前的准备工作　嫁接前要确定嫁接品种、选择接穗及接穗贮运和保存。一般从良种母本园无检疫对象、生长健壮植株的树冠外围,选择生长充实的发育枝作接穗。生长期嫁接,最好随采随接,采下枝条应立即剪去叶片,叶柄剪留 1 厘米长,便于芽接时操作和检查成活。嫁接前 3～4 天灌一次水,锄一次草,以利于嫁接和愈合。

(2)苗木嫁接　实生砧木苗距地面 10 厘米处直径达 0.5 厘米以上,即可嫁接。嫁接时期应在砧木和接穗易离皮时进行,北京地区一般在 8 月中旬至 9 月上旬进行;嫁接方法主要以"T"字形芽接为主,具体方法是:嫁接时用刀在接穗芽上方 0.5 厘米处横切一刀,深至木质部,然后用刀由芽下方 1.5 厘米处倾斜削一刀长约 2.5 厘米,取下芽片,在砧苗距地面 5 厘米以下光滑处切成"T"字形,深至木质部(切得过深会引起接芽当年萌发,冬季受冻),剥开皮层插入接芽,要求芽片上端与砧木横切口对齐顶紧。用塑料条由下至上绑缚,露出叶柄,绑紧包严。

(3)嫁接后的管理

①检查成活、补接和解绑　芽接后 10～15 天即可检查成活,凡芽片新鲜,叶柄一触即落表明已成活。没有成活的苗木及时补接,然后解绑,在冬季干燥寒冷地区可推迟到第二年春季解绑。

②剪砧、除萌　芽接成活的苗木于春季萌芽前,将接芽以上 1.0 厘米的砧木部分剪除,待芽子生长到 15 厘米后再剪留残桩,可以保证苗木生长不倾斜。剪砧后要及时抹除砧木萌芽和萌蘖,越早越好,以保证接芽苗健壮生长。

③春季补接　对于补接未成活的苗木,在春季可以枝接的方法进行补接。枝接时期主要在春季树液开始流动接芽尚未萌发期间进行,枝接方法较多,常用的有劈接、双舌接和带木质芽接等方法。

(4)苗木田间管理　及时除草松土增加地温,促进苗木根系发育。5～6 月份追施尿素,每公顷 150 千克左右,施后及时灌水。7 月份以后宜进行叶面喷肥,促使苗木充实健壮。苗木迅速生长的 5～7 月份要及时灌水。9 月份以后要控水,伤止苗木贪青徒长。注意防治卷叶虫、蚜虫和早期落叶病等。

(二)矮化中间砧苗木培育

矮化中间砧苗木是以实生砧作基砧(又称根砧),其上嫁接一定长度的枝段作中间砧,在中间砧上嫁接苹果品种的成苗,称为矮化中间砧苹果苗;尚未嫁接苹果品种的砧苗,称为矮化中间砧苗。首先在普通砧木上嫁接矮化砧芽(枝),待秋季(8月上旬至9月初)在矮化砧新梢上每隔30~35厘米,嫁接上一个苹果品种的芽,第二年春季,把嫁接成活的苹果品种芽连同矮化砧段(保持30厘米左右)剪下,嫁接到普通砧上,这样两年可育成矮化中间砧苹果苗。

二、果园建立

(一)栽植前的准备工作

1. 确定品种与栽植密度

根据市场需求、当地交通条件、气候特点和经济状况,确定将来有发展前途的优良品种,早、中、晚熟品种及早期效益与长远利益应统筹安排;早、中、晚熟品种比例:早熟:5%;中熟20%~25%;晚熟:70%~75%。

根据选用的品种和砧木类型,以及土壤条件确定合理的栽植密度,生产常用的栽植密度如下:

乔化型(株行距):3米×4米,3米×5米,4米×6米。

短枝型(株行距):2米×4米,3米×4米,3米×5米。

矮化中间砧(株行距):2米×3米,2米×4米,3米×4米,3米×5米。

矮化砧、短枝型(株行距):1.5米×3米,2米×3米,2米×4米。

2. 授粉树的配置

主栽品种和授粉品种果实经济价值相仿时,可采用等量成行配置,否则实行差量成行配置(一般为(3~4):1,最多不超过8:1)。同一果园内栽植2~4个品种,如果主栽品种是3倍体品种,果园中至少要栽3个品种。不同品种的授粉组合如表2-1所示。

表2-1 苹果品种的适宜授粉组合

主栽品种	授粉品种
富士(乔化)	元帅系、津轻系、王林、千秋、阳光、美国8号、嘎拉
短枝富士	首红、短枝红星、嘎拉
乔纳金系	元帅系、王林、千秋、富士
王林	富士、千秋、澳洲青苹、嘎拉
元帅系(乔化)	金冠、红玉、王林、富士、千秋、嘎拉
元帅系(短枝型)	短枝富士、王林等
津轻	元帅系、红金、嘎拉、红玉、富士
陆奥	元帅系、津轻系、千秋、红星
早捷	首红、新红星、金帅
嘎拉	富士、金帅

3. 挖栽植坑(沟)

确定栽植密度后,用标杆、测绳放线,定点标记,确定栽植穴(沟)的位置。如果挖栽植坑,坑的长、宽、深规格最好在 0.8～1 米以上，如果土壤下部有粘板层，一定要打破。在黏土或沙土地，最好采用挖宽、深 0.8～1 米的通沟。把挖出的表土堆放在穴外的一侧，底土堆放在另一侧，以加速底土风化。春季栽植的果园，于次年 3 月上旬进行回填。回填前，有条件的果园，在土壤底层放入 20～30 厘米的秸秆（玉米秸、麦秸），再按每株加入 100～200 克尿素，底土填入下层，至坑深的 80%～90%为宜，然后用大水浇坑（沟）。当水分渗透后不粘铁锹时，每坑施用腐熟的优质有机肥 30～50 千克，并与表土充分拌匀（纯鸡粪：每穴施 30 千克或圈肥每穴施 50 千克）回填栽植坑（沟）内，并略高于地面 5 厘米左右。

（二）栽植技术

1. 栽植时间

苹果常用的栽植时期有秋季栽和春季栽二种，北京地区多春季栽植。秋栽是苗木从落叶后到土壤封冻前栽植，这时由于土壤温度较高，墒情较好，栽后根系伤口易愈合，有利于根系恢复和发生新根。一般栽植成活率高，缓苗期短，萌芽早，生长快。春栽是在土壤解冻后到萌芽前进行，与秋栽苗相比，缓苗期长，发芽迟，生长慢。

2. 栽植技术

从栽植穴中挖出部分湿土，成一个长、宽、深分别为 30～30 厘米的坑，把苗木放入定植穴中，伸展根系，纵横方向对齐，再开始埋土，土中每株可混入 50～100 克磷肥和尿素，但不宜过多，防止烧根。也可以在苗木根系周围 10～15 厘米处混入 1/3～1/2 腐熟有机肥，苗木根系生长后可以充分利用土壤营养，促进苗木早期生长。在埋土过程中，用手轻轻把苗木稍向上提动 2～3 次，使根系充分舒展并与土壤密接；最后用脚踏实，靠苗干近处轻踏，远处稍重。栽植深度保持根颈处与地面平行以上，保持土壤沉实后与原来苗圃的入土位置相同。

（三）苗木栽植后的管理

1. 浇水、覆盖黑地膜

果树栽植后，立即浇透水分，使根系与土壤充分接触；灌水不易太多，浇透为准，过多造成早春地温低。待水分渗下后、土壤田间持水量达 60%左右（用手握成团，松开就散）时，及时进行地膜覆盖，每株至少覆盖 1 米^2 的地膜。地膜以黑色最好，可以提高地温，保持土壤水分，防止杂草生长。

2. 定干和树干保护

果树苗木栽植后要及时定干，定干高度一般为 80～120 厘米，剪口下 20～30 厘米整形带内要留饱满芽发枝作为主枝用。芽的方位选择当地早春逆风方向。如果计划培养纺锤形的树形，定干后最好应用抠芽和刻芽的方法，抠除第 2～4 个芽；刻芽主要是用钢锯条距地面 80 厘米开始，从下向上每隔 15～20 厘米在芽的上方双刻两下，深入木质部，这样可以促进下部芽的萌发和树形的早期培养。

定干后对伤口处和树干涂上伤口愈合剂，然后再对树干套 6～10 厘米宽白色塑料桶膜，将苗木自上而下套住，上、中、下部用绳扎紧。当芽伸展贴到塑料时，首先用小刀或烟头在芽的下方开小口通风。切忌直接从上面把绳解开放风，随着风进入塑料桶内，放风口不断增大，待叶片充分展开，气温稳定后及时除袋、解除扎绳，防止除袋过晚烤伤新梢。

3. 树体夏季管理

当新梢生长到 15～30 厘米时，用两头带尖的牙签把新梢与主干撑开，角度 80～90 度。此方法操作简便、省时省工、开张角度效果好。及时抹除砧木萌蘖和主干离地面 60 厘米以下的萌芽。

第四节　土肥水管理

一、苹果园土壤改良与管理

土壤改良就是把土壤改良成符合果树根系生长需求的环境条件，土壤保持固相（土壤）50%，气相（空气）25%，液相（水）25%。土壤有机质含量在 3%以上。

土壤改良的方法较多，主要有生草栽培法、覆盖栽培法，深翻熟化增施腐熟有机肥，果园增施碎木屑、矿物质等。

1. 果园生草法

苹果树间播种一年生或多年生牧草，或利用自然生长的杂草等栽培方法叫生草栽培法。生草栽培的方法有自然生草和人工种草法。自然生草法是利用果园自然生长的杂草，其优点是不用人为处理，缺点是效果较差，10 年间有机物的含量才能提高 1%左右。种植草法是人为的方式种植利于改良土壤、增加土壤肥力的专用草类；种草种类有牧草和麦、黑麦等种类，牧草用草主要有高酥油草、意大利黑麦、红三叶草、白三叶草等，特别是三叶草、紫花苜蓿、黄豆和豆科类牧草具有固氮菌作用，可以增加土壤氮含量；另外，牧草类大部分为多年生，一年种植，多年收获，抗病能力强，是非常好的生草种类。麦、黑麦秸秆较高、根比较深，秋天播种，第二年夏天 4—5 月份翻倒在地里，可以调节土壤的水分，向土壤供应大量有机物，提高土壤有机质含量等。生草栽培也存在一定的问题，主要有草与果树争夺养分、水分，解决方法是经常把草割掉，维持少的叶面积。

2. 覆盖栽培法

覆盖栽培法就是把稻草、麦秸、大麦秸、草、落叶、锯末、黑色塑料薄膜等材料盖在树盘下的一种栽培方法。果园覆盖可以降低土壤水分的蒸发，减少果园灌水的次数，并能节约用水，还可以防止杂草丛生及与果树争肥、争水。果园覆盖可以保持水土、维护土壤的良好结构，增加土壤通气透水性和保肥保水能力。同时可以减轻夏季高温和冬季寒冷对根系的伤害等。但是，覆草中有些问题应该高度重视，首先，覆草厚度要足，第一年覆草厚度要在 15～20 厘米以上；多雨和低洼或黏重土壤果园尽量不覆草，可以采用挖沟埋草起垄的方法；第一次覆草时间最好在 5—6 月份后雨季来临前进行，以后每年增加 5～10 厘米，切忌在早春覆草或夏季覆草、冬季撤草；覆草后注意防火。

3. 深翻熟化、增施有机肥

深翻可改良土壤的理化性状，促进土壤团粒结构的形成，尤其对改良土壤深层理化性状效果更显著。经过深翻后，土壤中的水分和空气条件得到改善，增强土壤的透水性和保水能力，提高土壤熟化程度，增加土壤中的微生物种类和数量，促使难溶性营养物质转化为可溶性养分，相应地提高了土壤肥力。常见的深翻方法主要有深翻扩穴等方法。

深翻扩穴自幼树定植成活后开始，每年在栽植穴外缘向外扩展 60～100 厘米，深度 40～60 厘米，并结合增施有机肥，每年或隔年逐渐向外扩大树盘。深翻的方法有隔行或隔株深翻和全园深翻。隔行或隔株深翻适用于大面积的果园，如果分两次深翻，每次伤根较少，对果树生长有利，也便于机械化操作。生产中最好应用深翻扩穴结合放入有机肥的方法，可以逐年改良土壤。

二、苹果园施肥技术

施肥可补充苹果树体内各生长发育阶段中营养的需要，并能调节各营养元素间的平衡，无公害苹果园施肥以提高土壤有机质含量为中心，重点增施有机肥。有机肥与无机肥相结合，按照控氮、稳磷、增钾的原则科学、适时、适量追施化肥；重视微量元素的补充。施肥原则以有机肥为主，化肥为辅的原则，以农田土壤中养分输入输出相平衡的原则，农家肥及人畜粪便应以腐熟达到无公害应用标准的原则，保持或增加土壤肥力及土壤微生物活性。所使用的肥料不应对果园环境和果实品质产生不良影响。

（一）有机肥的施用

我国大多数苹果园有机质不到1%，部分果园甚至更低，远达不到果树优质丰产土壤营养水平的要求，必须增施有机肥。

1.有机肥的施用时期

有机肥主要做基肥使用，施基肥最适宜时期是秋季（当年新梢停长后至落叶前1个月）。

2.有机肥的施用方法

苹果园施有机肥方法以施入地下为主，集中在根系分布层内，尽量不用土层表面撒施，可以提高肥料的利用率，具体方法有：

（1）环状（轮状）施肥　环状沟应开于树冠外缘投影下向内20～30厘米内，沟宽30～40厘米、深40～50厘米，施肥与土壤充分混合并及时覆土。适于幼树和初结果树，太密植的树不宜用。

（2）放射沟（辐射状）施肥　在离树干20～30厘米处向外到树冠外缘投影下向内20～30厘米开梯形沟，沟的宽度、深度自内向外从20厘米逐渐扩大40厘米，沟的条数由肥料多少而定，一般4～6条。此方法可以改良树冠下部土壤，促进新根生长和吸收肥水，同时可以复壮树冠内膛枝条生长，它适于成年大树，第二年施肥时，沟的位置交错进行。

（3）条沟施肥　在果树行间顺行向开沟，每边开一条，随开沟随施肥，及时覆土。此法便于机械或畜力作业，国外许多果园用此法施肥，效率高，但要求果园地面平坦，条沟作业使流水方便。

3.有机肥的施用数量

为了保持果树的正常生长，对不生草栽培的果园，一般每亩按每2 000千克苹果放入2 000～3 000千克有机肥的原则进行施用，最好使土壤有机质含量在3～5年内提高到3%以上，然后才能降低有机肥的施用量。

（二）化肥（追肥）的施用

长期施用化肥会造成土壤地力下降，水土流失严重，微生物种类、数量减少，活性降低，营养元素平衡失调，果实品质下降，污染环境和增加能量消耗等。当有机质分解形成的矿质元素和来自土壤、空气、雨水的矿质元素不能满足果树生长、产量和质量需要时，合理增施化肥是完全符合自然规律的，也是非常有必要。在有机质充分归还土壤的前提下，即适时、适量施用化肥，调节营养平衡等是苹果优质生产的关键技术措施。

1. 适当追施氮肥

氮是果树生长与结果的基础，在一定限度内增施氮肥可以明显地改善叶片的光合性能，增进树势和产量。但超过限度易引起枝叶旺长，难以成花，果实品质下降。而且大量施氮后因根系的吸收能力有限，多余的养分被淋溶损失，造成肥料的极大浪费，甚至一次施用量太大而发生肥害现象。因此，不可盲目大量投入。氮肥的适宜用量应根据土壤的肥沃程度、保肥能力及树体类型综合考虑确定。一般1～2年树，每次每株可追尿素50～100克，3～4年生树150～200克，5～6年以后进入结果期的树体，单株树体的大小和负载量各异，不宜再以单株来计算施肥量，一般每亩每次追肥不可超过15千克尿素，每亩每年的尿素用量在30～45千克。

2. 因树追肥

果树根系吸收养分以后，养分分配受营养中心的限制，即养分优先运输到代谢最活跃的部位，而且进一步促进这个部位的生长发育。如新梢旺长时追肥，肥料多进入新梢旺长部位，而且进一步促进旺长，而梢叶停长后，旺长部位的中心优势减弱或消失，追肥的养分进入各器官的差异减少，分配比较均衡，对树冠的弱势部位（如短枝）辅养作用就相对大些，有利于芽的分化。所以树体长势不同，花果量不同，施肥的目的也就不同，施肥的时期也不应相同，施肥必须与植株类型相结合。生长较弱的树，包括"小老树"，为了加强枝叶生长，应当着重在新梢生长时供应养分，最好在萌芽前，新梢的初长期分次追肥，追肥结合灌水，促进新梢生长，使弱枝转强。生长旺而花少或徒长不结果的树，为了缓和生长，促进花芽分化，应当避开旺长期，而在新梢停长后追肥。其中，应以秋梢停长期（8月末至9月初）为主，春梢停长期（6月上中旬）为辅。春梢停长期，追施氮肥时，注意用水不能过大，以免刺激秋梢过早过旺生长。施肥种类上也应因树制宜加以调节。实践证明，氮肥助枝叶生长作用明显，弱枝复壮多用些氮肥。磷钾肥有缓和过旺生长的作用，对徒长不结果树宜增加磷钾肥的用量，适当减少氮肥用量。

3. 平衡施肥

三要素施用量及比例，同样乔砧苹果树，在我国以清耕为主的耕作条件下，施肥量明显高于日本、美国、前苏联及其他国家。追肥氮∶磷∶钾一般为1∶2∶1为宜，不同土壤、树势及栽培方式不同，应作某些调整。在施用三要素的同时，适量增施微肥。微量元素在树体生长发育和优质高产中有着不可忽视的作用，当微量元素缺少时易患缺素症，如缺铁黄化病、缺锌小叶病、缺硼缩果病等。常用微肥如硫酸亚铁、硫酸锌、硫酸锰及硼砂等进行校正。但微肥不能直接施入土中，因施入土壤会很快转化成不能溶解的化合物，故应与有机肥堆沤，同时施入效果较好。

4. 追肥时间

树龄不同追肥时间各异，幼树一般在3月上旬到4月中旬土壤解冻后，追速效化肥一次，5月下旬再补施一次，新梢停长后再施用一次，每次用量100～200克。成年树因树势不同在施肥时间和种类上也不相同，旺长树追肥期在春梢和秋梢停长期进行，应以磷、钾肥为主，辅以少量氮肥，并控制灌水；弱树要在早春发芽前和春梢停长前追肥，以速效氮肥为主，配施磷钾肥；中庸树在开花前和春梢停长前追肥，以氮肥为主，但生长后期，要减少氮肥，秋梢停长前，以磷、钾肥为主。追肥一般每年进行3次，第一次追肥在萌芽前后进行，肥料以氮肥为主，以满足花期所需养分，提高坐果率，促使新梢生长。第二次在花后追肥，肥料以氮、磷肥为主，以减少生理落果，促进枝叶生长和花芽分化。第三次在果实膨大期追肥，以钾肥或复合肥为主，以增加树体养分积累，促进果实着色和成熟，提高果树越冬抗寒能力。

三、苹果园水分管理

土壤水分含量维持在土壤最大持水量的60%～80%为宜，灌水时期和灌水数量应根据降雨、土壤缺水情况及果树需水规律而定，要掌握“随旱随浇”的原则，做到灌、排、保、节水并重。我国北方苹果园水分管理要做到“春灌、夏排、秋稍旱、冬灌越冬保安全”的原则。

（一）灌溉时期

苹果园灌溉的最佳时期和果园灌溉的最低量是果园灌水中优先考虑的因素。我国苹果主要产区年降雨量在550～750毫米，年内季节分布不合理，主要是秋末至夏初降雨极少，气候干燥，干旱严重。苹果春季新梢生长初期，又是坐果和幼果生长期，是需水临界期，即关键需水期。

灌溉的最佳时期，如果一年2次，应当在盛花后3～4周一次，秋末冬初一次，最好是施完基肥后可紧接着灌一遍水（封冻水）；如果一年灌溉3次，可在早春增加一次；秋末冬初灌溉之后，应有良好的保墒措施，尽量使这次水维持到春季仍能起作用。除冬春两季灌水外，夏季和秋季应根据土壤干旱状况灵活掌握，5月底6月初正值苹果树花芽分化临界期，此时适度干旱会促使花芽分化，而灌水过多会影响花芽分化，减少花芽分化数量。果实采收前，应禁止灌水，以提高果实含糖量和增进果实着色，否则虽然能增加产量但果实品质恶劣。

（二）灌溉方法

1. 滴灌

滴灌是滴水灌溉的简称，在水源处把水过滤、加压，经过管道系统把水输至每株果树树冠下，由几个滴头将水一滴一滴、均匀而又缓慢地滴入土中。水源启开后所有滴头同时等量地滴水灌溉。这种供水方式，使果树根系周围土壤湿润，而果树株行间保持相对干燥。滴灌的优点是省水，是喷灌量的1/2，是地面漫灌量的1/3甚至更少；不需要整地；果树生长结果好，产量高，品质优；管理省工，效率高。滴灌需要较高的物力投入，对水质要求也严，这是目前大面积推广滴灌的限制因素。

2. 地面灌溉

大水漫灌和长畦通灌，是较浪费水的方法，尤其在果园生草条件下，水流受草的阻挡，离水源远近不同的地段，灌溉量差异很大。应当禁止漫灌和长畦通灌，最好用以下节水的地面灌溉方式：

（1）小畦灌溉　可以一株果树一畦，或2～4株果树一畦，畦越小，越节水。小畦灌溉须修筑主渠、支渠和毛渠，影响果园机械作业，适于家庭承包的小果园。也可用软塑料管代替支渠、毛渠，原渠道占地可稍垫高，以便行走机械，克服畦埂与渠埂多而影响机械作业的缺点，且省水，值得提倡，但软管要接在有一定压力的水龙头上，有的果园与管道喷药同用一个供水系统，也十分方便。

（2）细流沟灌　在行间临时灌溉时由机械开多条沟灌水，随开沟随灌水，并及时覆土保墒。

四、果园土壤局部改良保肥节水技术

土壤局部改良、起垄覆膜、小沟交替灌溉技术是在理论研究和田间验证的基础上的一种新的保肥节水技术，全年灌溉灌水量与传统相比降低 60%，果实可溶性固形物提高 1～2 度以上。此方法操作简单（一次起垄、开沟多年应用），果农容易掌握，投入少（每亩投入地膜约 34 元），节水保肥，提高果实品质效果明显。具体方法如下：

（一）挖施肥坑

在树冠外围延长枝垂直向下 30～40 厘米内侧挖 2～4 个长、宽、深各 40～50 厘米的坑，每亩施用 2～4 吨有机肥。第一次最好在树冠东南西北 4 个方向挖 4 个施肥坑，然后将腐熟的有肥料与上层土壤充分混合后（1/3 有机肥＋2/3 土壤，放入离地面 20～40 厘米的土层内）。达到局部改良，集中营养供应，一次提高局部土壤有机质的目的。第二年施肥时，沿此穴扩展，经过三年基本将树冠周围全部的土壤改良。

（二）挖沟起垄

在施肥穴外顺行向或灌水方向，紧贴施肥坑外缘做宽、深分别为 30～40 厘米的灌水、排水沟。沟土覆盖树下，高度为 15～20 厘米，树干周围 3～5 厘米处不埋土，最终为行间低，树冠下高的状态。起垄可以增加熟土层厚度，沟干旱时用作灌水，夏季涝时可以排水。通过调节水分供应，控制树体新梢生长、提高产量、增加品质。

（三）覆盖黑色地膜

在起垄和施肥穴上面铺盖黑色地膜，宽度依树龄、株行距的不同而有差异，每边为 1～2 米。此膜的作用是早春提高地温，保持水分，减少土壤水分蒸发、灌水次数和灌水量，减少杂草生长和病源菌漫延等。

（四）处理时间

挖坑施肥可结合施基肥进行，中熟品种在果实采收后，晚熟品种果实在采收前。春季在土壤解冻后至开花进行，早春挖沟起垄、覆盖黑色地膜。其中以秋季施用有机肥，春天覆盖黑色地膜为最好的方法。

（五）交替灌溉

根据果树需水量实行隔行灌水，达到控制生长、节水、提高品质的效果。

第五节　苹果常见树形及培养

一、小冠疏层形

它适宜株距为 3～4 米，行距 4～5 米的栽植密度。

（一）树体结构

干高 50～70 厘米，树高 2.5～3 米，中干可直可曲，全树主枝 5～6 个，多为 3-2-1 排列。上层开心，层间距小，1～2 层间 60～70 厘米，2～3 层间 50～60 厘米；层内距 10～20 厘米，或者全树分两层，即第一层 3 个，第二层 2 个，层间距 80～100 厘米，层内距 15～30 厘米。一层三主枝上可配置 1～2 个侧枝，一层侧枝距主枝基部 50～60 厘米，二层以上主枝不留侧枝。各主枝角度较开张，以基角 60～80 度为宜，腰角大，梢角逐渐抬头，下层主枝角度大于上层，各主枝上合理配置中小型枝组，层间及其他空间可留适量辅养枝补充空间。该树形的特点是，骨架比疏层形小，主枝小，侧枝少，留枝多；修剪轻，生长结果均衡、稳定，适宜密植管理。

(二)整形修剪技术要点

在定植后，春季发芽前，于地上 80～100 厘米饱满芽处定干；萌芽后，新梢生长到 20～40 厘米时，选留生长健壮的第一个新梢作为中央领导干，其余的新梢用双头带尖的牙签把新梢与主干撑开。在秋季(8 月底至 9 月间)选留第一层主枝和中央领导干，并对第一层主枝拉枝开张角度，主枝基角 60～80 度，辅养枝拉枝角度比主枝要大，可呈 90 度。当年冬剪时中央领导干留 40～60 厘米短截，主枝轻截(枝条总长度的 1/3 以下)，为第二年扩大树冠，增加枝叶量。对辅养枝缓放，增加短枝量。第二年春季，在果树萌芽前 40 天开始，对第一层主枝和辅养枝进行刻芽，以两侧和斜背下为主，主要刻枝条中部。冬季修剪时选留二层主枝和侧枝，夏季修剪方法同上。

3～4 年生采取轻剪法，每年按整形的要求选留主侧枝和二层主枝，如果中央领导干上强，可用弯干方法，弯干出枝后再培养领导干，把弯倒的中央领导干作为主枝或辅养枝处理。以后，树冠基本成形，在修剪中以轻剪缓放为主，对主侧枝延长头如有空间进行轻短截，否则一律缓放不短截，辅养枝，临时枝、过渡层枝，以缓放促发短枝，提早结果为主，疏除过密过强的徒长枝及背上枝。5 年以后，树冠形成，并开始大量结果，及时有计划地清理辅养枝，分期分批地控制和疏除，防止一层杂乱，枝量偏多，出现下强上弱现象。如果行间距不足 80～100 厘米时，对主枝延长枝缓放为主，并及时清理主枝外围延长头、竞争枝，过密枝，防止枝量过多，外围势力过强，以致引起树冠过早交接，光照条件恶化。及时控制上强，当树高超过 3 米时，进行落头开心，或中干弯曲，及时清除过大，过强的旺枝，改善树冠风光条件。幼树期结果枝组的选留和配置，先以两侧和背下为主，背上为辅原则，尤以 4～5 年生时，树体已基本成形，枝量充足，采取促花措施后，易出现花量过多，负载过重，造成大小年现象，必须通过修剪、疏花疏果方法及时调节负荷量，保持树势健壮，实现连年优质、稳产、丰产。

二、自由纺锤形

它适宜株距 2～3 米，行距 4～5 米的栽植密度。

(一)树体结构

主干较高 60～80 厘米，中干直立挺拔，中干上均衡配置主枝 10～15 个，一般不分层，主枝不留侧，直接着生结果枝组，主枝基角 80～90 度，接近水平，腰角、梢角逐渐抬头。下部主枝长 2.0～2.5 米，上部较短，下层主枝层内距 15～20 厘米，上部层内距 20～25 厘米，外貌似雪松，各级主轴间(中干—主枝—枝组轴)从属关系分明，差异明显，各为母枝级次的 1/3，当主枝粗度为中心干的 1/3 时应及时更新回缩。其特点是树体紧凑，树冠开张，势力缓和，层次分明，结构合理，通风透光好，管理方便，适于密植，结果早，色泽好，品质优，树势稳定。

(二)整形要点

要求苗木健壮，苗高 120～150 厘米。定干要高一般 100～120 厘米，在距地面 80 厘米以上，每隔 15～20 用钢锯条在芽上方 0.5 厘米处刻 2 下，深入木质部，称为“高定干，低刻芽”，当年即可抽生 5～8 个以上分枝。当新梢生长到 15～30 厘米时，用两头带尖的牙签把新梢与主干撑开，角度 80～90 度。此方法操作简便、省时省工、开张角度效果好。

为尽早培养树形，促发下部新生枝条，保持中央干优势，结合夏季修剪，及时抹除过密新梢，并对上部将来选为主枝的 2～3 个抽生过强新梢（长到 20～30 厘米）摘心，抑制其新梢旺长，控上促下，达到上下势力均衡。2 年以后，缓苗期已过，中干一般较强，为了防止中心干上主枝脱空，对中干留 40～50 厘米短截，下部选方向适宜的进行双重刻芽促梢，并控制剪口下的竞争枝。上部新梢过强时，用夏季摘心或短截方法控制其生长。中心干势力中庸时，可不短截，有选择性的在发枝处，秋、春两次刻芽，解决主枝空间布局问题。

对于主枝，前期基本不短截或轻短截，单轴延伸，拉平缓放，势力不均衡时，可做适当调整。太旺主枝，可于萌芽前刻芽，促发短枝，防止下部光秃。对于主枝枝组的培养，幼树阶段重点是两侧和背下，背上枝组要小要矮，枝量要少。结合夏季修剪，及时抹除背上过多芽，一般 20～30 厘米选留一个，待保留芽生长到 15～20 厘米时进行摘心或扭梢，及时培养成小型结果枝组。

3～4 年生，树冠基本形成，及时疏除直立，过旺，过大，过密枝，保持中心干的优势，对主枝应拉枝开角，缓和势力，应用环割（剥）措施控冠促花。主枝延长枝过长，过大时，及时回缩更新或疏除，主枝角度小时要继续拉枝，以缓放、轻短截为主，结合夏季管理（扭梢、摘心等），及时培养中小结果枝组，主枝上枝组不可太密，一般 1 米范围内留 8～10 个，小枝组为宜，过多者及时疏除。疏除中心干的竞争枝和主枝延长头的过密枝条，保持单轴延伸，防止上部和外围势力过强。

纺锤形的树体培养过程，遵循冬夏结合，以夏为主的原则，充分利用拉枝、抹芽、刻芽，扭梢、环剥等措施，才能成形快、结果早、树势稳定，优质、丰产。

三、细长纺锤形

它适宜株距 2～3 米，行距 4 米左右的矮砧栽植树形。

（一）树体结构

细长纺锤形与自由纺锤形相比，树体更加细小，在中心主干上均匀分布势力相近的小主枝 15～20 个，下部略长，上部略短，全树瘦长，整个树冠呈细长形圆锥体，树体细长。

（二）整形要点

要求苗木健壮，苗高 120～150 厘米。定干高 120 厘米以上，定干后为防止剪口下集中发梢，于萌芽后抹除剪口下萌发的 2～4 个芽，在距地面 80 厘米以上，每隔 15～20 厘米用钢锯条在芽上方 0.5 厘米处刻 2 下，深入木质部，称为“高定干，低刻芽”，当年即可抽生 5～8 个的分枝。当新梢生长到 15～20 厘米时，用两头带尖的牙签把新梢与主干撑开，角度 80～90 度。此方法操作简便、省时省工、开张角度效果好。

冬季或早春修剪时，把所有的主枝条留 0.5～1.0 厘米重短截，对中干留 80～100 厘米选饱满芽短截；北京地区新栽植的苹果幼树冬季需要防寒，一般采用对树干包裹地膜或涂抹防抽条剂；第二年春天萌芽前，及时解除防寒物，在中央领导干上每隔 15～20 厘米用钢锯条在芽上方 0.5 厘米处刻 2 下，深入木质部；主枝基部萌发的芽子，选留一个下部的芽作为主枝，其余的芽及时抹除，同时抹除中央领导干剪口下萌发的 2～4 个芽；当中央领导干新梢生长到 15～20 厘米时，用两头带尖的牙签把新梢与主干撑开，角度 80～90 度；8 月上旬对下部主枝（梢）进行拿梢，使当年新梢的角度达到 90 度。以后 2 年重复上面的工作，在第三年时及时采取促花措施，第四年开始能够形成一定的产量。

四、改良式纺锤形

改良式纺锤形是为了适应我国苹果密植栽培的需要，在小冠疏层形的基础上改造的一种树形，就是把现有果树的主干疏层形改造成纺锤形，或把原树改造成基部三大主枝，而一层以上呈螺旋式排列6～8个主枝，上部主枝不分层，不留侧，近似纺锤形的树体结构，它适于已栽植的幼龄苹果密植园的改造。

改良式纺锤形在改造前，应根据树种、品种和立地条件，确定改造模式，向纺锤形结构靠近。要因树改造，因势利导，不可千篇一律。如一层定形，主枝不好变动，可把一层以上按纺锤形改造，称“三主枝纺锤形”；对有些树已分层，又无辅养枝补空者，可造成“分层式纺锤形”等多种模式。具体改造方法如下。

(一)提干、抽枝、疏条、抹芽

提干主要对离地面60厘米以下的主枝进行逐年疏除，提高主干的高度；提干一般2～3年完成，一年一般疏除一个大主枝。抽枝指抽掉过量的多年生大枝，主要包括主枝上过密的轮生枝、三叉枝，主枝把门侧枝，对背斜侧枝适当抽除，过渡层枝过密时，也要间隔抽除，余下的作主枝对待。

疏条主要疏掉外围徒长条，旺长条，过密条，防止多头并进，外围势力太强，保持单轴延伸，对中央领导干上部旺条应及时疏除。具体方法是着生顶端或外围三个以上旺条，疏除一个，一个重截打橛，让其翌年再发，推迟枝龄，余下枝条拉平选做主枝预备枝，保持主轴优势。主枝延长头上的旺条处理方法同中央领导干。一层主枝外围二叉、三叉枝，根据空间大小和品种特性而定，如果没有空间，且与主枝势力悬殊较小者，从基部疏除；有空间位置可根据空间大小决定是否疏除或回缩成结果枝组，或采取疏除一个侧枝，剩余一个侧枝回缩成结果枝组。抽枝时注意调节三个主枝势力，生长势强的多疏少截，以疏除大枝为主，多留花芽；生长势弱的少疏，适当短截，以疏弱枝为主，少留花芽，保持平衡生长。

抹芽主要在晚春进行，及时抹除剪口芽、锯口芽、背上过多芽及锥形枝顶芽。对主枝头外围延长梢的多余芽及时抹除，防止外部势力过强。

(二)刻芽，环剥(割)和拉枝

为提高萌芽力、促生短枝，对1年生旺枝条于萌芽前40天开始用钢锯条在芽上刻伤。麦收前后(5月下旬至6月上旬)对临时枝、辅养枝、过旺侧枝和过大枝组进行环剥(割)，控冠促花。一般在秋季进行拉枝开角。春夏季拉枝时注意控制背上芽的萌发。结果后及时更新回缩，可以复壮树体，防止枝量过多，树冠郁闭和内膛光秃。

第六节 花果管理

一、合理负载与疏花疏果

(一)苹果合理负载的重要性

疏花疏果是调整苹果合理负荷的有效途径，也是调整花果数量和布局的一项花果管理措施。其主要作用如下：

1.提高果实品质

疏花疏果后，由于减少了花果数量，有利于留下的果实生长发育。由于疏掉了小果、病虫果和畸形果，果实在植株上分布均匀，因而提高了好果率，留下的果实个大、型正、色艳、光洁度好、含糖量高且整齐一致。在品种一定的前提下，目前对果实品质影响最大的因素是留果量，严格疏花疏果是提高果实品质的有效措施。

2.提高坐果率

苹果从花蕾露出到开花坐果，需要消耗大量营养。疏花疏果减少了养分的无效消耗，可将节省的养分集中于所留花果的发育，并且减少无效花，增加有效花比例，防止因养分竞争而产生的落花落果现象，提高了坐果率。

3.植株生长健壮

开花坐果过多，消耗了植株营养，叶果比变小，植株营养的制造和积累水平下降。疏去多余花果，可提高树体贮藏营养水平，有利于枝、叶和根系生长，树体健壮，抗性增强，病虫害发生较少，树体更新复壮较快，结果期相应延长。

4.连年优质稳产

苹果的花芽分化和果实发育是同时进行，当营养条件充足或花果负载量适当时，既可保证果实肥大，也可促进花芽分化，而营养不足或花果过多时，则营养的供应与消耗之间发生矛盾，过多的果实抑制花芽分化，易出现大小年结果现象。因此，合理的疏花疏果既可减少营养物质的过度消耗，又减少种子产生的赤霉素对花芽分化的抑制作用，是调节营养生长与生殖生长的关系，避免大小年现象发生，达到连年稳产，提高产量的有效措施。

(二)果实合理负载量的确定

负载量确定应根据该品种历年产量，植株生长势，环境条件以及栽培管理水平确定。主要方法有叶果比法、枝果比法、干截面积法及间距留果法4种。

1.叶果比法

每个果实的正常生长需要一定数量的叶片，以保证有机营养物质的供应。不同品种适宜的叶果比差异很大，乔砧红富士苹果叶果比标准为(50～60)∶1，矮化砧则以(30～40)∶1较宜。

2.枝果比法

苹果树每个果实需要一定数量的枝条数量。红富士系一般壮树2～3个枝留1个果，中庸树4～5个枝留1个果，弱树6～7个枝留1个果。

3.干截面积法

用树干的粗度可作为确定留果量的指标。距地面20厘米左右处测量干周粗度，求出干截面积，按单株留果量(千克)＝干截面积×单位截面积适宜留果量(千克)求出单株留果量。苹果丰产稳产树一般每平方厘米的干截面积留0.4千克果实。

4.间距留果法

这是目前生产上普遍采用的方法。如苹果多数品种每间距20～25厘米留1个果实。

(三)疏花疏果的方法

1.人工疏花疏果

从节约营养的角度而言，疏花疏果应及早进行。疏花芽比疏花效果好，疏花比疏果效果好，早疏果比晚疏果好。但在生产实践中，为了保证充分坐果和产量，疏花疏果要根据花量、叶片发育状况及花期气候条件而定。当具备了保证充分坐果的内外界条件，而且花量能够满足丰产的要求时，就可以疏花。人工疏花宜从现蕾期到盛花末期进行；疏果应在谢花后开始，分次完成。疏花时要留花序中的中心花，严格按负载量标准人为地选择所留花果。重点疏去弱花、晚茬花、腋花、梢部花；定果时 20～25 厘米留一个中心果、果柄长的果。疏去花萼不闭合的果、小果、扁果、畸形果、肉质柄果、朝天果、病虫果、有伤果等。人工疏花疏果的缺点是费时费工，对面积较大和劳动力紧缺的果园难以及时完成疏除任务。

2. 化学疏花疏果

化学疏花疏果具有省工、省力和效率高等优点，在国外一些劳动力缺乏、劳动成本高的国家有应用。我国也在苹果上开展了一些研究，但受环境、品种和生产方式等因素的影响，其推广应用受到限制。

二、保花保果

坐果率是产量形成的重要因素，而落花落果是造成产量低的重要原因之一。在花量小或花期环境条件恶劣的情况下，通过实行保花保果的措施提高座果率，是获得高产的重要途径。

(一)落花的主要原因

造成落花的原因主要有以下几个方面：

1. 花芽质量差

花芽质量差，发育不良，花器官败育或生命力低，不具备授粉受精的条件。环剥过重、叶片早落、贮藏营养不足的情况下表现较明显。

2. 花期不良气候条件

如大风、低温或晚霜、多雨或过于干旱等不良气候条件，会造成花器官受害或影响花粉萌发和花粉管伸长，影响花的授粉受精。开花期土壤营养及水分不足，根系发育不良，植株徒长或生长势弱时，养分供应不平衡，会造成营养不良性落花。

3. 缺乏授粉植株

苹果为异花授粉树种，若授粉植株配置不足，主栽品种无法正常授粉。

(二)落果的主要原因

苹果的落果大体有三次。

1. 前期落果

主要是由于授粉受精不良，子房所产生的激素不足，不能调运足够的营养物质促进子房继续膨大而引起幼果脱落。

2. 中期落果

主要原因是植株营养物质不足，器官间养分竞争加剧引起分配不均，果实发育得不到应有的营养而脱落。如果结果多或营养生长过旺，营养消耗大时易引起落果。

3. 后期落果(采前落果)

采前落果与品种的遗传特性、成熟前的气候因素等有关。成熟前气温高易产生落果。此外，结果过多、生长势衰弱、土壤干旱时也引起果实脱落。

(三)提高坐果率的措施

由于引起落花落果的原因比较复杂，因此，为了防止和减轻落花落果，提高坐果率，以提高产量，应针对落花落果的主要原因，采取相应的技术措施。

1. 人工授粉

人工授粉是提高坐果率和品质的有效措施，在苹果生产中应用较普遍。具体方法有：

(1)采集花粉　选择适宜授粉品种，当花朵含苞待放或初开时，从健壮植株上采集花朵，带回室内脱下花药，筛除花朵等残物。把花药薄薄地摊在油光纸上，放在干燥通风的室内阴干，室内温度保持 20～25℃，相对湿度 50%～70%，随时翻动以加速散粉，1～2 天花药裂开散出花粉即可使用。如果不能马上应用，最好装入广口瓶内，放在低温干燥处保存。

(2)人工点授　将花粉人工点在柱头上，人工点授节约花粉，在开花少，花期阴雨或大风的情况下，授粉效果准确可靠，但费时费工。为了经济利用花粉，授粉前可用 3～4 倍滑石粉或淀粉作填充物与花粉充分混合，装入小瓶，用毛笔或软橡皮头蘸粉点授于初开花的柱头上，蘸一次可授 7～10 朵花。

(3)机械喷粉　此法比人工点授所用花粉量多，喷时加入 50～250 倍填充剂，用农用喷粉器喷。此方法节省劳力，可争取时间，适于大面积生产。

(4)液体授粉　把花粉配成一定的粉液，用喷雾器喷洒在花朵上。粉液配制比例为：水 10 千克，砂糖 1 千克，尿素 30 克，花粉 50 毫克，使用前加入硼酸 10 克。粉液中糖可防止花粉在溶液中破裂，硼酸和尿素可增加花粉活力。粉液配好后应在 2 小时内喷完，喷洒时间宜在盛花期。

2. 花期放蜂

花期放蜂对提高坐果率有明显作用，蜂的种类有角额壁蜂和蜜蜂两种。果园放蜂应安排在整个花期，每 46 亩果园放一箱蜂，每天大约有 1 000 只蜂进行活动，每只蜂每小时可采 700 朵花，每棵树能有 3～5 只蜂，便可在很短时间内将盛开的花采粉一遍。一般情况，在开花前 2～3 天将蜂放入果园熟悉果园环境，放蜂期间禁止使用杀虫剂。

3. 加强综合管理，提高植株营养水平

加强肥水管理，防止土壤干旱和积水，保证充足的营养，防止偏施氮肥，及时进行植株结构调整，改善通风透光条件，调节营养生长与生殖生长平衡。这是增加植株营养水平，改善花器发育状况，提高坐果率的基础措施。

4. 防止花期和幼果期霜冻

根据天气预报，采用喷水、灌水和熏烟等方法预防花期和幼果期霜冻。发芽前对果树喷水，可推迟花期，避免晚霜危害。开花前灌水，可以稳定土壤和近地面空气温度，减轻霜冻危害。在霜冻将要出现前，在园地周围熏烟，可获得良好的防霜效果。

5. 其他措施

通过摘心、环剥和疏花效果等措施，可以调节树体营养分配转向开花坐果，提高坐果率；合理的疏花疏果也可提高坐果率。

三、果实套袋

(一)果实套袋的作用

1. 促进着色

果实套袋后，由于果面不受阳光直接照射，从而抑制了果皮中叶绿素的合成，减轻了果面底色，除袋后因果皮叶绿素含量少，果面发白，果实花青素与叶绿素的相对比例增加，果实色泽艳丽。

2.改善果面光洁度

套袋后果实处于果袋内较稳定的环境中，不易发生果锈。同时，套袋减少了尘埃、煤垢等污染和农药的刺激，使果皮细嫩，果点小，果面光洁美观。

3.减少病虫害

套袋能有效地避免病虫害危害果实，减轻果实的病虫害。同时，可减少农药使用量，降低用药成本。

4.降低农药残留量

果实套袋后树体喷药时果实不直接接触农药，减少了果实中的农药残留量。因此，果实套袋是果实安全生产的重要环节。

由于果实套袋对提高果实外观品质的效果十分显著，市场竞争力和售价大幅度提高，经济效益十分可观。

(二)套袋技术要点

1.苹果袋的种类及适用

苹果袋的好坏直接影响套袋的效果，用袋不当不仅不会提高果实品质而且会严重损伤果实，还会造成一些虫害(康氏粉蚧)的发生。果袋的质量决定于袋纸的质量和制作工艺。外袋纸质要能经得起风吹日晒雨淋，透气性好，不渗水，遮光性强。内袋要求不褪色，蜡层均匀，日晒后不易蜡化。在制作工艺上要求果袋有透气孔，袋口有扎丝，内外袋相互分离。目前我国生产应用的果袋有进口袋和国产袋两大类，分单层和双层两种。进口袋优于国产袋，双层袋优于单层黑袋(内面用油墨刷成黑色)。一般红色品种用双层袋，黄色品种用单层袋。双层袋以外袋为外灰内黑，内袋有红里双层、黑里双层等类型。

2.套袋技术规程

套袋果园的树体结构良好，枝组强壮，配备合理，负载适中，树冠通风透光；套袋前必须疏成单果，留中心果，强壮枝上的果、下垂枝果；套袋之前要喷杀虫、杀菌剂以及微肥，以保证果实免受病虫害以及对钙、硼、铁、锌等微量元素的吸收。

(1)套袋的时期　果实套袋一般在落花后35～40天开始套，可持续20～30天，各地根据自己的实际采收时间、套袋数量等推算，集中在一天内完成为最佳；一天中，以上午10时以后至下午日落前1个小时结束为理想时间段，但要避开连续高温天气和正午极端高温天气，袋内温度上升更快，果实容易因不能在短时间适应大幅度温度变化而产生日烧；同一株树体套袋顺序依次为东、南、西、北方向依次进行。

(2)套袋的方法　首先选择着生在3～15厘米中、短果枝上的中心果，并要求果形端正，无病虫害，高桩、无叶磨、枝磨的中心果。着对腋花芽果、超过25厘米的长果枝梢头果、背上直立枝组上的果，枝枝夹角处的果等尽量不套袋。套袋作业可分解为撑袋、套果、压口、紧口、封口5个动作，将袋子下部两角横向捏扁向袋内吹气，撑开袋子，袋口扎丝置于左手，纵向开口朝下，果柄置于纵向开口基部，将果子悬于袋中(不要让果子和袋子摩擦，勿将枝叶套入袋内)，再将袋口横向折叠，最后用袋口处的扎丝夹住折叠袋口即可。

3.摘袋的时间与方法

采前30天左右摘袋。如果太早，果子暴露时间长，日灼和轮纹病易发生，且着色差。如果太晚，含糖量低，风味淡，且采收后易褪色。若单从着色考虑，可稍晚(采前29天)一些摘袋。

摘袋分 2 次进行，先摘外袋，再摘内袋。最好在阴天摘除外袋，一般在袋内外温差较小时摘袋，即上午 10～12 时、下午 2～4 时摘除外袋，经 5～7 个晴天后开始摘除内袋，摘内袋时应于上午 10～12 时摘树冠东、北方向的，下午 2～4 时摘树冠西、南方向的，这样可以减少日灼发生。摘除袋时应一手托果子，一手解袋口扎丝，然后从上到下撕烂外袋，这样可以防止坠落果子。

四、增加果实着色的技术措施

苹果的色泽是由于含有各种不同的色素引起的。绿色来自叶绿素，黄色来自胡萝卜素，红色、紫红色则由于含有花青素的缘故。通常，未成熟的幼果果皮上共存有叶绿素和类胡萝卜素，果实呈现绿色，开始成熟时，叶绿素逐渐分解，从此底色转黄。红色品种则在成熟过程中逐步形成花青素，现出红色。花青素为糖的代谢产物，果实着色度与含糖量密切相关，凡是能提高果实含糖量的因素都能促进果实着色。在品种对路、树体结构合理、树冠通风透光好、其他管理措施配套的条件下，要使苹果果实达到全红果还要配合以下几个措施。

（一）摘叶

果实去袋后，在果实着色期，即在果实成熟前，摘叶是促进果实红色发育的关键时期。主要摘掉果实上面的遮光叶片（遮盖梗洼处叶和紧贴果面的叶），这样不但能防止果面出现叶形花斑，使果面充分着色，还可避免卷叶虫等利用贴果叶片残食果面。首先摘除贴近果实的遮阴叶片，包括发黄的、薄的、小叶，然后摘掉叶柄无红色的叶和处于生长中的秋梢叶；最后摘掉对果实遮挡的新梢叶片。摘叶一定要与果实晚期采收相结合，总的摘叶数量控制在树体总叶量的 30％～50％，树冠上部的 20％～30％，树下部 30％～60％的较适宜。合理摘叶后，对果实发育和花芽形成影响较小。但摘叶要适时适度，摘叶过早，果面紫红不鲜艳，一次摘叶过多，果面易被日灼，摘叶过量，果实出现绛红色。

（二）转果

转果的目的是增加果实的全面着色，使果实阴面着色同阳面一样，达到全面着色。摘叶后，当阳面已着色良好时，用手轻托果实，将阴面转到阳面。如还有少部分未着色，5～6 天后，再微转其方向，使其全面均匀着色。转果时，应顺同一方向进行，否则，来回扭转，果柄易脱落。转果宜在早晚进行，避开阳光暴晒的下午，以防日灼。

（三）地面铺设银色反光膜

果实着色前期，在树冠下的地面铺设银白色反光膜，可改善反射光状况，使树冠内膛和下部不易见光的果实得到足够的反射光，尤其是萼洼朝地果实的萼洼部位能充分着色。铺反光膜一定要在控制树体群体结构条件下，树冠不要郁闭，再结合摘叶的方法，使果实能够全面着色，达到国际标准的要求。反光膜种类较多，不同国家应用也不尽相同，日本使用的是无纺布上涂银色反光材料的反光布，可使用多年，还有一种是反光材料的塑料膜，其抗拉力较强。近年来，我国自己生产银色反光膜，效果比较好，此外，还有贴于牛皮纸上的反光纸，在树冠下的地面上铺设，也有同样的增色作用。

（四）适期采收

果实采收关系到果树产量、果实品质及贮藏效果，果实在生长、发育过程中只有到了一定阶段，才能充分发挥其固有品质和色泽。采收过早，果实着色差、含糖量低、含酸高、果汁少、香味少、风味差，易失水萎蔫，不耐贮藏。相反，采收过晚，果实呼吸跃变出现早，果实果肉发绵，风味变淡,容易腐烂,同样不耐贮藏,有的品种还会在采前落果。因此,一定要在最适时采收。果实成熟度一般分三个标准,可采成熟度、食用成熟度和生理成熟度。可采成熟度是指果实达到初熟阶段,果实大小趋于固定,初步转色、上色,但果肉还硬,风味差,适于远运和贮藏,在贮运过程中风味可以好转。食用成熟度是指果实已经达到固有风味色泽标准,适于鲜食和加工,但不耐长途运输和贮藏。生理成熟度是指果实已经完熟,果肉变软,种子变色老熟,适于采种。在同一地区的同一品种,从落花到果实成熟的生育天数,在气候条件正常的情况下,各年间的差别很小,因而采收期也大致相同。如富士及其着色系在日本为盛花后170～175天,在北京地区条件下,适宜采收期为10月20日左右。

(五)人工着色

苹果采收后如着色不太好,为了提高经济效益,可进行人工着色。具体做法是:选择背阴通风处,在地面铺一层10～20厘米厚的细沙,把未着色果的果柄朝上整齐地排列在细沙上,果与果之间留有空隙,每天早上日出前、中午、傍晚各喷1次凉水,使水均匀地洒在果面上,以降低温度,增大温差,防止失水,促进着色。经3～4天,苹果即可着色,然后翻动一次,使果实顶朝上,再经2～3天就可全部着色。

第七节 主要病虫害防治

一、主要病害及防治

(一)苹果腐烂病

1.症状与危害部位

为苹果主要病害之一,在我国各苹果产区均有发生。主要危害树皮,造成树皮腐烂;主要发生于苹果树的主干、大枝、侧枝上,也发生在小枝上。症状表现分为溃疡型和枝枯型两种。溃疡型主要发生在主干、主枝和侧枝上以及剪锯口处;发病初期,病部略显湿润、红褐色,以后病部逐渐扩大,组织质地变软,糟烂;春季发病时,病部呈红褐色,水渍状,稍隆起,有时流出红褐色汁液,有酒糟气味;最后病部失水下陷,颜色变深,表面出现黑色小颗粒。枝枯型主要发生在春季,在小枝上形成病斑,病斑不呈水渍状,有时下陷。当病斑环绕枝条一周时,病枝多在开花以后枯死。

2.传播途径和发病条件

病菌在病树皮上越冬,春季,随着病部的发展,逐渐形成病菌孢子,随风雨传播到树体上。果园终年都有病菌孢子的存在,从3—11月份病菌都能侵染寄主,但以3月下旬至5月中旬为最多。腐烂病的发生与树势关系较大,当树势衰弱时,常有腐烂病的大发生。早春和秋季是刮治腐烂病的重要时期。

3.主要防治方法

(1)加强果树栽培管理,提高果树抗病力 这是预防腐烂病发生的根本措施。

(2)及时刮治病斑 在2—5月份和9—11月份及时刮除病斑,并涂药杀菌,以防复发。常用药剂有腐必清可湿性粉剂10～20倍液;1%苹腐灵水剂2倍液、5%菌毒清30～50倍液、腐烂敌20～30倍液、腐必清乳剂2～3倍液、843康复剂原液等。刮除病斑要带出果园烧掉。

(3)喷药　重病园在春季果树发芽前喷布腐烂敌 80～100 倍液、腐必清乳剂 100 倍液，以铲除树体上的病菌。

(4)剪除病枝　及时剪除病枝、病桩，带出果园烧掉，以减少病原。

(5)重病树桥接　对于有大病疤的树，要实行桥接或脚接，以补充树体营养的供应，减少病斑复发，加快恢复树势。

(二)苹果轮纹病

1. 症状与危害部位

此病既危害枝干，也危害果实；枝干被害后，初期以皮孔为中心产生红褐色近圆形或不规则形病斑，严重时，许多病斑连在一起，树皮极为粗糙，故又称粗皮病；病斑不仅发生在大枝上，2～3 年生的小枝上也有发生。果实受害后，以皮孔为中心产生水渍状近圆形的褐色斑点，到果实采收前，病斑扩展很快，烂到果肉。病部呈黄褐色腐烂，经常流出茶褐色黏液，全果容易腐烂，故又称烂果病。

2. 传播途径和发病条件

病菌在病组织内越冬，越冬后的病菌于春季气温达到 15℃时，遇到降雨，随风雨传播到枝条和果实上；在果实生长期，病菌均能侵入，其中从落花后的幼果期到 8 月上旬侵染最多；病菌侵入果实后，在果实上出现病斑。

3. 主要防治方法

(1)加强栽培管理　轮纹病菌是一种弱寄生菌，并有潜伏侵染特性。在树势强壮的情况下，发病较轻；树势衰弱，发病则重。

(2)刮病瘤、涂药　在早春刮除枝干上的病瘤，清除越冬菌源。除了刮除主干上的病瘤外，凡是大枝上的病瘤要尽量刮除；要将刮下的病瘤收集起来，带出果园烧掉。刮除病瘤后要涂 50%多菌灵可湿性粉剂 50 倍液、5%菌毒清 50 倍液，也可用苹腐速克灵 3～5 倍液直接涂在病瘤上。

(3)萌芽前喷药　在苹果树发芽前喷铲除性药剂，可铲除在树体上越冬的病菌，减少侵染菌源。常用药剂有机油乳剂 80～100 倍，加入 50%多菌灵可湿性粉剂 100 倍液、35%轮纹铲除剂 100 倍液、腐必清 50 倍液、苹腐速克灵 200 倍液。

(4)生长期喷药　一般在苹果落花后 20 天左右喷第一次药，喷药重点时期在雨季，每次间隔期半个月左右。常用药剂有 50%多菌灵可湿性粉剂 600～800 倍液、80%大生 M-45 可湿性粉剂 600～800 倍液、80%代森锰锌可湿性粉剂 600～800 倍液、50%甲基托布津可湿性粉剂 1 500 倍液加 40%乙磷铝可湿性粉剂 600 倍液、(1～3)∶240 倍波尔多液。实践证明，波尔多液与有机合成杀菌剂交替施用，防治效果较好，病菌不易产生抗药性。

(三)斑点落叶病

1. 症状与危害部位

主要危害叶片、嫩叶较重，也可危害果实和枝条。叶片受害初期，出现褐色至深褐色圆形斑点，直径 2～3 毫米，病斑周围有绿色晕圈，边缘清晰。随着气温升高，病斑逐渐扩大，呈深褐色。有时多个病斑连在一起，形成不规则的大病斑，叶片枯焦，脱落。在发病后期，有的病斑脱落，形成穿孔。果实受害后，在果面上产生直径为 2～5 毫米的褐色斑点，斑点周围有红晕圈，一般仅局限在果实表皮。

2. 传播途径和发病条件

病菌在病枝、病叶上越冬。翌年苹果展叶后，病菌产生分生孢子，随气流传播，进行初侵染。侵染最多的时期在高温多雨季节，病害流行与空气湿度有密切关系，在高温高湿条件下，病害发展迅速，特别是雨后遇晴天高温，一夜之间可出现大量叶片发病，并落叶。树势衰弱，病害严重。

3. 主要防治方法

(1)清除菌源　在苹果树落叶后，清除枯枝落叶，集中起来深埋或烧掉。

(2)剪除病叶、病枝　结合夏季修剪，及时剪除树冠内膛的徒长枝、萌蘖枝，这些枝上的叶片往往发病较多。将这些病枝、叶深埋或带出果园烧掉，以减少再侵染源。

(3)药剂防治　在发芽前全树喷波美 5 度石硫合剂，可铲除树体上越冬的病菌。在生长期，第一次喷药时期在落花后 20 天左右，病叶率达 10%时开始喷药，重点要抓好春梢生长期的防治。在发病高峰期，可适当增加喷药次数，常用药剂有 50%扑海因可湿性粉剂 1 000～1 500 倍液、10%多氧霉素可湿性粉剂 1 000 倍液、3%多抗霉素可湿性粉剂 200～300 倍液、80%大生 M-45 可湿性粉剂 800 倍液、80%代森锰锌可湿性粉剂 800 倍液。

(四)苹果锈病

1. 症状与危害部位

叶片肥厚肿胀，背面有黄色毛状突起是苹果锈病的典型症状；锈病菌侵染 7～10 天后，叶正面出现直径 1～2 毫米的褪绿斑，中央产生针尖大小的橘黄色小点，病斑发展迅速。

2. 传播途径和发病条件

锈病菌在桧柏、龙柏等柏树的枝条上越冬，苹果树萌芽时，锈菌在柏树枝条上的冬孢子角，遇 2 毫米以上的降雨就能吸水萌发，3.5 小时后表面产生黄色粉状物，即锈菌的担孢子。担孢子随风传播，传播距离 2 千米以上，3～5 小时后侵入叶组织内，7～10 天后出现褪绿斑，并开始发病。

3. 主要防治方法

(1)砍除果园周围 2 千米范围内的柏树，是防治苹果、梨锈病的最佳方案。

(2)苹果开花后的 50 天内，若天气预报未来 5 天内有大的降雨过程，应结合其他病害防治各喷施一次保护性杀菌剂，常用的药剂有粉锈宁、代森锰锌、甲基硫菌灵、多抗霉素等。

(五)苹果霉心病

1. 症状与危害部位

病菌主要危害果实，症状主要有果实心室霉变和果心腐烂两种类型。果实心室霉变发病初期，在果实心室与萼筒相连的一端出现淡褐色、不连续的点状或条状小斑，逐渐扩展形成不规则黑褐色斑块，导致心室壁变色；有的病果在心室内出现白色、灰白色、黑色或粉红色霉状物，严重时种子腐烂。心室以外的果肉完好，果实仍可食用。果心腐烂是在果心部发生病变向周围的果肉扩展，引起腐烂，有时可达到果皮以下，这种类型的果不堪食用。

2. 传播途径和发病条件

在苹果开花期，病菌孢子随风传播到花器上，到苹果落花期，病菌已在花器上定殖。苹果落花后约半个月，病菌已经侵入到果心，潜伏侵染，有的果实在生长期开始发病，早期脱落；有的果实在采收前开始发病并脱落。在贮藏期发病的果实多表现为果心腐烂型。

3. 主要防治方法

(1)药剂防治　重病园从盛花期开始，连续喷 2～3 次杀菌剂，间隔期约 10 天。常用药剂有 50%多菌灵可湿性粉剂 600～800 倍液、50%退菌特可湿性粉剂 800 倍液、70%甲基托布津可湿性粉剂 1 000 倍液、10%多氧霉素可湿性粉剂 1 000 倍液。

(2)合理施肥　增施有机肥料避免偏施氮肥，在幼果期和果实膨大期，喷硝酸钙 250 倍液 1～2 次，能延缓果实衰老，减轻该病发展。

二、主要虫害及防治

(一)桃小食心虫

1. 危害症状

桃小食心虫只危害果实，被害果实果面有针头大小的蛀(入)果孔，由孔流出泪珠状汁液，干涸后呈白色蜡状物。幼虫取食果肉形成弯曲纵横的虫道，虫粪留在果内呈“豆沙馅”状。幼果被害后，生长发育不良，形成凹凸不平的“猴头果”，后期受害的果实，果形变化不大。

2. 生活习性

我国多数地区一年发生 1～2 代，以老熟幼虫在土中越冬，苹果落花后半个月左右，当平均气温达到 17℃，地温达 19℃时，幼虫开始出土；越冬幼虫出土后，在地面做夏茧化蛹。成虫白天多栖息于树干、枝条、叶背面或杂草上，夜间交尾、产卵、无趋光性。卵主要产于果实萼洼处，梗洼处较少。初孵幼虫从果实胴部蛀入果实，幼虫在果实内取食，排粪便于其中。幼虫老熟后从果中脱出，脱果后在地面作茧化蛹，继续发生第二代。9 月上旬以后脱果的幼虫，全部入土越冬。

3. 防治方法

主要采用地面防治和树上防治相结合的方法。采用人工合成的桃小食心虫性外激素诱捕器监测成虫发生期，能准确指导防治时期。

(1)地面防治　苹果落花后半个月左右，在果园设置桃小食心虫性外激素诱捕器，自诱到成虫之日起开始向地面喷药。常用药剂有 50%辛硫磷乳油、25%辛硫磷微胶囊剂 300 倍液均匀喷于树下地面；或每平方米施线虫 60 万～80 万条(线虫游离在水中，以便喷雾)；或每平方米喷 8 克白僵菌粉(含 100 亿个孢子/克)喷于树下地面。

(2)树上喷药　当卵果率达到 1%时开始喷药，或在诱捕器上出现成虫高峰期后喷药。常用药剂有 50%杀螟松乳油 1 000 倍液、20%速灭杀丁乳油 3 000 倍液、2.5%溴氰菊酯乳油 3 000 倍液、20%灭扫利乳油 3 000 倍液、30%桃小灵乳油 2 000 倍液、25%灭幼脲 3 号胶悬剂 1 000 倍液、BT 乳剂 500 倍液。喷药次数视虫口密度而定，一般喷药 2～3 次。

(3)除虫源　经常捡拾落地虫果和摘除虫果，并将其浸入水中淹死幼虫，可减少虫源。

(二)梨小食心虫

1. 危害症状

又名梨小蛀果蛾，它既危害果实，也危害新梢。幼虫蛀果多从萼洼处蛀入，直接蛀到果心，在蛀孔处有虫粪排出，被害果上有幼虫脱出的脱果孔。幼虫蛀梢多从嫩梢顶端第三叶叶柄基部蛀入，直至髓部，向下蛀食。

2. 生活习性

在我国不同地区一年发生 3～7 代，以老熟幼虫在树干翘皮下、粗皮裂缝和树干绑缚物等处做一薄层白茧越冬；也可在根颈部周围的土中和杂草、落叶下越冬。在苹果落花后，越冬幼虫开始化蛹，并羽化成虫，5 月上旬出现第一代。成虫在傍晚活动、交尾、产卵，对糖醋液和人工合成的梨小食心虫性外激素有强烈趋性。成虫产卵于果实萼洼、梗洼和胴部，危害嫩梢时产卵于叶片背面。幼虫孵化后爬行一段时间即蛀入果实或嫩梢。

3. 防治方法

(1)人工防治　早春刮树皮，消灭翘皮下和裂缝内越冬的幼虫；秋季幼虫越冬前，在树干上绑草把，诱集幼虫越冬，入冬后或翌年早春解下烧掉，消灭其中越冬的幼虫；春季发现桃梢或苹果梢受害，及时剪除被害梢，深埋或烧掉，消灭其中的幼虫。

(2)药剂防治　药剂防治的适期是各代成虫产卵盛期和幼虫孵化期，为防止果实受害，重点防治第二、三代幼虫。用梨小食心虫性外激素诱捕器监测成虫发生期，在成虫出现高峰后即可喷药。常用药剂有 50%杀螟松乳油 1 000 倍液、20%速灭杀丁乳油 3 000 倍液、2.5%功夫菊酯乳油 3 000 倍液。

(3)生物防治　在虫口密度较低的果园，可用松毛虫赤眼蜂治虫，成虫产卵初期和盛期分别释放松毛虫赤眼蜂 1 次，每 100 米^2 果园放蜂 4 500 头左右，能明显减轻危害。

(三)苹果小卷叶蛾

1. 危害症状

主要危害叶片和果实。危害叶片时，幼虫将叶片卷起，在其中取食。危害果实时，幼虫大多在果、叶相贴处啃食果皮，降低果实商品价值。

2. 生活习性

一年发生 3～4 代，均以 2 龄幼虫在树皮裂缝、翘皮下、剪锯口等处结白色薄茧越冬。苹果花芽萌动后，越冬幼虫开始出蛰，先爬到嫩叶上取食，稍大后吐丝将几个叶片连缀在一起，潜伏其中取食。幼虫受触动会吐丝下垂，并迅速爬行，老熟幼虫在卷叶内化蛹。成虫昼伏夜出，对糖醋液和人工合成的苹果小卷叶蛾性外激素有强烈趋性，趋光性很弱。成虫产卵于叶片或果实表面，幼虫孵化后先在卵块附近取食叶片，不久便分散危害。第一代幼虫主要危害叶片，有时也危害果实；第二代幼虫既危害叶片，也危害果实。

3. 防治方法

(1)人工防治　早春刮除树干和剪锯口处的翘皮，消灭越冬的幼虫。在果树生长期，经常用手捏死卷叶中的幼虫，减轻其危害。

(2)药剂防治　越冬幼虫出蛰期和各代幼虫孵化期是树上喷药适期，每 100 叶有虫 2～2.5 头时开始喷药。常用药剂有 2.5%溴氰菊酯乳油 3 000 倍液。

(3)生物防治　在越冬代成虫产卵盛期，用松毛虫赤眼蜂防治效果很好。

(四)金纹细蛾

1. 危害症状

只危害叶片，不危害果实。幼虫从叶背潜入叶内，取食叶肉，形成椭圆形虫斑；初期虫斑的下表皮与叶肉分离，呈半透明状，叶片正面虫斑稍隆起，出现白色斑点，后期虫斑干枯，形成穿孔。

2. 生活习性

一年可发生 5 代，以蛹在被害叶中越冬。翌年苹果展叶时出现成虫，发生盛期在 4 月下旬，以后发生各代成虫。一年中，以第三代幼虫发生量大，大量危害叶片。要抓好第一代成虫产卵期和第二代幼虫孵化期的防治。

3. 防治方法

(1)人工防治　果树落叶后，结合秋施基肥，清扫枯枝落叶，深埋，消灭落叶中越冬蛹。

(2)药剂防治　重点防治时期在第一代和第二代成虫发生期，即控制第二代和第三代幼虫危害。常用药剂有 25%灭幼脲 3 号胶悬剂 2 000 倍液、20%杀铃脲胶悬剂 5 000 倍液、30%蛾螨灵可湿性粉剂 2 000 倍液(可兼治害螨)。

(五)苹果瘤蚜

1. 危害症状

苹果瘤蚜又名卷叶蚜虫，主要危害苹果叶片和嫩梢，被危害叶由两侧向背面纵卷，有时卷成绳状，叶片皱缩，被害叶逐渐干枯。

2. 生活习性

以卵在芽旁和芽腋处越冬，萌芽期，越冬卵开始孵化，苹果展叶后即爬到小叶上危害。蚜虫逐渐发育成熟，开始进行孤雌生殖，虫口密度增大。在被害叶内出现有翅蚜，然后开始向其他植物上迁飞，在其他植物上繁殖越夏；10 月份又产生有翅蚜飞回果园，在果树上交尾产卵，以卵越冬。

3. 防治方法

(1)生物防治　在夏季，蚜虫的天敌很多，主要有瓢虫、草蛉和食蚜蝇等，其中瓢虫是其主要捕食类群，成为抑制蚜虫发生的主要因素，此时应减少果园喷药，以保护这些天敌。

(2)药剂防治　在苹果萌芽至展叶期，如果喷药质量好，喷药 1 次即能控制苹果瘤蚜危害。常用药剂有 5%扑虱蚜可湿性粉剂 2 000～3 000 倍液、50%抗蚜威可湿性粉剂 1 000 倍液、10%蚜虱净可湿性粉剂 3 000～4 000 倍液。

(六)苹果红蜘蛛

1. 危害症状

又名苹果全爪螨、苹果红蜘蛛。主要危害叶片，叶片受害初期出现白色小斑点，后期叶片苍白，光合作用减弱。

2. 生活习性

以卵在 1～2 年生枝条的盲节处、短果枝、果台基部、芽周围等处越冬。翌春苹果花芽膨大时，越冬卵开始孵化，气温合适时，2～3 天孵化率可为 80%左右。一般 7—8 月份螨口密度最大，各虫态混合发生，是全年危害高峰期。

3. 防治方法

①早春防治　苹果发芽前用 95%机油乳剂 80 倍液喷雾，消灭越冬卵。

②生长期防治　要抓住越冬卵孵化期和第二代若螨期喷药防治。常用药剂有 20%螨死净胶悬剂 2 000 倍液、20%扫螨净可湿性粉剂 3 000 倍液、5%尼索朗乳油 2 000 倍液、20%三唑锡悬浮剂 1 500 倍液、10%浏阳霉素 1 000 倍液等。

第八节　苹果商品化处理

苹果采后的商品化处理是提高果品外观质量、增强销售和价格的重要措施之一，苹果采收后，一般在 8 个小时内运输到果品处理场地进行预冷、洗果、打蜡、分级、包装和贮藏等环节。

一、苹果等级标准

北京苹果主要品种果实品质的等级指标如表 2-2 所示。

表 2-2　苹果主要品种果实品质的等级指标

品种	果实硬度（千克/厘米²）≥	特级			一级			二级		
		单果重（克）≥	可溶性固形物（%）≥	色泽（着色面积≥）	单果重（克）≥	可溶性固形物（%）≥	色泽（着色面积≥）	单果重（克）≥	可溶性固形物（%）≥	色泽（着色面积≥）
嘎拉系	7.0	175	13.0	红色 80%	150	13.0	红色 70%	125	12.0	红色 55%
元帅系	6.5	300	12.0	红色 95%	250	12.0	红色 85%	200	11.0	红色 70%
乔纳金系	8.0	300	14.0	红色 80%	250	14.0	红色 70%	200	13.0	红色 55%
华冠	7.0	200	14.0	鲜红 90%	175	14.0	鲜红 80%	150	13.0	鲜红 65%
金冠系	7.0	225	13.5	绿黄	200	13.5	绿黄	175	12.5	绿黄
王林	7.0	250	13.5	绿黄	225	13.5	绿黄	200	12.5	绿黄
富士系	8.0	325	14.5	红色 95%	275	14.0	红色 80%	225	13.5	红色 65%
国光	8.0	175	14.5	红色 70%	150	14.5	红色 60%	125	13.5	红色 50%

注：本表中未涉及的品种，可比照表中同类品种参照执行。

二、苹果简易贮藏保鲜

（一）苹果贮藏保鲜的环境条件

1. 温度

适宜的贮藏温度可以将苹果的代谢消耗降到最低，但又不至于造成低温伤害。大部分苹果品种的适宜冷藏温度在 0～－1℃，气体贮藏的温度可以比冷藏高 0.5～1℃。

2. 湿度

苹果的贮藏时间比较长。因此，要求贮藏环境的湿度必需要高，当相对湿度达到 85%～95%时，才能减少水分蒸发，保持果实的新鲜、饱满状态。

3. 气体成分

苹果是典型的呼吸跃变型果实，改变贮藏环境的气体成分对提高贮藏保鲜效果有特别明显的作用。一般认为在 0～2℃的贮藏条件下，氧气含量在 2%～4%、二氧化碳含量在 3%～5%时比较合适。

（二）苹果贮藏保鲜的方法

1. 冷藏

进行冷藏的苹果，最好选用晚熟和较耐贮藏的品种，而中晚熟品种如元帅系列、金冠、乔纳金等最好用气调贮藏，因为这些品种的冷藏效果远不如气调贮藏。苹果采后进行充分预冷并及时入库是重要的冷藏技术措施。冷藏时除根据品种的特性确定适宜的贮藏温度外，还要保持库内均匀的湿度，切忌库温忽高忽低。除温度、湿度的管理外，还要注意库内的通风换气。

2. 产地节能气调（双向变动气调）贮藏保鲜

果实的气调贮藏是在整个贮藏期间几乎都是用相同的温度和气体成分（低温、低氧、低二氧化碳、低乙烯）。但是，由于气调的投资较大，管理技术较严格。中国仍以农村的土窑洞、地窖等产地贮藏为基础，在自然温度（初始 10～15℃甚至更高）下采用塑料薄膜大帐或小包装等方式贮藏苹果获得很好的效果，并逐步形成一些新的贮藏保鲜技术，这种方法也叫做“产地节能气调贮藏”。具体方法为：

（1）在果实入贮时，只要贮藏场所的温度降到 15℃以下，均可作为节能气调贮藏场所。

（2）果实入贮初期的温度为 10～15℃，经过 30～50 天，温度自然降至 0℃；入贮初期的氧气为 2%～3%、二氧化碳为 9%～12%，待温度降至 0℃时，氧气浓度变为 3%～4%、二氧化碳变为 5%～6%。

第三章　梨

梨为蔷薇科梨属植物，世界约有35个种，中国栽培的主要有5个种：白梨、沙梨、秋子梨、新疆梨和西洋梨。梨的栽培品种依果实成熟后的果肉硬软分为东方梨（脆肉型、后熟软肉型）和西洋梨（后熟软肉型）两大类。我国梨生产上主要栽培的是东方梨，也有少量西洋梨栽培。

我国是东方梨的原产地，早在2 000多年前已有大面积梨的栽培。梨树在我国栽培面积120多万公顷，产量1 250多万吨，占世界梨栽培总面积的71.3%和总产量的60.7%，是世界第一梨生产大国。梨为我国仅次于苹果出口量的第二大鲜果。

北京梨生产上现有品种资源400多个，主栽品种20多个；同时，不断提高栽培水平，进一步提高果品质量安全水平，大力推进无公害、绿色和有机果品的生产，取得了极为显著的效果。但在北京市梨生产中，也存在效益不如预期高的问题，主要原因是，采后商品化处理水平低，绝大多数果实采后不经商品处理就直接上市；产业化水平低，营销能力差，目前梨树生产多数是家庭承包，分散经营，组织化程度很低，抵御自然灾害和市场风险的能力差。

第一节　梨主要种类和优新品种

一、梨树主要栽培种类

（一）白梨

主要分布在山东、河北为代表的大部分华北各省，西北、辽宁和淮河流域也有少量栽培，是我国栽培梨中分布较广、数量最多、品质最好的种类。适宜冷凉干燥的气候。生长较强，发枝较少。嫩枝较粗密生白色茸毛，二年生枝紫褐色或深褐色；叶片卵圆形或广卵圆形，顶端渐尖，叶基圆形或宽楔形，锯齿尖锐，向内倾，齿尖刺芒内贴，叶柄长；果实多长圆形或倒卵形；果皮黄色，果梗长，萼片脱落或半脱落；子房4～5室，多为5室，种子8～10粒；果实采下即可食用，肉质细脆有香气，无后熟作用，多数品种耐贮运。栽培的品种有鸭梨、雪花梨、秋白梨、茌梨、黄县长把梨等。

（二）沙梨

主要分布在淮河以南、长江流域的南方各省。近几年，山东的胶东、鲁西地区，河北的深州、辛集，安徽的砀山、北京郊区等地，日、韩沙梨品种栽培面积较大。沙梨适宜高温湿润气候。发枝少，枝条多直立，嫩枝、幼叶有灰白色的茸毛，二年生枝紫褐色或暗褐色。叶片大，长卵圆形，叶缘锯齿尖锐有芒，略向内合，叶基圆或近心脏形；花型一般较大；果实一般圆形，少有卵圆形；果皮多为褐色，少有绿色；花萼宿存，少有脱落；子房5室，一般有种子10粒；肉细、味甜、石细胞略多，品质较好。主要栽培的品种有二十世纪、丰水、翠冠、苍溪雪梨、黄金、华山、圆黄、爱甘水、新高等。

(三)秋子梨

主要分布在辽宁的鞍山、海城和辽阳地区，吉林、内蒙古、河北北部及西北的部分地区也有栽培。适宜冷凉干燥气候，耐寒、耐旱、耐瘠薄。生长旺盛，发枝力强，老枝灰黄或黄褐色；叶多大型，广卵圆形或卵圆形，基部圆形或心脏形；叶缘锯齿尖锐，针芒直立；花朵数多，花轴短，多有复花序；果多近球形，暗绿色，果柄短，花萼宿存而开张。它属于软肉类型，采后果肉硬，水分和香气少，需经后熟才能达到最佳风味。栽培的品种有京白梨、广梨、南果梨、红南果、安梨、面酸梨、大小香水梨等。

(四)新疆梨

主要分布在甘肃、青海、新疆等地区。适宜干热的气候，耐寒耐旱。小枝紫褐色，具白色皮孔。芽卵圆形、顶部急尖。叶片卵圆形至阔卵形，先端渐尖，基部圆形，少广楔形，叶缘上半部具细锐锯齿，下半部近于全缘或浅锯齿；果实卵圆或倒卵形，萼片宿存、直立，5 心室，果心大，石细胞多。如甘肃的花长把梨，新疆的阿木特梨等。

(五)西洋梨

主要分布于欧洲和亚洲的西部，少数优良品种引入我国有 100 多年的历史，目前在辽南、华北、西北、黄河故道地区有部分栽培。适宜温润稳定的气候，对干寒环境适应性差。枝多直立，小枝无毛有光泽；叶小，卵圆或椭圆形，革质平展，全缘或纯锯齿，柄细长略短；果实多葫芦形、少有圆形；果皮绿、黄、红、褐多样；果柄粗短且肉质；萼洼浅，萼片宿存而聚合。经后熟可食，果肉细软易溶，味美香甜，石细胞少，果心极小；果多不耐贮藏。国内栽培较多品种有巴梨、三季梨、伏茄梨、红巴梨、早红考密斯、红茄梨、阿巴特、康佛伦斯等。

二、主要优良品种

(一)京白梨

原产于北京门头沟东山村，有 200 多年的栽培历史，为秋子梨系统优良品种。

果实中大，平均单果重 110 克，大果重可达 200 克以上，扁圆形。果皮黄绿色，贮藏后转为黄色，果面平滑有蜡质光泽，果点小而稀；果肉黄白色，肉质中粗而脆，石细胞少；果心大；经后熟，果肉变细软多汁，易溶于口，香气宜人。可溶性固形物含量 13%，品质上等。北京地区 8 月下旬果实成熟，不耐贮运，果皮磨伤易变黑。

树势中庸，枝条纤细，萌芽率高、成枝力强，成年树以短果枝结果为主，较丰产稳产。抗寒性强，喜冷凉栽培环境。黑星病和梨圆蚧为害较重。

(二)鸭梨

原产河北省，为最古老的白梨系统优良品种之一。华北各省市、辽宁、陕西、甘肃、新疆等地均有栽培，河北省栽培面积最大。

果实中等大，平均单果重 160 克，果实倒卵形，果肩一侧常有突起且有锈斑；果皮底色绿黄，贮藏后转为黄色，果面光滑，有蜡质；果心小，果肉白色，质细脆，汁液极多，味甜微香；可溶性固形物含量 12.0%，品质上等。北京地区 9 月中旬果实成熟。

树势较强，萌芽率高，成枝力弱。苗木定植后 3 年开始结果，以短果枝结果为主，丰产。抗寒力中等，抗黑星病和食心虫能力较弱。

(三)五九香

中国农业科学院果树研究所1959年以鸭梨为母本、巴梨为父本杂交育成。

果实大,平均单果重271克,大果重1 000克,果实呈粗颈葫芦形;果面平滑,有棱状突起,果皮绿黄色,肩部果梗附近有明显片锈,果点小而多,不明显;果心中大,果心线外石细胞多。果肉淡黄色,肉质中粗。果实采收后即可食用,经后熟肉质变软,汁液中多,味酸甜,具微香;可溶性固形物含量13%,品质中上等。北京地区8月下旬果实成熟。

植株生长势较强,萌芽率高,成枝力中等。苗木定植后3～4年开始结果,以短果枝结果为主,幼果自疏能力强,多数花序坐单果。丰产稳产。抗寒性较强,抗腐烂病能力较西洋梨强,果实易受食心虫为害。

(四)玉露香

山西省农科院果树所以库尔勒香梨为母本、雪花梨为父本杂交选育而成。

果实大,平均单果重236.8克,大果重550克,果实椭圆形或扁圆形;果皮黄绿色,阳面有红晕或暗红色条纹,果面光洁细腻具蜡质,果皮极薄;果心小,果肉水白色,肉质细嫩酥脆酥脆,石细胞极少,汁液特多,味甜具清香,口感极佳;可溶性固形物含量12.%～14.0%,品质上等。北京地区果实8月下旬成熟。

幼树生长强,大量结果后树势中庸。萌芽率高,成枝力中等。初结果树以中长果枝结果为主,大量结果后以短枝为主。适应性较强,抗寒能力中等,抗腐烂病、褐斑病中等,抗白粉能力较强。果实耐贮藏,在自然土窑洞内可贮至5～6个月。

(五)红香酥

中国农业科学院郑州果树研究所以库尔勒香梨为母本、郑州鹅梨为父本杂交育成。

果实大,平均单果重220克,果实卵圆形或纺锤形;果皮光滑,蜡质厚,果皮绿黄色,阳面有红晕;果心小,果肉白色,酥脆多汁;可溶性固形物含量13%～14%,品质上等。北京地区9月中旬果实成熟。耐贮藏,常温下可贮2个月。

树势强,萌芽率高,成枝力中等,嫁接苗定植后第3年开始结果,以短果枝结果为主,花序坐果率高,有采前落果现象。高抗梨黑星病,不抗梨木虱和食心虫。

(六)早红考蜜斯

美国品种,果实中大,平均单果重185克,大者可达270克,细颈葫芦形;果实黄绿色,果面紫红色、光滑,向阳面果点小、中密、蜡质厚,阴面果点大且密、蜡质薄;果肉雪白色,半透明,肉质细,石细胞少,果心中大,可食率高。经后熟,则果肉变得柔软细嫩,汁液多,具芳香,风味酸甜,口感很好;采收时可溶性固形物含量为12%,经后熟1周后可达14%,品质上等。北京地区果实8月中旬成熟。果实常温下可贮存15天,在1～5℃条件下可贮存3个月。

树体健壮,萌芽率高,成枝力强,易形成花芽,早实性强。结果能力强。进入结果期后,以短果枝结果为主,部分中长果枝及腋花芽也易结果,丰产稳产。该品种抗性强,适应性广,抗旱,抗寒,耐盐碱。抗干腐病,较抗轮纹病,病虫害较少。

(七)康佛伦斯

英国品种。果实大,平均单果重200克,细颈葫芦形;果皮绿黄色,阳面有淡红晕。果面平滑,有光泽;果肉白色,肉质细而致密,经后熟变柔软,汁液多,味甜,有香气,果心较小;可溶性固形物含量 14.2%，品质极上等。北京地区果实 9 月中旬成熟。

植株生长势中等，萌芽率高，成枝力强。幼树结果较晚，高接树第 3 年开始结果。成年树丰产稳产。适应能力强，抗寒抗旱，抗腐烂病、黑星病和梨木虱。是目前引进西洋梨中适应性最强的品种。但偶有冻花现象。

（八）圆黄

韩国品种，1994 年育成，亲本为早生赤×晚三吉，1997 年引入我国。

果实大，平均单果重 350 克，最大 630 克，圆形，端正；果皮褐色，果面光滑，果点小而稀；果心小，果肉乳白色，肉质细嫩酥脆，汁多味甜，香味浓；可溶性固形物含量 14%，品质上等。北京地区果实 8 月下旬成熟。果个整齐，不同气候年份对果实膨大生长影响小。果实较耐贮藏。

树势生长较强，树姿半开张，萌芽率高，发枝力强。结果较早，以中、短果枝结果为主，丰产稳产。全树中枝发生多，果台副梢抽枝能力也强。抗黑星病能力强，栽培管理容易。花粉多，可作良好的授粉树，秋后中长枝有早落叶现象。

（九）丰水

日本农林省果树试验场以（菊水×八云）×八云杂交育成，1972 年发表。

果实大，平均单果重 300 克，圆形或长圆形；果皮黄褐色，果点大而多，果面有纵沟且略显粗糙。果心小，果肉乳白色，肉质细嫩，汁液特多，适口性好；含可溶性固形物 13%，品质上等。北京地区 8 月下旬果实成熟。

幼树生长势强，结果后树势中庸。萌芽率高，成枝力中等。幼树以中长果枝结果为主，盛果期以短果枝结果为主。对黑斑病、轮纹病抗性强。缺点是果个均匀度差，果实不耐贮藏，果肉易发绵。

（十）黄金梨

韩国育成，亲本为新高×二十世纪，1984 年命名。

果实大，平均单果重 250 克，大果重 500 克，圆形或扁圆形；果皮黄绿色，套袋后果皮金黄色，皮薄，果点小而稀；果心极小，果肉白色，细嫩，果汁多，石细胞极少，味甜且有香气；品质极佳，可溶性固形物含量 14%。北京地区果实 9 月中旬成熟。

树势强健，萌芽率高，成枝力低。成花容易，一年生新梢易成腋花芽，腋花芽坐果率高。需实施套袋栽培，以套两次袋为好。枝条柔软，果实及叶片抗黑斑病、黑星病。该品种是目前抗病、丰产、果品质量、商品价值都较好的中晚熟品种。缺点是果皮娇嫩，果锈较重。果实萼端易患“黄头病”。要求高肥水，树体发长枝少易早衰。弱树结果小，商品率低。花粉少，注意配置双授粉树。

第二节　梨树的生物学特性

一、叶芽

梨树的叶芽根据着生的位置，分为顶芽和侧芽；一般情况下，顶芽较大、较圆，侧芽较小、较尖。梨树的侧芽和顶芽在形成的第二年，大多都能萌发成枝条，第二年不能萌发的芽称为隐芽；另一种隐芽是枝条基部的副芽，着生在枝条基部多年潜伏而不萌发，成为隐芽。当枝受到修剪刺激时隐芽才萌发，这些隐芽寿命长，对梨树的更新复壮作用很大。东方梨的短梢不具侧芽，中长梢基部3～5节叶腋间，也不形成侧芽，该处成为“盲节”。西洋梨的中、长梢基部叶腋间有瘪芽形成，这是西洋梨与东方梨的一个重要区别。

叶芽是枝的雏形。一个发育完全的叶芽，具有芽鳞片、芽轴即雏梢两个部分。叶芽的发育可分为7个时期，即芽原基出现期、鳞片分化期、质变期、夏梢休眠期、冬季休眠前雏梢分化期、冬季休眠期和冬季休眠后雏梢分化期。这是梨树大部叶芽的发育周期，叶芽按照这种发育过程，在第一年形成的芽，第二年萌发为新梢，并在新梢上形成新一代芽，使芽每年更新1次。通过芽的这种一年一度的更新，可以适应冬季不良气候环境，又可以通过芽在发育过程中向花芽分化而完成生殖过程。

二、枝

枝条生长决定着树冠的扩大和叶幕的形成，并对树势、产量和果实品质产生重要影响。叶芽萌发的新梢，在当年落叶前称为新梢。芽萌发后，梢叶生长迅速，形成短枝、中枝或长梢。冬前芽内分化形成短枝雏梢；冬前、冬后芽内通过二次分化，形成中枝雏梢；长梢一般发生在枝的顶端或剪截枝的剪口附近，构成长梢的这段新梢是在芽外分化的。各类新梢完成各自的生长进程后便形成顶芽，停止生长。第二、第三生长阶段形成的新梢之间的交界处，节间较短，叶片小，芽也较小。

枝类是根据新梢所具有的生长阶段来划分的。只具有第一生长阶段的新梢为短枝，长度一般不超过5厘米；具有第一、第二生长阶段的为中枝，长度一般为5～30厘米；具有第一、第二和第三生长阶段的为长枝，长度在30厘米以上。一般盛果期壮树长梢在60厘米左右，初盛果期树长梢在80厘米左右，幼旺树长梢可达100厘米以上。

东方梨的新梢生长期短。北京地区长梢一般在6月下旬停长，最长的新梢到7月上旬以前也要停止生长，而中梢和短梢都在5月中旬以前停止生长。梨的长梢由于在6月下至7月上旬以前停止生长，所以把第一和第二生长阶段形成的新梢称为春梢部分，第三生长阶段形成的新梢称为夏(秋)梢部分。西洋梨则与东方梨不同，其新梢前期生长相对缓慢，有个莲座发育期，因而获得了侧芽生长发育的机会，形成少量腋芽；其长梢生长则可延续到秋季。

新梢的加粗生长是枝条形成层分生活动的结果，与加长生长相伴交互进行。在新梢速长期加粗活动较弱，而新梢缓长时则加粗活动增强。直到进入休眠之前，新梢还在微弱加粗生长。

梨枝条的直立性较强，成枝力因种系而有不同。秋子梨、西洋梨系统的品种比白梨、沙梨系统的品种成枝力强。

三、叶

叶是梨树光合作用的主要器官，除制造光合产物外，还合成多种激素，并起着蒸腾和呼吸的重要作用。此外，叶还具有吸收矿质元素的功能。因此，叶片的质量、寿命及全树叶面积形成的早晚，对梨树的生长发育、产量和果实品质具有重大作用。

叶片的生长是多处生长点活动的结果。主脉生长点的细胞分裂使叶片纵向伸长，侧脉生长点的细胞分裂使叶片横向伸展；当叶片达到一定大小时，主、侧脉的生长点停止细胞分裂活动。叶柄的伸长始于叶片自芽内伸出以后，与叶片同步生长，叶肉和叶柄组织逐渐分化，叶片加厚，叶柄增粗，叶片逐渐分化出栅栏组织、海绵组织和气孔。叶片大小主要受贮藏营养的影响，同时光照强度对其厚度、叶绿素含量及寿命影响很大。在叶片生长早期，适量的水分供应和叶面喷施氮肥，可促进叶片的生长。

梨叶具有生长快、叶面积形成早的特点。除西洋梨品种外，在北京地区5月下旬以前形成的叶面积可占全树的85%以上。为此，加强萌芽前后的栽培管理，对增加叶面积效果明显。梨新梢叶面积的形成大体为，短梢35天左右，中梢45天左右，长梢60天左右。西洋梨的长梢叶面积形成期要更长些。

5月下旬，当中、短梢叶片停止生长时，中短梢顶芽鳞片形成，芽已进入质变期。一切促进花芽分化、提高光合产量的措施，都在亮叶期以前或亮叶期进行，才能发挥最好的效果。

四、花芽

梨树的花芽为混合芽，多数由顶芽发育而成，有时也能由侧芽发育成腋花芽，大多数品种都能形成不同数量的腋花芽。混合芽内既有叶原基也有花原基，发育成花器、花序、枝和叶的雏形。萌发后既能生枝出叶，又能开花结果，并可在果台上长出副梢。梨的个别花芽有只开花结果、而不能抽生果台副梢的现象，称为不完全混合芽。

从芽的发育阶段性来看，梨花芽的分化是在芽鳞片分化期结束后的1个月内进行的。此期如果营养充足，外界环境条件适宜，芽又具备一定的发育阶段，芽生长点就会进入生理活跃状态，进行一系列生理生化的变化，称为生理分化期，即芽的质变期。生理分化完成后进入花芽的形态分化；形态分化分为分化开始期、花原始体分化期、萼片分化期、雄蕊分化期、雌蕊分化期。到冬前混合花芽最后形成雌蕊原始体，翌年早春继续进行雌、雄性器官的发育。直到开花前雄蕊的花药才发育成熟，而胚囊的成熟多在开花的当天或后一天才成熟。

梨树的花序为伞房花序，一般有7～12朵花，边花先开。梨花由花梗、花托、花萼、花冠、雄蕊和雌蕊组成。梨花由萌发至开放的过程，一般有7个时期，即花芽萌动期、花芽开绽期、花序伸出期、花序分离期、花初开期、盛花期和终花期，持续时间一般为22～25天。

五、果实

梨果实主要由花托(果肉)、果心和种子三部分组成。花从完成授精以后一直到果实成熟，这三部分之间的发育有着密切的关系，特别是种子的发育直接影响其他两部分的发育。果实的发育可分为三个时期，即细胞分裂期、组织分化期和果实膨大期。

果实的大小决定于细胞分裂的多少和细胞体积的大小。一个梨果实细胞越多，体积越大，果实也越大。细胞多少与细胞分裂的次数及分裂时间长短有密切关系，而细胞大小与细胞体积的膨大增长相关。

梨果实的细胞分裂应包括花原始体的形成期，至萌芽、开花前迅速分裂，开花期也不停止，受精后的幼果出现细胞分裂高峰，一般持续30天左右。同时进行幼胚的发育，待果实细胞分裂停止后，主要进行胚的发育，幼果生长表现缓慢。待幼胚发育成熟后，果肉细胞体积迅速膨大，果实进入膨大期，体积和重量迅速增加。

果实表皮细胞的分裂不像果肉细胞具有阶段性，表皮细胞自幼果直到采收期为止，一直伴随果实的生长而持续分裂。幼果时期的表皮有气孔，在花后20～25天，气孔的保卫细胞健全，孔口也很小；随着果实的增大和外表皮细胞分裂与增大的扩展，气孔被拉开而孔口增大，使气孔的保卫细胞崩坏，其崩坏部分产生愈伤木栓层而开始形成果点；随着果实的膨大，孔口也随之增大，愈伤木栓层也随之增大增厚，形成大而突出的果点。果实表皮的气孔变成果点大约在花后 20～40 天。

在生产上，梨树常发生落花和落果。未受精的花，在谢花后胚珠开始枯萎，并在花柄基部产生离层，最后整个花朵枯萎脱落。已受精的花，幼果在胚乳发育过程中，需要大量的营养物质，如果营养物质不足，胚乳发育停止后，果柄基部形成离层而使幼果脱落；这次生理落果多发生在 5 月中下旬至 6 月初，即花后的 30～40 天。梨树坐果能力强，一般只有 1 次落花和 1 次落果。有些品种在果实将近成熟时也有落果现象，称为采前落果。

六、根

梨树为高大乔木，根系分布深广程度因品种、树势、砧木、土壤、栽培技术的不同，有较大差异。一般以杜梨为砧木的成年梨树，根系的水平分布大于树冠的 1～2 倍。

(一)根系分布

梨幼树的根系与其地上部一样，具有较强的离心生长力。由于主根在挖苗定植中被切断，其侧根比较发达。各侧根自主根发出后，呈不同角度斜下延伸，一般不发生大的副侧根，自主根上部发生的侧根角度大些，渐向下部的侧根角度渐小，所以距主干越远，根系分布得越深。在定植的最初两年，根系的垂直生长超过水平生长，下部的侧根比上部的侧根生长快，加粗显著，表现了明显的枝与根的极性对应关系。至 3 年以后，树冠枝叶量增大，侧枝增多，根系的水平生长才得以迅速扩展，其水平伸展半径可达 3～4 米，为地上枝展的 2～3 倍。

根系的垂直分布一般主要在 20～50 厘米土层，最深可达 1.5 米以上。随栽植密度的增加，根间的竞争加强，根系主要分布层渐深，根的土壤剖面密度亦渐大。

在北京大兴的永定河梨区，鸭梨幼根系于 3 月下旬开始生长，5 月中旬至 6 月中旬为第一次生长高峰，7 月中旬至 8 月下旬为缓慢生长期，9 月上旬至 10 月上旬为第二次生长高峰，以后则进入缓慢生长期，进入 11 月份后停止生长。

(二)新根的类别及特性

鸭梨幼树生长旺盛，枝叶量增长快，每年要发生大量新根。新根具有吸收养分和水分的能力，但其寿命和形态特征大不相同。新根按其形态特征分为：

(1)延伸根，外观粗壮，一般粗度在 0.6～1.5 毫米，具有次生结构和分生二级次分支，有较强的延伸力。

(2)基础根，外观细长，一般粗度在 0.5 毫米左右，具有次生结构，一般仅能分生一级次分支，不延伸或延伸力极弱，是发生末级吸收根的基础。

(3)吸收根，外观短针状，一般粗度在 0.2～0.3 毫米，长度在 0.2～1.0 厘米，不具次生结构，寿命极短不发生分支，是最末一级的新根。

新根一经发生，不论其所在位置如何，不同粗度的根决定其不同类别，不同类别的根各有其一定的生长过程。延伸根生长到一定长度后即行快慢交替延伸生长，不断木栓化，也不断发生新的基础根，先发生的基础根又会发生更细小的吸收根，延伸根在发展中形成各级骨干根。同样，基础根发育到一定程度后，也要发生细小分支，即是吸收根。基础根一般不延伸或延伸力极弱，其上反复分生吸收根。吸收根寿命极短，不断死亡又不断更新。

延伸根不断形成弱分支和扩大延伸范围。基础根则发展缓慢，不断更新死亡的吸收根。

部分基础根可稍有延伸并再发生二次分支，形成丰满的须根系。各类新根木栓化时间不同。延伸根木栓化缓慢、可达1～3个月，基础根2～4周木栓化，吸收根则1周左右即死亡。部分粗壮的延伸根经冬不衰，成为翌春早发新根的基础。

春季地温上升，根系开始活动；首先是越冬新根开始生长，其次是基础根上发生吸收根，而被切断的根系要在13℃时才发生新根。细根较粗根发根早些，而粗根发生新根较迟。

根系没有休眠期，只要温度等条件适宜就会进行生长。只是随季节不同地温有异，以及树势强弱的差别，形成其具有两个峰波的年生长节律曲线。

第三节　苗木繁育

一、砧木类型

砧木对于梨树生产非常重要，选择适宜的砧木，是梨树栽培的基础。选择砧木的要求是适应当地环境条件，抗逆性强，亲和性好，生长整齐等。北京地区常用梨砧木主要为杜梨。

(一)杜梨

产于我国的华北、西北各省。乔木，高可达10米，枝常具刺。果实近球形，褐色，直径0.5～1厘米，萼片脱落。种子褐色，粒较小，每千克种子28 000～70 000粒。杜梨根系深而发达，侧根少，适应性强；嫁接树生长健壮、结果早、丰产、寿命长，耐旱、抗涝，耐盐碱，耐瘠薄，抗寒性较强。与西洋梨及东方梨嫁接均易成活。

(二)褐梨

在北京山区都有分布，俗名大杜梨，果实近圆形，褐色果个较大，直径1.5厘米左右。在山区生长表现良好，在平原盐碱沙地生长表现差。可在山地就地取材，是适应当地环境的优良砧木。

二、育苗

(一)种子的采集

选择生长健壮、无病虫害的杜梨作采种树。果实采收要适时，杜梨和褐梨一般在9—10月份采收；采收过早，种子尚未成熟，生活力低，发芽率低。采集后的果实放在背阴处堆积后熟，待果实大部分变软，用棍棒捣烂后，用清水冲洗，除去果肉，淘出种子摊在阴凉处晾干，簸净去杂放于透气的麻袋或布袋中，在阴凉干燥处保存。

(二)种子生命力鉴定

为了达到种子发芽整齐、幼苗生长健壮的目的，需对种子进行生命力的鉴定。一般有生命力的种子，种皮有光泽，种仁呈乳白色，不透明；如果种仁透明，压挤即碎，就是无生命力的陈种子。也可用染色法测定：取种子100粒，放冷水中浸泡24小时，取出种仁，用5%的红墨水染色20分钟，用清水冲去浮色至不褪色为止；凡未着色的种仁具有生活力，着色的种仁则失去了活力。

(三)种子处理

梨砧木种子必须在2～5℃低温条件下与1∶5的湿沙混合，进行层积处理后才能发芽。不同的砧木种子需要不同的层积时间，如杜梨需要60～80天、褐梨需要40～55天。沙藏在背阴排水良好处开沟。沙的湿度掌握在手握成团，一触即散为度。将一份种子与5份沙（体积比）混拌均匀，种子数量不多可放入瓦罐或木箱里，埋在沟里冻层以下。沙藏期间注意检查，防止干燥和鼠害。春季气温回暖后，注意保湿和翻动，当多数种子露白时即可播种。

（四）播种时期和方法

北京地区梨育苗播种一般在3月中旬至4月上旬，多采用条播。播种前将土地深翻20～25厘米，施优质有机肥4 000～5 000千克，将育苗的地块整成宽度为1.2～1.5米的畦，灌水洇畦，待土壤不粘脚时，开沟播种。行距50厘米，沟深2厘米，播后覆土，如果土壤黏重可覆沙土，然后覆地膜保墒增温，待芽出土后从垅中割破地膜，让幼苗伸出和方便管理；或作畦密播的一年生小苗翌春开沟栽植，株距10厘米左右。这样，将播种苗集中管理，翌年栽种小苗易使苗齐苗壮，嫁接和管理容易。

（五）幼苗管理

为了使幼苗生长良好，达到当年嫁接的粗度，必须要加强幼苗的前期管理。苗木出土后及时松土、除草。幼苗3～5片真叶时进行间苗和带土坨移栽补苗。在苗高50厘米时，进行摘心，使其增粗。芽接前捋去砧苗基部10厘米的枝叶，以利嫁接。嫁接芽成活后切断主根促进侧根生长。主根保留长度要求20厘米以上。除采取以上措施外，还要追施速效肥2～3次，以尿素、硫酸铵、磷酸二铵为主，每次每亩用量在10千克左右，追肥后浇水，划锄保墒，并注意病虫害的防治。

三、嫁接时期与方法

嫁接的方法概括起来有芽接和枝接两大类。一般对一年生砧木苗多采用T字形芽接，技术简单，容易掌握。当砧木和接穗不离皮时，可采用嵌芽接，春季和秋季都可进行；嵌芽接闷芽现象少，成苗率更高。育苗中的枝接多用切接，主要用于春季补接。

（一）嫁接时期

北京地区春季补接一般自3月中下旬开始，4月下旬结束。大量育苗嫁接在7月下旬开始，到8月下旬结束。

（二）嫁接方法

1. T字形芽接

嫁接时要求砧木和接穗形成层都处于活跃期，即木质部与韧皮部易剥离期。左手拿接穗，右手拿刀先在接芽的上方0.5厘米处横切一刀，要求环枝条1/2，再在芽下方1.5厘米处向上斜削一刀，深入木质部，当削入斜面1/2处时顺势将刀片一撬，使木质部裂至横切口处，即可摁住芽片横向掰取下盾形芽片。在砧木上距地5厘米的光滑部位，切一横切口，深达木质部，随即用刀尖一点并向左右将砧木皮拨开顺势将芽片插入丁字形切口中，使接芽的横切口与砧木的皮层横切口对齐，用塑料膜带扎好包严。

2. 嵌芽接

春季及秋季均可以采用。从一年生接穗枝条上选好芽，先在芽下方1厘米处斜下切一刀深至3～4毫米，再从芽上方2厘米处向下斜削一刀，取下芽片长约3厘米，厚2～3毫米。再用同样的方法将砧木削出与芽片相近的盾形切面，将接穗的盾片嵌入砧木的切口中，使使芽片与切口吻合，如果芽片小于切口，就将芽片与切口形成层一侧对齐，用塑料膜扎紧扎严，使之不透气、不透水，第二年春季再解绑剪砧。春季嫁接捆绑时要将接口裹严，露芽以便萌芽。嫁接后一般 7 天左右剪砧，等新梢长到 20 厘米以上再解绑。这种方法优点是嫁接后生长速度较快，可以进行嫁接的时期长，不受木质部与韧皮部是否可以剥离的限制。

3. 切接

该接法属于枝接法，先将接穗削成长短两个削面，长削面长 2.5～3 厘米，短削面长 1 厘米左右，楔形应外厚内薄，有利于形成层面贴紧。接穗留芽 2～3 个。在砧木上距地 5～8 厘米处平茬剪斜口，在斜口高面侧向下直切，形成一个长 3～3.5 厘米的切口，将接穗的长削面向内，短削面向外插入切口，长削面要露白 0.5 厘米，对齐形成层，用塑料膜包扎好。在缠绕接近基部时，注意将塑料条展开进行单层缠绕，以免接穗部位形成缢痕。该种方法的优点是嫁接后生长旺盛，苗木愈合良好。

近年发展的单芽切接，方法与切接相同，但因接穗变短而易于整体包裹。包裹材料用宽 12 厘米、厚 0.005～0.007 厘米的地膜，在接穗顶部向下对折捋顺后，由下向上缠绕至切口处打结即可。这种方法接芽成活后可自行破膜，不需人工解膜，成活率高且节省接穗。

四、嫁接苗的管理

(一)解除绑缚

T 字形芽接在接后 7～10 天进行检查，成活株接芽鲜活，叶柄一触即落，未成活的及时补接。春季枝接的应在 6 月上旬用小刀划破塑料条，以免形成勒伤，被风刮折。

(二)剪砧

上年秋季嫁接的翌春萌芽前应及时剪砧，在接芽以上 0.5 厘米处剪砧，剪口要平滑，并与嫁接芽反方向斜剪，以利愈合。剪砧后应及时进行除萌蘖，以利于接芽的生长。

(三)摘心

有些品种新生苗茎斜生并易折，生产中多采用立支棍扶绑的方法。经多年实践，在苗高 25 厘米时摘心，会使苗叶肥大，苗茎粗壮，克服刮风折苗现象，且使梨苗生长笔直强壮；如果在圃内培育大苗，可在苗高 80 厘米时摘心并摘除顶端 2 叶片，以促发分枝整形。

(四)其他管理

嫁接剪砧后应及时浇水，每亩施氮、磷、钾三元复合肥 50 千克，尿素 15 千克，后期采用叶面喷氨基酸微肥 600 倍或光合微肥 500 倍、磷酸二氢钾 0.3%、尿素 0.2%，注意对螨类、蚜虫类、卷叶蛾、潜叶蛾等的防治，病害可采用 70%的甲基托布津 1 000 倍、25%的多菌灵 600～800 倍来防治。

五、出圃与分级

(一)出圃时间

苗木出圃时间一般根据用苗单位的需求来确定，北京地区的苗木出圃时间一般在 11 月上旬或翌年的 3 月下旬。

(二)分级

一级苗一般应具备以下标准：品种纯正，纯度达到 95%以上；砧木准确，嫁接口愈合完好；

高度为120厘米以上，粗度为1.2厘米以上；具备5条以上的侧根，侧根的粗度一般应不低于0.4厘米、长度大于15厘米；无病虫害；有一定量的须根。

六、苗木保管、包装、运输

(一)保管

秋末起苗后，在背风、干燥处挖假植沟，沟宽100厘米、沟深80厘米，沟长视苗量确定。沟底铺湿沙或湿润细土厚10厘米，苗梢朝南，按品种和苗级清点数量，做好明显的标志，斜立于假植沟内，可不解开苗捆但要将苗根分散开，填入湿砂或湿润细沙土，使苗的根、茎与沙、土密接。初假植时可将苗茎埋土2/3，待上冻时再覆土将苗梢全部压埋，覆土厚要根据当地土壤冻层厚度掌握。冬季多雨、雪的地区，应在沟四周挖排水沟。

(二)包装

苗木运输前，可用草帘、蒲包、麻袋和草绳等包裹绑牢，每包50株，包内苗根和苗茎要填充保湿材料，以不干、不冻、不受损伤等为准；包内外要附有苗木标签，以便识别。

(三)运输

苗木运输要注意适时、快捷，码放合理；汽车自运苗木，途中应用苫布将苗木严实覆盖，捆敷结实，防止苫布被风刮起。做好防雨、防冻、防干等工作，确保苗木根系不受冻害和失水过多的危害。到达目的地后，要及时接收，尽快在预先挖好的假植沟内假植。

第四节　梨园的建立

一、园址的选择

梨树对土壤要求不严格，平原沙地、山区丘陵和盐碱地等都能建立梨园。园地选择要考虑梨树对气候条件、土壤条件、社会条件等的要求。园址应选择在生态条件良好，远离污染源，并具有可持续生产能力的生产区域。

(一)气候条件

1.温度

梨树经济区栽培的北界，与1月份平均温度密切相关，白梨、沙梨，不低于－10℃；西洋梨不低于－8℃，秋子梨以冬季最低温－38℃作为北界指标。

2.光照

梨树喜光，年需日照在1 600～1 700小时之间。相对光强35%以上时叶片光合速率高，15%时光合生产不良。光量多少与果形大小、果重、含糖量、糖酸比呈正相关，与石细胞数、果皮厚度呈负相关。

3.水分

梨的需水量在树种品种间有区别，沙梨需水量最多，在年降水量1 000～1 800毫米地区，仍生长良好；白梨、西洋梨主要产在500～900毫米雨量地区；秋子梨最耐旱，对水分不敏感。

(二)土壤条件

梨对土壤要求不严，沙、壤、黏土都可栽培，但仍以土层深厚、土质疏松、排水良好的沙壤土为好。我市著名梨区，大都是冲积沙地，或保水良好的丘陵。梨喜中性偏酸的土壤，但要求不严，pH 5.8～8.3之间均可生长良好。杜梨较耐盐碱，但在0.3%含盐量时，即受害。

1. 丘陵山地建园

选址时要调查土壤类型、土壤厚度、植被、坡度、坡向、有机质含量和小气候等情况，应选土层厚度在50厘米以上，有机质丰富，坡度15度以下，坡向南、西、东，坡面完整连片的地段。要避开风口，在低凹地区要选有冷空气泄流出口的地方，充分利用原有的防风林、固沙林、水土保持工程、排水沟等基础设施。土质薄的山丘区，除了深翻扩穴、增施有机肥进行土壤改良外，逐年压土也是培肥土壤的有效措施。要注意防止水土流失，不断加固整修梯田。营造防风林，并结合生态建设在园界四周都要植树种草，但需特别注意不要栽植桧柏，防止梨赤星病的发生。

2. 沙荒地建园

我市著名的梨产区大多分布在河流故道和风沙区。沙土地的缺点是有机质含量低，植物生存条件不好。但沙土有一定的优势，如沙土地土质疏松，易于耕作，透水性好，增温快且温差大，结果早而品质优良，因此沙土地经过改造完全可以建立优质梨园。改造沙荒有平整土地、植树造林、深翻盖土、增施有机肥、设置沙障等方法。梨树在透气性良好的土壤上根系深广，抗性增强，果实皮细，色泽好，肉质脆甜，品质优良，植株健壮。

3. 果树连作障碍

在园地选择上，还要注意果树的忌地现象，在前作栽种梨树淘汰时，则后作梨树生长与结果会受到不同程度的抑制。果树连作障碍的主要原因是：

(1)前作果树根系分泌的自毒物质和残根分解物质。

(2)连作土壤中微生态失去平衡；有益生物种群被削弱，有害病原微生物和线虫的发展，对后作果树的生长与结果有强烈的抑制作用。

克服果树连作障碍的办法，一是淘汰老果树时应尽量清除土壤里的残根；二是挖大的定植沟或穴，增施有机肥、作物秸秆和抗重茬生物菌剂。有条件时也可轮作几年禾本科植物。

二、品种选择与配置

根据当地的气候、土壤条件、地理位置和交通条件，选择适应能力强、经济效益高的品种为主栽品种。

(一)品种选择

1. 适地适树

适地适树是选择品种的重要原则之一。白梨系统适宜冷凉干燥气候，品种有鸭梨、雪花、玉露香、红香酥、新梨七号梨等。秋子梨系统适宜冷凉半湿气候，适宜品种有京白梨、鸭广梨、南果梨、寒红梨等。沙梨系统适宜高温湿润气候，品种有二十世纪、丰水、黄金梨、圆黄等。西洋梨系统适宜温暖半湿气候，主要品种有巴梨、五九香、早红考密斯、康佛伦斯等。

2. 市场要求

梨的品种很多，但不同品种对环境条件、栽培技术要求以及经济价值各异。品种的选择必须以区域化、良种化为基础，选用市场欢迎和畅销的优良品种。

(二)主栽品种与授粉品种的配置

梨树品种绝大多数自花不实，在定植时必须配置适宜的授粉树。根据果园规模大小确定

1～3 个品种为主栽品种，占全园的 80%左右，使主栽品种能形成批量商品。授粉品种要选经济价值较高，与主栽品种花期相一致，授粉亲和力好、花粉量大、能互相授粉，以及成熟期、始果期相一致的品种。一般主栽品种 3～4 行配 1 行授粉品种。如两个品种都好，能相互授粉，可以等量间栽(3∶3)。小果园可加大主栽品种的比例，但为防止因天灾或小年时授粉品种花粉不足，应栽植 2 个授粉品种。

三、栽植方式与高光效果园建设

梨园的高效能，首先要靠合理密植实现；山地、贫瘠地可密些，平坦、肥沃地可稀些。为了适应机械作业，可采取宽行密株的定植方法。株行距(2～4)米×5 米，控制树高难度小，方便生产管理，提高产量和品质，长期维持较容易。

定植要求南北行向有利阳光均匀分布，光能利用率高。梨树的叶片要有 3 小时以上直射阳光再加上散射光的能量，才能满足叶片光合的正常需要。相对光强 30%是叶片高光合速率的临界值。在北京地区(北纬 40 度)，为保证梨园枝枝叶叶有 3 小时以上的直射光照，要在太阳出自正东落在正西的春秋二分时节，自上午 9 时或下午 15 时，太阳高度角为 32 度 47 分，阳光通过临行冠顶照到另一行树冠最低叶片处，才能保证树冠下层部位日均相对光强达到 30%以上，才能具备生产优质果的光照条件。同时行间要保持 1～1.5 米的作业道，才能满足合理群体光体系条件。必须把树高降下来，把枝叶量降下来，把产量降下来，使亩枝量控制在 3 万～4 万个，叶面积系数控制在 3～4，亩产量控制在 2 000～3 000 千克，才能保证优质、高产、高效。在山地为了保持水土的需要，只好按等高线安排行向，但因梯田间有高差，树冠错落，对光照影响不大。

高产优质的果园要做到：行向南北；树高小于行距的 30%，树冠保持上小下大的钝三角形；树行宽度不超过 3 米；重叠和平行的大枝保持 1 米左右的间距。只有这样的群体结构，才能保证树冠底层叶片有 3 小时的直射光照，日均相对光强达到 30%以上，满足梨叶片高光合速率的需要，为提高优质果率的生产打下良好基础。

四、定植与栽后管理

(一)定植时期

北京地区冬季寒冷干旱，冬前栽植苗木易抽干，苗木需埋土或包扎地膜防寒，故生产上主要采用春季定植的方式。

(二)挖沟或穴施肥

定植沟的宽度一般为 80～100 厘米，深度为 80 厘米；定植穴长、宽为 100 厘米，深度 80 厘米。挖土时注意把 20 厘米的表层土与心土分放，回填时先将表土填入沟、穴底部，然后在挖出的土中掺入肥料回填，这样沟穴底层为 20 厘米厚表土，沟穴 60～20 厘米为肥料层，沟穴表层再回填表土将沟填平。最后浇水使沟中的土肥沉实。实践证明，定植施肥每亩施有机肥 2～3 吨较好。即使有机肥量很少，也要挖深沟大穴，可回填表土代肥。大容积土壤的水汽热状况被改善，为根系生长创造了良好条件。

(三)选用壮苗和苗木准备

壮苗应符合以下条件：一是苗干充实侧芽饱满，苗高在 120 厘米以上；二是地基径在 1.0

厘米以上，苗木无明显损伤；三是根系发达，主根长 20～25 厘米，有 5 条以上侧根，根系直径应在 0.3 厘米，侧根长度 15 厘米以上；四是无病虫害。在定植前一天，取出苗木修剪根系，用清水浸泡，使苗木充分吸水。栽植前将苗木根系蘸掺有保水剂和发根素的泥浆。

(四)定植方法

定植深度掌握在苗干上原有土印稍高于原地面，并将根系分层伸展，分层填土至地平，扶正苗木并踩实。栽后立即定干，然后在树基部培土堆，固定植株、防止刮风摇动。最后灌透水，使土壤沉实后苗干上的原土印基本与地面平行。地面稍干就应尽快进行地膜覆盖及给树苗套膜套，以保持土壤和苗木的水分。一般定干高度为 80 厘米左右，剪口下要有 5～6 个饱满芽。定干后套透明塑料膜套，套的宽度为 4～5 厘米，长度比干略长。将上筒口扎紧，并在苗干的中部和下部各绑一道绳，以防漏气跑湿和被风吹破，膜套底端埋入土中。套完后不久，塑料薄膜套内应出现水汽，表明密封良好。

覆地膜时，地膜的宽度与定植沟的宽度相同。黑色地膜抑制杂草的效果最好。地膜的边缘及苗基破损处必须用土封严，不久后同样可以看到地膜内会有水汽凝聚。

(五)苗木栽后管理

1. 去膜套

树苗展叶后生长到充满膜袋的 2/3 时，在膜袋中下部开口，解塑料膜套中部的绳，使嫩梢适应外部的温度和湿度，1 周后再选阴天将塑料膜套去除。

2. 补苗

发芽后全园检查，对死亡和晚发芽的弱株，在阴雨天用带土移苗法补齐，充分灌水，以利成活。为了苗齐苗壮，可选留 8%的梨苗在大塑料袋中培养容器苗，以备补苗。

3. 土肥水管理

定植后至树苗发芽前不必浇水，展叶后是否浇水则视土壤湿度而定。苗两侧 1 米内不可种植间作物。

4. 病虫害防治

生长期注意及时防治象鼻虫、金龟子、梨茎蜂、红蜘蛛、梨木虱、蚜虫、浮尘子和黑星病、叶斑病等病虫害；秋季防治大绿叶蝉产卵，防止枝干抽干。

第五节　土肥水管理技术

一、土壤管理的方法

(一)生草法

生草法是现代果园生态建设的重要内容，就是在梨园行间自然生草或人工种植一年生或多年生牧草的方法。果园生草要控制高度，原则上限制草高在 50 厘米以下。刈割留茬高度，禾本科为 10 厘米，豆科和十字花科为 15 厘米，以促进草的生长和防止割后死亡。果园种草可增加生物产量，提高土壤有机质含量，提高有效养分含量，改善土壤团粒结构，蓄水保墒和防止土温和园温过高，减少日灼危害，提高梨果品质和商品率。夏干季节，在西洋梨和沙梨园行间生草，可提高梨园空气湿度，减轻干热风对梨叶片的伤害。行间生草是改善梨园土壤和小气候的有效措施。果园生草的品种主要有禾本科的黑麦草、早熟禾等,豆科的紫花苜蓿、小冠花、油菜籽、白三叶等。

(二)间作法

在幼树稀植情况下,可以间作1～3年。充分利用空地种植草莓、花生、豆类或西瓜等低矮作物,以增加收入。切不可间作与梨树争光、争肥、争水的高秆作物和深根性作物,影响梨树的正常生长发育。

(三)覆盖法

覆盖法是梨园利用多种有机物质(绿肥、秸秆、杂草和木屑等)或地膜等,在果树行间或树盘土壤进行全园或部分覆盖的管理方法。

秸秆覆盖厚度要在15厘米以上,以后每年添加5厘米有机物料维持覆盖厚度,才能达到预期效果。有机物料覆盖可增加土壤有机质含量,改善理化性能,增加透气性,减少水分蒸发,增加土壤动物、微生物的种类和数量,稳定地温等。但生产中实施有难度,应用较少。

地膜覆盖(黑色、银灰色)主要覆盖行内,具有增温、保墒、灭草、防止裂果、促进果实着色,改善品质,减轻病害,提早果实成熟等优点。只要经济条件允许,实施较容易。

二、根系生长与地上部分生长的关系

根系的生长先于枝叶,但其旺长高峰是在大量枝叶停长以后来临(中枝停长后)。根系的大量生长又反过来促进长梢的快速生长,形成明显的根与梢相辅相成的生长规律。到7月初前后,长梢进入停长或缓长期,又有多量的有机营养下运,此时高温抑制上层根的生长,而使下层根得以较快生长。叶片有机营养的制造和回运量,又影响到根的生长及某些生理活性物质的合成。在丰产栽培中,注意为根系创造良好的生长环境至关重要。在生长季节中保持新根与叶片能较长时间的同时工作,密切配合,是提高生物学产量的关键。

三、梨园施肥

我市多数梨园建立在丘陵、河滩地,土壤贫瘠,质地和结构不良,不利于梨树正常的生长发育。因此,丰产梨园必须制定深翻改土计划,增施有机肥,改良土壤结构,逐步完成梨园土壤的改良,实施配方施肥、平衡施肥、按需供肥的科学施肥技术。

(一)梨树生命周期的需肥规律

梨树是多年生植物,要从固定的土壤中吸收所必需的矿物质养分。这些养分来源,一是土壤的天然供给,二是每年施肥的补给。天然含量越用越少,只有补充施肥,才能确保梨树正常生长结果。施肥要依据梨树不同年龄阶段、不同生长发育阶段的需肥特性和需肥规律实施。做到按需供肥、平衡施肥,减少盲目施肥,避免浪费和对环境的污染。

1.梨生命周期中不同时期的需肥特性

(1)幼树期　从苗木嫁接开始到开花结果前为梨树的幼树期。在此时期内,梨树主要任务就是地下部和地上部迅速扩大生长。栽培管理的主要任务是促进梨树营养生长,尽快进入生长结果期。有计划地深翻改土,重视施用有机肥,施用氮磷钾肥的比例为1∶1∶0.5。

(2)生长结果期　也叫初果期,此期梨树仍然旺盛生长,继续扩大树冠,逐渐大量形成花芽,产量持续上升,根系生长也不断向纵深伸长和水平扩张。这个时期栽培管理的主要任务是保证植株良好生长，增大枝叶量，培养骨干枝，使树体尽快过渡到盛果期。施肥特点是继续深翻改土，增施有机肥和微量元素等，施用氮磷钾的比例为1∶1∶1。

(3)盛果期　梨树大量结果时期，且相对稳产高产。此期根系和树冠扩大到最大限度，产量和效益达到高峰。此期是果树一生中需肥量最高、管理要求最严格的时期，特别要注意稳定树势和克服大小年结果现象的发生。需肥的特点是按树势和计划产量施肥，施用氮磷钾的比例为1∶0.5∶1。

(4)衰老更新期　该期是梨树一生的最后阶段，产量开始下降，新梢生长量很小，结果枝大量死亡，骨干枝枯老焦梢，内膛易萌发徒长枝。此期管理的主要任务是促进营养生长，更新骨干枝和结果枝，尽快恢复树冠。在增施有机肥的基础上，氮、磷、钾施肥比例为1∶0.5∶0.5。

梨树寿命很长，各年龄时期虽有明显的形态特征，但是并无截然界限；且各个时期的长短因品种、气候、结果量和栽培管理条件的不同而有很大差别。白梨、秋子梨系统的品种，一二百年的树仍可果实累累，但沙梨和西洋梨品种则寿命较短。

2. 梨树年周期的需肥规律

梨树在一年中生长发育的规律变化，叫做梨树的年周期。年周期中生命活动表现最明显的有两个阶段，即生长期和休眠期。生长期是指春季萌芽、展叶、开花、结果、枝条生长、花芽分化和形成、果实发育和成熟、落叶等一系列地上部形态的变化，休眠期是指从落叶后到翌年春季萌芽为止。在休眠期中，梨树仍进行着微弱的呼吸、蒸腾、吸收、合成等生命活动。梨年周期中生长发育的几个重要时期也是营养关键时期，应及时满足所需的营养条件。梨树生长前期，萌芽、发枝、展叶、坐果、成花，需氮素最多；生长中期和果实膨大期，钾的需要量增高，80%以上的钾是在此期吸收的；磷的吸收在全年没有明显的高峰。

(二)施肥时期

施肥一般分为基肥和追肥。追肥时期大多在萌芽前或开花前，落花后，幼果及花芽分化期，果实膨大期等时期。一般在秋施基肥的基础上，幼果及花芽分化期(根系第一次生长高峰)，追施氮、磷肥；果实膨大期追施钾、磷肥，早熟梨果采前40天，中晚熟梨果采前50～60天，追施效果好。

基肥秋施比冬施或春施效果都好，可促进梨树根系第二次生长高峰，与花芽、叶芽持续分化高峰需肥相一致。秋施基肥应尽早在中熟品种采收后开始施用，然后依次在晚熟品种采后及时施用，以利补充梨树养分大量消耗和果实采收造成的枝叶水分失调，提高叶片功能和延迟叶片衰老；增加树体贮存营养水平，有利于提高花芽质量和枝芽充实健壮，促进大量新根的发生，为翌春早期养分的吸收供应打好基础。这是秋施与春施基肥的本质区别。秋施基肥宜早不宜晚，北京地区9月上旬至10月上旬最好。

(三)根外施肥

果树除根系可吸收养分外，也可通过地上部(茎、叶、果皮等器官)吸收养分。根外施肥可直接供给树体养分，有些易被土壤固定的元素如铁、锌、锰、硼等，通过根外施肥，经济高效；根外施肥的肥料利用率高，损失少，肥效快，且施肥均匀，可与根部施肥产生互补作用；根外追肥不受营养中心分配的影响，有利于弱枝营养水平的提高和复壮。果树根外施肥仅是一种辅助施肥措施。一般在生长季节叶面喷施氮磷钾等大量元素，其浓度为0.5%～1%；叶面喷施铁锌硼等微量元素浓度为0.2%～0.3%；休眠期和落叶前叶面或枝条喷肥浓度为3%～5%。有机栽培的梨园，可使用饼肥发酵液、植物本体营养液、草木灰或氨基酸螯合矿质肥等进行根外施肥。

(四)合理施肥量的确定

确定施肥量要考虑土壤、品种、树龄、树势和管理技术等条件，因素错综复杂，很难形成统一的施肥标准。测土配方施肥，可针对土壤养分丰缺和梨树偏好，实行丰减欠补的肥料配方，增强了施肥的目的性；平衡施肥，则根据梨对营养元素的需求，实行按元素比例施肥。

在梨树栽培的科研实践中，以叶营养诊断和土壤养分测定为基础，通过施肥量试验和高产栽培总结，得出有生产指导价值的丰产期梨树高产施肥数量指标。以施有机肥为主，目标亩产2 000～3 000 千克的优质丰产梨园的施肥量(基肥加追肥)：白梨和秋子梨系统的品种，每100千克梨果施纯氮 0.4～0.5 千克，氮、磷、钾的比例为 1∶0.5∶1；沙梨和西洋梨系统的品种，每100 千克梨果施纯氮 0.6～0.8 千克，氮、磷、钾比例为 1∶0.5∶1。在计算施肥量时，壮势梨园用数据下限，弱势梨园用数据上限。以施用化肥为主的梨园，其每 100 千克梨果所施纯氮，在上述相关梨系品种用量的基础上再加 0.2 千克，以补充化肥易流失和利用率较低的不足。以后在生产中根据土壤改良效果和树体状况，在稳产的情况下可降低氮素用量和调整氮、磷、钾施用比例，以不断提高果实品质。

四、梨园水分管理

水对梨树的生命活动起着决定性作用。充足的供水是梨树良好生长发育的基本保证，适时适量的供水是梨树丰产优质的关键，特别是对果实品质起着决定性作用。只要在果实膨大期土壤干旱，果实大小就会受到严重的影响；在采前连续阴雨或充足灌水，果实含糖量就会明显下降，严重影响果实的风味品质。

(一)梨树耗水量与灌溉

北京地区梨树耗水量从 3 月开始，随着气温上升和树体萌芽、开花、枝叶增多而增加，6 月中旬达到最高峰；从 6 月下旬开始进入雨季，降雨量逐渐超过耗水量，到 8 月上旬开始迅速上升，直到翌年 3 月上旬，降雨量与耗水量基本持平。在大部分年份，北京地区 6 月以前雨量偏少，不能满足梨树的需要，需要补充水分；如果上一年秋天施基肥后已经灌水，春季第一次灌溉就可以推迟到 4 月份，即节水又有利于提高地温。5 月中旬后正是梨需水临累期，要及时灌水。6 月下旬以后土壤干旱时，也不要灌大水，可以隔行灌溉，因为随时可能进入雨季。7—9月份雨量过多要注意排水，防止沤根。

(二)田间灌水时期的预测

不同土壤类型田间持水量不同，分别为黏土 25%～30%、壤土 23%～25%、沙土 7%～14%。最适于梨树生长发育的土壤含水量为最大持水量的 60%～80%；低于这个数值时，就会影响树体生长，就需要浇水，差值越大，浇水量越大。反之，超过这个数值，土壤含水饱和积水时，就需排水。

一般生产上简单的方法，可挖取根系集中区 20 厘米和 40 厘米土层的土壤，手握成团手掌湿润，松手后土壤散开，即是适宜的土壤含水量。有条件的梨园可以在主要根系分布层 20 厘米和 40 厘米处，安装土壤水分张力计，当 20 厘米张力计显示高于 80 千帕时，即准备灌溉；当20 厘米和 40 厘米的张力计显示都高于 50 千帕时，应及时进行灌溉。

在梨树需水临界期久旱不雨，干热风多，土壤明显缺水时，应增加灌水量，灌足灌透，保持土壤水分平稳供给。

(三)灌水时期

树体需水状况受诸多因素所制约,应把各种因素综合考虑,根据几个重要物候期灌水,并与施肥相互配合进行。

(1)萌动水　春季萌芽开花期,由于冬春季节温度低,土壤和树体蒸发量小,春季土壤含水量并不低。如果秋季施肥灌了水,萌芽前的灌水可以免除。

(2)花后水　随着落花坐果,梨开始进入新梢旺长期,是全年的需水临界期。传统栽培要灌足灌透,促进春梢加速生长,早长早停,以增加早期功能叶片数量,并可减轻生理落果。实际上,梨树有一半根系充足灌水就可满足需水临界期的生长需要。另一半不灌水,使受干旱的根系产生脱落酸,运至地上部树体调节叶片气孔的开度,从而达到生物自身节水的效果;适度的干旱减少了蒸腾耗水,提高了根系的吸水能力和水分利用率;同时,可开启植物次生代谢途径,增强植株的抗性,提高果实品质,促进营养生长向生殖生长转化。

(3)膨大水　梨果实迅速膨大期,需水较多,对水分十分敏感。水分供应保持充足而稳定,促使果实细胞充分膨大和果个发育整齐。如果此期干旱缺水,常导致水分生理失调病症。为提高果实品质,采收前 20 天需控水造成干旱胁迫,可提高可溶性固形物及风味物质的含量,提高果实品质。

(4)采后水　果实采收后,结合秋施基肥,清理果园,深埋杂草,进行充足灌水,以使土壤沉实和肥料充分溶解,促进秋根的生长和秋叶的光合作用,提高花芽分化的质量,增加树体贮存养分和越冬能力。

(四)灌水方法

梨园灌水方法有多种,应本着高效、实用、省水、便于管理和机械化作业的原则进行。此外,还要因地形、地势、栽植方式和承受能力而选定。

(1)滴(渗)灌　此法最先进合理,但投入、特别是前期一次性投入较高。一是省水,不流失,少蒸发,局部根系供水,比明渠灌溉省水 75%,比喷灌省水 50%以上,在水源缺的地方很适用;二是最能满足按梨树需水规律供水,何时需水何时供给,供水量平衡,土壤中水、肥、气、热容易协调;三是节省土地和劳力,便于机械操作,还可以防止土壤盐渍化;四是不管丘陵、平原都很适用,是现代优质高档梨园管理的基本设施;五是还可以在水中溶入一些无机营养,进行随水施肥。

(2)喷灌　管道分为固定式和移动式两种。通过一定压力使每个旋转喷头可控制一定面积,还可以与根外喷肥相配合。但喷灌有促进病害蔓延的弊病,果园使用较少。

(3)地面灌溉法　在我国普通梨园多采用大水漫灌方式。以单株或多株为单位修水平畦,全行或分段作长畦漫灌。北京近年推广梨园局部改良保肥节水技术,即结合每年开沟施肥,在树冠投影边缘向内侧 30 厘米处挖沟、穴施肥,自施肥沟处将树盘起垄,垄高 15～20 厘米;逐年随树冠生长外扩并覆黑色地膜,在土垄外沿开 40 厘米宽、20～30 厘米深沟进行沟灌,形成果树水旱互补,雨水集蓄节灌结合的模式,投资少、见效快、方法简单易行。再根据不同需水时期与隔行交替灌溉相结合,全年灌溉次数与常规灌溉相比减少 2～3 次,每次灌水量降低 60%,果实可溶性固形物提高 1～2 度以上。同时可兼顾雨季排涝,调节土壤水气矛盾的作用。

旱要灌,涝要排,能灌能排,才能保证土壤水气热协调,实现梨园优质高效,旱涝保收。在降水集中的季节,低洼地果园由于土壤水分饱和造成的缺氧条件,产生硫化氢、甲烷等有毒气体及乙醇等物质,毒害根系而烂根,造成与旱象相似的落叶、死树等症状。

第六节 北京地区常用梨树树形

一、主干疏层形

又称疏散分层形，是大冠稀植的主要树形。该树形骨架牢固，层间距大，结果部位多，分布均匀，主侧枝开张角度大，冠内通风透光良好，产量高。多用于树势强、树冠大、干性强、较开张型的品种的乔砧稀植园。采用该树形的梨园，一般株距在 4 米以上，行距 5～6 米，每亩栽植 22～33 株。

(一)树体结构

树高在 5 米以内，主干高度 60～70 厘米。主枝数一般为 6 个，第一层 3 个，第二层 2 个，第三层 1 个。一二层间距 100 厘米左右，二三层间距 60 厘米左右。主枝开张角度 70 度左右。第一层 3 个主枝间距离最好在 40 厘米以内，主枝间水平夹角以 120 度为宜。第二三层主枝，应分别对着下层主枝的空间选留，使上下层主枝不重叠，而且第三层主枝应尽量朝向北侧。最上层主枝选出后应及时落头开心，以打开光路，控制树体生长。第一层每个主枝上留 2～3 个侧枝；各主枝的第一侧枝应留在同一个方向，主枝上侧枝间距为 50 厘米左右，相互分生，侧枝与主枝的分生角为 45 度左右，与主枝同向延伸。在主、侧枝上着生各类结果枝组 。第二、三层主枝一般留 2 个侧枝。

(二)整形技术

1. 中干和主枝

定植当年，在距地面约 90 厘米处定干，剪口下一般要求有 8 个左右的饱满芽。由于梨树发枝较少，定植当年一般不抹芽。对于一些成枝力弱的品种还应选芽目伤，保证当年在整形带内长出 3～4 个长枝。第一年冬剪时，选直立的、顶端生长较旺的枝条作中干，在约 60 厘米处短截，并重截中干下的竞争枝。在整形带内选留 3 个方位好的枝条作为主枝，长于 60 厘米以上的枝在 50 厘米处短截，剪口芽选外侧饱满芽。如当年选不出 3 个主枝，可在两年内完成。其他的枝条尽量缓放。第二年冬剪，对中干在 50～60 厘米饱满芽处短截，疏除竞争枝或将其压弯培养为辅养枝。第一层主枝在延长枝 50～60 厘米外侧饱满芽处短截，促其扩冠。同时注意在主枝上选留侧枝，并在约 50 厘米处短截。其余的枝条尽量不动剪，留作辅养枝或培养为结果枝组。第三年以后每年冬剪时，对中干延长枝继续在 50～60 厘米处短截，直至达到要求。短截时剪口芽要选在上年剪口芽的反方向，以保证第 4～6 主枝的方位互相错开排列。随着中心干的生长，分别选留第二、三层主枝。主枝延长枝留 50～60 厘米短截，侧枝留适当长度短截。密生枝、徒长枝根据情况疏除或重短截。其他枝条一般长放不剪。生长季注意拉枝开角，及时疏除萌蘖枝、徒长枝等。主干疏层形的整形过程一般需要 5～6 年。

2. 侧枝

主干疏层形下部的 3 个主枝上一般各培养 2～3 个侧枝，其上直接着生结果枝组。第一侧枝距中央干 50 厘米左右，第二侧枝着生在与第一侧枝相对的一侧，两者相距 60 厘米左右，第三侧枝着生在与第二侧枝相反的方向，两者相距约 50 厘米，第一、二侧枝要选留背斜侧枝。侧枝上培养的枝组不要向主枝方向伸展，主枝与侧枝的夹角部位不要留枝组。

3. 辅养枝

辅养枝是指树冠中起辅养树体生长、补充树体结构空间和增加结果部位的枝，一般为临时性的枝。辅养枝多着生在主干及主枝上，幼树期间适当多留辅养枝，可以加快树体生长，增加营养积累，促进幼树早结果，早丰产。在树体下部适当多留辅养枝，可以有效控制上强下弱，起到均衡树势的作用。辅养枝的大小、多少、寿命视具体情况而定，以不影响骨干枝生长为原则。当辅养枝影响到主、侧枝生长及冠内光照时，应及时回缩或疏除。

二、纺锤形

该树形适于密植梨园。一般行距 4 米，株距 2～2.5 米。

(一)树体结构

树高 3 米左右，干高 80 厘米左右。在中心干上着生 10～12 个大型枝组。从主干往上螺旋式排列，间隔 20～30 厘米，插空错落着生，均匀伸向四面八方，同侧重叠的大型枝组间距 80～100 厘米，与主干的夹角 70～80 度，在其上直接着生中小结果枝组。大型枝组的粗度小于着生部位中干的 1/2，中小结果枝组的粗度不超过大型枝组粗度的 1/3。修剪以缓放、拉枝、回缩为主，很少用短截。

(二)整形技术

定植当年定干高度 80 厘米左右，中心干直立生长。第一年不抹芽，在中心干 60 厘米以上选 2～4 个方位较好、长度在 50 厘米以上的新梢，新梢停止生长时对长度 1 米的枝进行拉枝，一般拉成 70～80 度角，将其培养成大型枝组。冬剪时，中干延长枝剪留 50～60 厘米。第二年以后仍然按第一年的方法继续培养大型枝组。冬剪时中干延长枝剪留长度要比第一年短，一般为 40～50 厘米。经过 4～5 年，该树形基本成形，中干的延长枝不再短截。当大型枝组枝已经选够时，就可以落头开心。为保持 2.5～3 米的树高，每年可以用弱枝换头，维持良好的树势，并注意更新复壮。前 4 年冬剪时一般不对小枝进行修剪，其延长枝可根据平衡树势的原则进行轻短截。对达到 1 米长的大型枝组拉枝开角，未达到 1 米长的枝不拉枝。延伸过长、过大的大型枝组应及时回缩，限制其加粗生长，使其不得超过着生部位中心干粗度的 1/2。5 年生以上的大型枝组，如果过粗时，有条件的可以回缩到后部分枝处，无分枝的可预先在粗枝基部刻伤促发分枝，或在主干上选定备用枝后在基部疏除。及时疏除中干上的竞争枝及内膛的徒长枝、密生枝、重叠枝，以维持树势稳定，保证通风透光，为提高梨果实品质打下基础。

三、棚架形

棚架栽培由于具有果品质量高、管理容易、投产早、抗风等优点，近几年在大兴、房山等区县已成规模。生产中主要应用日式水平棚架。

(一)水平棚架栽培的整形修剪

在定植的第一年将苗木在 80 厘米处定干，定干后萌发 3～4 个新梢，当年冬季修剪对中干延长枝留 60 厘米短截，重截竞争枝，其他枝甩放不剪，甩放枝条结果并可辅养树体。第二年中干延长枝又可萌发 3～4 个新梢，冬季选留 3 个强壮枝做主枝修剪，对过渡层的枝进行去强留弱的修剪。第三年春季树体高达 150 厘米左右时，开始架设棚架并对选留的 3～4 个主枝新梢倾斜绑缚引导上架。冬季修剪时，将前两年甩放结果的第一层水平枝进行疏除，使结果的重点转移到水平架面上。第四年后，冬剪继续对骨干枝延长枝进行剪截，注意培养侧生结果枝组，疏除背上直立强枝，回缩交叉枝组，剪截中长果枝调节枝组长势。架面上主枝间的水平距离要保持在1.5～2.0米。主枝间距大的，可选留1个侧枝；主枝间距小的，可直接着生长放枝组。枝组与骨干枝的水平夹角为90度。剪截骨干枝延长枝时，要看好2、3芽的方向，以有目的地选留大型枝组。为促进骨干枝延伸生长，各延长枝头不要水平绑缚在架面上，应使其向上保持50度角延伸。为迅速扩展架面和增加枝量，可在萌芽前对延长枝及枝组实行刻伤，促发大量新梢。当各骨干枝两侧的新梢长到60厘米长时，自新梢基部拿枝开角90度，然后水平引缚在架面上，形成大型结果枝组。

(二)高接树棚架形修剪

1. 改接树定形高度

改接大树，原有干高已固定，对回缩调整的主侧骨干枝高度要求不超过150厘米，过高对新嫁接的骨干枝上架有影响，与架面接近的枝引缚时易造成弯弓形，引发背上冒条。

2. 主侧枝配置

株距2米内的树，原则上留2个主枝(每侧1个)，不再安排侧枝，主枝上直接着生枝组。

株距3米的树，可凿4个主枝(每侧2个)，不再安排侧枝，主枝上直接着生枝组。

株距4米以上的树，可安排3个主枝，每主枝上可配备1个侧枝。

3. 枝组配置

主侧枝上着生枝组，主要为侧生单轴延伸枝组；其次，在骨干枝空间可安排中小枝组补空。

4. 架面排枝和修剪

主枝上架：棚架高一般1.8～2米，主枝基部距架面50厘米左右，角度60～70度缓坡上架，避免拐弯太急诱发徒长枝。架面上主枝间距离1.5米左右。主枝延长枝每年冬季留侧芽进行2/3长剪截，每年拉枝时使枝头保持在50度左右上翘生长的姿势，以保持长势快速扩大树冠。

侧枝安排：株距大于4米时可配备侧枝。在主枝上架后，距主干垂直距离80厘米时配备，各主枝的侧枝左右配置应一致。侧枝与主枝的夹角为60度，其剪截和拉枝方法与主枝相同。

枝组培养：枝组配置在主侧枝平面两侧，与主侧枝夹角呈90度平行排列，为单轴延伸枝组。利用当年0.8厘米以上充实枝条轻截培养，以后每年依空间和长势适当剪截延长枝，疏除竞争枝和背上枝，保持枝组单轴延伸和枝组长势。枝组年龄一般4年，最大不超过5年，或直径不超过2.5厘米，即从基部更新；成年树每年更新枝组20%～25%，利用年轻枝组结果。

辅养枝的处理：主侧骨干枝和枝组以外的枝，为临时性辅养枝，主要是树冠下层的群枝和一些高部位过密的非骨干大枝，对促进高改树势恢复，提高早期产量都具有积极作用。但要控制使用，不让其扰乱树形，有条件的及时去除；对冠下群枝在树冠伸展时期，可尽量多留，注意调整其与骨干枝的从属关系。只要不影响行间作业，不必全部吊枝到架上，防止影响光照，并随着架面的延伸，酌情逐步去除。

第七节 花果管理

一、疏花疏果

梨树形成花芽容易，正常情况下都能形成过量的花芽；因此，疏花疏果对梨树栽培十分重要。如果不提前采取疏花疏果的措施，就会造成养分的极大消耗，对当年的产量和品质以及花芽分化都不利。合理的疏花疏果，确定适宜负载量，可以协调梨树生长与结果的矛盾，有利于稳产壮势，达到优质高效的栽培效果。

确定适宜负载量可通过叶果比、枝果比、干截面积、间距留果法等来确定。通过实践由叶果比推算到枝果比，从枝果比推算到果间距，在生产中按间距疏果操作直观易行。

(1)枝果比　采用枝果比作为定果标准的，一般每 3 个枝留一个果，弱树要适当增加枝果比到 4∶1。留果的原则是：强树多留，弱树少留；强枝多留，弱枝少留。

(2)间距留果法　在生产实践中，大多采用按果实间距留果。果实大小不同，留果的距离也不相同。一般小型果间距 15～20 厘米，中型和大型果间距为 20～30 厘米。

(一)疏花

疏花可以在冬剪看花芽修剪，春季花前复剪。但主要疏花还应在花开前，疏序、疏蕾操作直观且容易。因为冬剪和花前复剪只起节约养分的作用，但疏去了花芽就等于疏掉了枝叶，起不到改变枝果比的作用；而疏花序则可保留果台副梢，提高了枝果比和叶果比，且能得到以花换花的效果，对提高果实品质和克服大小年结果有良好作用。

(二)疏果

梨树疏果的目的一是为了增大果个，提高商品果率；二是为了克服大小年，保证翌年有足够的花芽，可以达到连年丰产、稳产。抑制花芽分化的赤霉素主要是由果实种子产生的，所以留果越多产生的内源赤霉素也越多，形成的花芽也越少，导致翌年小年。为兼顾节约营养並为生产留有余地，可采取早疏果、晚定果的方法。

1. 疏果的时间

一般梨的疏果在谢花后 2 周开始，最迟也应在谢花后 26 天结束；需套 2 次袋的品种谢花后 15 天内疏果结束。花后 1 个月左右是梨幼果细胞分裂的时期，早疏果可促进幼果细胞数目增多和体积增大；过晚会影响果实质量，浪费营养和抑制花芽分化。

2. 疏果的方法

一般采用人工疏果的方法，疏果时先用疏果剪将病虫为害、受精不良、形状不正果实疏除。梨果实的形状、生长潜力与着生在花序的序位有直接关系。生产中留第三、四序位的果，或留果柄又粗又长，幼果较大、端正而直立的最好。总之，疏果时应尽量选留侧生枝组上结的果，强枝多留，弱枝少留。外围多留，内膛少留。

二、授粉

梨的大多数品种自花不亲和，为提高结实率，需混植授粉树，并进行人工辅助授粉。梨花授粉充足，则种子数量多、发育良好、果实大而整齐。授粉不良，容易造成减产和产生畸形果。人工授粉包括人工辅助授粉和借蜂传粉两种方法。

(一)花粉采集

采花粉应选与主栽品种亲和力强的品种，在初花期，采集花苞气球状和刚开的花朵，这些花朵出药率高且花粉多。人工或机械脱花药后再筛簸去杂，将花药置于 20～25℃、通风的室内，薄摊于纸上，出粉率以及花粉发芽力均较高。一般每 10 千克鲜花可出 1 千克鲜花药，5 千克鲜花药可出 1 千克干花粉。如果人工点花授粉，每亩需干花粉 20～25 克。

(二)花粉贮藏

梨花粉在自然条件下每天降低0.5%～1%发芽率。短期贮藏，可用小瓶装好，贴上品种标签，置于5℃左右的干燥黑暗环境中，待用时提前1天取出；长期贮藏，可适当干燥，使其含水10%左右，与干燥剂一起密封，在冰箱中冷藏5～7天后置于－18℃以下冷冻保存。

(三)人工辅助授粉

1. 授粉时期

在梨初花期至盛花期选晴天或无大风降雨天进行，选花序基部的第3～4朵边花(第1、2朵花结的果，易出现槽沟)，以开花当天或次日授粉最好。一般情况下，授粉应进行2次。花期如遇连续阴雨，应在雨停数小时的间歇点授，且应增加花朵授粉数量。

2. 花粉填充剂

为降低授粉成本，人工授粉前一般要在花粉中加入2～5倍的填充剂。常用的梨花粉填充剂有滑石粉、淀粉和失效梨花粉，以失效梨花粉效果较好。

3. 授粉方法

(1)人工点授　纯花粉与填充剂按1∶2混合后装入瓶中。授粉前准备好授粉器，如软绒毛球、橡皮头、单层纱布小袋等。这种方法授粉速度较慢，但纯花粉用量少，易控制，授粉效果好，坐果率高。人工点授可增加柱头花粉数量，花粉具有丰富的营养和激素，可促进果实的细胞分裂，对果实增大和品质提高具显著作用。

(2)鸡毛掸子滚动授粉　将鸡毛掸子用酒精洗去鸡毛上的油脂，干后将掸子绑在竹竿上，当花朵大量开放时，先在授粉树花丛中反复滚沾花粉，然后到主栽品种的花丛中，上下内外滚动授粉，这样往复进行互为授粉。此法适于栽植足够授粉树的梨园，可基本满足生产要求。

(四)借蜂传粉

在授粉树数量占20%以上、配置均匀的果园，花期放蜂，可显著提高坐果率。一箱蜜蜂可以满足1/5～1/3公顷梨树授粉的需要，每个蜂箱的距离一般为100～150米。放蜂前2天，要用掺有梨花粉的糖水饲喂，以利于蜜蜂习惯梨花粉的味道。也可利用角额壁蜂授粉。

三、果实套袋

套优质果袋是生产精品果的关键技术。鸭梨、黄金、新世纪等绿皮梨需套两次袋，第一次要套单层蜡纸小袋，第二次要套双层防水、防菌大袋；褐皮梨，如丰水、华山、圆黄、新高等，只需套一次袋，用双层防水、防菌大袋。

(一)套小袋

1. 喷药

套小袋前喷杀虫杀菌剂保护，此遍用药不能用含硫和乳油类杀虫和杀菌剂，最好采用粉剂或水剂农药，以减小对幼果果面的刺激，避免黑点及药锈的产生。

2. 时间

花后10天开始，花后15天必须结束。套袋过晚会造成果点大而突出。

3. 套小袋

套小袋前，最好进行袋口处理，避免造成果面划伤。套小袋时，先将果实上的花萼等残留物除去，避免造成萼洼处污染。

(二)套大袋

1. 时间

一般在套小袋后 30 天进行,不摘小袋重套大袋。直接套大袋的在花后 20 天开始。北京地区一般在 5 月初开始,5 月上中旬结束。一般情况下,应在 15 天内结束。

2. 袋的选择

必须采用双层防水、防菌品牌果袋。褐色梨一般套一次袋。

3. 喷药

套大袋前,正是梨木虱处在第一代成虫羽化盛期;康氏粉蚧第一代若虫孵化,在树皮缝内的幼嫩组织处寄生;虽然黑星病、黑斑病不是发病盛期,也要同时防治。

4. 套大袋

套大袋时也须进行袋口处理。套袋时,先将纸袋撑开,使果实处在纸袋中央,再将袋口折叠捏起,用袋上的铁丝卡封好袋口,使之松紧适度。果实萼洼处如有花瓣等残留物,套袋时应顺手清除,否则萼洼处容易产生果锈。

第八节　梨树病虫害防治

一、真菌病害

(一)梨黑星病

1. 症状

梨黑星病能为害梨树的所有绿色组织,包括芽鳞、花序、叶片、果实、果柄、新梢等。受害处先生出黄色斑,逐渐扩大后在病斑叶背面生出黑色霉层。

2. 侵染及发病规律

梨黑星病以菌丝和分生孢子在病组织中越冬,也可以菌丝团或子囊壳在落叶中过冬。梨黑星病的发生及流行与降雨次数和降雨量有密切关系,温度也有一定影响。通常东方梨最易感病,日本梨次之,西洋梨较抗病。

3. 防治措施

①冬、春季清园。

②发芽前喷 50%代森胺杀死菌源。

③病芽梢初现期,及时剪除病芽梢。

④生长季喷药防治,药剂有 40%福星乳油、10%世高水分散粒剂等。

(二)梨轮纹病

1. 症状

梨轮纹病是梨树主要病害之一,该病主要为害枝干及果实,叶片很少受害。枝干上发病多以皮孔为中心,产生褐色病斑,略突起。第二年病瘤上产生黑色小突起(病菌的分生孢子器)。病果很快腐烂,但仍保持果形不变,失水干缩后变成僵果。

2. 侵染及发病规律

此病以菌丝体和分生孢子器在病残组织中越冬,4—6 月份形成分生孢子,7—8 月份分生孢子大量散发，借风雨传播，从皮孔及虫伤口侵入枝干及果实，病菌自幼果期至采收期均可侵入，至果实迅速膨大和糖分转化期开始发病。干旱年份发病较少，温暖多雨年份发病严重。白梨系统较抗病，西洋梨抗该病能力最差。

3. 防治措施

①刮病皮清除菌源，而后涂抹腐必清 2～3 倍液，或 12%843 康复剂 5～10 倍液等。

②喷药保护果实。5—8 月份喷 50%多菌灵、40%福星乳油等。

（三）梨黑斑病

1. 症状

主要为害沙梨系果实、叶片和新梢。叶片开始发病时为圆形、黑色斑点，后扩大为圆形或不规则形病斑，有时微现轮纹。潮湿时病斑遍生黑霉。果实受害初期产生黑色小斑点，后扩大成近圆形或椭圆形。病斑略凹陷，表面遍生黑霉。

2. 侵染及发病规律

病菌以分生孢子及菌丝体在病叶、病果和病梢上越冬，翌年春天病部产生分生孢子，进行初次侵染。该病整个生长季均可发病。

3. 防治措施

①秋季搞好清园工作。

②梨树发芽前喷一次 5 波美度石硫合剂。生长季在花前、花后各喷一次杀菌剂，连续喷 3～5 次。选用 50%扑海因可湿性粉剂、10%多氧霉素可湿性粉剂、70%代森锰锌或 1：2：240 倍波尔多液等。

（四）梨褐斑病

1. 症状

该病仅发生在叶片上，发病初期叶面产生圆形小斑点，边缘清晰，后期斑点中部呈灰白色，病斑中部产生黑色小粒点状突起，造成大量落叶。

2. 侵染及发病规律

病菌在落叶上过冬，春天产生分生孢子及子囊孢子，成熟后借风雨传播到梨树叶上进行初次侵染。在生长季，病叶上产生分生孢子行再侵染并蔓延为害。多雨水年份、肥力不足、阴湿地块发病较重。

3. 防治措施

①秋后清除落叶，集中烧毁或深埋，减少越冬菌源。

②雨季到来前喷 70%甲基托布津可湿性粉剂，或 50%多菌灵可湿性粉剂，或波尔多液 1：2：200 倍液。

（五）梨锈病

1. 症状

梨锈病又称赤星病，为害叶片、幼果和新梢。发病初期病斑为橙黄色圆形小点，逐渐扩大且叶正面病斑凹陷，后期病斑正面密生黑色颗粒状小点（性孢子器），最后变成黑色。病斑背面隆起，其上长出黄褐色毛管状物（锈孢子器），成熟后释放出大量锈孢子。

2. 侵染及发病规律

该病以多年生菌丝体在桧柏病组织中越冬，早春形成冬孢子堆，4—5 月份遇雨吸水膨胀，形成胶质冬孢子角，并产生担子孢子。担孢子随风雨传播，侵染嫩叶、新梢和幼果，萌发后6～10天即可产生病斑，并在病斑上产生性孢子器，溢出大量黏液，内含大量性孢子。由昆虫或雨水传到其他性孢子器上，结合形成锈孢子器，产生锈孢子。锈孢子不能再侵染梨，而是借风力传播到桧柏树上越夏、越冬。

3. 防治措施

①清除转主寄主。

②早春喷2～3波美度石硫合剂或波尔多液160倍液。

③在发病严重的梨区，花前、花后各喷一次药以进行预防保护，可喷25%粉锈宁可湿性粉剂等。

二、虫害

(一)中国梨木虱

1. 发生与为害

梨木虱的成虫、若虫均可为害，以若虫为害为主。若虫多在隐蔽处，并可分泌大量黏液。常使叶片粘在一起或粘在果实上，诱发煤污病。

2. 习性及发生规律

梨木虱以成虫在树皮裂缝、落叶、杂草内过冬，早春梨花芽萌动时开始出蛰为害，出蛰后先集中到枝芽上取食，而后交尾并产卵。此期将卵产在短果枝叶痕和芽基部，以后各代成虫将卵产在幼嫩组织的茸毛内、叶缘锯齿间和叶面主脉沟内或叶背主脉两侧。每年发生代数各地均不相同，北京发生3～4代。

3. 防治措施

①保护和利用天敌。在天敌发生盛期尽量避免使用广谱性杀虫剂。

②在越冬成虫出蛰盛期至产卵前喷3～5波美度石硫合剂、人工捕杀成虫等。

③在落花后第一代幼虫集中期，喷5%高效氯氰菊酯，或30%百磷3号，或阿维菌素等。

(二)梨小食心虫

(1)发生与为害　梨小食心虫，是梨树的主要害虫，为害梨等多种果树。蛀入梨果实心室内为害。幼虫在果内蛀食多有虫粪自虫孔排出，常使周围腐烂变褐。

(2)习性及发生规律　梨小食心虫每年发生3～7代，因地区不同而差异较大。以老熟幼虫在树皮缝内或其他隐蔽场所作一白色长茧越冬，苹果芽开绽期至开花前化蛹，桃抽梢期羽化成虫。在桃新梢上部叶背面产卵，1～2代幼虫为害桃、李新梢，3～4代幼虫为害桃、杏果实，4～5代幼虫为害梨、苹果等果实。雨水多、湿度大的年份，发生量大，为害重。

(3)防治措施

①建园应避免梨桃混栽，减少梨小食心虫转移为害。

②结合清园刮除树上粗裂翘皮，消灭越冬幼虫。

③用糖醋液和梨小性诱剂诱杀成虫。

④在2、3代成虫羽化盛期和产卵盛期喷药防治，药剂20%灭扫利乳油、20%氰戊菊酯乳油、5%高效氯氰菊酯乳油等。

(三)梨黄粉蚜

(1)发生与为害　梨黄粉蚜又叫黄粉虫，在我国北方梨产区发生普遍，主要为害梨树果实、枝干和果台枝等，叶很少受害，以成虫、若虫为害。梨果受害处产生黄斑并稍下陷，黄斑周缘产生褐色晕圈，最后变为褐色斑，造成果实腐烂。

(2)习性及发生规律　每年发生8～10代，以卵在果台、树皮裂缝、翘皮下越冬。此虫多在避光的隐蔽处为害，成虫发育成熟后即产卵，卵往往在虫身体周围堆集，将成虫覆盖。卵期5～6天，孵化后幼虫爬行扩散，转至果实上为害。实行果实套袋的果园，袋内果实很易发生黄粉虫，幼虫从果柄上的袋口处潜入，则很难用药剂防治，易造成为害。

(3)防治措施

①冬、春季刮树皮和翘皮消灭越冬卵，也可于梨树萌动前，喷99%机油乳剂100倍液杀灭越冬卵。

②转果为害期喷药防治，药剂有10%烟碱乳油、2.5%扑虱蚜可湿性粉剂、10%蚜虱净可湿性粉剂等。

③套袋栽培使用防虫药袋，并于套袋前喷一次杀蚜剂。

(四)山楂叶螨

(1)发生与为害　又叫山楂红蜘蛛，在我国各梨产区均有发生，叶片受害后叶面出现许多细小失绿斑点，严重时全叶焦枯变褐，叶片变硬变脆，引起早期落叶。

(2)习性及发生规律　我国北方梨区一年发生6～9代。以受精后的雌成螨在树皮缝内及树干周围的土壤缝隙中潜伏越冬，当花芽膨大时出蛰活动，梨落花期为出蛰盛期，是防治的关键时期。展叶后转到叶片上为害，并产卵繁殖。每年7—8月份发生量最大，为害也最严重。山楂红蜘蛛一般喜在叶背面为害，并有拉丝结网习性，卵多产在叶背面的丝网上。高温干旱的天气适合其繁殖发育。

(3)防治措施

①刮除粗裂翘皮、树皮，消灭越冬成螨。

②保护利用天敌，在药剂防治时，尽量选择对天敌无杀伤作用的选择性杀螨剂。

③越冬成螨出蛰盛期和第一代卵孵化盛期喷药防治，药剂有硫悬浮剂及0.5度波美石硫合剂；生长季可选用药剂有20%螨死净乳油、5%尼索朗乳油、5%卡死克乳油等。

第九节　果实采收和贮藏

一、果实采收

在采收过程中要求避免一切的机械损伤，如指甲划伤、跌撞伤、碰伤、擦伤、积压伤等，并且要轻拿轻放，梨果的果柄要完整。秋子梨和砂梨系品种，采后的梨果要将果柄剪掉，以免果柄划伤其他梨果。

二、分级

果品分级的主要目的，是使之达到商品化标准。不同果园、不同树体、或树体不同部位的果实，也不完全一致。因此只有通过果品分级，才能按级定价，便于收贮、销售和包装。另外，果实大小和内在品质不同，其耐贮能力也不同；通过分级贮藏，采取不同贮藏技术，可有效减少果实贮藏损失。北京市已出台《北京果品等级　鲜梨》标准，对不同品种的外观、重量和内在品质都做出规定，对规范我市梨果市场具有指导意义。

为了提升商品标准，提高工作效率，大型果园应采用果实重量分选机，最终实现近红外无损伤检测果品分选机分选果实，可将果实按重量、色泽、含糖量等分成若干等级。

三、包装

包装分内包装和外包装，内包装采用单果包纸、PE 或 PVC 发泡网，或者先包纸再外套发泡网，可有效缓冲运输碰撞，减少机械损伤。包裹纸需清洁完整、质地柔软、薄而半透明，吸潮、透气性好。外包装可用纸箱、塑料箱等。

四、果实的贮藏

（一）贮藏用梨果质量要求

入贮果实应具有优等质量，长期贮藏的果实应无磕碰伤。个头过大的果实、幼树果实、施氮肥过多树的果实、采前灌水过多或雨季采收的果实及含糖量过低的果实，都难以长期贮藏，建议采摘后上市销售或仅作短期贮藏。

（二）贮藏环境的要求

1. 温度

梨属于呼吸跃变型水果，呼吸作用的强弱与温度关系很大；在一定范围之内，降低贮藏期的温度，梨果的呼吸作用受到明显的抑制，从而延长了梨果的贮藏寿命。梨果实的平均冰点是－2.1℃，所以其贮藏的温度为－1～－1.5℃。梨的品种不同所要求的初期温度也不同，但长期贮藏所要求的温度基本接近，一般在－1～2℃之间。

2. 湿度

梨果比较容易失水，在相同的温度和空气流动的情况下，梨失水要比苹果快 85%～95%。失水的结果是梨果在贮藏期间干耗增多，果皮皱缩，影响梨果的商品价值。梨果在贮藏期间，比较适宜的湿度为 85%～95%（冷库贮藏的湿度）。

3. 气体成分

梨果在贮藏过程中的气体成分，对贮藏效果影响很大。适当提高二氧化碳的浓度、减少氧气的浓度，可以达到抑制果实的呼吸强度，延缓衰老，提高梨果的贮藏质量和效果。需要注意的是，梨果对二氧化碳比较敏感，高二氧化碳会引起梨果的生理病害。要求库内的氧气为 12%～13%，二氧化碳的浓度为 1%以下。

（三）贮藏方法

1. 冷库贮藏

机械冷库贮藏的技术关键是合理控制库温、保持库内湿度和加强通风换气。采摘后梨果经不起骤然降温，要将梨果长期贮藏，就必须经过预冷。预冷有利于降低果实呼吸强度，减少果实水分的蒸发。将分级包装的果箱先在 10℃左右的冷库中预冷 24～48 小时，再进行适宜温度贮藏。贮藏期间要求的湿度为 85%～95%。库内要不断地换气，清除梨果由于新陈代谢产生的乙烯、二氧化碳等有害气体。

2. 气调贮藏

一般情况下，用大帐气调贮藏梨时的气体标准是温度为 0℃、氧气为 2%～4%、二氧化碳为 2%～3%。没有气调库时，可在冷藏条件下，利用自发气调包装袋，如采用 0.02 毫米厚的聚乙烯薄膜袋（PE）或 0.04 毫米厚的低密度聚氯乙烯薄膜袋（PVC）为包装材料密封贮藏，效果很好。若常温贮藏，可在果袋中加入乙烯或二氧化碳吸收剂，可有效减缓果实衰老。

五、运输

梨果运输需注意减少磕碰伤，保持较为合理的运输温度；外界气温高于 10℃或低于 -1℃时，运输时需采用冷藏车、保温集装箱或用棉被等保温。

第四章　桃

桃树原产我国，公元前10世纪前后，“诗经·魏风”中已有“园有桃，其实之淆”的记载，由此说明我国桃树栽培至少已有3 000多年的历史。桃在我国分布区域广，北起吉林、南到广东，西起新疆西藏、东到沿海各省区，都有桃树栽培。

2002年，我国桃树栽培面积已达138.2万公顷、产量上升至422万吨，均居世界首位。桃树也是北京地区重要的果树，栽培历史悠久。2010年，北京地区的桃树为2.73万公顷，平均亩产989.5千克。

桃果营养丰富，每100克果肉含糖7～15克，有机酸0.2～0.9克，蛋白质0.4～0.8克，脂肪0.1～0.5克，维生素C 3～5毫克，维生素B_1 0.01～0.02毫克，维生素B_2 0.2毫克，类胡萝卜素1 180微克；桃果壳可制活性炭，桃仁榨取工业用油。

第一节　主要种类和品种

一、桃的分类

桃属于蔷薇科、李亚科、李属或称桃属和桃亚属。普通桃的拉丁名为：*Prunus persica* (L.) Batsch。桃亚属还有一些其他种，包括山桃(*P. davidiana*)、光核桃(*P. mira*)、新疆桃(*P. ferganensis*)和甘肃桃(*P. gansuensis*)。

普通桃有如下几个变种：

(1)油桃　果实表面光滑无毛，果实稍小于普通桃。经济栽培品种很多。

(2)蟠桃　果实扁平形，果顶处平或凹陷，多数品种果顶裂果。核小，纵径短。

(3)寿星桃　常做观赏用。植株矮小，约为普通桃的1/3。节间极短，节不明显。叶片大，狭长。果实较小，成熟时果肉绵软。

(4)碧桃　常作观赏用。花为重瓣，花色变化大。有垂枝类型。常具2个或2个以上子房。植株高大，直立性强，节间长。花芽多为单花芽，多数花粉不稔，结实很少，多为畸形果，果肉味苦涩。核较长，腹缝线一侧弧度小，侧观较偏，呈半月形。

二、主要优良品种

(一)普通桃品种

1.早美

北京市农林科学院林业果树研究所1981年以庆丰×朝霞育成的极早熟白肉桃品种，1994年定名。

果实近圆形，果实圆整，果个均匀，色泽鲜艳，成熟时果面近全面玫瑰红色晕。平均单果重97克，最大果重168克。果肉白色，硬溶质，完熟后柔软多汁，风味甜，可溶性固形物含量

8.5%~9.5%。黏核，不裂核。蔷薇形花，花粉多。树势强健，树姿半开张。花芽起始节位1~2节。北京地区6月上旬成熟，较春蕾早3~5天，比早花露早2天左右，果实发育期50~55天。

2.白凤

日本神奈川农业试验场1924年以冈山白与桔早生为亲本杂交选育成的中熟品种。1933年命名。

果实中等大，平均果重106克，最大果重163克，果形圆，果顶圆平微凹，果皮底色乳白，阳面着玫瑰红晕，外观美，皮易剥离，果肉乳白色，近核处微红，肉质细，微密，纤维少，汁液多，风味甜香，品质上。可溶性固形物13%。可溶性糖8.66%，可滴定酸0.22%，维生素C 4.33毫克/100克。黏核。在河南郑州3月中旬萌芽，4月上旬始花，7月上中旬果实成熟。果实发育期100天。白凤坐果率高，丰产性好，果形偏小，要注意疏花疏果。

3.大久保

原产日本。果实近圆形，平均单果重204.0克，果径为6.92厘米×7.01厘米×7.60厘米；果顶圆微凹，缝合线浅较明显，两侧较对称，果形整齐。茸毛中等；果皮浅黄绿色，阳面乃至全果着红色条纹，易剥离；果肉乳白色，阳面有红色，近核处红色。肉质致密柔软，汁液多，纤维少，风味甜，有香气；离核，可溶性固形物含量为10.5%，含糖量为7.29%，含酸量0.64%，每100克果肉含5.36毫克维生素C。北京地区采收期在7月底至8月初，果实发育期为105天。丰产性良好。

(二)蟠桃品种

1.早露蟠桃

北京市农林科学院林业果树研究所1973年用撒花红蟠桃×早香玉育成的极早熟品种，1989年定名。

果实扁平形，平均单果重103克，最大果重140克。果顶凹入，缝合线浅，果皮黄白色，具玫瑰红晕；茸毛中等。果肉乳白色，近核有红色，柔软多汁，味甜，有香气。可溶性固形物含量9%~11%。黏核，裂核少。北京地区6月中旬采收，果实发育期60~65天。

丰产性好。温室栽培表现良好。

2.瑞蟠3号

北京市农林科学院林业果树研究所1985年以大久保×陈圃蟠桃育成的中熟白肉蟠桃，1994年命名，1999年通过北京市农作物品种审定委员会审定。

果实扁平形，果顶凹入。平均单果重200克，大果重280克。果皮黄白色，果面1/2以上着红晕和斑。果肉黄白色，硬溶质，果汁多，风味甜，黏核，有轻微裂顶。可溶性固形物含量10%~12%。北京地区7月底至8月初果实成熟，果实发育期105天。蔷薇形花，花粉多，雌蕊低于雄蕊。丰产性强。

3.碧霞蟠桃

北京市平谷县刘店乡桃园1964年发现的一棵优株。1992年定名。

果实扁平形，平均单果重99.5克，最大果重170克。果顶凹，缝合线浅，两半部较对称，茸毛多。果皮绿白色，具红色晕，不易剥离，果肉绿白色，近核处红，肉质致密有韧性，汁液中等，味甜，有香气。可溶性固形物含量15%。黏核。北京地区9月下旬成熟。抗冻力强。

(三)油桃品种

1.曙光

中国农业科学院郑州果树研究所1989年以丽格兰特×瑞光2号杂交培育而成,1995年命名,1998年通过河南省林木良种审定委员会审定。

果实近圆形,平均果重90~100克,最大果重150克。外观艳丽,全面着浓红色;果肉黄色,硬溶质,风味甜稍淡,有香气,可溶性固形物含量10%左右,黏核。在河南郑州地区4月初开花,果实6月5日成熟,果实发育期65天。花为蔷薇型,花粉量多。需冷量650~700小时。坐果率中等,必须进行长梢修剪,然后疏果,才能保证其产量;风味较淡,秋季要多施有机肥,坐果后追施腐熟的饼肥1千克/株,以提高品质。

2.瑞光5号

北京市农林科学院林业果树研究所1981年以京玉×NJN76育成的早熟白肉油桃,1989年命名。

果实近圆形,平均单果重170克,最大果重320克。硬溶质。风味甜。果面1/2红色,黏核,核重8.2克。可溶性固形物含量7.4%~10.5%。铃形花,花粉多。树势强,树姿半开张。花芽起始节位1~2。复花芽占50%。各类果枝均能结果,丰产性强。北京地区7月上中旬成熟,果实发育期85天。

3.瑞光19号

北京市农林科学院林业果树研究所1988年以丽格兰特×81-25-6育成的中熟白肉油桃品种,1994年命名,1999年通过北京市农作物品种审定委员会审定。

果实近圆形,果顶圆。平均单果重150克,最大果重220克。果肉白色,硬溶质。风味甜。果面3/4至全面玫瑰红晕,果面亮丽。果实半离核,不裂果。可溶性固形物含量8.5%~12.0%。花蔷薇形,花粉多。树势强,树姿半开张。花芽起始节位1~2。各类果枝均能结果,丰产性强。北京地区7月下旬成熟,果实发育期97天左右。

(四)黄桃品种

1.佛雷德里克

原名Frederic,原代号NJC83,亲本不详。系美国新泽西州育成的优系,经法国国立农业科学院波尔多试验站选出的优良单株并定名。1981年引入北京,是一个优良的中熟罐藏黄桃品种。

果实近圆形;平均单果重136.2克,大果重203.6克。果顶圆平稍凹入,缝合线浅,两侧较对称,果形整齐;果皮橙黄色,果面1/4具玫瑰红色晕,绒毛较密,皮不能剥离。果肉橙黄色,近核处与果肉同色,肉质细韧,汁液中等,纤维少,不溶质;风味甜酸适中,有香气;黏核,鲜核重7.0克。可溶性固形物含量10.2%,可溶性糖含量7.61%,可滴定酸含量0.72%,维生素C含量9.26毫克/100克。抗冻力较强,早果、丰产性好。北京地区8月上旬采收,果实发育期为105天。花为蔷薇形,雌雄蕊等高,花粉多。

2.明星

日本育成的品种。

果实圆形,果顶具小突尖,缝合线中等深,两半较对称。平均单果重217.0克。果皮黄色,果面有少量红色晕。果肉黄色,核周微红,肉质为不溶质,汁液少,味甜酸,可溶性固形物含量

10.5%,含糖量为6.31%,含酸量0.72%,维生素C含量8.17毫克/100克。黏核,成熟期为8月上中旬。花芽形成良好,小花型,丰产。部分年份有冻花芽现象。

3.金童5号

原名'Baby Gold 5',原代号为NJC3,系美国新泽西州农业试验站于1951年杂交育成的中熟黄肉罐藏品种。1974年引入北京,优良的中晚熟加工品种。

果实近圆形,平均单果重158.3克,最大果重265.0克。果顶圆或有小凸尖,缝合线浅,两侧较对称,果形整齐;果皮黄色,果面1/3～1/2具深红色晕,绒毛中等,不能剥离。果肉橙黄色,近核处微红,肉质细韧,汁液中等,纤维少,为不溶质;风味甜酸,有香气;黏核,鲜核重9.45克。可溶性固形物含量9.9%,可溶性糖含量6.28%,可滴定酸含量0.65%,维生素C含量8.29毫克/100克。加工成品块形整齐,金黄色,汤汁清,肉质细而柔韧,酸甜适中,有香气。北京地区8月上中旬成熟,果实发育期110天。花为铃形,雌蕊稍高,花粉多。

第二节 生长结果习性

一、桃树的生育习性

(一)生长习性

桃属落叶小乔木,干性较弱,喜光性强,栽培上多采用开心形。一般成年树冠高4～5米,树冠直径依密植程度而异,一般为6米左右。桃也有矮化类型和垂枝类型,树体相对较小。

桃树生长较快,栽植后第二年即可开花结果。枝梢生长旺盛,一年可抽生三次新梢,二次梢也可形成花芽,开花结果。4～5年即可进入盛果期。由于结果早,盛果期可维持10～15年。树的寿命较短,大多在20～25年。

(二)生物学年龄时期

1.幼树期

即从定植到结果前的时间,为2～4年。是生长的旺盛时期,新梢生长旺,可发生二次、三次生长,有时还有四次生长。此期为分散生长旺势,保证骨干枝的培养,完成整形,应加强夏季修剪,控制无用旺枝的生长,适当长放、拉平辅养枝,使其结果。

2.盛果初期

此期一般为2～3年,即定植后的第5年开始。此期生长与结果同时进行,主侧枝仍需延伸继续扩大树冠,结果枝增多,产量上升,果品质量也发挥出该品种特点。这个时期需增加施肥量以满足产量上升需要。修剪上要调节各类果枝的比例,控制全树的负载量,以免因结果过多而减弱树势,造成树体过早的衰弱。

3.盛果期

定植后7～17年。此期树体已占满空间,主、侧枝不再延伸,树冠上下布满结果枝,产量由上升达到稳定。在栽培管理上要根据树势和产量增加施肥量,修剪上要注意枝组的更新和维持。保持各类果枝的比例,适当留果,防止增加负载量,调节结果与发枝的关系,均衡树势;并使树冠内部通风透光,保持内膛与下部正常结果,以延长盛果期的年限。

4.结果和衰老期

一般在17～20年以后，树体开始衰老。其明显特征是新梢长度和抽生量大量减少，树体下部和内膛逐渐空虚，结果部位上移，短果枝和花束状枝增多，产量和果品质量下降。此期除增施肥料，加重修剪以维持树势外，应着手更新工作。桃树不宜重茬，可分批分期进行更新。

(三)对环境条件的要求

桃树对环境条件要求不太严格，但以冷凉、温和的气候条件生长最佳。桃树喜光照充足，土壤疏松和地下水位低的土地生长。栽培时选择干燥的砂质土壤或砾质土壤为宜；在地下水位较低、有机质含量高、排水良好的黏性土壤上，也可栽培。

二、各器官的生长习性

(一)根

桃有主根、侧根和须根；桃树是以经过断根后的苗栽植，主根不明显，侧根发达。一般情况下不萌生根蘖，特殊情况下根可生不定芽萌蘖。

桃根系的年周期生长与土壤温度关系密切。早春土壤温度达到0℃以上时即可活动，开始吸收水分、养分并同化氮素；当土壤温度达到5℃时新根开始生长，7℃时营养物质可以向上移动，15℃以上生长旺盛；土壤温度到26℃时新根停止生长，进入夏季休眠，此时在7月下旬至8月上旬。9月份以后土壤温度又回落到20℃左右，根系生长又出现一次高峰。故在一年内根系有两个生长高峰，11月份以后土壤温度逐渐下降，当降到11℃以下时，根系生长缓慢，渐而停止生长，进入冬季休眠。

(二)枝

桃的枝按其主要功能可分为生长枝和结果枝两类。生长枝依长势的不同，分为发育枝、徒长枝和叶丛枝三种；结果枝分为徒长性结果枝、长果枝、中果枝、短果枝和花束状果枝。

幼树期枝条生长主要受温度、水分和养分的影响，结果树除此之外还主要受结果量的制约。枝条的生长在北京地区始于5月上旬，即花后叶芽展叶随即迅速生长，这时树体贮藏营养较充足，温度、水分条件也比较适宜。7月下旬以后生长趋于缓慢，开始加粗生长和木质化的过程；此期枝条生长强壮，才能长出足够叶面积，制造养分和积累营养，保证果实生长和花芽分化之所需。

(三)叶

桃叶着生在叶芽抽生的枝上，叶序为2/5。叶片年生长周期内形态、色泽的变化大致分为四个时期。第一期4月下旬至5月下旬，叶片迅速增大，颜色由黄绿转为绿色，为迅速生长期。第二期5月下旬至7月中旬，叶片大小已形成，叶片的功能也达到了高峰，为正常生长期。第三期7月中旬至9月上旬，叶片呈深绿，最终转为绿黄色，质地变脆，叶柄出现褐色，为老化期。第四期9月上旬至下旬，叶片由枝的下部向上渐次产生离层，10月份开始落叶。

(四)花

桃花是完全花，雌雄同花，花由萼片、花瓣、雄蕊、雌蕊、子房和胚珠等部分组成。雌雄的长短因品种而不同，分为雌雄蕊等长、雌蕊短雄蕊长和雌蕊长雄蕊短三种。大部分品种能自花授粉结果。桃有花粉败育现象，也称花粉的不稔性或雌能花；通常作为桃品种特性，如砂子早生、华玉、八月脆等品种。

桃花期要求平均气温在10℃以上，最好不超过25℃，夜间不低于5℃，否则授粉、受精不良。花期短则3～5天，长则7～10天。

（五）果实

桃的果实是由受精后的子房壁发育而成，为真果。桃果实的基本形状有三种：①寿桃形，果实顶部有突尖，缝合线明显，如京玉、早玉等；②圆桃形，果实顶部平圆或稍凹，如大久保、白凤等；③扁平形，蟠桃品种均为此形。果实又有表皮有无茸毛之分，无茸毛即为油桃。桃果实肉色有黄白之分，白肉品种中有些肉内红色素特别多，而成血红色。果肉质地有硬肉型、溶质型和不溶质型之分。

桃果实的生长发育大致分三个时期。第一期是果实迅速生长期，种胚受精后，子房壁细胞迅速分裂，果实急剧膨大，体积和重量同时增长；2～3周后，细胞分裂渐缓，果实的增大也随之变缓。此期早、中、晚成熟的品种增长速度基本一致。第二期是果实增长缓慢期，子房壁细胞分裂停止，果核逐渐木质化，故又称硬核期。这一时期的长短，不同熟期的品种很不一致；早熟品种需2～3周，中熟品种需4～5周，晚熟品种则需6～7周或更长。本期胚乳消失，子叶达到一定大小。第三期为果实迅速膨大期，大约在采收前20～30天，各品种的开始和终止期均不相同。桃的果实生长成明显的双"S"曲线，果实的生长与核、种胚的生长密切相关，果实生长的两高峰之间正是核木质化和种胚生长的高峰。早熟桃第二期生长期短，果实成熟时种胚尚未成熟，播种不能发芽，故不能直接用于繁殖；须在培养基上进行人工胚培养后，才能正常萌芽生长。

果实成熟是果肉细胞内液胞增大，细胞壁变薄的过程。桃花后40天左右细胞分裂停止，果个的大小即由细胞数及细胞大小决定，成熟过程为细胞内物质转化的过程。京玉桃花后10天可溶性固形物最高，开花40天后可溶性固形物最低，开花60天可溶性固形物含量开始上升；这时果实从缓慢生长期转向迅速肥大生长期，可溶性固形物逐渐增多，直到成熟。

（六）物候期

桃树的主要物候期大体为叶芽萌动，花芽膨大、始花、盛花、落花，展叶，新梢生长，生理落果，新梢二次生长，新梢停止生长，果实采收期和落叶。北京地区一般3月下旬叶芽萌动，4月中旬盛花，花期1周左右，4月下旬展叶，5月上旬新梢生长，6—9月份果实成熟，10月中下旬落叶。

三、桃树花芽分化

桃树的花芽分化属夏秋分化型，开始分化的时间依栽培地区、气候条件、品种、果枝类型、树势和农业技术条件而不同。一般的分化期都在新梢停止生长后的7—8月份，与果实成熟期关系不大，这时树体有较多营养积累供花芽分化。树势中庸的较树势强的早，成年树比幼年树早，中、短果枝比长果枝早，节位低的芽比节位高的芽分化早。

（一）花芽分化时期

桃花芽分化共分四个阶段，即生理分化期、形态分化期、休眠期和性细胞形成期。

在花芽形态分化前5～10天，桃新梢生长缓慢，花芽中蛋白态氮占总氮量的比率显著增加，是桃花芽的生理分化期。

桃花芽形态分化期依分化顺序分为分化始期、萼片分化期、花瓣分化期、雄蕊分化期和雌蕊分化期。此期不同品种所需时间不同,大致自6月下旬至9月中下旬,共80天左右。

花芽形态分化完成,形成柱头和子房之后,进入休眠。在12月至翌年1月自然休眠完成前只有少量的代谢活动;完成休眠之后的冬季低温条件下,芽细胞发生一系列萌芽前的物质转变。当气温上升到0℃以上时开始减数分裂,出现胚原基、单核花粉粒,直到开花前雌雄蕊细胞完全形成。在此期间芽对营养和环境变化非常敏感,易出现性器官退化或冻害,栽培上应加以注意。

(二)影响桃花芽分化的环境条件

1. 光

桃树喜光。生长过旺,枝条过多,叶幕厚,遮光严重,枝条生长细弱,不易形成花芽。北京地区6—8月份3个月内自然光强度高时,可顺利完成花芽分化。若此间多阴雨、光照差,则树体营养物质的积累减少,对花芽分化不利。因此,进行两次或三次夏季修剪的,要比只进行一次夏季修剪的,花芽分化可提早10天左右。

2. 温度

一般桃花芽分化要求自萌芽至分化始期,需有900℃以上的有效积温;分化期需要日平均气温20～25℃。

3. 肥水

花芽分化需要充足营养积累,花芽分化前增施氮、磷肥料,进行夏季修剪,对花芽分化是有利的。

第三节　育　　苗

一、砧木品种

目前,北京地区桃生产中最普遍应用的砧木是野生的山桃与毛桃。

(一)山桃

耐寒力和耐旱力均强,主根发达,是北方桃产区应用最广泛的砧木品种。嫁接亲和力较强,成活率高,生长健壮;但其不耐湿,在地下水位高和黏重土壤上生长不良,易发生根瘤病、颈腐病和黄叶现象。

(二)毛桃

耐湿力强,适于我国南方的温暖多湿气候,根系发达、须根多,也具有较强的耐寒和耐旱能力。嫁接亲和力强,成活率高,结果较早。在黏重和通透性差的土壤上易患流胶病。近年由于耕作条件的改善,北方一些桃产区也有用毛桃砧木的。

二、砧木苗的培育

(一)苗圃的建立

苗圃地要选择地势平坦,坡土层深厚,质地疏松,排水良好的沙壤土或轻壤土。

(二)种子的层积

春播种子需进行沙藏处理。沙藏处理种子的时期依砧木种子所需低温天数而定,山桃和毛桃一般是 90 天左右。

(三)嫁接

采用的方法主要是芽接和枝接。

三、苗木出圃

(一)出苗的时间

苗木出圃,秋季定植就秋季出圃,春季定植则春季出圃。

挖苗时应避免碰伤枝干,特别是 45 ～70 厘米的成形带内的芽,少伤根系。栽植前修根,剪去伤病根。

(二)苗木的出圃标准

一、二级苗为出圃合格苗,等外苗均不得出圃定植(表 4-1)。

表 4-1　桃成品苗出圃指标

项　目				级　别		
				一　级	二　级	三　级
品种与砧木				纯度≥95%		
根	侧根数量(条)	实生砧	毛桃、新疆桃、光核桃	≥5	≥4	≥4
			山桃、甘肃桃	≥4	≥3	≥3
		营养砧		≥4	≥3	≥3
	侧根粗度(厘米)			≥0.5	≥0.4	≥0.3
	侧根长度(厘米)			≥20		
	侧根分布			均匀,舒展而不卷曲		
	病虫害			无根癌病和根结线虫病		
砧段长度(厘米)				5～10		
苗木高度(厘米)				≥100	≥90	≥80
苗木粗度(厘米)				≥1.5,≤2.5	≥1.0	≥0.8
茎倾斜度				≤15		
根皮与茎皮				无干缩皱皮和新损伤处,老损伤处总面积≤1.0 厘米^2		
枝干病虫害				无介壳虫		
芽	整形带内饱满叶芽数(个)			≥8	≥6	≥6
	接合部愈合程度			愈合良好		
	砧桩处理与愈合程度			砧桩剪除,剪口环状愈合或完全愈合		

(三)包装和运输

长途运输必须妥善包装，以减少途中的苗木失水现象。包装材料有草袋、麻袋、蒲包和草绳等，根部宜用湿润的锯末、水草或地衣填充，近途也可在根部沾黄泥浆，以保持湿润。苗木以50或100株为一捆，捆时剪去过长的枝及侧枝，但不得低于整形要求的高度。每包挂牌注明品种。运输途中湿度不足时需补给水分，以保证根部湿润。

第四节　桃园土肥水管理

一、土壤管理

土壤是桃树生长的基础，耕作好坏对树体生长发育关系很大。适期的耕作可以防止土壤板结，使土壤疏松，结构良好，保持水分、养分和土壤微生物活动旺盛，促进桃树树体生长，提高产量和果实品质。如果耕作过多或间作不当，也会破坏土壤结构，降低保水保肥能力，影响树的生长和结果。

(一)深耕培土

深耕亦称深翻，是在落叶前后进行，并结合施用基肥，耕地深度在20～30厘米，树干附近应浅，约10厘米，向外逐渐加深；在北方结合翻地对树干周围适当培土，以保护根颈、减少冻害。

(二)间作

在幼树期树冠尚未占满园地的空间时，可以间种作物以增加收益。间作时应增加肥水的供给，防止间作物与桃争夺水分养分，间作物的种类宜选择不影响桃树生长的作物，如豆类、瓜类、草莓或韭菜、药材等矮秆作物，高度不应超过1米，与树的距离应大于1米以上。不宜种植高秆作物和有共同病虫害的作物。成年以后树冠已占满行间，基本上不进行间作。

(三)果园生草

果园生草就是在桃园内种植绿肥作物或自然生草。一般在绿肥花期或生长到30厘米左右时进行刈割，割后覆于地表，也可以取一部分作饲料。常用的绿肥有草木樨、苕子、三叶草、猪尿豆等。但采用生草耕作的土地上，必须增施肥料，特别是增加氮肥用量，以满足生草的养分消耗；需经较长时间，在土壤的肥力和结构改善后，才能减少施肥量。生草有时也伴有病虫的潜伏，需加强防治工作。总之，生草耕作法对改善土壤的理化性状，增加有机质，提高土壤保肥保水的能力，节省劳力等都具有长远意义。

二、营养与施肥

(一)基肥

基肥多在根系开始活动前施入，应在入冬前土壤未结冻时进行；施肥最佳时间是秋季桃落叶前1个月，北京地区在9月下旬进行。基肥的施用量和肥料种类以有机肥为主；一般每生产50千克果实，施100～150千克有机肥。有机肥推荐施用量如表4-2所示。

表 4-2　桃园有机肥推荐用量　　千克/亩

产量水平	土壤有机质水平（%）		
	高(1.5～2.5)	中(1.0～1.5)	低(0.6～1.0)
1 333	1 000	1 333	1 667
2 000	1 500	2 000	2 500
2 667	2 000	2 667	3 333
3 333	2 500	3 333	4 167
4 000	3 000	4 000	5 000

(二)追肥

追肥施用的时期，主要是根据物候期的进程和生长结实的需要进行营养补充。一般都用速效性肥料，追肥时期包括萌芽前、开花后、硬核期、果实迅速膨大期、采收后；其中，最关键的三个施肥时期是基肥、硬核期和果实迅速膨大期。一般果园每生产 50 千克果，追施有效氮 0.3～0.4 千克、磷 0.2～0.3 千克、钾 0.5～1.3 千克。

三、水分管理

(一)灌水

1.灌水时期

(1)萌芽前　主要用于桃树萌芽、开花、展叶和早春新梢生长，扩大枝叶面积，提高坐果率。

(2)开花前　我国北方春季气候干燥、蒸发量大，开花前桃园需要灌水，以使花期有足够的水分供应。

(3)硬核期　主要用于果实发育，新梢生长及提高叶片的光合能力。

(4)果实成熟前　桃成熟前易出现干热天气，影响果实生长。所以，在果实成熟前 20～30 天、进入快速生长期时，适量灌水，能使果实发育良好，果个大，品质好。

(5)封冻前　北方桃园秋季干旱，在落叶后的 10 月底至 11 月初入冬前适量灌水，有利于树体贮藏养分的积累，对第二年生长和结果有利。灌冻水的时期必须以水渗下为准，存水结冰对桃树生长不利。

(6)其他时间灌水，视土壤情况而定。

2.灌水方法

(1)喷灌　能均匀喷水，与地面灌溉相比可节水 30%～50%；与沙地果园地面灌溉相比，可节水 60%～70%。喷灌可保土、保肥，避免土壤板结；还可改变果园小气候，避免低温、干热对桃树的伤害；此外，还具有节省劳力，经济利用土地，便于机械耕作等优点。但风大的地区不宜使用。

(2)滴灌　滴灌是通过滴头直接把水输送到果树根部，既减少了灌水过程中的水分损失，又可避免土壤板结。除具有喷灌的优点外，还能保持土壤水分，有利于果树生长发育和提高产量品质。

(3)地面灌溉　地面灌水又分大水漫灌和畦灌。其优点是灌水量足，有利于果树根系的吸收，灌溉一次能维持较长时间。但用水量大，浪费严重。

3.灌水量

灌水后，根系集中分布层土壤含水量能达到田间最大持水量的70%～80%，通常每亩灌水30米^3。

(二)排水

桃树耐湿性差，雨水多或地下水位过高的地区，均要有排水设施。山地排水，要等高线挖沟，按栽树的距离每行一条排水沟。平地桃园地下水位在1米左右，其排水沟设置，应每一行或每两行一条。如果土壤黏重，雨季容易积水时，可采用行间低、植株位置高的栽植方法排水。要特别指出的是沙地桃园的排水问题，一般认为沙土渗水性强，不易积水，但沙地积水有时表面不易察觉，尤其是在雨季容易发生涝害。

第五节　整形修剪技术

一、桃树常用树形

(一)自然开心形

树高3米，主干高度50厘米，在相近的一段主干上选留3个主枝，三主枝邻近或错落、分布均匀、方位角各占120度、生长势相近、发育良好，开张角度45度，每主枝配置3～5个侧枝。距离主干60厘米的位置处各选留第一侧枝，第一、二、三主枝的第一侧枝距离主干距离依次减少，在第一侧枝的对面培养第二侧枝，相距50厘米，同侧侧枝间相距约100厘米。各主枝上的同级侧枝要向同一旋转方向伸展。主枝或侧枝上着生结果枝组或结果枝。

(二)二主枝自然开心形(Y字形)

树高3米，主干高度50厘米，选留2个方向相反(东西向)、伸向行间、生长势相近、发育良好的邻近主枝，两主枝夹角80度。每主枝配置3～5个侧枝，一般在距地面约1米处即可培养第一侧枝，第二侧枝在第一侧枝的对面，相距50厘米，同向侧枝相距100厘米，同主枝上的下级侧枝比上级侧枝的粗度和长度依次减小，各主枝上的同级侧枝要向同一旋转方向伸展。主枝开张角度为40度，侧枝开张角度为50度，侧枝与主枝的夹角保持60度左右。

(三)主干形

1.纺锤形或细长纺锤形

在中密度时，一般采用纺锤形或细长纺锤形，有中心领导干，在中心领导干上直接着生大、中、小型结果枝组，干高30～50厘米，树高1.5～2.5米(依株行距而定)，冠径1.3～2.5米(依株行距而定)，一般结果枝组为8～12个(依密度和树高而定)，下面结果枝组比上面结果枝组长，其枝组与中心干的角度为80～90度；上面结果枝组短，着生角度为70～80度；结果枝组按顺序轮生向上排列，70%～80%的果实着生在中心干和主枝的中、上部。中心干与结果枝组的枝粗比为2∶1以上，控制结果枝的粗度、长度、角度是调整好此树形的关键。

2.圆柱形

使结果枝组中型或小型化，其树形的结构与自由纺锤形相似，只是中心干上着生的结果枝组的长度、角度与其上、下枝组间差异不大，看上去似圆柱一样的形状，所以称圆柱形。在高密度(株行距1米×2米)的情况下，由于着生在中心干上的结果枝组不能过多地生长与伸长，所以采用此形较多。

二、桃树修剪技术

(一)冬季修剪

1. 主枝和侧枝的修剪

(1)调整角度　对于树冠直立的主、侧枝的延长枝，修剪时留外芽，或利用背后枝换头；对于主、侧枝延长枝角度过大、生长势衰弱的，可选一个角度、长势、位置均较合适的副梢来代替，抬高角度，增强长势。

(2)延长枝剪留　强壮树的延长枝可剪去1/3～2/5，弱树可剪去1/2～2/3。在全园树冠交接的前一年，主、侧枝的延长枝全部长放，使枝顶大部分形成结果枝，延长生长即告结束。成龄树，主侧枝采用“放缩结合”的修剪方法维持目标树形。

(3)调节主枝生长势　对各主枝之间要采用抑强扶弱的方法，保持各主枝生长势均衡。抑强是对强主枝加大角度，多留果枝，多结果，修剪时主枝上少留强枝，使其生长势减弱；扶弱是对弱主枝提高角度，少留果，适当保留壮枝，使其生长势转旺。

(4)侧枝的修剪　对侧枝的修剪应控前促后，更新复壮。

①生长适宜的侧枝，粗度应比其所在位置的主枝细一些，角度、方向都适合的仍留原头延长生长，剪留长度依粗度而定(粗长比1∶40)，要短于主枝延长枝，长于结果枝组。

②方向不正、角度小、过强或过弱的侧枝应回缩改用下部适宜的枝条代替原延长枝。

③前旺后弱的侧枝宜轻度回缩，改用生长势与开张角度适宜的枝组作头。如角度小，要开张侧枝角度。

④随着树龄增大，下部生长衰弱的侧枝通过回缩修剪可改成大型枝组。回缩时注意不可一次回缩过重，注意延伸的方向和角度，一般拐弯角度不应超过45度。

2. 结果枝的修剪

果枝修剪以长放、疏剪为主，基本不短截。在树体改造过程中，下部枝条衰弱，为了增强生长势，可以少量短截过弱枝条。骨干枝上同侧每20厘米保留1个结果枝，全树留枝量是传统修剪方法的50%～60%。以长果枝结果为主的品种，亩留枝量控制在4 000～6 000枝，主要保留长度为30～60厘米的结果枝，短于30厘米的枝原则上大部分疏除；以中短果枝结果为主的品种，每亩控制在6 000枝以内，保留长度为20～40厘米的果枝用于结果，部分大于40厘米的枝条用于更新。

3. 结果枝组的培养

(1)大型结果枝组　着生于主枝上，背后斜生，与侧枝交错排列，不可影响侧枝。一般选用生长旺盛的枝条，留5～10节短截(20厘米)，促使萌发分枝，第二年冬剪疏除前部旺枝，留2～3个枝短截，按同样方式培养，第三年成为中型枝组，第四年即可培养成为大型结果枝组。

(2)中型结果枝组　分布于主侧枝背上或两侧，直生或斜生。中型结果枝组与大型结果枝组的培养类似，冬剪可利用徒长枝(留15～20厘米)或发育枝(20厘米)短截，第二年冬剪时剪除前部旺枝，第3年即可培养成中型枝组。

(3)小型结果枝组　分布在大中型结果枝组及主侧枝上，补充大、中型枝组的空隙。小型结果枝组一般可用健壮的发育枝或果枝留3～5节短截，分生2～4个健壮的结果枝，便成为小型结果枝组。

4. 预备枝的培养

培养预备枝，能保证结果枝靠近骨干枝，枝条生长势不易衰弱。

一般可对短果枝、长果枝及徒长枝，仅留基部的两个芽短截，促使萌发两个新梢，培养结果枝。

另一种方法是采用长留果枝的方法培养预备枝。即对向上斜生的结果母枝缩剪，仅留基部的两个果枝，上侧果枝尽量长留，结果后压弯而下垂；下侧的果枝留基部两芽短截作预备枝，由于结果后枝条下垂，使预备枝上升为顶端枝，可以长成健壮的预备枝，并逐步培养成结果枝组。

5. 徒长枝的修剪

不能利用的徒长枝应尽早从基部疏除，以减少养分消耗。

生长在有空间处的徒长枝，应培养成结果枝组。一般是留 15～20 厘米重短截，剪口下的 1～2 芽仍然徒长，冬剪时把顶端 1～3 个旺枝剪掉，下部枝可成为良好的结果枝。

徒长枝还可以培养为主枝、侧枝，作更新骨干枝用，可适当长留，并结合拉枝，使其开张角度合乎骨干枝的要求。

6. 下垂枝的修剪

幼树的下垂枝易形成花芽早结果，盛果期以斜生枝形成花芽多而好，衰老期是直立枝易形成花芽。幼树应适当利用下垂枝结果，修剪时剪口留上芽，以抬高角度，一般剪留长度 10～20 厘米。

若采用长枝修剪技术，过弱的下垂枝疏除，保留的下垂枝长放不截，结果后基部发出的生长势中庸的背上枝，回缩抬高角度。

（二）夏季修剪

桃树不同栽培地区，气候变化很大，物候期有显著差异。生长期修剪一般 2～5 次不等；幼树要比成年树夏剪次数多。北京地区至少要进行两次夏剪。

第一次，在 6 月上中旬。主要是控制、利用徒长枝，疏密枝、尤其要疏内膛直立密枝，疏除枯枝。疏枝留下的直立枝，留 5～10 厘米短截，促其早期萌发 1～2 个副梢，培养成结果枝。徒长枝根据需要给以剪梢处理抑制其旺长，使其转化为结果枝。其他枝条凡长 30～40 厘米的都要摘心，使养分集中到果实的生长发育上去，防止 6 月份落果；强枝摘心，以培养结果枝组。

无果的空枝组应适当回缩，疏除无用的空果枝，疏除健壮枝组基部的不定芽枝，密生枝组要疏密，缩剪掉枝组顶部的旺枝。

枝组的结果枝上如果先端无果，可将无果节的枝段剪去，但应注意留下剪口节的新梢不能过弱，否则不宜回缩；剪口节上有果、而此节新梢过旺时，可将其摘心或在角度合适的副梢处剪截。

主、侧枝的延长枝，如生长势不均或方向、角度不合适，可利用副梢开张或抬高角度。

第二次，在 8 月上中旬。主要是缓和树势，培养结果枝组，疏剪上部强枝，增加树冠中、下部的光照，促使花芽分化。凡是带有副梢的枝条，留下部 1～2 个副梢缩剪，同时在留下的副梢长约 20 厘米以上处摘心，斜生枝、平生枝还应摘心，继续疏除过密枝条。这次夏剪修剪量不宜过重，以免伤口流胶。

第六节　花果管理

花果管理指从开花至果实采收期间与果实有关的农业技术措施，主要有授粉、疏花疏果、套袋和采收。

一、人工辅助授粉

(一)花粉准备

采集大蕾期花朵或刚开放而花药未散的花朵，剥出花药，平摊在盘内或干净光滑的纸上，在22～25℃的条件下自然干燥或借助电灯泡的热量使花药散出花粉，待花药开裂后，将散出的花粉收集在干净的小瓶内，置于冰箱低温下备用。

(二)人工授粉

当全树有50%以上的花开放时，进行人工授粉。用带橡皮擦头的铅笔或自制的授粉棒，蘸花粉后点花，先开花的树先点，一次授完；或将花粉装入纱布袋内在树上抖动均可。如果需要授粉的树很多，为节约花粉，可按1∶5的比例掺入滑石粉或淀粉混合。点花时一般长果枝点6～8朵花，中果枝点3～4朵花，短果枝点2～3朵花。人工授粉应在开花后当天进行，以提高坐果率；初花和盛花期反复进行3～4次可明显提高坐果率。

(三)机械授粉

大面积桃园的授粉，考虑到用工和时间的因素，可以采用机械授粉。目前市场上已有采粉机和授粉器销售，但效果不尽相同，尤其是花粉的配比、授粉时的压力等均影响到授粉效果，选择时要慎重。

(四)其他措施

(1)挂花枝　即将授粉品种预留的花枝修剪下，插入水罐中，于盛花期挂在被授粉树的树冠上部，借助风力散布花粉。

(2)放蜂传粉　一般3～5亩放蜂1箱，放蜂前切勿喷剧毒农药，以免毒杀蜜蜂。

(3)花期喷硼　花粉量较大的桃品种，花期喷0.1%～0.5%的硼等，可明显提高坐果率。

二、疏花疏果与保果

(一)疏花

人工疏花的时期在大花蕾至初花期进行为宜。疏去畸形花、晚开花、朝天花和无叶枝上的花。要求留下枝条中、上部的花，花间距离合理均匀。疏花量一般为总花量的1/3。人工摘去花蕾或花。疏花比疏果更有利节省养分，提高果实品质，应大力推广。但在晚霜或倒春寒严重的地区，应慎重推广。

(二)疏果

1. 疏果时期和方法

疏果在硬核前完成，疏果时间越早越好，一般分两次进行；花期气温低应适当晚疏。第一次疏果在花后20天左右，主要疏除畸形的幼果，如双柱头果、无叶果及并生果等；留果量应为最后留果量的 3 倍。第二次疏果在果实硬核前进行，此次即为最后留果量，亦称定果。首先疏除萎黄果、病虫果、畸形果，并生果可去一留一；其次疏除朝天果和内膛弱枝上的小果，保留长果枝中上部果，疏去下部果；保留短果枝上部果，疏去中下部果。

2. 留果标准

最后根据目标产量并结合当年气候、品种特性、树势强弱等因素合理安排留果量。一般是，长果枝大型果留 1～2 个、小型果留 3～4 个，中果枝大型果留 1 个、小型果留 1～2 个，短果枝和花束枝留 1 个或 2～3 个枝留 1 个，预备枝和延长枝不留果。树冠上部和外围多留果，内膛和下部少留果，因为该部位果实往往不如外围和上部果实质量好。也可根据叶果比来确定留果量，30～50 片叶留一个果；也有按距离来留果的，小型果品种 5～7 厘米留 1 个果，大果型品种 8～12 厘米留 1 个果，向阳面、大树、强枝，适当多留果。但对不同地区、不同管理水平和品种而言，都应有差异。

（三）保果措施

对花粉败育的品种，必须在建园时考虑配置授粉树或进行人工授粉。

对雌蕊发育不完全的，除品种因素外，应加强采后管理，减少秋季早期落叶，增加树体贮藏营养，使花器发育充实，增加抗寒力，提高花粉萌发力。对因春寒造成的冻花，除提高树体本身抗寒力外，采用熏烟、喷水等方法防范寒潮侵袭也非常有效。

防止 6 月落果，主要是在硬核前适当供给肥水，保证果实和新梢生长所需的养分和水分。避免单独施用过多氮肥，要配合磷钾肥施用。旺树宜轻剪缓放，以防刺激新梢旺长，疏除过密枝增加光照，提高叶片功能等。

三、果实套袋

（一）套袋时期和方法

套袋在定果后进行，大约为 5 月下旬至 6 月上旬。套袋前喷一遍杀虫、杀菌剂，要用低毒或生物农药，喷药后 3～4 天套完。

套袋要采用专用纸袋，袋型选择可选用 190×175 型。取一纸袋，使袋口向上，用手撑开后将下部两角捏平，然后使幼果套在袋内中间，再用双手将袋口横向折叠，固定在桃枝上，勿将叶片装入袋内。

（二）摘袋时间和方法

根据品种不同，解袋时间略有差异，通常在桃成熟前 7 天左右。

摘袋方法是，选择晴朗天气下午 4 时进行，或者于连阴 2 天以上、且后几日继续阴天时（不下雨）进行。摘袋时切勿一次性摘除，要分两次进行，首先将袋口解开 1/2，呈伞形，让果实逐渐适应外面的气候和温度，而后将袋全部摘除。

第七节　主要病虫害防治

桃分布广泛、栽培历史悠久，因此病虫害的种类也多。据《中国果树病虫志》（1994）记载，桃的病害有 93 种，害虫有 145 种；但主要为害的病虫有 20 余种，其为害程度南北方也有区别。科学有效地进行防治，是提高桃树产量与质量的重要保证。

一、主要病害及其防治

1.桃炭疽病

主要为害果实和枝梢，也能为害叶部。被害果实，果面初呈水浸状绿褐病斑，后变暗褐色，渐干缩。枝梢受害，初呈水渍状浅褐色病斑，后变褐色，为长椭圆形，边缘稍带红色，稍凹陷，表面生有粉红色小粒点。病斑绕枝一周后，枝条枯死。叶片以上嫩叶上发病最多，常以主脉为轴心向正面卷成管状，萎缩下垂。

防治方法主要有，清洁田园、清除僵果和病枝，清除病原；注意桃园排水；药剂防治于早春芽萌动前喷5波美度石硫合剂一次消灭越冬病原；落花后每隔10天左右，喷一次500倍的50%托布津，25%多菌灵，50%退菌特或代森锌等，共喷3～4次，均有较好的防治效果。

2.桃干腐病

主要为害主干和主枝，症状不易发现，初期病部表皮呈椭圆形下陷，变褐色，有豆粒状的胶点，胶点下组织腐烂，具酒精味，逐渐发展到木质部，后期病部干缩凹陷，密生黑色小粒状子囊座，内藏分生孢子器，遇雨出现橙黄色分生孢子角，当病斑围绕干枝一周时则树或主枝死亡。

桃腐烂病只能从伤口或皮孔入侵，故加强肥水管理，增强树势，防治虫害和减少人为伤口，均有防治作用。药剂防治，于萌芽前喷布波美5度石硫合剂，或退菌特、托布津等，用法同桃炭疽病。对已染病的病斑涂石硫合剂、渣等，也有防治效果。

3.细菌性根癌

主要发生在根颈及支侧根上，有时枝条上也会发生。病体为癌瘤状，一般为球形或扁球形，也可瘤间愈合成不定形，数量可由1～2个到10余个。细菌在瘤皮层组织内越冬，在土壤中可存活一年以上。

不使用老桃园、老苗圃以及有根瘤发生的土地育苗；加强检疫工作，销毁病苗；苗木消毒，用K84浸根5分钟，浸泡范围为接口以下部位；在已发生根瘤地区，对有病苗木可剪去病瘤烧毁，再用K84加水稀释30倍，浸根5分钟；加强地下害虫的防治；减少根部伤口，都有防治的效果。

4.细菌性穿孔病

主要发生在叶片上，也能为害新梢和果实。发病初期叶片上呈半透明水渍状小斑点，扩大后为圆形或不整圆形，直径1～5毫米褐色或紫褐色病斑，边缘有黄绿色晕环，病斑逐渐干枯，周边形成裂缝，仅有一小部分与叶片相连，脱落后形成穿孔。

冬季剪除病枝集中烧毁，消灭越冬菌源。萌芽前喷5波美度石硫合剂，5～6月份，喷500倍代森锌液1～2次，有良好防治效果。

5.桃树流胶病

此病分为两种，即流胶病和疣皮病，其区别是流胶病始发在主干和主枝上，疣皮病始发在1～2年枝上、一般当年不流胶。

(1)流胶病　干、枝上均可发生。多年生枝干上染病后呈1～2厘米的水泡状隆起，一年生新梢常以皮孔为中心，呈突起状。染病部位渗出透明柔软的胶液，与空气接触后变成茶褐色的胶块，导致枝干溃疡，树势衰弱，严重时枝干枯死。

(2)疣皮病　发病初期在1～2年生枝的皮孔上发生疣状小突起，渐发展成约4厘米直径疣状病斑，表面散生小黑点(分生孢子)。第二年春夏病斑扩大，破裂，溢出树脂，枝条变粗糙而黑，严重时枝条皮层坏死而干枯。

另外，除上述病原菌侵染造成流胶外，虫害入口也易导致流胶，如椿象、象甲，特别是桃小蠹虫为害 1～2 年生枝后造成的流胶颇似疣皮病，其他机械伤、冻害、日烧等，也会导致流胶。

防治方法：春季发芽前用 5 波美度石硫合剂或 100 倍 402 抗菌剂涂抹病枝干，在病高发季喷布抗菌类药物，防治蛀枝干害虫减少伤口；冬季用石灰乳对主干进行涂白保护。

二、主要害虫及其防治

1. 蚜虫

为害桃树的蚜虫主要有三种，即桃蚜、桃粉蚜和桃瘤蚜。

桃蚜与桃粉蚜以成虫或若虫群集叶背汲食汁液，也有群集于嫩梢先端为害；粉蚜为害时叶背满布白粉能诱发霉病。桃蚜为害的嫩叶皱缩扭曲，受害树当年枝梢生长和果实发育均受影响；为害严重时，影响翌年开花结果。桃瘤蚜对嫩叶、老叶均可为害，受害叶的叶缘向背面纵卷，卷曲处组织增厚，凹凸不平，初为淡绿色，渐变紫红色，严重时全叶卷曲。蚜虫在北方一年发生 10 余代。卵在桃树枝条间隙及芽腋中越冬，3 月中下旬开始孤雌胎生繁殖，新梢展叶后开始为害。

防治方法：清园除尽杂草及剪下枝条；消灭越冬虫、卵。展叶前后用吡虫啉、菊酯类农药效果好，1 000 倍杀螟松等都有较好的效果 。喷药次数根据虫情而定，喷药及时细致，1～2 次即可控制。另外，利用天敌，如瓢虫、草蛉、蚜茧蜂等。

2. 红蜘蛛

为害桃的多数为山楂红蜘蛛。体形为椭圆形，背部隆起，越冬雌虫鲜红色，有光泽，夏季雌虫深红色，背面两侧有黑色斑纹，卵球形，淡红色或黄白色。

防治方法：深翻地，早春刮树皮消灭越冬成虫。防治红蜘蛛的药剂很多，阿维菌素对红蜘蛛效果较好；萌芽前用石硫合剂可有效减少红蜘蛛基数，萌芽期用 1～3 波美度，生长期用 0.3 波美度杀虫都有良好效果。

3. 梨小食心虫，又名桃折梢虫

成虫体长约 6 毫米，暗褐色杂有白色鳞片，前翅前缘约有 10 个白色短斜纹。梨小食心虫主要为害桃树新梢和果实。对桃树新梢为害时，从新梢未木质的顶部蛀入，向下部蛀食，枝梢外部有胶汁及粪排出，嫩梢顶部枯萎下垂，当蛀到新梢木质化部分时，即从梢中爬出，转移至另一嫩梢为害，严重时造成大量新梢折心，萌生二次枝。该虫在华北每年发生 3～4 代。以老熟幼虫在树皮缝隙内结茧越冬。

防治措施：剪虫梢，摘虫果，集中焚毁。关键时间喷 10％福先（10％呋喃虫酰肼）：①花前、花后；②蛀果前；③各代成虫高峰期过后。因害虫蛀食枝或果肉，喷药一定要适时，掌握在未蛀入之前才能收到好的效果。

4. 桃潜叶蛾

桃潜叶蛾主要为害桃、杏、李、毛樱桃，也为害苹果和梨。幼虫潜入叶肉为害，叶肉被食成隧道，叶表皮不破裂，形成白色弯曲的食痕；为害严重时，叶片枯黄，造成早期落叶。成虫体长 0.3～0.4 厘米，翅展 7～8 毫米，体白色。该虫以蛹在被害叶片上结茧越冬。4 月中下旬羽化，展叶前后开始产卵在叶背面，幼虫孵化后即潜入叶肉内为害。每年 4—9 月份可发生 6～7 代。9 月份即开始化蛹越冬。

防治方法：由于该虫潜入叶内为害，在防治上主要应抓住越冬期及成虫期防治。在冬季清扫落叶、集中烧毁，消灭越冬的蛹。4 月中下旬成虫第二代羽化期及时喷布灭幼脲效果较好，可有效的消灭越冬第一代成虫。生长季于成虫羽化盛期，进行喷药防治。

5.桑白蚧壳虫

以雌成虫和若虫群集固着在2年生以上枝条上，2～3年生枝上数量最多，吸食枝上养分；严重时整个枝条为虫覆盖，甚至重叠成层，其分泌的白色蜡质物覆满枝条。此虫北方发生2代。以受精的雌虫在枝干上越冬。

防治方法：在个别枝上初发现，立即剪去枝条烧毁，刮除成虫集中烧毁，用10%碱水刷为害枝干也可。药剂防治喷杀幼虫，必须严格掌握在幼虫出壳，尚未分泌毛蜡的一周内才有效，但一旦幼虫分泌毛蜡后就难于杀死。另外，保护红点唇瓢虫、日本方头甲寄生蜂等天敌，也有防治效果。

三、桃主要病虫害的综合防治

桃树主要病虫害综合防治见表4-3。

表4-3　桃树主要病虫害综合防治

物候期	技术措施	防治对象
芽萌动期至发芽前	1.喷5波美度石硫合剂	红蜘蛛、介壳虫、松下瘿螨、芽下
	2.喷代森锌或500倍硫酸锌	瘿螨、穿孔病、褐腐病
开花前后至抽梢期	1.尼索朗	红蜘蛛
	2.吡虫啉	蚜虫
	3.灭幼脲3号+卷叶灵	潜叶蛾、卷叶虫、梨小
幼果期、展叶期	1.灭扫利2 000倍+卷叶灵或果虫灵或卷叶净1 000倍	红蜘蛛、潜叶蛾、卷叶虫、梨小
	2.50%或80%消菌灵1 000倍	穿孔病、褐腐病
	3.2 000倍硫酸锌或代森锌600倍	穿孔病
	4.吡虫啉	蚜虫
果实膨大期	1.2 000倍灭扫利+白螨净	红蜘蛛、卷叶虫
（早熟品种着色期）	2.2 000倍灭幼脲	潜叶蛾、食心虫、桃蛀螟
	3.1 000倍卷叶灵或果虫灵	穿孔病、褐腐病
	4.消菌灵1 000倍或80%多菌灵600倍	炭疽病、疮痂病
果实着色期	1.80%多菌灵或消菌灵	穿孔病、疮痂病、褐腐病
	2.2 000倍灭扫利+果虫灵	松下瘿螨、食心虫、桃蛀螟
晚秋至芽萌动前	1.清除病害枝、叶、僵果	穿孔病、疮痂病、褐腐病
	2.树干涂白，防冻害	日灼、腐烂病
	3.剪除害虫枝条，老树、老园更新	各种蚧虫类、吉丁、天牛、小蛀虫类

第八节　果实采收和贮运

一、果实采收

（一）桃的成熟度分级

七成熟：果实的底色，白桃品种为绿色，黄桃品种绿中带黄。果面基本平整，果实硬，毛茸较密。

八成熟：果皮的绿色大部退去，白桃呈绿色或乳白色，黄桃大部为黄色。果面丰满，果实稍硬，毛茸变稀。着色品种阳面已经着色。果实开始出现固有的风味。

九成熟：果皮的绿色基本褪尽，白桃呈乳白色，黄桃呈黄或橙黄色。果面丰满光洁，毛茸稀，果肉有弹性，充分表现品种的固有风味，着色的品种充分着色。

十成熟：果皮无残留绿色，溶质品种果肉柔软、汁液多，皮易剥离，稍压伤出现破裂或流汁。不溶质品种果肉弹性下降，硬肉品种及离核品种果肉开始发绵或粉质。鲜食口味最佳。

（二）采收时期

一般市场较近、用于鲜销，宜在8～9成熟时采收；市场远、需长途运输，可在7～8成熟时采收。溶质桃宜适当早采收，尤其是软溶的品种更需注意，以减少运输途中的耗损。加工原料用的不溶质桃，可在8～9成熟时采收，此时采收的果实，加工成品色泽好，风味好，加工利用率也较高。

二、分级

分级的目的是使商品规格化，便于包装、运输、销售和优级优价。由于分级时剔出了过熟的、病虫伤、碰压伤的果实，可减少霉烂损耗。分级时先剔去等外果（病虫果、压伤、刺伤、畸形、未熟的小青果），成熟度过高的果要单独存放，并另作处理。以大久保为例说明（表4-4）。

表4-4　大久保桃质量等级指标

项目		指标		
		特级	一级	二级
质量		果实充分发育，新鲜清洁，无异常风味，不带不正常的外来水分，具有适于市场或贮存要求的成熟度		
果形		近圆、顶平、缝合线浅		
着色率（%）	不套袋果	75＋	50＋	50＋
	套袋果	90＋	75＋	75＋
单果重（克）		300＋	250＋	200＋
黏（离）核		离核		
果肉类型		硬溶质		
果面缺陷：刺伤；碰、挤、压伤；磨伤；裂果；病虫害（伤）；污渍		容许度0	容许度5%	容许度5%
可溶性固形物（%）		13＋	12＋	12＋

三、包装

包装的容器宜轻而牢固、柔软、光洁而有一定强度，便于码放和运输，并取材容易，成本低。

对桃果的包装要求，以10～15千克大小为宜，箱形扁平、轻便，每箱内只装两层，隔板定位。箱边还应打有通气孔数个，确保通风透气。装箱后用胶带封固。粘贴品种、等级、个数、重量以及产地、包装日期等标记。然后，码放在阴凉通风的场所，码放时要有间隙以利通风散热。有条件应进行预冷处理。

四、运输

我国目前短途运输主要工具是汽车、拖拉机、畜力车，长途运输工具有火车、汽车和飞机；但都是常温运输为主。

桃果属鲜活易腐的果品，国际上桃在低温运输中的推荐温度，1～2 天运输中为 0～7℃，2～3 天运输中为 0～3℃，若途中超过 6 天应与低温冷藏温度相一致。桃在贮藏中要求湿度为 90%左右。桃果实无明显的后熟过程，采后的呼吸作用会不断消耗果实的养分，并使内部成分改变而影响其品质。因此，要求运输时间越短越好。

五、贮藏

桃果大多肉质柔软、汁液较多，在常温下难于贮藏；且不同品种的耐贮性不同，如水蜜桃类的玉露桃、白花桃、大久保等，都不耐贮藏；而一些果肉较硬、汁液相对少一些的晚熟品种，像京艳、八月脆等，则比较耐贮；硬肉桃类，如京玉、华玉、早玉等，也比较耐贮。

采摘的果实，应尽快选果分级、预冷、入库、预冷可采用冷风降温或用 0.5～1.0℃的冷水降温，水淋有利保持果实水分。以用冷库或冷凉库贮藏为宜，自然降温库效果较差。贮藏的适宜温度为 0～1℃，相对湿度 85%～90%，贮藏期在 30 天左右。若用气调库贮藏，二氧化碳浓度 3%～5%，氧气 2%～3%，可贮藏 60 天左右。冷藏后的果实在 20℃下恢复 2 天左右可供食用。桃果在低温下贮期过长则风味变淡，所以不能长期贮藏。

桃果在贮运过程中不能受冻，其冰点为－1.5～－2.2℃之间。受冻后果实发生褐变(结冻后变褐)，失去食用价值。为了减轻冻害、延长贮藏时间，有采用变温贮藏法的，即果实在 0℃下贮藏 15 天，然后升温至 18℃，保温 2 天，再转入低温贮藏。

第五章　葡　　萄

葡萄(grapes),葡萄属(*Vitis*)落叶藤本植物,原产于欧洲、西亚和北非一带,最早栽培葡萄的地区是小亚细亚里海和黑海之间及其南岸地区,而波斯(即今日伊朗)是最早酿造葡萄酒的国家。中国栽培葡萄已有2 000多年历史,相传为汉代人张骞引入。在我国长江流域以北各地均有种植,主要产于新疆、甘肃、山西、河北、山东等地。

北京栽培葡萄的历史大约始于清朝康熙年间。大兴采育、通州张家湾、顺义大孙各庄、延庆张山营、房山夏场村等形成了鲜食葡萄集中种植区。目前北京地区的葡萄面积近5万亩,以鲜食葡萄为主,产量4 900余万千克。

葡萄营养价值很高,其含糖量高达10%～30%,以葡萄糖为主。葡萄中的多量果酸有助于消化。葡萄中含有矿物质钙、钾、磷、铁、葡萄糖、果糖、蛋白质、酒石酸以及多种维生素B_1、B_2、B_6、C、P等,还含有多种人体所需的氨基酸,常食葡萄对神经衰弱、疲劳过度大有裨益,此外它还含有多种具有生理功能的物质。把葡萄制成葡萄干后,糖和铁的含量会相对高,是妇女、儿童和体弱贫血者的滋补佳品。

第一节　主要优良品种

一、鲜食品种

(一)有核品种

1.早熟品种

①早黑宝　欧亚种,山西省果树研究所以瑰宝为母、早玫瑰为父本进行杂交,杂交种子经秋水仙碱处理诱变选育而成的欧亚种四倍体鲜食品种。果穗大,圆锥形带岐肩,平均穗重430克;果粒大,短椭圆形,平均粒重7.5克,最大可达10克,果皮紫黑色,较厚而韧;可溶性固形物含量15.8%,完全成熟时有浓郁的玫瑰香味,品质上;在山西晋中地区7月下旬果实成熟;抗白腐病能力较强,抗霜霉病能力一般。

②香妃　欧亚种,北京市农林科学院林业果树研究所育成的玫瑰香型早熟葡萄新品种。

果穗较大,短圆锥形带副穗,穗重350～450克,紧密度中等。果粒近圆形,平均重8克。果皮绿黄色、薄、质地脆、无涩味,果粉厚度中等。果肉硬,质地脆、细,有极浓郁的玫瑰香味,含糖量14.25%,酸甜适口,香味诱人,北京地区8月上旬成熟,品质极佳。

③京秀　欧亚种,中国科学院北京植物园育成的优质极早熟葡萄品种。

果穗圆锥形,平均穗重500克左右,果粒着生紧密,椭圆形,平均单粒重6.3克,玫瑰红或鲜紫红色,皮中等厚,肉厚特脆,味甜酸低,可溶性固形物14%～17.6%,品质上等。外观色艳形美,肉硬,可刀切不流汁,含酸量低,鲜食口感非常好。7月底8月初成熟。

2. 中熟品种

①玫瑰香 欧亚种，原产英国。

果穗中等大，平均穗重350克，圆锥形或分枝形，中等紧密。果粒平均重5克，近圆形。果皮紫红色，中等厚，易剥皮。果粉厚。果肉较脆，味酸甜，有浓郁的玫瑰香味。果汁较多，可溶性固形物含量为15%～19%，品质上等。

②里扎马特 又名玫瑰牛奶，欧亚种，原产前苏联。

果穗极大，一般600～1 000克，圆锥形分枝状。果粒着生疏松，平均果粒种10～12克，长圆柱形。果皮极薄，无涩味，浅红至暗红色。果肉较脆，含糖量11%～12%，穗大粒大，皮薄肉脆，风味佳，外观美丽，品质极佳。

③巨峰 欧美杂种，目前在全国栽培很广。

果穗大，近圆形，平均穗重365克，果粒大，近圆形，平均粒重9克，果皮厚，紫黑色，肉质软，有肉囊，果汁多，味酸甜，有明显的草莓香味。该品种果粒大，品质中上。

④藤稔 欧美杂种，巨峰系品种中果粒最大的品种。

果穗较大，圆锥形，或短圆柱形，平均穗重450克，果粒着生中等紧密。果皮紫黑色，果粒近圆形，果粒特大，平均单粒重15～16克。果皮厚，果肉多汁，味酸甜，可溶性固形物含量15%～17%。品质一般。

⑤牛奶 欧亚种，是原产于我国的古老鲜食品种。

果穗大，呈长圆锥形，平均穗重约400克，最大穗重可达1 400克。果粒大、长圆形，单粒重8.3克，果皮薄、黄白色，果肉脆、味甜，牛奶品种穗大、粒大，穗形美观，品质优良。

3. 晚熟品种

①峰后 欧美杂种，由北京市农林科学院林业果树研究所育成。

果穗圆锥形，平均穗418克。果粒巨大，短椭圆或倒卵形，平均单粒重12～13克，紫红色，外形美观，果肉硬脆，平均硬度是巨峰的2.5倍。风味香甜，含量约为可溶性固形物分18%，品质极佳。果实不裂果，果梗抗拉力强，耐贮运性强。

②美人指 又名"染指"、"脂指"、"红指"，欧亚种，原产日本。

果穗大，果粒长椭圆形，先端尖，最大单粒重13克，可溶性固形物含量为18%～19%，到10月可达19%。无香味，酸甜适度，口感甜爽、肉质脆硬。果皮较韧、不裂果，不脱粒。该品种外观奇美，品质上等。

③红地球 又名晚红，大红球，红提等，欧亚种，原产美国。

果穗长圆锥形，极大，穗重600克以上。果粒圆形或卵圆形，在穗轴上着生中等紧密，平均重12～14克。果皮中厚，暗紫红色。果肉硬、脆，味甜，可溶性固形物含量为17%。树势较强，丰产性强，果实易着色，不裂果，果刷粗长，不脱粒，果梗抗拉力强，极耐贮运。

(二)无核品种

(1)京早晶 欧亚种，中国科学院北京植物园育成的早熟无核品种。

果穗大，平均穗重427.6克，果粒着生中等紧密。平均单粒重2.5～3克，椭圆形或卵圆形，绿黄色。果皮薄而脆，果肉脆，无核，果汁多。酸甜适口，充分成熟后略有玫瑰香味，可溶性固形物含量为16.4%～20.3%。品质上等。

(2)夏黑　欧美杂种,原产日本。

果穗中等紧密,果粒近圆形,3 克。自然状态下落花落果重,赤霉素处理后坐果率提高,果粒着生紧密或极紧密;果穗果粒增大,平均穗重 608 克,平均粒重 7.5 克,紫黑到蓝黑色,颜色浓厚,着色容易。果皮厚而脆,无涩味。果粉厚。果肉硬脆,无肉囊。可溶性固形物含量 20%～22%,味浓甜,有浓郁草莓香味,无籽。

(3)无核白鸡心(森田尼无核)　欧亚种。

果穗大,平均穗重 500 克以上,果粒着生中等紧密,粒长卵圆形,略呈鸡心状,平均粒重 6 克,经药剂处理后单粒重达 10 克。果皮绿黄色,充分成熟后黄色,外观美丽诱人,皮薄,肉硬而脆,不裂果略有香味。甜酸适口,可溶性固形物 16%,无籽,品质极上。

二、酿酒葡萄品种

(一)红葡萄酒品种

(1)赤霞珠　欧亚种,原产法国,是法国古老的优良酿酒葡萄品种。

果穗中等大,平均重 175 克,果粒着生中生平紧密。果粒小,平均粒重 1.82 克,近圆形,紫黑色,果粉厚;皮厚、多汁有青草味。含糖量 15%～19%,含酸量 0.57%。出汁率 75%。

(2)蛇龙珠　欧亚种,该品种在山东胶东栽培较多。

果穗中等大小,圆锥形或圆柱形,有歧肩,平均果穗重 195 克,果粒着生紧密。果粒圆形,果皮紫黑色,着色整齐,果皮厚,平均单粒重 2.0 克,果肉多汁,可溶性固形物含量 17%,含酸量 0.46%,出汁率 76%左右。

(3)北红　由中国科学院植物所用山葡萄和玫瑰香杂交选育出。果粒圆形,蓝黑色,成熟一致,成熟后不脱粒。果粒平均重 1.57 克。果皮较厚。果汁红色,味酸甜。可溶性固形物含量为 23.8%～27.0%,可滴定酸含量 0.89%～1.26%,出汁率 62.9%。在北京地区 4 月上旬萌芽,5 月中旬开花,9 月下旬果实成熟。抗寒性强,在北京地区露地不埋土防寒即可越冬。

(4)北玫　由中国科学院植物所用山葡萄和玫瑰香杂交选育出。该品种长势强,结实力强。在北京地区 4 月上旬萌芽,5 月中旬开花,9 月中旬果实成熟。在我国大部分葡萄酒产区冬季可不用埋土防寒即可越冬。果实糖含量高,风味浓,酿成的葡萄酒酸涩恰当,颜色为宝石红色,具玫瑰香味。

(二)白葡萄酒品种

霞多丽　欧亚种,原产法国。

穗中小,平均重 150 克,圆柱形,果穗极紧密。果粒小,单粒重 1.38 克,近圆形,绿黄色。果皮薄,果肉多汁,味清香,含糖量 18%～20%,含酸量 0.75%,出汁率 72%左右。

三、制汁品种

(1)康可　曾用名康克、黑美汁。美洲种,原产北美,1936 年从日本引入。

果穗小,穗重约 200 克,圆锥形,果粒着生紧密或中等,近圆形,粒重 2.3～3.05 克,蓝黑或紫黑色,果粉厚,皮下有紫红色素。皮厚汁多,果汁红色,有肉囊,有浓郁的草莓香味,出汁率 65%～75%,含糖量 15.4%～16%,含酸量 0.65%～0.9%,每粒果含种子 2～3 粒。

(2)北紫 中国科学院植物研究所用董氏葡萄和玫瑰香杂交选育出。该品种生长势强，早果，丰产。结果枝占芽眼总数的79.9%，每果枝多着生2个果穗。产量1 250～1 500千克/亩。果穗圆锥形，平均穗重165.8克。果粒大小中等、整齐，椭圆形。果实紫黑色，着色一致，成熟一致。果皮厚，果皮与果肉不易分离，肉质中等，种子较少。可溶性固形物含量为18.6%，含酸量0.63%，出汁率80.6%。果汁红紫色，欧亚种风味，澄清，有清香，酸甜适口，品质上等。在北京气候条件下，枝叶病害少，且冬季无需埋土即可安全越冬。

(3)北丰 中国科学院植物研究所用董氏葡萄和玫瑰香杂交选育出。该品种生长势强，早果，极丰产。结果枝占芽眼总数的65.4%，产量1 500～2 000千克/亩，多次结果能力强。果穗圆锥形，穗大，平均穗重386.6克，最大808克。果实蓝黑或紫黑色，着色一致，成熟一致，粒中。果粉厚，肉较软，汁多，紫红，色艳。可溶性固形物含量为19.6%～21.5%，含酸量0.67%，出汁率78.8%。果汁红紫色，欧亚种风味，澄清，微有清香，风味浓郁，品质上等。在北京气候条件下，果实病害很少，枝叶病害少，且冬季无需埋土即可安全越冬。

第二节 生长结果习性

一、枝和芽

葡萄的茎包括主干、主蔓、侧蔓、一年生枝和新梢。着生有叶片的枝条称为新梢，新梢由节和节间组成，在膨大的节部一侧着生叶片，而另一侧着生卷须或花序或光秃。

芽为复混合芽，又称“芽眼”，每节叶腋中生长两个芽，即夏芽和冬芽。夏芽是裸芽，随新梢生长当年萌发为副梢，有的品种副梢上可以生有花穗；冬芽外有鳞片包裹，一般在第二年春天萌发，其中除主芽外，还可包含3～8个预备芽，其中仅2～3个发育较好；春季萌芽叶，经常产生双发芽、三发芽的现象，当主芽受损时，预备芽能补充萌发取代。夏芽当年萌发成副梢，副梢的叶腋中还有夏芽和冬芽，副梢夏芽当年仍可萌发成为二次副梢，二次副梢上又可萌发三次副梢。新梢落叶后木质化(成熟)即为一年生枝，纵切成熟枝蔓，可看到明显的节、节间和木质内部的髓，节间处有横隔膜或不完全的横隔膜。随着葡萄植株年龄的增大，一年生枝变为二年生枝，再变为多年生枝。

葡萄的花芽为混合芽，一般从枝蔓(结果母蔓)基部第1～2节开始，直至第20节以上，各节均能形成花芽。生长势较弱的品种，花芽着生位置较低；生长势强的品种，花芽着生位置较高。花芽质量多以枝蔓中下部(基部第4～5节以上，10～15节以下)的为最好。

二、花和花序

葡萄的花序为复总状花序(圆锥花序)，一般着生在结果新梢的第3～8节上，欧洲葡萄一般有1～4个花序，美洲葡萄一般有3～4个花序。花序有中轴叫花序轴，其上有两级、三极轴等。花穗抽出后不久2朵便逐渐开放。一花序一般有200～1 500朵花，多数栽培品种是两性花，多数可自花授粉，异花授粉时坐果率提高。少数品种为雌能花，雄蕊向下弯曲，花粉不育。有些野生葡萄雌雄异株，不同单株上生雌能花或雄能花，雄能花的雌蕊退化。

三、果穗、浆果和种子

葡萄开花授粉后，子房发育成浆果，花序长成果穗。果穗的大小、形状和紧密度因品种及栽培条件而异。一般常见的穗形有圆柱形、单岐肩圆锥形、双岐肩圆锥形、圆柱形带副穗、双岐肩圆柱形、圆锥形、分枝形、圆锥形带副穗等，果粒也有圆形、椭圆形、长椭圆形、扁圆形、勾月形、卵形、倒卵形、鸡心形、束腰形（或者瓶形）等多种形状。葡萄的种子中有胚（由胚芽、胚根、胚叶、胚径组成）和胚乳，胚乳储藏营养物质，供种子萌发和胚的生长用。葡萄中有些不含种子的品种，其果实称为"无籽果粒"或者"无核果"。

四、根系

葡萄的根为肉质根，也较发达；因繁殖方法不同，根系的分布有一定的差异。一般用扦插繁殖的植株，没有主根，只有粗壮的骨干根和分生的侧根及细根；在土层深厚的土壤中，葡萄的根系分布较广，可深达 2 至 3 米，因此具有一定的耐旱能力。当土温适宜时，地上部还没有萌发，葡萄的根系已开始吸收养分和水分，使枝蔓的新鲜剪口出现伤流液。一般葡萄的根系一年内在春夏季和秋季各有一次生根高峰，土温适宜时根系可周年生长而无休眠期。

五、物候期

葡萄生长期是从树液流动开始，明显的标志是伤流，从伤流起至落叶大体可分六个时期。

（一）伤流期

即树液流动期，是春季发芽前，土壤温度达到 7℃以上时，从葡萄枝蔓伤口处开始流出透明液体，随着萌芽和幼叶的生长，伤流逐渐停止。

（二）萌芽和新梢开始生长期

当气温上升到日平均 10℃以上时，葡萄开始萌芽至开花始期的一段时间，持续 30～45 天。萌芽后新梢开始生长，花序继续分化，叶片展开并增大，因此需要大量的营养物质；其主要营养来源是树体内部上年的贮藏营养，因此，植株上一年的生长结果状况对此期生长有较大影响。

（三）开花期

从开花始期至开花终止，持续 1～2 周时间，是决定葡萄产量的重要时期。开花期如气温低于 15℃，并有阴雨或过分干旱，或新梢生长过旺时，常常会导致严重的落花落果，使得果穗稀松，影响产量的品质。

（四）浆果生长期

指开花结束至浆果开始着色的一段时期，一般持续 1～3 个月，因品种和气候条件的不同而异。早熟品种 30～60 天，晚熟品种 70～90 天。

（五）浆果成熟期

即浆果开始上色或上浆到完全成熟的时期。浆果开始成熟的标志是：白色品种果粒变软，透明，且具有弹性，即所谓的上浆；红色品种果粒变软，开始着色。完全成熟是指达到品种特有的色香味品质，种子变褐。成熟期持续的天数因品种而异，一般 20～30 天。

(六)新梢成熟和落叶期

从浆果完全成熟直至落叶的一段时期。持续时间30～90天,早熟品种长于晚熟品种。随着秋后气温下降,枝条变褐成熟,叶片变黄或变红而自然脱落。如还未通过锻炼,进入休眠而突然遇到寒流,易造成不同程度的冻害。因此,在葡萄采收后加强管理,在新梢成熟和落叶期前积累贮藏养分对来年的生长和结果具有重要意义。

第三节 育苗与建园

一、葡萄育苗

(一)扦插育苗

1.插条的采集

选品种纯正、健壮、无病虫害的植株,剪取充分成熟、节间适中、芽眼饱满、没有伤害的一年生成熟枝条(粗度7～12毫米为宜)为种条。将种条剪成长4～6节的枝段,按上下端分开,50根集束成捆,挂上标牌,注明品种和采集日期。

2.插条的贮藏

插条以湿沙覆盖,温度－1～2℃,湿度以手握成团不滴水、张手裂纹而不散为宜。在避风、地势略高的地方,沿东西向挖深约1米的沟,先在沟底平铺5～10厘米厚的湿沙或细沙土,将插条捆挨捆地横放或立放,捆间用湿沙充满。平放时可码放3～4层,每层之间也用湿沙填满。上部用湿沙或沙土覆盖。

3.插条消毒

插条在扦插前须用药剂消毒处理,以免病虫传播。综合处理方法是,43～45℃温水中浸泡2小时,捞出后放入硫酸铜和灭菌灵配合的溶液中(100千克水中加入1千克硫酸铜,再加入80%灭菌灵150毫升,混合均匀),浸泡15分钟。

4.插前的插条处理

(1)插条浸水　插前按品种标签分类,将各插条捆浸入清水中1昼夜。

(2)插条剪截　将插条剪成带2～3个芽,长15厘米左右的枝段,每一段的上端剪口均离芽1.0～1.5厘米平剪,下端剪口在芽下1～2厘米处斜剪。

(3)催根处理　扦插前,用300毫克/千克萘乙酸NAA浸沾插条基部3～5秒钟催根。对插条下端施以较高的温度(26～28℃)和湿度(85%～90%),如利用太阳热、马粪发酵热、火炕、冷床等进行催根处理。催根时将插条插于沙床或蛭石床中,待其愈伤组织形成或开始发出新根时移入育苗地。催根期间芽眼温度应低于15℃,使上部芽不萌发,提高扦插成苗率。

5.扦插方法

先将育苗床灌好底水,喷上除草剂,再覆盖地膜增温;接着用径粗2厘米的木棍按插条行株距插眼,在眼里插入催过根的硬枝种条,要求顶芽高低一致、方向一致露在外边,用水壶对眼灌水后,再将插条与苗床土压紧,或在扦条上加盖厚度为4～5厘米的土。

6.扦插苗的管理

每株保持一个健壮新梢,及时控制副梢,一般可在苗高40～50厘米时摘心,生长期长或利用扦插苗打接穗的可适当晚摘心或不摘心。在整个生长期要注意松土除草，结合浇水进行2～3次追肥，并须要进行仔细的防病工作。

7. 营养袋快速育苗

(1)2月下旬至3月上旬将硬枝插条(直径大于0.7厘米)剪成单芽插条，放入高10厘米的沙盘内催根。

(2)当有4～5条小根发出时，将小苗移栽入营养袋中，塑料营养袋宽8厘米(口径5厘米)、高16厘米，袋底打孔，也可用无底袋，以地面为底。袋中充填营养土，其配制比例为园土、粗沙、腐熟有机肥各占1/3。

(3)将营养袋在温室地表紧密排列成宽60～70厘米的育苗带，带与带之间相距15厘米，温室内白天气温控制在25℃左右，晚上土温不低于15℃，空气相对湿度80%～90%。根据袋内含水情况，及时浇水和浇营养液。

(二)压条繁殖

生长期在成年葡萄植株上进行，在葡萄休眠期或生长期(用绿枝)，把成年植株下部的1～2年枝蔓进行环状剥皮后，作波浪状埋入土中，深度8厘米左右，压实土壤，浇透水，待新梢伸长15厘米左右时摘心，并立细竹竿为支柱绑扎。生长期注意肥水管理，冬季落叶后与母株切断，把压条苗全部挖起，将地下连接一起的枝蔓剪断分开，即可获得苗木单株。

(三)嫁接育苗

1. 砧木苗的培育

砧木品种可选贝达、5BB、SO4和山河1、2、3、4号等抗逆性强的品种。砧苗的培育方法包括种条的采集、消毒、贮藏、扦插方法、苗期管理等，均与品种扦插苗培育相似。

2. 硬枝嫁接育苗

(1)露地嫁接　利用头年秋季田间的砧木苗，或在多年生的老蔓上，于早春在伤流期过后进行就地嫁接，常用方法为劈接、双舌接等。

(2)大树改接　早春萌芽前将葡萄多年生老蔓从基部清除，往地下挖10厘米左右至根颈处，选择相对直立光滑面锯断，将表面削平；劈开，接穗要削平不能出现凹面，长2厘米左右，扦入接穗时注意对齐和露白，用锯在底部放伤流，缠上塑料膜后盖膜压土，再用湿土封穗后覆草保湿，萌芽后及时去除覆草和农膜。

3. 绿枝嫁接育苗

(1)嫁接时间　砧木和接穗达半木质化时即可开始嫁接，可一直接到成活的苗木新梢在秋季能够成熟为止。北京地区一般在5月下旬至7月上旬均可进行。

(2)砧木的处理　当砧木抽出8～10片叶时，对砧木进行摘心，去掉副梢，促进增粗生长。嫁接前，彻底抠除基部腋芽，在砧木基部留2～3片叶子，节上留3～4厘米的节间处剪断。

(3)接穗采集　绿枝接穗的采集可与夏季修剪时疏枝、摘心、除副梢等项工作结合进行，要求品种纯正、生长健壮、无病虫害，最好在苗圃附近采取，随剪随接，成活率高。绿枝剪下后立即去掉叶片，放在小塑料桶中用湿毛巾盖好。如果需要远距离运输接穗，用叶片包裹后外包塑料薄膜，3天内接完。

(4)嫁接方法　主要是劈接。用刮脸刀片或锋利的芽接刀在砧木断面中间垂直劈开，长1.5～3厘米。再选与砧木粗度接近的接穗，在接穗芽的下方0.5厘米左右，从两侧向下削成大约长 2.5 厘米的两侧平滑的楔形斜面，立即插入砧木劈口中，注意使接穗有芽的一侧与砧木的一边对齐，接穗斜面刀口在砧木横切面上露出 1～2 毫米，俗称"露白"，以利愈合。然后用薄塑料条从砧木接口下边向上缠绕，只将芽露在外边，一直缠到接穗的上剪口，封严后返回打个活结。

(5)嫁接苗的管理　嫁接后要及时灌水，抹掉砧木上的萌蘖，并加强病虫害的防治工作。当接芽抽出 20～30 厘米新梢时，引缚到竹竿或铁线上，同时及时对副梢留 1 片叶摘心，促进新梢的生长。6—8 月份，每隔 10～15 天喷 1 次杀菌剂＋0.2％的尿素。8 月中下旬对新梢摘心，并结合喷药，喷 0.3％的磷酸二氢钾 3～5 次，促进苗木新梢健壮生长。

二、建园

(一)苗木准备

选好合格苗木，要求有 5 条以上完整根系、直径在 2～3 毫米的侧根；苗粗度在 5 毫米以上，完全成熟木质化，其上有 3 个以上的饱满芽；苗木应是无病虫危害。若为嫁接苗，砧木类型应符合要求，嫁接口完全愈合、无裂缝。

(二)栽植密度

表 5-1 为现在生产中较常采用的栽植密度。

表 5-1　栽植密度表

架式	行距(米)	株距(米)	栽植密度(株/亩)
单篱架	1.5～2.5	1.0～2.0	133～445
单篱架(高宽垂栽培)	2.5～3.5	1.5～2.0	76～178
双篱架	2.5～3.5	1.0～2.0	95～267
棚篱架	3.5～4.0	1.5～2.0	83～127
大棚架	8～10	1.0～1.5	58～83
小棚架	4.0～6.0	0.5～1.0	111～334
屋脊式小棚架	1＋7.0～9.0*	0.5～1.0	133～334

第四节　土肥水管理

一、施肥

秋季施肥的目的是防止已停止伸长的新梢叶片的急剧老化，以减缓从夏末到秋末光合能力的减退，此外秋季施入的肥料可在早春之前到达根圈，对早春植株的生长发育有利。

葡萄园以秸秆、木屑、泥炭、猪牛羊粪、油粕类、米糠、磷矿粉、贝壳粉等制成的有机肥做基肥，并培土灌水。除有机肥外，可以另外施用适量磷矿粉、海鸟粪、贝壳粉、海草粉等，并灌施溶磷菌、有益微生物、腐殖酸等。

使用量按氮素用量 15～20 千克/亩计算，例如预定使用有机肥的氮素含量为 2％，而氮素预定使用量为 15 千克时，每亩有机肥使用量应为 15/2%=7 500(千克)。施肥时期以 8 月下旬至 9 月上旬为宜，此时根群的活动尚活跃，可以利用降雨提高肥效。

二、灌溉和保墒

葡萄是耐旱性较强的果树，在多雨地区，生长发育期的大部分时期存在多湿问题，土壤水分的急剧变化也是缩果病和裂果等生理病害发生的主要原因。

成熟期的干燥只要不严重，对果实膨大影响不大，并有利于着色和含糖量的提高。

灌水量和灌水时期因土质和气候条件而不同。一般在萌芽前应灌催芽水，开花前若遇春旱应灌水，果实膨大期结合补肥灌膨果水，土壤冻结前应灌封冻水。这些灌水都可以结合施肥进行。

砂质土壤灌水应少量多次；保水力强的黏土地，灌水次数要少，灌时要灌透。

三、土壤管理

1. *覆盖法*

对葡萄根圈土壤表面进行覆盖(铺地膜或敷草)，可防止土壤水分蒸发，减小土壤温度变化，有利于微生物活动，可免中耕除草，土壤不板结。

2. *生草法*

葡萄园行间种草(人工或自然)，生长季人工割草，地面保持有一定厚度的草皮，可增加土壤有机质，促其形成团粒结构，防止土壤侵蚀。夏季生草可防止土温过高，保持较稳定的地温。但长期生草，易受晚霜为害，高温、干燥期易受旱害。

3. *深翻*

深翻可提高土壤的空隙度，增加土壤含水量，改善土壤结构，促进微生物生长，有利于根系生长。所以，除了在建园时对定植穴内的土层进行深翻改良外，定植后仍应逐渐对定植沟外的生土层进行深翻熟化。

北京地区以秋季深翻为宜。秋季深翻，断根对植株的影响比较小，且易恢复，可以结合施基肥进行，对消灭越冬害虫和有害微生物，以及肥料的分解都有利。也可以在夏天雨季深翻晒土，可以减少一些土壤水分，有利于枝蔓成熟。

深翻方法因架式等有所不同。篱架栽培时，在距植株基部 50 厘米以外挖宽约 30 厘米的沟，深约 50 厘米，幼龄园或土层浅或地下水位高的果园可相对浅些；可以采取隔行深翻，逐年挖沟，以后每年外移达到全园放通。

第五节　整形修剪

一、葡萄的主要架式

(一)篱架

目前生产中使用较多的有单臂篱架、双臂篱架及 T 形架，其中双臂篱架的设架方式有单十字形架、双十字形架、Y 形架等几种类型。

1. 单臂篱架

在葡萄行内沿行向每隔 5～6 米设立一根支柱，架高 1.0～2.0 米，在支柱上每隔 40～50 米拉一道横线(一般用 8# 或 10# 铅丝)。一般共拉 2～4 道铅丝供绑缚枝蔓用。

2. T 形架

在单篱架的顶端沿行向垂直方向设一根 60～100 厘米宽的横梁，使架面呈“T”形，故称“T”形架。在立柱上拉 1～2 道铅丝，在横梁两端各拉一道铅丝，也可在中间再加两道铅丝。

(二)棚架

在立柱上设横杆和铅丝，架面与地面平行或略倾斜，葡萄枝蔓均匀绑缚于架面上形成棚面，目前北方主要使用的架形有倾斜式和平顶式，南方主要使用平棚架。

二、整形与修剪

(一)主要树形

1. 双主蔓扇形

篱架栽培多采用无主干的双主蔓扇形。该种树形植株具有两个主蔓，每一主蔓上分生侧蔓或直接着生结果枝组，所有枝蔓在架面上呈扇形分布，株距为 1～1.5 米，每一主蔓上可着生 2～4 个或更多的结果枝组。

多年以后，双主蔓扇形易出现扇面中部光秃的现象，可适当用基部发出的萌蘖枝补空，以提高篱架面利用率。

2. 多主蔓扇形

多主蔓扇形具有两个以上主蔓，每一主蔓上分生侧蔓或直接着生结果枝组，所有枝蔓在架面上呈扇形分布，株距约为 1.5 米，每一主蔓上可着生 1～3 个结果枝组。根据植株结构和整形修剪要求的不同，又可分为自然扇形和规则扇形。

3. 龙干形

龙干形主要用于棚架栽培。龙干长 4～10 米或更长。在龙干上均匀分布许多的结果单位，初期为一年生枝短剪(留 1～2 芽)构成，后期因多年短剪而形成多个短梢(龙爪)，每年由龙爪上生出结果枝结果，龙爪上的所有枝条在冬剪时均短或极短梢修剪；只有龙干先端的一年生枝长梢修剪(0.5～1.5 米)。

两条龙、三条龙或多条龙的整形方式，其基本结构与一条龙相同，但植株有一主干长 0.5～1 米，从其上分出两条、三条或多条龙干。

(二)冬季修剪技术

修剪时期一般在葡萄落叶后至埋土防寒之前进行，北京地区冬季修剪的最佳时期为 11 月上中旬。修剪应该结合架式和树形进行，一般篱架采用中短梢混合修剪，延长枝剪留 6～8 个芽，结果枝剪留 3～4 个芽 ，预备枝剪留 2～3 个芽，每亩留结果枝 3 500 个左右。对多年生枝蔓及时进行更新修剪。

(三)夏季修剪技术

1. 抹芽与复剪

在芽萌动后进行,抹去预备芽、弱芽、萌发的隐芽、萌蘖芽及过密的幼芽。进入结果期的葡萄,须抹除主蔓基部 40 厘米以下的新梢和萌蘖枝,以减少病虫害的发生和营养消耗。

2. 延长头复剪,复剪在伤流期以后开始

延长头复剪分为三种情况,主枝头新梢生长健壮,只剪除冬剪时留下的干桩即可;主枝头生长弱,在下部找一个健壮新梢,培养成新的延长头;枝蔓中部芽眼未萌发,上下两端新梢间隔较长,在下部新梢中选一个做延长头。同时还要注意剪除出土碰伤的枝蔓,去掉干橛,清除架上的残枝卷须等。剪除上年度残留的卷须,及时抹除双芽或多芽。

3. 定梢

在新梢长至 30 厘米左右时,能明显辩明花序状况时进行。留枝原则是在架面合理布局的前提下,去弱留强(看新梢长势)、去密留空(看架面空间)、去中间留两头(看新梢在母枝上的着生位置)。此外,尽量留带花结果枝。

4. 新梢摘心

新梢摘心时间在开花前 5~7 天至初花期为宜,欧美杂交种如巨峰等坐果率较低的品种需要重摘心、早摘心,花序以上留 4~5 片叶摘心;欧亚种及坐果率较高的品种如红提,花序以上可留 8~10 片叶摘心。

5. 副梢处理

副梢处理可采用留 1~2 片叶反复摘心,或采用留单叶绝后的副梢处理方法。顶部延长副梢可留 3~5 片叶。

第六节 花果管理

一、疏花序和花序整形

疏花序和花序整形可以合理控制负载量,使果穗大小趋向一致,着色整齐,提高果穗商品品质。

(一)疏花序(定穗)

对花序过多、又容易落花落果的品种,在花前疏除掉部分花序,发育差的小弱花序及分布过密或位置不当的花序都可去掉。对大穗品种原则上中庸枝留一穗,强枝留 1~2 穗,弱枝不留,保持叶果比为(30~40):1;小穗品种可适当多留。进入盛果期以后的大树按计划产量和果穗、果粒平均重确定留果穗数量,成龄盛果期葡萄园应控制亩产不超过 1 500 千克/亩。

(二)花序整形

花序整形一般在开花开始前完成(花前 5 天到开始开 1~2 轮花前进行),也有的分 3~4 次进行。花序整形的时期越早越好,整形方法包括去副穗、掐穗尖、确定留穗长度或留蕾数等。

二、疏果

疏果是调节结果的一个重要环节,疏果的时期越早越好;一般在盛花后 15~25 天,最迟不能迟于 30～35 天。

疏果的方法：根据品种特性，依品种成熟时的标准穗重、穗形等为目标进行。如巨锋、先锋等，目标果穗应为 350～400 克，果粒着生稍紧凑，近圆桶形的圆锥形，疏果时开始要去除小粒果和伤害果以及穗轴上向内侧生长的果粒，然后从外观上疏去外部离轴过远及基部下垂的果粒。一般每一小支梗平均留 2 粒果，上部每 2 节留 3 粒果，每穗 30～40 粒即可。对于果粒着生非常紧密的品种，更应重视疏果工作，在花序整形的基础上，应除去发育不良的小果、畸形果和过密部分的果粒。如红地球一般小穗留 40～60 粒，标准穗留 60～80 粒，最大不超过 100 粒；保证单穗重大于 500 克、小于 1 000 克，标准穗重为 700～1 000 克，最大不超过 1 200 克。玫瑰香每穗留果粒 60～80 粒。

三、套袋

套袋可以减轻因雨滴、雨水等引起的果实病害的传染，避免喷药造成的果面污染，防止裂果、日烧、鸟害等，还可控制均匀着色，提高果实品质。

一般要求果袋材料透光率高，透气性好，不透水，且耐风雨侵蚀。大小有 150 毫米×230 毫米，142 毫米×210 毫米，190 毫米×270 毫米，250 毫米×300 毫米等规格，有底或无底。

套袋时期越早越好，但考虑到与疏果等其他作业的关系，一般疏果完成后尽早套袋。

第七节　病虫害防治

一、主要虫害

（一）葡萄根瘤蚜

1. 危害症状

根瘤蚜仅危害葡萄，是国际和国内重要检疫对象之一。可分为根瘤型和叶瘿型两种，以成虫和若虫危害葡萄叶片和根部。主要危害根部，有时也危害叶片。受害的葡萄根形成许多根瘤，容易坏死腐烂，树势衰弱。叶片被害后，在叶背形成虫瘿，有时叶片畸形萎缩，影响叶片的生长和光合，使植株发育不良，甚至整株死亡。

2. 发生规律

在我国每年发生七八代。葡萄根瘤蚜以小幼虫和卵在浅层的根杈缝隙处越冬。第二年 4 月上旬开始为害，6 月和 9 月繁殖较多，秋末越冬。

3. 防治措施

①严格检疫：不从有虫地区引进苗木。

②苗木消毒：栽种前，先讲苗木或插条放入 30～40℃热水中浸泡 5～7 分钟，再放入 50～80℃热水中浸泡 7 分钟左右。

③及时刨除被害植株，并对园地进行二氧化硫处理土壤或刨树处撒 1.5％的乐果粉。

④危害较轻时，用 2 000 倍 50％的抗蚜威灌根。

⑤使用抗病砧木：现推广应用的有 SO4、5BB、110R、河岸葡萄等。

(二)葡萄短须螨 又名葡萄红蜘蛛

1. 危害症状

主要危害葡萄的新梢、叶片、果梗和果穗,被害叶初期失绿,后呈黑褐色锈斑,严重时叶片焦枯脱落。果实受害后,果面铁锈色,果皮粗糙,甚至龟裂,味酸,严重影响产量和质量。

2. 发生规律

每年 6 代以上,以雌成虫在老皮下、枝蔓分枝处、叶腋及芽鳞绒毛、浅土中群集越冬。翌年 4 月份,为害刚展叶的嫩芽,5 月份产卵,7—8 月份是为害盛期,11 月份越冬。

3. 防治措施

①秋冬季刮老树皮并烧毁。

②春季发芽前喷 3～5 波美度石硫合剂。

③生长季喷 0.2～0.3 波美度石硫合剂或 800 倍 40%三氯杀螨醇。

(三)葡萄锈壁虱 又名缺节瘿螨、毛毡病

1. 危害症状

主要危害嫩叶,在叶背吸食汁液,被害叶初期出现苍白色病斑但嫩叶呈茶褐色病斑,以后表面隆起,叶背密生灰白色绒毛,后期绒毛变为黑褐色。严重时叶片皱缩、干枯变硬,表面凹凸不平,早期落叶。

2. 发生规律

一年 3 代,以成虫在葡萄的芽鳞片内越冬。次年早春芽萌发时迁移到叶背为害。5—7 月份及 9 月份是为害盛期,10 月中旬开始越冬,干旱年份发生较重。

3. 防治措施

①秋冬季刮老树皮并烧毁。

②春季发芽前喷 3～5 度石硫合剂或芽开绽后喷一次 1～1.5 波美度石硫合剂。

③生长季如发现,可喷 20%三氯杀螨醇 800 倍液。

二、主要病害

(一)葡萄霜霉病

1. 危害症状

主要感染葡萄的细嫩部分,危害叶片,也能危害新梢、幼花序、果柄和幼果等。受害叶片或新梢开始产生水渍状淡黄色小斑,随后变成淡绿至黄褐色还规则病斑。天气潮湿时,病斑背面产生白色霜霉状物。病重时病叶焦枯,早期脱落;新梢生长停滞、扭曲枯死;幼果受害,病部褐色,变硬下陷,上生白色霜霉,易脱落。果豌豆粒大小时最易感病。

2. 发生规律

主要以卵孢子在病组织中或随病叶残留于土壤中越冬。来年温度达 12℃时,相对湿度 70%～80%,借风雨传播,自叶背气孔侵入,开始感染。8—9 月份为发病高峰,最适温度 22～25℃。

3. 防治措施

①秋季清扫落叶,剪除病枝并烧毁,深翻土地。

②加强田间管理　使果园通风透光，降低果园湿度。

③药物防治　当霜霉病比较普遍时，应用波尔多液、喷克、霜霉威、甲霜灵等药剂连续使用2～4次杀菌剂。

(二)葡萄炭疽病

葡萄炭疽病又称晚腐病，是葡萄的重要病害之一。在我国各产区都有发生。

1.危害症状

一般发生在着色或近成熟的果实上，有时也危害叶片、新梢、花序。幼果期，在果面生出针头大小圆形、蝇粪状的黑色斑点，当果实着色后，病果上显示浅褐色稍凹陷的病斑，表面逐渐长出轮纹状的小黑点。病斑常扩展到半个果实以上，病果软腐、易脱落。叶片、果梗和穗轴发病常产生长圆形、凹陷的暗褐色病斑。

2.发生规律

主要以菌丝体在病果和一年生枝蔓上越冬，翌年6月开始发病，借风雨和昆虫传播到果穗上，进行初次感染。7月中旬到果实成熟是发病盛期。葡萄近熟时如遇阴雨连绵，病害将大量发生。高温多雨是此病流行的条件。地势低洼，排水不良，架面不通风有利于发病。

3.防治措施

①秋季清扫落叶，剪除病枝、穗梗、僵果等并烧毁。

②防治此病的关键期是开花前后，对于该病发生比较严重的地区或地块，还要注意葡萄转色期的防治。

③有效的保护性药剂有科博、扑海因等；内吸性杀菌剂有多菌灵、甲基硫菌灵、嘧霉胺、戴唑霉等。

(三)葡萄白粉病

葡萄白粉病在大多葡萄栽培产区均有发生。

1.危害症状

可危害叶、果、蔓等，幼嫩组织最易感染。叶片发病时行在表面形成白粉质斑块，后病斑呈灰白色，严重时整个叶片布满白粉，病叶卷缩枯萎、脱落。果实发病时表面产生灰白色粉状霉，幼果不易增大，易落，果粒长大后感病，变硬，畸形，果面有网纹，多纵向开裂。

2.发生规律

病菌以菌丝体在被害组织中或芽鳞间越冬。次年气温达20℃时，产生分生孢子，开始侵染，5月中下旬开始发病，7—10月份为发病盛期。在干旱的夏季或闷热多云的天气有利于病害发生。栽培过密、氮肥过多、枝叶徒长、通风透光不良都有利于白粉病的发生。

3.防治措施

①做好冬剪结合清园工作。

②加强栽培管理，保持通风透光，防止生长过旺、过密。

③药剂防治：春季发芽前喷1次3波美度石硫合剂，发芽后喷0.5波美度的石硫合剂或50％的甲基托布津可湿粉剂500倍液。

(四)葡萄黑痘病

葡萄黑痘病又称疮痂病，是葡萄果实病害中发生最早的一种病害。

1. 危害症状

主要侵染绿色果实、叶片、叶柄、新梢和果梗等幼嫩组织。幼果受侵染后,最初在果面发生近圆形褐色小斑,后成中央凹陷灰白色、边缘带深褐色,看似“鸟眼”。后期病斑硬化龟裂,病果不再长大,味酸,不能食用。叶柄、嫩梢受害,病斑呈暗褐色、圆形或不规则形凹陷,后期病斑中央稍淡,边缘深褐色,严重时病梢枯死,病叶逐渐干枯穿孔,幼叶皱缩畸形。

2. 发生规律

病菌以菌丝体潜伏在病蔓、叶、果、卷须及叶痕处越冬。次年 5 月借风雨传播到细嫩组织上初次侵染,6—7 月为发病盛期。该病菌喜高温多湿气候,春季萌芽展叶后,雨水多时即可发生。多发生在夏初和秋天。果园地势低洼、排水不良、管理粗放、通风透光不好以及施氮肥过多,都会使发病加重。

3. 防治措施

①秋季清扫落叶,剪除病枝、穗梗、僵果等并烧毁。

②春季发芽前使用铜制剂(如波尔多液、必备等)杀灭、铲除越冬病菌。花前和花后即 2～3 叶期和花序分离期是防治的两个关键时期。

③药剂:铜制剂是防治黑痘病的特效药剂(波尔多液、必备等),代森锰锌类药剂(喷克、喷富露、新万生等)、科博等,也是优秀的、保护性杀菌剂。内吸性药剂有多菌灵、甲基硫菌灵、霉能灵、稳歼菌等。

(五)葡萄灰霉病

1. 危害症状

主要为害花穗和果实。花序感病后,初呈淡褐色水浸状,后变暗褐色软腐。开花后,病菌常在枯萎的帽状体、雄蕊和发育不全的果粒等部位产生浓密的灰色霉层,稍微震动孢子便呈烟雾状。病果初生凹陷小斑,后扩大蔓延全果腐烂,先在果皮裂缝处产生灰色孢子堆,后蔓延到整个果面,使整个果穗产生绒毛状鼠灰色霉层。新梢、叶片感病后产生不规则褐色病斑,在叶片上有时带不规则轮纹,病部产生灰白色霉层。

2. 发生规律

该病以分生孢子、以菌丝体和菌核在病部和土壤中越冬。春季,其孢子在 1～30℃ 内均可萌发,最适温度是 18℃。但只有当湿度过大,葡萄灰霉病才会发生。当早春低温连阴,保护地设施内通风透气不好时,很易流行灰霉病。偏施氮肥或偏碱性地壤易引发病害。

3. 防治措施

①生长季和休眠季及时清除病原:病叶、病果等。

②加强栽培管理,合理负载,注意排水,防止架面郁闭。

③发病初期喷 1∶0.5∶200 的波尔多液,或花前喷 50%苯菌灵 2 000 倍液;开花前和套袋前分别喷药 1～2 次进行保护。防治灰霉病的保护性药剂有:科博、扑海因等;内吸性杀菌剂有多菌灵、甲基硫菌灵、嘧霉胺、戴唑霉等。

三、主要生理病害

(一)日灼病

主要发生在果穗上。果实向阳面受烈日暴晒后,在表面形成水烫状或凹陷的干疤,造成外观不美、品质下降。受害部位容易遭受炭疽病的危害。篱架比棚架发病重;幼果膨大至上浆前天气干旱时发病重,果实着色后此病即减少;施氮肥过多时,发病重;连续阴雨天后突然暴晒,发病重。

(二)缺素症

葡萄的生长发育,需要多种营养元素;因土壤条件不良或施肥不均衡引起的营养元素缺乏症称为葡萄缺素症。北京地区葡萄生产上易发生缺铁症、缺钾症、缺锌症、缺硼症。

四、病毒病

目前,全世界已发现葡萄病毒病有 30 多种。最普遍最严重的有以下两种。

(一)主要病毒病种类

1. 葡萄扇叶病

又叫传染性退化病。其危害相当严重,可减产 30%～50%。

病株生长发育不良,比健壮植株生长矮小,落花落果严重,果穗小,产量下降,品质变劣。在土壤瘠薄、土温高和天气炎热的不利条件下,可造成植株死亡。新梢节间缩短或长短不一,出现双芽、卷须枝;叶片表现为扇叶(鸡爪状),主脉两侧不对称,叶基部张开几乎呈直线,主脉聚近,叶缘锯齿尖而长。在不同品种上,有时表现黄化花叶病或黄脉症症状。

扇叶病毒主要通过带毒的繁殖材料如插条、砧木及修剪工具传染;线虫可在同一葡萄园或在邻近的葡萄园之间传播;带毒植株被挖掉后,病毒仍可存留在残留于土壤内的活根中,以此传播病毒。葡萄实生苗不带此病毒。

2. 葡萄卷叶病

感病叶片边缘向背面卷曲,有色品种在基部叶片的叶脉间先出现淡红色斑点,夏季斑点扩大、愈合,致使脉间变成淡红色,到秋季,除主脉保持绿色外,其他部分变红,呈紫红色卷叶,病果着色不良。白色品种叶片在叶脉间或边缘的颜色变浅,呈铬黄色,病穗变为黄白色。也有不卷叶的如无核白为焦灼叶。果穗变小,着色不良,成熟期延迟,果实含糖量明显下降。

(二)病毒病的防治措施

防止病毒病首先要加强苗木检疫,栽种无病毒苗,一旦发病应立即拔掉烧毁,并延长轮作时间。新栽植区与病区应隔离 50～100 米,以防土壤(线虫)和蚜虫等传播病毒。在田间操作(如修剪、嫁接)时,注意工具(剪刀、嫁接刀等)的消毒,以减少汁液传染。当在田间发现了症状类似病毒病的植株后,应立即请有关单位进行鉴定,确认为是病毒病后,应立即拔掉烧毁。

第八节　葡萄采收和商品化处理

一、采收

(一)采收期的确定

鲜食葡萄要求在最佳食用成熟期采收,具体鉴别标准如下:

(1)白色品种,绿色变绿黄或黄绿或白色;有色品种,果皮叶绿素逐渐分解,底色花青素、类胡萝卜素等色彩变得鲜明，并出现果粉。

(2)浆果果肉变软，富有弹性。

(3)结果新梢基部变褐或红褐色(个别品种变黄褐色、淡褐色)，果穗梗木质化。

(4)已具有本品种固有的风味，种子暗棕色。

如果是酿酒、制汁、制干用，除上述形态成熟标准外，最好用折光仪测定含糖量，要求含糖量高于18%。

如果制糖水葡萄罐头，则采收期提前到果实八九分成熟时，有利于除皮、蒸煮和装罐等工艺操作。

(二)采收

采收前十天须停止浇水，采摘时间应在果面露水已干开始，中午气温过高时停采；剪下后要注意轻拿轻放，保护好果粉；采后放在阴凉处或立即进保鲜库进行预冷。

二、采后商品化处理

(一)分级

葡萄采后分级能减少损耗，便于包装，运输、与贮藏；还能实现优质优价，满足不同用途的需要，从而提高葡萄产品市场的竞争力。我国于2001年已发布了农业行业标准《鲜食葡萄》(NY/T 470—2001)。该标准规定了鲜食葡萄的外观、大小、内在品质、着色标准等。具体见表5-2和表5-3。

表5-2 鲜食葡萄等级标准

项目名称	一等果	二等果	三等果
果穗基本要求	果穗完整，不落粒、洁净、无异常气味、无非正常的外来水分、无机械伤、果梗发育良好并健壮，新鲜，无伤害；果蒂部新鲜、不皱缩；果穗无小青粒、无水灌、无干缩果、无腐烂		
果粒基本要求	果粒充分发育；充分成熟		
果穗基本要求： 果穗大小(千克) 果粒着生紧密度	 0.4～0.8 中等紧密	 0.3～0.4 中等紧密	 <0.3或>0.8 极紧密或稀疏
果粒要求			
形状	果形端正；具有本品种固有特征	果形端正；允许有轻微缺陷	果形允许有缺陷，但仍能保持本品种特征
大小(较平均粒重)	≥15%	≥平均值	平均值≤平均值15%
着色	好	良好	较好
果粉	完整	基本完整	较完整
果面缺陷(日灼、刺伤、碰压伤、药害裂果等)	无	缺陷果少于2%	缺陷果粒小于5%
二氧化硫伤害	无	受伤果粒小于2%	受伤果粒小于5%
风味	好	良好	较好

表 5-3　鲜食葡萄的着色度等级标准

着色程度	每穗中呈现良好的特有色泽的果粒≥		白色品种
	黑色品种	红色品种	
好	95%	75%	达到固有色泽
良好	85%	70%	
较好	75%	60%	

(二)包装

1. 包装材料的要求

包装材料主要有包装箱、塑料袋、衬垫纸、捆扎带等。

(1)包装箱　主要有木条箱、纸质箱、钙塑瓦楞箱和塑料箱。纸质箱选用双瓦楞纸箱，外形为对开形，扁长方形，果容量为 1～5 千克；木条箱、塑料箱 规格为 5～10 千克果容量，外形为长×宽×高=40 厘米×28 厘米×18 厘米。

(2)塑料袋　主要用于调气、保温，必须采用食品包装允许使用的无毒、清洁、柔软的塑料膜制作。

(3)衬垫纸、捆扎带、胶水等物应清洁、无毒，衬垫纸必须柔软而有韧性。

包装容器应该清洁、无污染、无异味、无有害化学物质；内壁光滑、卫生、美观、重量轻、易于回收及处理等特点。

容器要有通气孔，木箱底下及四壁都要衬垫瓦楞纸板，将果穗一层层，一穗穗挨紧摆实，以不窜动为度，上盖一层油光薄纸，纸上覆盖少量净纸条，盖紧封严，以保证远途运输安全。

包装容器外面应注明商标、品名、等级、重量、产地、特定标志及包装日期。

2. 包装方法与要求

采后的葡萄应立即装箱，集中装箱时应在冷凉环境中进行，避免风吹、日晒的雨淋。每一个包装内装入同一级别的果实，将果穗一层层，一穗穗挨紧摆实，以不窜动为度。一级果品用纸袋或打孔塑料袋单果穗包装，码放在单层包装箱内。贮藏或长途运输的果品，在箱角上放 1～2 片防腐保鲜剂，运往市场供鲜食销售或贮藏。

要避免装箱过满或过少造成损伤。装量过大时，葡萄相互挤压，过少时葡萄在运输过程中相互碰撞，因此，装量要适度。包装的重量木板箱、塑料箱容量为 5～10 千克，纸箱容量为 1～5 千克。

3. 预冷及方式

葡萄采后必须快速预冷，预冷可以有效而迅速地降低果穗呼吸强度，大大延缓贮藏中病菌的危害与繁殖；还可以防止果梗干枯、失水，防止果粒失水萎蔫和落粒，从而达到保持葡萄品质的目的。葡萄较合适的预冷方式主要有三种：

强制冷风预冷：在预冷库内设冷墙，冷墙上开风孔，将装果实的容器远离码于预冷风孔两侧或面对风孔，堵塞除容器气眼以外的一切气路，用鼓风机推动冷墙内的冷空气，在容器两侧造成压力差，强迫冷空气经容器气眼通过果实，迅速带走果实携带的热量，达到预冷的目的。

冷库预冷：在 0℃冷库内堆码垛实，冷却时间 10～72 小时。预冷库空气流量须每分钟 60～120 米^3。

自然预冷：利用夜间低温来降低葡萄体温的一种方法。

4. 运输

建议采用冷藏车(船)或冷藏集装箱运输。如条件不具备，也可预冷至0℃后，采用普通汽车进行保温运输或保温集装箱运输，5～7天内可基本保持葡萄新鲜如初。运输时应注意包装容器一定要装满装实，做到轻装、轻卸，运输途中防止剧烈摆动造成裂果、落粒。运输工具清洁、卫生、无污染。公路汽车运输时，严防日晒雨淋；铁路或水路长途运输时，注意防冻和通风散热。

第六章 杏

杏原产我国，至今已有 3 500 年以上的栽培历史。北京目前有鲜杏栽培面积 0.71 万公顷，仁用杏 1.33 万公顷。

杏果营养丰富。据分析，每百克杏果肉含有钙 26 毫克、磷 24 毫克、铁 0.8 毫克，还含有胡萝卜素 1.79 毫克以及多种维生素，其中维生素 C 含量 7 毫克。杏是低热水果，百克果肉含糖类 11.1 克，蛋白质 0.1 克，不含脂肪。

杏仁是高营养滋补品，含蛋白质 23%～27%、粗脂肪 50%～60%、糖类 10%，每 100 克杏仁中含磷 338 毫克、钙 111 毫克、铁 7 毫克，还含有丰富的维生素，尤其维生素 E 含量最多，苦杏仁中还含有大量维生素 B_{17}。

第一节 主要种类和品种

一、主要种类

全世界杏属植物共有 10 个种，我国栽培和分布较多的有以下 4 个种。

1. 普通杏

原产我国华北、西北地区，乔木，果大、肉厚、汁液多。目前世界各国栽培品种绝大部分都属此种。其变种山杏，野生、适应性强于杏，常用作砧木。栽培种又依据食用部位不同划分为鲜食杏和仁用杏(甜仁)两大类群。

2. 西伯利亚杏

灌木或小乔木，果小、肉薄而苦、成熟后自然开裂；抗寒、抗旱，为杏树主要砧木树种之一，也是生产苦杏仁的主要种类之一。

3. 东北杏

亦称辽杏，高大乔木，果小肉薄味苦、不堪食用，抗寒性强，可用作砧木，也是生产苦杏仁的主要种类之一。

4. 藏杏

藏杏最抗旱，亦可用作砧木。

二、主要鲜食和加工杏品种

1. 骆驼黄

原产北京市门头沟区的农家品种。果实除鲜食外，也可加工为罐头、杏脯、杏汁、杏酱等。

果实圆形，在干旱山区，平均单果重 43.0～49.5 克，最大果重 78.0 克，果顶平圆微凹。果皮底色橙黄，阳面 1/3 暗红晕，果肉橘黄色，汁液多，肉质细，味酸甜。可溶性糖含量为 5.97%

～8.48%，可滴定酸2.04%～3.56%，每100克果肉含维生素C 5.24～6.36毫克。黏核或半黏核，核为卵圆形，甜仁。

在北京地区4月上旬盛花，5月底果实成熟，果实生长发育期55天左右。树势健壮，以花束状和短果枝结果为主。自花不实，较丰产。栽培时必须配置授粉树，可选串枝红、红玉、早甜核、大偏头、红荷包等为授粉品种。

2.大玉巴达

原产于北京郊区的农家品种。

果实近圆形，6月上旬成熟。平均单果重43.2～61.5克，最大单果重81.0克，缝合线明显，两侧片肉略不对称，果皮黄白色，味甜酸，果汁多。可溶性糖含量为5.46%～6.50%，可滴定酸1.31%～7.38%，每100克果肉含维生素C 6.28～7.07毫克。离核、甜仁。

在北京地区，4月上旬盛花，6月上中旬果实成熟，果实生长发育期65天左右。树姿半开张，树势强健，以短果枝和花束状果枝结果为主，较丰产。该品种自花不实，栽培时必须配置授粉树，授粉时可选串枝红等品种。

3.串枝红

原产河北省巨鹿县的农家品种。

果实圆形，果顶一侧凸起，稍斜。平均单果重54.6～61.6克，最大果重76.8克，缝合线明显，两侧片肉不对称。果皮底色黄，彩色为红霞；果肉橙黄色，果汁中多，肉质较致密，味酸甜。可溶性糖含量5.61%，可滴定酸1.66%，每100克果肉含维生素C 7.46毫克。离核，苦仁。该品种可加工杏罐头、杏脯、杏汁和杏酱，是一个以加工为主兼顾鲜食的品种。

在北京地区，4月上旬盛花，6月下旬至7月上旬果实成熟，果实生长发育期80天左右。树势强健，树姿开张，长、中短果枝结果能力均强，极丰产。自花不实，栽培时可选骆驼黄、红玉、杨继元、金玉、早甜核、葫芦杏等为授粉品种。

4.北寨红

原产北京市平谷区南独乐河镇北寨村的农家品种。果实除鲜食外，可加工罐头、杏脯、杏汁等加工品。

果圆形，在干旱山地，平均果重37.3克，最大果重45.5克，在有肥水的平地，单果重更高。果顶平圆，果皮底色橙黄，蜡质中等，茸毛中多，皮较厚且韧，难剥离。果肉橙黄色。汁液较多，肉质较细，纤维少，口味酸甜适口。离核，核椭圆形，仁甜。

在北京地区，4月上旬盛花，7月上中旬果实成熟，果实生长发育期78天左右。树势强健，树姿半开张，以短果枝和花束状果枝结果为主，丰产。自花不实，栽培时必须配置授粉树，可选串枝红等为授粉品种。

5.金玉杏

又名山黄杏。原产北京昌平的农家品种。果实除鲜食外，可加工罐头、杏脯、杏汁等加工品。

果圆形，平均单果重45.3克，最大果重70.0克。果顶圆，果皮底色橙黄，阳面着片状鲜红晕。果肉橙黄色，肉质细韧，汁中多，纤维中多，有香气，味酸甜。半离核，苦仁。

在北京地区，4月上旬盛花，6月中旬成熟，果实生长发育期70天左右。树势中庸，树姿半开张，以短果枝和花束状果枝为主，较丰产。自花不实，栽培时必须配置授粉树，授粉品种可选串枝红、杨继元、红玉等。

三、仁用杏品种

1. 龙王帽

原产北京市门头沟区汪黄塔及龙王村的农家仁用杏品种。

果实扁卵圆形，果个小，平均单果重 11.7～20.0 克。缝合线明显，果顶稍尖。果皮底色黄，阳面稍有晕。果肉薄，黄色，果汁少，纤维多，味酸，不易鲜食，可以制干。离核，核为扁卵圆形，核大，纵径 3.14 厘米，横径 2.32 厘米，侧径 1.29 厘米。出鲜核率 22%～24%，干核率 12.7%～17.6%。干杏核出仁率为 28%～30%。平均单仁重 0.8 克左右，仁饱满、香甜，仁皮稍带苦味。果仁含可溶性糖 4.22%～5.28%，粗脂肪 51.22%～57.98%，蛋白质 22.20%～25.50%。品质优良。果实生长发育期 85 天左右。树势强健，树姿半开张，以中短果枝结果为主，较丰产。该品种自花不实，栽培时要注意配置授粉树，可选柏峪扁为授粉品种。

2. 一窝蜂

品种起源不详，可能与龙王帽有一定的亲缘关系。

果实扁椭圆形，平均单果重 10～15 克。缝合线较浅，果顶尖。果皮底色黄，阳面有红色斑点；果肉薄、黄色；纤维多，果汁少；味酸涩，不宜鲜食。离核，核仁为长心脏形，饱满，味香甜，核仁皮为棕黄色。果实出鲜核率为 22.6%，出干核率为 17.5%，干核出仁率为 30.7%～37%。平均单仁重 0.6 克左右。含粗脂肪 59.54%。果实生长发育期 85 天左右。树势中庸，树姿开张；以中短果枝结果为主，极丰产。该品种自花不实，栽培时要注意配置授粉树，可选柏峪扁为授粉品种。

3. 柏峪扁

又称白玉扁，系原产北京市门头沟柏峪村的一个农家仁用杏品种。

果实扁圆形，平均单果重 12.6～18.4 克。果皮黄绿色；果肉淡黄色，肉质粗，纤维多；果汁少，味酸稍涩；不宜鲜食，可晒干。离核，核扁圆形，其纵径 2.69 厘米，横径 2.32 厘米，侧径 1.23 厘米。出鲜核率 22.0%，出干核率 17.5%。干核出仁率 30.95%，平均单仁重为 0.8 克左右。核仁扁圆形，仁皮乳白色，核仁饱满，味香甜。含粗脂肪 56.7%。果实生长发育期 85 天左右。树势中庸，树姿开张，以中短果枝结果为主。丰产。该品种自花不实，栽培时应选龙王帽或一窝蜂为授粉品种。

4. 北山大扁

系龙王帽变异系，现在主要分布于河北和北京郊区。

果实扁椭圆形，平均单果重 13.8 克。缝合线较浅，果顶尖。果皮底色浅黄色；果肉薄、黄色；纤维多，果汁少；味酸涩，不宜鲜食。离核，核仁为长心脏形，饱满，味香甜，核仁皮为棕黄色。果实出鲜核率为 21.0%，干核出仁率为 32.0%。平均单核重 2.25 克，平均单仁重 0.83 克，仁香甜。果实生长发育期 87 天左右。树势中庸，树姿开张；以中短果枝结果为主，极丰产。

该品种栽培时需配置授粉树。幼树修剪时，要多培养中短果枝。抗寒性较强。

第二节　生长结果习性

一、杏树主要器官的形态特征

1. 根系

杏是深根性树种，根系强大，由主根、侧根、须根三部分组成。

主根是由杏核播种后生长出来的，非常发达，能延伸到土层深处，在土壤中呈垂直状态，也叫垂直根。侧根是从主根侧面生长出来的，随着杏树年龄的增大和环境条件的影响，有时主侧根并不明显。在主根和侧根上着生着的小根叫须根。杏树的根系主要集中在0～0.5米的土层中，可占整体根系的82%左右。

杏树沿水平方向伸展的根是根系的骨架，伸展能力较强，扩展范围较宽，其根幅可为树冠的3～5倍。根系的分布受土壤等立地条件的影响。在土层较深厚、肥力较充足的立地条件下，根系分布深度可超过树冠直径的1倍以上；反之，在土壤瘠薄的条件下，根系分布较浅而范围广泛。杏树根系分布的这种特性，决定了它所具有的耐贫瘠和干旱的能力。

2. 芽

杏树的芽按其在枝的每一节位着生的数量分为单芽和复芽。在每一节位只着生一个芽为单芽，在每一节位上着生两个以上的芽为复芽。

按芽的性质分为叶芽和花芽。叶芽是能够抽生枝条的芽。潜伏芽（又称休眠芽、隐芽）是特殊的叶芽，着生在一年生枝上越冬，翌年生长季处于休眠状态不萌发，但仍具有活力。若干年后，当它们受到重剪等刺激时会萌发形成枝条。花芽为纯花芽，即花芽只开花结果，不长枝叶。每个花芽内有一朵花。花芽着生在结果枝的基部，呈圆锥形，比叶芽肥大。

3. 枝

杏树为落叶乔木。幼树树干为红褐色，有光泽，表皮光滑；成年树干呈灰褐色，并有纵向深浅不等的裂纹。杏树的枝条一般按照功能和生长状况的不同分为骨干枝、营养枝和结果枝。

骨干枝是树体的骨架，形成树体结构，有主枝、侧枝和结果枝组之分；营养枝以营养生长为主，包括发育枝、徒长枝和针刺枝；结果枝以结果为主，依长度不同分为长果枝、中果枝、短果枝和花束状果枝。

当年生带叶片的枝叫新梢。经过冬季休眠的芽萌发后形成的新梢为主梢，主梢上的芽当年萌发出的新梢为第一次副梢，第一副梢上的芽当年再萌发的新梢称为第二次副梢。

4. 花

分化完全的杏树花由花柄、花托、花萼、花瓣、雄蕊和雌蕊组成，子房上位，大小因品种不同而异，花冠直径2～4厘米。

杏花为两性花，但是由于遗传和花芽形成过程中树体贮藏营养及生态条件等因素的影响，部分花的雌蕊发育不完全。根据雌蕊发育程度，可将杏花分为雌蕊高于雄蕊、雌雄蕊等高、雌蕊低于雄蕊和雌蕊退化四种类型，前两种类型的花称为完全花，后两种类型的花称为不完全花，又称退化花，这类花由于其雌蕊未发育完全，即使给其授亲和的花粉也不能完成受精，自然也很难结实。

杏花退化现象非常普遍。杏花发育程度与品种有很大关系，仁用杏如龙王帽、柏峪扁、苇店扁等花的退化现象轻于鲜食和加工品种。除品种影响外，树体枝条类型也直接影响花的发育，徒长枝和长果枝由于其营养生长旺盛，虽然其上也能形成花芽，但完全花很少；而短果枝和花束状果枝上，完全花比例高。此外，树势和肥水等田间管理也直接影响花的发育。

5. 果实和种子

杏果实的形状、大小、颜色、果汁多少均因品种不同而异。果实形状多为圆、长圆、卵圆、扁圆形；平均单果重 20～200 克不等；果皮底色以橙黄、黄、乳白、黄绿为主，着色为红、紫红色的片红或斑点；果肉颜色多为黄或白色。

杏核一般分黏核、半离核和离核三种类型。通常将杏核称为“种子”，实际上杏仁才是真正的种子。

二、生长发育特性

1. 根系的生长发育

根据土温和地上部生长结果情况，杏树根系 1 年内有 3 次根系生长高峰，分别在花芽膨大期至盛花前、果实采收后和秋季落叶前后。

杏树根系的生长没有自然休眠期，在满足需要的条件时全年都可以生长；但是如果土壤处于逆境条件，根系生长受到抑制，轻者可影响植株生长结果，重者可造成树体死亡。

2. 新梢生长规律

通常幼树的新梢在整个生长季都在生长。一般情况下，杏树主枝延长头顶端叶芽萌发的新梢一个生长季节生长的长度可超过 2 米。

进入盛果期后，新梢生长有阶段性，延长头剪口下的第 1 或第 2 芽抽生的新梢一般有 2 次生长高峰。第一次在花期刚过，叶芽萌发，随后迅速生长形成春梢，其生长期的长短和新梢生长的长度因树势、树龄及品种不同而异。第二次生长一般在雨季之后形成秋梢，秋梢一般生长不充实。

进入盛果期后树体的短枝生长期比较短，只在萌芽后生长 10～15 天就自剪枯顶，一般没有第二次生长，短枝上形成的花芽质量较好。

三、成花结果特性

1. 杏树结果枝类型

杏树的寿命长，在生态条件适宜和管理水平较高的条件下，树龄可达 200 年以上；嫁接苗定植后，2～3 年开始结果，6～7 年生进入盛果期，经济寿命可达 40～50 年，甚至更长；在生态条件不宜，管理水平较低条件下，40 年左右开始衰老。

杏树的结果枝，按其长度可分为长果枝、中果枝、短果枝和花束状果枝。长度 30 厘米以上者，为长果枝；15～30 厘米为中果枝；5～15 厘米为短果枝；5 厘米以下为花束状果枝。长果枝花芽质量差，坐果率低。中果枝生长充实，花芽质量好，且多复花芽，是主要结果枝；且中结果枝在结果的同时，顶芽还能形成长度适宜的新梢，成为第 2 年的新结果枝，以保持连续结果的能力。短果枝和花束状果枝，多为单花芽，结果和发枝能力都比较差，寿命也较短。幼树和初果期树，中、长果枝较多；老树和弱树，短果枝和花束状果枝较多。

2. 花芽分化

所有的花芽都是由叶芽的芽原基分化而来。芽原基由叶芽的生理和组织状态转向花芽的生理和组织状态的过程称为花芽分化。花芽分化分为生理分化期、形态分化期和性细胞分化期 3 个阶段。树体和果枝内贮藏营养的水平、植物内源激素、温度、光照和水分等因素，直接影响花芽分化。

3. 开花、坐果

影响杏树开花的因素包括遗传因素、树体休眠所需要的低温量、春季有效积温积累量和外源激素的调节，坐果受到花芽质量、树体营养水平、授粉受精效果和花期温度等因素的影响。

杏树花量很大，但几乎所有的品种从开花到果实成熟都会有大量花果脱落。杏树基本上有三次落花落果高峰：第一次从盛花开始到盛花后 7 天，由于花本身发育不全，根本不能受精，从而造成落花；第二次是盛花后 8～20 天，果实脱萼、子房开始膨大，由于授粉受精不良造成的未膨大者陆续落掉，合理配置授粉树，采取人工辅助授粉等措施可有效减少这次落果；第三次在盛花后 20～40 天，由于树体营养不良，部分果实脱落。

4. 果实生长发育规律

杏果实在整个生长期内的生长发育有明显的阶段性，即第一次迅速生长期、硬核期和第二次迅速生长期，为明显的双 S 形。不同品种不仅果实采收期不同，第一次速长期、硬核期和第二次速长期的长短也不同。比如仁用杏品种“龙王帽”硬核期明显较其他品种长，实际上“龙王帽”果实第二次速长期并不很明显，很难区分硬核期与第二次速长期的界限，也可以说仁用杏果实生长动态接近单 S 形。杏果实生长有明显的阶段性，以山黄杏为例，第一次速长期内，果实日增长体积占果实总体积的 2.5%，硬核期生长缓慢，只占 0.9%，第二次速长期占 1.2%。所以，果实生长前期加强肥水管理对提高产量起决定性作用。当然，果实生长后期营养供应充足对提高产量也至关重要，不可忽视。

四、杏树物候期

杏树的物候期在各地差异较大。即使同一品种、同一地区，因地势和小气候的不同，不同年份之间物候期也有较大差别。

在北京地区，杏树一般在 3 月下旬至 4 月上旬开花，花期 3～7 天。在开花的同时展叶、抽枝。果实成熟期品种间差异很大：早熟品种 5 月下旬至 6 月初成熟，中熟品种 6 月上中旬成熟，晚熟品种 6 月下旬至 7 月上中旬成熟。11 月上中旬为落叶期。营养生长期 220 天左右，果实发育期 55～100 天之间。

第三节　育苗与建园

一、苗木分级

杏树嫁接苗合格苗木分 1、2 两个等级，苗木质量分级标准见表 6-1。达不到二级苗标准的苗木为等外苗。

表 6-1 杏树嫁接苗苗木质量分级

项目	1级	2级
品种纯度	品种纯正	品种纯正
苗高(厘米)	≥100	60～100
苗粗(厘米)	≥0.8	0.6～0.8
主根长度(厘米)	≥25	20～25
侧根数目(条)	≥5	3～5
侧根长度(厘米)	≥20	≥15
侧根分布	均匀	均匀
砧穗愈合度	完好	完好
整形带芽	饱满	饱满
机械损伤	无	无
苗木生长	充实	充实
检疫对象	无	无

二、园地选择

1.温度

年平均温度5～12℃的地区为普通杏适宜栽培区，4～12℃为山杏适宜栽培区。生长季≥10℃的有效积温为3 000～4 000℃；全年无霜期应在150天以上。杏休眠期能抵抗－30～－40℃的低温，夏季可耐40℃以上的高温，但早春易受晚霜危害。

生长期受冻害临界温度：花蕾期：－3.8℃；盛花期：－2.2℃；幼果期：－1.0℃。

2.水分

杏抗旱、耐瘠薄，在年降水量400～600毫米的地区，即使无灌溉条件，也能正常生长；但杏对含水量过多的黏重土壤适应性不强，适宜的田间持水量为50%～80%，超过90%，则叶片凋萎、新梢停长。

3.光照

杏喜光，年日照时数2 500～3 000小时以上的地区，树体生长健壮，果实品质优良。

4.土壤和地势

杏对土壤的适应性较强，各类土壤均能生长，但以地下水位高度在1.5米以下、排水良好、疏松透气、较肥沃的壤土、沙壤土为好，质地黏重的土壤不适合杏树生长；土壤pH值为6～8时，杏可正常生长；土壤中氯化钾浓度≥0.021%、盐浓度≥0.24%时，杏生长受到抑制。

在丘陵地、沙荒地和黏重土壤上建园，需进行土壤改良。不能在已种植过核果类果树的园地上建园，并避开晚霜频发和涝洼地建园。

杏树对地势的要求不严格，在35度以上的坡地、平地、河滩地，或者在海拔1 000米以上的高山上都能正常生长；但建园应避开风口和山坡凹地等晚霜易发地带。

第四节　土肥水管理

一、土壤管理

1. 果园生草

果园生草可分为自然生草和人工生草两种，自然生草是指对果园长的杂草不锄，长到40～60厘米就刈割，这种方法生长量大，管理简单。自然生草既有深根性草种，也有浅根性草种，每年发生大量的新根，新根死后就成了土壤存水和通气的管道，还增加了土壤的有机物。一般自然生草每年能割草5～7次，一次每亩的生草量1.2吨左右，全年6～9吨。但是自然生草杂草多，也不如豆科牧草那样能为土壤提供大量的氮素营养；此外，自然生草还会滋生有害杂草，有的草根过深，在水肥条件差的地区会存在与果树争水争肥的现象。

人工牧草常用的品种有白三叶、红三叶、紫花苜蓿、紫云叶、黑麦草、毛叶苕子、草木樨、黄豆等。但草的生长需要阳光，因此乔化密植的果园由于光照恶化难以实行生草制，即使种草也长不好，所以良好的树体结构是进行生草栽培的前提。在园边、路旁、沟堤和渠边，可选种草木樨、紫穗槐和田菁等。在低洼盐碱地区，应选田菁和柽麻耐盐植物等；山岗旱薄地，可选草木樨和紫穗槐等抗干旱瘠薄的植物。进行畜牧养殖的果园可用部分草喂养牲畜和家禽，实行“过腹回田”，既可获得畜产品，又加速养分的转化，更有利于果树吸收利用，一举多得。

2. 深翻熟化

杏树根系对氧气的要求比其他落叶果树更为迫切。不少杏园幼树阶段常发生死树现象，其主要原因是定植时埋土过深或土壤黏重，通气性差，氧气供给不足。土壤通气性的好坏还直接影响土温和微生物的活动。深翻能够提高土壤的透水性和保水能力，促进土壤团粒结构的形成，对土壤深层理化性状的改良效果尤为显著。深翻后，土壤中的水分和空气条件得到改善，微生物增加，从而提高了土壤熟化程度，使难溶性营养物质转化为可溶性养分，提高肥力。

深翻结合施肥，可使土壤中的养分含量明显提高。深翻在春、夏、秋三季均可进行，以秋季结合施基肥为最佳时期，也可结合夏季压绿肥进行。

深翻深度与地区、土质等因素有关。一般以60～80厘米、比杏树的主要根系分布层稍深为宜。黏性土壤、地下水位低、土层厚的杏园宜深翻；反之，可稍浅。杏园下层为半风化的岩石、沙砾石应深翻；下层有黄淤土、白干土或胶泥板时，翻耕深度以打破这层土为宜，以利渗水。在一定范围内，翻得越深效果越好。通常情况下，一次深翻的效果可保持数年。

3. 覆草和覆膜

杏树树盘内覆盖杂草、绿肥或秸秆，能起到明显的保墒作用，特别对没有灌溉条件的干旱地区效果非常明显。树盘覆草还能明显地减少水土流失，抑制杂草生长，减少病虫害发生。杂草腐烂后，能增加土壤有机质含量，改善土壤理化性质，有明显的增产效果。

覆盖杂草(包括秸秆)，一年四季都可进行。冬前覆盖有利于幼树安全越冬，减轻冬旱造成的抽条。雨季前覆盖有利于蓄水和稳定土温，减轻裂果，提高果品质量。

覆盖方式分全园覆盖和畦内或行内覆盖两种，可视材料情况而定，事先须打好畦，畦埂要高大。覆盖前要有良好的墒情、施足基肥、松土平地。覆草厚度20～25厘米，若杂草较长应在覆草前轧碎，一般覆草后需用土压牢，避免大风刮跑，土层以压住杂草不被大风刮跑为度。一般每亩需用秸秆(或杂草)1 500～2 000 千克。秋天深翻树盘时,需将杂草(秸秆)翻入土中。

覆膜法就是利用透明或有色的地膜覆盖在树盘(与树冠大小等同)或行间的方法,具有提高并稳定地温,保持水分,提高苗木成活率,提高光能利用率,进而提高花芽分化质量、提高坐果率,促进果实着色,提高果实品质的作用。

4. 山地杏园的土壤管理

杏树多在山区栽培。山地杏树一般立地条件较差,按常规深翻土壤较为困难,应首先修筑树盘。在立地条件允许的情况下,树盘应与树冠同等大小。树盘的外沿应堆起土埂,高度80～100 厘米,这样可避免树盘被雨水冲刷。生长在台地上的杏树,最好按等高线修筑梯田,梯田应里低外高,外沿也应修筑 80～100 厘米的土埂。此外,生长季应及时翻树盘,把杂草翻入土中,既增加土壤通透性又提高了土壤有机质含量。

二、施肥

1. 基肥

施基肥是杏树得到多种养分的主要途径。基肥应以人畜粪便和秸秆、杂草堆肥为主。施用时,应混入一定量的化肥。施肥方法应采取开沟法施入,沟深 30～50 厘米,沟的长度根据施肥量而定。施肥量依树龄、生长势而定。一般情况下,未结果的幼树、生长较旺的树适当少施;而进入结果期的树,由于生长和结果消耗养分剧增,则应多施基肥。一般掌握在每亩施农家基肥 2 000～3 000 千克。施基肥的时间最好在每年的 9—10 月份为宜。秋后早施,由于土温较高,有利于根系愈合,并能发出新根,增强早春根系的吸收能力。

2. 追肥

又叫"补肥",在杏树生长期间弥补基肥的不足,但也有为当年壮树、高产、优质,为第二年开花结果补充养分的作用。一般早春杏树萌芽前后应追施一次氮磷钾复合肥;若冬前施基肥时已掺入了复合肥,春天这次追肥也可不施。追肥量盛果期树每株 1～2 千克。第二次追肥应在盛花后 50～55 天(北方在 6 月中旬),主要是为了促进花芽的生理分化,应追施氮肥为主的肥料。若追施尿素,每株 0.5～1.0 千克为宜。第三次追肥是为了促进花芽形态分化,追施时间在盛花后 90～95 天(在 7 月中下旬),这次应追施钾肥为主的肥料。杏树与其他落叶果树相比是一个喜钾树种,因此追肥应考虑到树种特点,切忌偏施氮肥,以免造成枝条徒长和开花不结实现象发生。

3. 根外追肥

即叶面喷肥。根外追肥要掌握好浓度,一般在生长前期浓度稍低些,后期浓度稍高些。还可与喷药相结合。常用的喷肥种类和浓度为:尿素 0.2%～0.4%,硼砂 0.1%～0.3%,硫酸锌 0.2%～0.3%,磷酸二氢钾 0.2%～0.5%,过磷酸钙 0.5%左右。

三、排水与灌水

杏为抗旱树种,但对水分供应的反应十分敏感:缺少水分枝叶生长缓慢,虽然连年结果但产量不是很高;水分过多造成土壤缺氧,影响根系生长和养分吸收,严重者造成烂根,整株死亡。因此,杏园灌水和排水是杏树丰产的重要栽培措施之一,也是杏树水分调节的主要组成内容。

1. 灌水

杏树的灌溉时期和用量，主要根据土壤的水分状况和杏树本身的生长发育阶段而定。一般在早春萌芽前应浇足第一次水，萌芽后，树体开花、坐果、新梢迅速生长，需大量水分，有条件应及时浇水。硬核期是杏树需水临界期，杏树的硬核期往往正是杏主产区一年中最干旱的季节，所以更应该及时灌水。北方杏产区，一般是杏采收期以后进入雨季，应注意控水。秋后冬前一般结合施基肥浇水。有条件的杏园，在土壤上冻前要浇一次冻水，以保证冬季杏树根系有较好的生长发育环境，为下年丰产打下良好的基础。

2. 排水

杏树抗旱性强，但又怕涝。土壤若长时间积水，植株会因根系缺氧死亡。因此，杏园一定要注意雨季排除积水。平地杏园，一般顺地势在园内或杏园四周挖排水沟；山地杏园，主要是结合水土保持工程修筑排水系统。

第五节　整形修剪

一、主要优质丰产树形

1. 自然圆头形

特点是：无明显的中心领导干，5～6 个主枝，中央一主枝向上延伸，其余各主枝错落着生，长势均衡，向斜上方延伸；每一主枝上着生 3～4 个侧枝，交错排开；侧枝上着生若干结果枝组。一般来说，自然圆头形除中心主枝外，其他主枝基部与树干的夹角在 45～50 度之间，主干高度约 80 厘米。

这种树形修剪量小。3～4 年即可结果，且结果枝多。由于主枝分布均匀，树冠较开张，膛内通风透光好，有利于早期丰产。但进入结果后期，主侧枝之间易相互重叠，造成内部枝组因光照不好而枯死，使结果部位外移。

2. 疏散分层形

特点是：有明显的中心干，主枝 8～9 个，分三层着生。第一层主枝 3～4 个，第一主枝距地面约 60 厘米，其余主枝两两相距 20～30 厘米，相互错开排列。第二层主枝 2～3 个，距离第一层主枝 80 厘米左右，层间主枝距离 15～25 厘米，也要错开排列，且不能与第一层主枝相互重叠；第三层主枝 1～2 个，距第二层主枝 50 厘米左右，与第二层主枝相互错开排列。主枝上着生侧枝，第一层每一主枝上着生侧枝 3～4 个；第二、三层每一主枝上着生侧枝 1～2 个。每层主枝内相邻两侧枝距离 30～40 厘米，层内及层间侧枝均应错落排开，各侧枝上着生若干结果枝组。该树形第一层总枝量与结果量应占整株的 65%～70%。若树体上层枝量过多，必将造成上强下弱，而上层结果比例高，不便于树体管理。

疏散分层形的优点是：由于树体结构层次性较强，使树体内膛光照较好，膛内枝组不至于光秃死亡，从而达到立体结果的目的；该树形结果寿命长，进入盛果期后产量也较高。其缺点是：成形晚，树偏高，不利于管理和早期丰产。

3. 自然开心形

最大特点是：没有中心领导干，全株共 3～5 个主枝，主干高度 50～60 厘米，主枝间距 10～20 厘米，分布均匀。主枝上着生侧枝，侧枝上着生枝组。主枝的基角 60～65 度之间。自然开心形光照条件好，结出果实质量高，树体成形快，有利早期丰产。缺点是整形要花费人物力，幼树要拉枝，盛果期后要吊枝。管理不好，主侧枝基部易光秃。

4.改良开心形

特点和自然开心形基本相同，树体没有中心领导干，全株3～5个主枝，主干高度40～60厘米，主枝间距15～20厘米，主枝分布均匀。主枝上直接着生背上枝组。当外围空间过大时，每1主枝可一分为二变成两个主枝，最终每株树总主枝头可达10个以上。该树形要求主枝角度在65度以上。其优点是除具有自然开心形的优点外，还能防止主枝基部光秃，有利于早结果和早期丰产。缺点是整形期间较费工。

二、修剪技术

1.修剪时间及其作用

一年中，一般对杏树进行两次修剪，即冬剪和夏剪，以冬剪为主。

冬剪是杏树落叶后至第二年春天萌芽前进行的修剪。所以，冬剪是促进枝条更新的重要手段。冬季修剪常用的措施有：短截、疏枝、甩放、撑拉枝条等。冬剪的时间，在树体萌芽前越晚越好。

夏剪是冬剪的补充，夏季修剪的主要作用是抑制营养生长，促进生殖生长。通过抹芽、拉枝、拿枝、扭梢、环剥等措施，控制生长势，改善光照条件，以利成花。

2.不同时期的修剪原则与方法

(1)幼树期树的修剪　从定植到开始结果为幼树期。此时期是树冠形成的重要阶段，其突出特点是生长旺盛。修剪的主要任务是培养好各级骨干枝，尽快建成树体坚固、丰产、稳产的树形。同时利用辅养枝，使其成花，为早期丰产打基础。具体修剪方法如下：

①主、侧枝延长头的修剪　主、侧枝头的最主要功能是扩大树冠。因此应采取适度短截，根据品种特性和肥水条件的不同，剪留长度不同。一般来说，冬剪时截除枝条的1/3～1/2为宜。但应注意主、侧枝的角度需按树形要求，在短截前调整好。翌春，剪口下能萌发2～3个较旺的发育枝；到冬剪时，选留一个角度好的发育枝继续短截处理，其他枝条可选适宜的作侧枝，其余则视作辅养枝。若是改良开心形树形，要注意选一背上发育枝短截后培养枝组，但剪口高度要低于延长头剪口高度。

②辅养枝的修剪　在不影响主、侧枝等骨干枝生长的前提下，通过各种措施培养其形成结果枝组。如对直立旺盛的背上枝修剪，长度达30厘米左右进行摘心，若生长势太强可连续摘心。也可与拿枝、扭梢等措施结合，使其当年形成有结果能力的结果枝组，若生长季没有进行摘心、扭梢等处理，冬剪时必须将其拉平，不能出现弓弯现象，以免背上枝条旺长，形成徒长性发育枝。幼树阶段，徒长性发育枝占总枝的比率相当高，若利用得好，幼树除能扩大树冠形成骨架外，也有较高的产量。杏树成枝力较弱，长出的枝条除过于拥挤外，最好不要疏枝。幼树除枝干背下发育枝外，在枝侧和背下也常长出一些长的发育枝，由于它们的位置优势不强，因此它们的长势也比背上枝缓和，这类枝条比较容易培养成结果枝组。夏剪要在半木质化时进行，促其中下部芽萌发出二次枝。这类枝条冬剪时一般不短截，而是与拉枝措施相结合，进行甩放，促使中下部形成中短果枝。注意这类枝条先端的位置，若先端抬头，往往枝条先端会萌发1～2个发育枝，而枝中下部光秃或萌芽很少。

③结果枝的修剪　幼树期结果枝相对较少，这一阶段结果主要靠中短期结果枝组和骨干

枝中下部上的花束状果枝、中短果枝结果。原则上这一阶段对结果枝不修剪，但对衰弱的小结果枝组，应注意回缩复壮，以延长其结果寿命，增加早期产量。

(2)盛果期树的修剪　一般经过三四年的整形修剪后，树体骨架已经形成，树冠扩展很慢，各种结果枝连续结果能力强，从而削弱了树势，树冠下部的枝条结果部位还会外移。这一时期的修剪，应以调节树体长势的上下平衡，调节营养生长与生殖生长的平衡为原则。

①主、侧延长头的修剪　进入盛果期后，主、侧枝延长头的生长量明显减小，在此阶段对主、侧枝延长头应进行适当短截，使其萌发新枝。

②结果枝组的修剪　盛果期，应对各类结果枝组更新复壮。具体方法是：永久型结果枝组，选择中庸枝短截培养，或对直立旺枝进行夏季摘心和冬季拉枝，促使成花。对临时性果枝组及发育枝被拉平后形成的枝组，应根据其长势和所处的位置进行回缩，长的发育枝应培养成的结果枝组，先端的果枝结果后极易衰弱，故应逐年回缩。

③发育枝的修剪　发育枝对枝组更新起着很大作用。为避免内膛光秃，应对膛内发育枝及时摘心和拉枝，尽快培养成结果枝组。因结果被压弯的枝条，应及时吊枝，抬高主、侧枝和大型枝组的角度，以利恢复生长势。

(3)衰老期树的修剪　树体在大量结果之后多年，树势极度衰弱，枝条生长量小，枯枝逐年增加，主、侧枝前端下垂，膛内和中下部光秃，树形不正，常常是满树花不结果，产量极不稳定。这一阶段修剪的主要任务是更新复壮，尽量维持树体有较高的产量。在加强肥水的前提下，对骨干枝可行重短截。若骨干枝背上有徒长枝或长发育枝，可用其优势作延长头，而原延长头视做一个背下枝组处理。树冠内膛的徒长枝要充分利用，以尽快培养出新的结果枝组；原有枝组要及时更新。通过合理修剪，加强肥水，衰老期树仍会有较理想的产量。

需注意，对衰老树的更新复壮不可盲目，若回缩强度过大，而树体本身树势又很弱，不但达不到更新的目的，反而会造成全株死亡。因此，在更新前后一定要加强肥水管理，做到先复壮，后更新。

第六节　花果管理

一、提高坐果率的技术

1. 配置授粉树

大多数杏品种均需配置授粉树，新建杏园建园时应配置授粉树，缺乏授粉树的成龄杏园，应通过高接(改接)部分授粉树的措施补救。

2. 花期放蜂和人工辅助授粉

花期在果园内放蜜蜂可以显著提高坐果率；也可投放角额壁蜂进行辅助授粉，有明显的增加坐果率作用。

人工辅助授粉对提高结实率起着重要作用。根据北京市通州区小海子等杏园的经验，在缺乏授粉品种或没有授粉品种的成年杏园，经过人工辅助授粉后，其年产量比原来提高4～10倍。

在设施栽培条件下，由于环境密闭，没有昆虫授粉，也无风力传粉，杏品种多数自花不结实，花期必须进行人工辅助授粉或放蜂授粉，以提高其坐果率。一般每亩放置1～2箱蜜蜂或壁蜂即可。

3. 高接授粉树或花期挂花枝瓶

在缺乏授粉树的杏园，要选择适合的授粉树进行高接；或者在花期选授粉亲和力强的品种，采集其部分花枝插入装有水的瓶中，将瓶挂在被授粉树的最高处，可起到辅助授粉的作用。

二、预防花期晚霜危害

杏树是一个开花早的树种，花期常常遭遇晚霜的危害。因此，预防花期晚霜危害对提高杏树产量至关重要。

1. 霜冻危害

根据霜冻发生时期，分为早霜冻（也叫秋霜冻）和晚霜冻（也叫春霜冻）。按霜冻形成的天气条件的不同，又可分为平流型霜冻、辐射型霜冻、混合辐射霜冻和蒸发型霜冻 4 种类型。平流型霜冻是由于出现强烈冷平流天气引起剧烈降温而发生的霜冻，这种霜冻由于受系统性大规模冷空气的入侵，因而其危害的面积大。辐射型霜冻是指晴朗无风的夜间，植物表面强烈辐射降温而形成的霜冻，此类型霜冻持续时间短，在同样的低温下对果树危害较轻。混合辐射霜冻是指冷平流和辐射降温共同作用下形成的霜冻，华北地区发生的早霜冻大多数属于该类型，这类霜冻出现的次数多，影响范围大，并可以发生在日平均气温较高的暖和天气之后，所以对杏树生产危害较严重。

2. 预防霜冻技术

在预测预报基础上，可采用以下几种方法预防霜冻：

(1)烟熏法　低温来临前，首先在果园每亩地准备 5～8 个草堆，然后在凌晨 1～2 时点烟。当有风时不用烟熏，另外不能见明火。国外常用重油为燃料，由于在中国燃烧重油成本高，果农难于接收。

(2)吹风法　在高 10 米左右的塔上安装转盘，使直径 3～5 米的螺旋桨转动，所用发动机功率为 80～100 马力。当逆温很强时，紧挨鼓风机附近可升温 3℃。其他均在 2.5℃以内，在很大面积保证升温效果至多为 1.5℃。应不停地吹风，至少也应是间歇地吹风，间隔时间应很短，如停止吹风，很快就会恢复到原来的逆温状态。小中原实(1984)认为，为使园内普遍升温，每公顷大致需要 3 台 2 200 瓦的鼓风机。

(3)增温鼓风机　通过应用“增温鼓风机”，使果园的温度在夜间提高 4～5℃，达到防晚霜危害的目的，百亩果园每夜成本折合人民币 80 元，目前许多国家的果园都普遍应用“增温鼓风机”防晚霜。

(4)烟雾法　当晚霜来临时，在果园内熏烟。

(5)覆盖法　在日本防冻常采用覆盖法防晚霜。以前使用草席、草帘等覆盖物，现在广为利用涤纶白布、冷布等合成纤维类作覆盖材料，保温效果最多只有 1～2℃。

(6)灌水法　秋季适度灌水，不能过量，以“叶片在中午有短暂的萎蔫”作为秋灌的一项指标有利于抗晚霜。

(7)喷灌法(又叫结冰法)　美国把高头喷灌法当做一种低成本高效益的抗寒方法，并成功地应用在苗圃和幼树果园，但是不适宜进入盛果期大树。

(8)栽培措施　平衡营养施肥，避免氮肥过量，防止杏树旺长可有效提高树体抗性。在低温来临前灌水，推迟花期，也可降低霜冻危害。

(9)防风障　近几年，一些杏园采用搭“防风障”的方法防晚霜也取得了有效的结果，在风口的果园作用更明显。

三、疏花疏果技术

疏花蔬果有利于克服果树大小年现象，增大果个、改善果形、提高果实品质。

杏树疏花、疏果通常在大年里进行，最好在花芽萌发前结合冬剪，短截部分多余的花枝。

疏果措施应在杏第二次自然落果后(盛花后 15～20 天)进行。采用人工手疏或化学疏除。确定留花留果量通常按叶果比、枝果比、主干横截面积和果实间距等多种方法。留果量的多少根据果实大小、树势、肥水条件和修剪情况的不同而变化。一般大果型品种、树势弱、肥水条件一般和修剪较轻者应少留果，反之可适当多留。结果生长正常的杏树按照枝果比确定留果量时，一般花束状果枝和短果枝每枝留 1～2 个果，中果枝 3～4 个，长果枝 4～5 个。每果枝留果多少应根据果枝的密度和所占空间而定。采取叶果比的方法疏果时，一般树冠上部的枝条叶果比为 25∶1，中下部枝条叶果比为 30∶1。生产上常按照“看树定产，分枝负担，留果均匀”的原则确定留果量。

疏花疏果可尽早进行，但要留有余地，待自然落果后再定果，定果后所留果量是最终留果量。

第七节　杏设施栽培技术

一、品种选择

(1)对主栽品种的选择，应该是早果性、丰产性强的品种。

(2)选择休眠期短，需冷量少，果实生育期短的极早熟或早中熟品种。

(3)选择外观品质优良、个大、色泽鲜艳、甜酸适度、营养丰富的品种。

(4)选择树体矮化紧凑、抗性强、果肉硬、耐贮运的品种。

(5)选择自花结实能力强的品种。我国大多数杏品种自花不结实或结实率极低，尤其是在温室环境条件下，没有风力和昆虫授粉，因此选择自花能结实的优良品种显得非常重要。

二、环境调控

(1)适时扣棚　依据栽培品种的需冷量及当年气温情况，决定适宜的扣棚时间。一般在当地最高气温低于 10℃时开始扣棚，并通过覆盖、揭开草帘，打开通风口等措施，使 0～7.2℃ 累计 800 小时，满足树体对低温的要求。扣棚前 20～30 天灌大水，并盖黑色地膜，可使扣棚后土壤温度提高 2～3℃，防止树体地上地下生长不同步。

(2)温湿度控制　根据果实发育期及预计上市时间确定升温时间。升温应是循序渐进的过程，每 7～10 天为一个周期，逐步升温。

表 6-2 为凯特杏各生育期温湿度控制指标，供参考。

表 6-2　凯特杏各生育期温湿度指标

生育期	白天温度(℃)	夜间温度(℃)	相对湿度(%)
萌芽前	10～20	＞5	80 左右
花期	12～23	7～8	45～55
幼果期	15～24	＞8	50～60
果实膨大期	12～28	10～15	50～65
果实近熟期	22～32	10～15	50～60

(3)光照和二氧化碳　杏是喜光树种,设施栽培时应尽量延长光照时间,并常通风补充二氧化碳,提高光合效率。

第八节　主要病虫害及其防治

一、主要病害及其防治

1.杏疔病及其防治

杏疔病,又称杏疔叶病、叶柄病、红肿病等。在我国杏产区均有发生,尤其山区粗放管理杏园发生较重。主要为害新梢、叶片,也有为害花或果的情况。

杏疔病只有初次侵染而无再侵染,在发病期或杏树发芽前,彻底剪除病梢,清除地面的病叶,病果集中烧毁或者深埋,是防治此病的最有效方法,连续进行3年,可基本将此病消灭。如果清除病枝、病叶不彻底,可在春季萌芽前,喷3～5波美度的石硫合剂,或在杏树展叶时喷布1～2次1∶1.5∶200的波尔多液,其防治效果良好。

2.杏流胶病及其防治

杏流胶病,又称瘤皮病或流皮病。我国南北方杏产区都有不同程度的危害。该病对杏树影响很大,轻则枝条死亡,重则整株枯死。

首先,应加强栽培管理,增强树势,提高树体抗性。其次,为减少病菌从伤口侵入,可对树干涂白加以保护。休眠期刮除病斑后,可涂石灰乳防治,也可涂石硫合剂原液防治。生长季节,结合其他病害的防治用75%百菌清800倍液,甲基托布津可湿性粉剂1 500倍液,异菌脲可湿性粉剂1 500倍液,腐霉利可湿粉剂1 500倍液喷布树体。流胶病斑被刮干净后,用0.2%的龙胆紫和50倍的菌毒清混合液或腐殖酸液涂抹可有效防治流胶病。

3.杏疮痂病及其防治

杏疮痂病,又称黑星病,在我国华北诸省和山东省杏产区杏果实上常有发生。发病严重者造成果实和叶片脱落,一般情况下果面粗糙,出现褐色圆形小斑点,严重者斑点可连成片状,果实成熟时,褐色病斑龟裂,失去商品价值,尤其在“红玉”品种上表现明显。

萌芽前喷布3～5度的石硫合剂或500倍五氯酚钠。花后喷0.2～0.3波美度的石硫合剂,0.5∶1∶100硫酸锌石灰液及65%代森锌600～800倍液。生长后期结合其他病害的防治喷70%百菌清600倍液;或甲基托布津可湿性粉剂1 000倍液。结合冬剪,可剪掉病枝集中烧毁。此外,应加强栽培管理,提高树体抗性;还要合理修剪,保证光照充足,防止树体郁闭。

4.杏细菌性穿孔病及其防治

杏细菌性穿孔病,在全国各杏产区都有发生,造成大量落叶,削弱树势,降低产量。

新建杏园要选好建园地和栽培品种,杏园建好后要加强果园管理,多施有机肥,合理使用化肥,合理修剪,适当灌溉,及时排水,以增强树势,提高树体抗病能力。发芽前,可喷1∶1∶120的波尔多液或3～5波美度的石硫合剂;展叶后用0.2～0.3波美度的石硫合剂防治。5—6月份喷硫酸锌石灰液1∶4∶240,用前应先做试验,以免发生药害;也可用65%代森锌可湿性粉剂500倍液防治。

5.杏褐腐病及其防治

杏褐腐病,又名菌核病,我国南、北方杏产区均有发生,一般温暖潮湿的地区发病较重,干旱地区较轻。可引起果园大量烂果、落果，贮运期间可继续传染，损失很大。除危害杏外，还危害桃、李、樱桃等核果类果树，偶尔可侵染梨、苹果等。

结合冬剪剪除病枝病果，清扫落叶落果集中处理。田间应及时防治害虫。果实采收、贮运时要尽量避免碰伤。此外，芽前喷 3～5 波美度的石硫合剂；春季多雨和潮湿时，花期前后用 50%速克灵 1 000 倍液或苯来特 500 倍液，或甲基托布津 1 500 倍液，或 65%可湿性代森锌 500 倍液喷撒防治；也可在采前用上述药剂或百菌清 800 倍液防治。

二、主要虫害及其防治

1. 杏仁蜂及其防治

杏仁蜂，又称杏核蜂，在我国东北、华北、西北诸省杏产区均有发生。主要危害杏果实和新梢，有时也危害桃果实。幼虫蛀食果仁后，造成落果或果实干缩后挂在树上，被害果实新梢也随之干枯死亡。

防治方法：

①加强杏园管理，彻底清除落杏、干杏。秋冬季收集园中落杏、杏核，并振落树上干杏，集中烧毁，可以基本消灭杏仁蜂。

②结果杏园秋冬季耕翻，将落地的杏核埋在土中，可以防止成虫羽化出土。

③用水选法淘出被害杏核。被害杏核的杏仁被蛀食，比没受害的杏核轻，加工时用水浸洗，漂浮在水面的即为虫果，淘出后应集中销毁。

④在成虫羽化期，地面撒 3%辛硫磷颗粒剂，每株 250～300 克，或 25%辛硫磷胶囊，每株 30～50 克，或 50%辛硫磷乳油 30～50 倍液，撒药后浅耙地，使药土混合。

⑤落花后树上喷布 20%速灭杀丁乳油或 20%中西杀灭菊酯乳油 3 000 倍液，消灭成虫，防止产卵。

2. 桑白蚧及其防治

桑白蚧，又名桑盾蚧、桃白蚧，俗称树虱子。分布在全国果、林产区。北方果区受害较重。主要为害杏、桃、李、樱桃等核果类果树，也为害核桃、葡萄、柿树、桑树和丁香等。树体皮层受害后坏死，严重受害的枝干皮层大部坏死后，整个枝干即枯死。为害时以雌成虫和若虫群集固定在枝条上吸食汁液，小枝到主枝均可受害，其中 2～3 年生枝受害最重，发生严重时，整个枝条被虫体覆盖，远看很像涂了一层白色蜡质物。被害处由于不能正常生长发育而凹陷，因此受害枝条的皮层凹凸不平，发育不良，受害严重的枝条往往出现干枯，直至死亡。

防治方法：

①结合冬季和早春的修剪和刮树皮等措施，及时剪除被害严重的枝条，或用硬毛刷清除枝条上的越冬雌成虫。将剪下的虫枝集中烧毁。

②在杏树休眠期，进行药剂防治，消灭树体上的越冬雌成虫是压低虫口基数的主要措施。石油类乳剂是防治介壳虫的最好药剂，即在早春发芽前 1 个月喷 5%柴油乳剂或机油乳剂效果显著，或萌芽前喷 3～5 波美度的石硫合剂。

③生长期的防治，即第一、二代若虫孵化的初、盛末期（也就是当卵孵化 30%和 60%时）各喷布一次下列药剂中的一种，就可以有效地消灭若虫：0.3 波美度石硫合剂；25%西维因可湿性粉剂 500 倍液。

3.李小食心虫及其防治

李小食心虫，又名李小蠹蛾，简称“李小”。主要分布于东北、华北、西北各果产区。主要为害李、杏、樱桃等。以幼虫蛀果为害，蛀果前在果面上吐丝结网，幼虫于网下啃咬果皮再蛀入果内。不久，从蛀入孔流出果胶，往往造成落果或果内虫粪堆积成“豆沙包”，不能食用，严重影响杏果产量和质量。

防治方法：

①加强杏园管理，及时消除落地果，可集中烧毁或深埋。春季翻耕树盘，以消灭越冬幼虫。

②成虫发生期，利用性诱剂诱杀成虫可有效防治李小食心虫，一般每亩需要5～8个诱芯。

③药剂防治，喷布2.5%溴氰菊酯乳油3 000～4 000倍液，20%杀灭菊酯乳油4 000～5 000倍液，连续喷布两次。

4.杏象甲及其防治

又称杏象鼻虫，桃小象虫，俗称杏狗子。分布在我国东北、华北、西北、华东、河南、湖南等果产区。主要为害杏、桃，也为害李、梅、樱桃、苹果和梨等。以成虫取食芽、嫩枝、花和果实，成虫产卵在幼果内，并咬伤果柄，幼虫在果内蛀食，致使被害果早期脱落，造成减产。

防治方法：

①在成虫出土期，3月底至4月初的清晨振动树体，利用其假死性进行人工捕杀成虫。

②及时拣拾落果，集中烧毁或深埋，消灭幼虫。

③在成虫发生期，喷布90%敌百虫600～800倍液，每隔10～15天喷1次，连续喷2～3次即可。

第九节 采后处理与简易贮藏

一、鲜食品种采收与贮藏

1.成熟与采收

确定适宜采收成熟度是贮藏杏果的关键，成熟度的判断可根据果实发育天数、果实色泽变化、果皮和果肉的质地、果实的芳香风味以及果实着生的牢固性等因素来决定。用于贮藏的杏果应在果实达到品种固有的大小、果面由绿色转为黄色、向阳面呈现品种固有色泽，果肉仍坚硬，营养物质已积累充分，略带品种风味，大致八成熟时采收。产地贮藏或远销的果实于此时采收，可以有足够的时间进行包装处理。由于杏果的成熟期与麦收同期，为节省劳力，可以用化学药剂辅助采收，据试验，硬核期喷布0.1%硼砂+0.1%的展着剂，可使成熟期提前3天，且成熟期一致，并对杏果品质有良好影响。

2.不同品种的耐藏性

杏果可按成熟期、果实颜色、肉质、肉核黏着度、茸毛有无等分类。以肉质分，有水杏类、肉杏类、面杏类。水杏类果实成熟后柔软多汁，适于鲜食，但不耐贮运；面杏类果实成熟后果肉变面，呈粉糊状，品质较差；只有肉杏类果实成熟后果肉有弹性，坚韧，皮厚，不易软烂，较耐贮运，且适于加工，如河北的串枝红、鸡蛋杏，山东招远的拳杏、崂山红杏，辽宁的孤山杏梅等。以果面茸毛分，无毛杏果面光滑无毛，有蜡质或少量果粉，擦之有泽，果肉坚韧，较耐贮运，如甘肃敦煌的李光杏，河北隆化的李子杏、平乡的油光杏等。此外，适于贮藏的品种还有张公园、大接杏、兰州金妈妈、山黄杏、沙金杏、里枝杏及礼泉的二转子等。

3. 贮藏保鲜技术

(1)冷藏　贮藏适宜温度是－1～0℃，相对湿度为 90%～95%，在通风良好的情况下可贮藏 10～20 天。

(2)低温气调贮藏　用于气调贮藏的杏果需适当的早采，采后用 0.1%的高锰酸钾溶液浸泡 10 分钟，取出晾干，这样既有消毒、降温作用，还可延迟后熟衰变。将晾干后的杏果迅速装筐，预冷 12～24 小时，待果温降到 20 ℃以下，再转入贮藏库内堆码，筐间留有间隙 5 厘米左右，码高 7～8 层，库温控制在 0℃左右，相对湿度 85%～90%，配以 5%二氧化碳＋3%氧的气体成分。在这样的贮藏条件下效果最好，但对低温较敏感的品种不宜采用。这样贮藏后的杏果出售前应逐步升温回暖，在 18～24℃温度下进行后熟，有利于表现出良好的风味。

4. 贮藏中应注意的问题

即使在适宜的冷藏条件下贮藏，时间稍久，也冻害及二氧化碳伤害杏果会因多元酚积累而产生褐变及软化，防治方法是掌握恰当贮期。在高二氧化碳影响下，杏果会出现胶状生理败坏。气调贮藏时，避免二氧化碳浓度过高，贮期不宜过长。

杏果的褐腐病特征是受害果实产生水浸状病斑，在 24 小时内变成黑褐色，并深达果核。该病在较高温度下 3～4 天即使全果腐坏，并在贮藏中相互传染。杏果的软腐病是通过伤口浸入果实的。受害处形成小圆形淡褐色斑，以后长出白霉并扩展至全果，最后变成黑色和灰色，腐坏处软而湿，最终导致全果腐烂。对以上两病的预防，首先是加强采前管理，提高果实品质及耐藏性，避免机械伤；其次是采后用低浓度二氯硝基苯胺温水溶液浸果处理。

二、仁用杏采后处理

1. 脱皮

仁用杏采收后可放在晒场上晾晒，使果肉失水、裂缝，然后捏取杏核。对于仁肉兼用的杏果则应仔细沿缝线剖开，将核取出，果肉另行加工。山杏采回后经过晾晒，用滚压或木棒敲击，使果肉与杏核脱离，再经过簸、扬，去除残余果肉。

2. 晒核

新取出的杏核含有大量水分，应在晒场上充分晾晒，不断翻动，经 5～6 天后，手摇有声时才算干透，方可收藏。没有干透的杏核会在贮运过程中霉变，降低杏仁质量。干透的杏核便于取仁。晒核比晒仁有利于保持杏仁质量。

3. 取仁

脱壳的方法有机器脱壳和人工砸核两种。大批量的杏核取仁应用机器脱壳。杏核破碎机与轧面机相似，轧磙可调，用手工或动力带动，每天可破核 1 000～1 500 千克。使用机器破核，事先应将杏较按大、中、小分开，便于调整轧碎，提高工效，减少碎仁率。

4. 选仁

破壳后，先用风车或簸箕扇除一部分核壳，然后挑选出杏仁，也可用滑板选仁。即用一木板斜放在席子上，斜 35 度左右，将碎壳后杏核沿滑板滑下，并左右摇摆，使杏仁滑下，大部分核壳留在滑板上，之后再稍加挑选，将杏仁和核壳分开。选仁时应将碎仁、瘪仁、虫蛀仁和未砸开的小粒杏核分别拣出。

5.包装

包装材料应结实、透气，以麻袋最好，每袋75千克。装好后用卷口缝法扎紧缝牢，缝口应不少于13针。包装杏仁的麻袋应仔细检查是否有破漏，如有，应及时修补。最好使用专用麻袋，不可使用装过盐、碱、化肥和有毒物品的麻袋盛装杏仁，也不能用有腥臭、异味的麻袋。不同品种、不同等次的杏仁应分别包装，以利销售和使用。袋上应系牢标签，标明品种、等级、重量和日期等。

6.贮运

杏仁在贮运中应严格做到防潮、防热、防霉烂、防鼠、防虫、防污染。运转车辆应打扫干净，防止接触有异味、有毒性的物品；不得与畜产品和葱、蒜、花椒、大料、煤油、汽油、化肥、农药等混装、混贮。存放时以袋装码垛为好，垛底垫以木楞，不可与地面直接接触。散堆存放应以席围囤。堆、垛均应与墙壁有一定距离。储放过程中随时检查水分、温度情况。注意灭鼠、除虫。在墙角、砖缝处撒石灰粉，涂石灰水。如发现霉烂、虫蛀现象应及时倒垛、晾晒，并用硫磺熏蒸库房。

第七章　李　　子

李子原产我国，栽培历史悠久，至少在 3 000 年以上。到 2002 年，李树栽培面积达到 142.4 万公顷、产量升至 423 万吨，均列世界首位。北京地区李子的栽培面积稳定在 2 800 千米左右。

2011 年，北京市李子总面积 2 803 千米，主要产区是顺义、昌平、房山、密云，总产量 1.53 万吨，产值达到了 4 896.2 万元。

李子的果实不仅美丽、芳香多汁、酸甜适口，而且营养丰富，每 100 克鲜果果肉含糖 7%～17%、酸 0.16%～0.3%、单宁 0.15%～1.5%、蛋白质 0.5～0.7 克、脂肪 0.2～0.6 克、碳水化合物 9～12.9 克、钙 17 毫克、磷 20 毫克、铁 0.5 毫克、维生素 A 0.11 毫克、维生素 B_2 0.02 毫克、维生素 P 0.3 毫克、维生素 C 约 11 毫克。

目前，李子生产上存在的主要问题是品种结构不合理，果实货架寿命短促，忽视加工品种发展，管理粗放、单产低、品质欠佳，产后深加工和保鲜运贮等环节薄弱。

第一节　主要种类和优良品种

一、主要种类

李为蔷薇科李属植物。全世界李属植物共有 30 余个种，我国有 8 个种。

1. 中国李

本种原产于我国长江流域，是我国栽培李的主要种类，全国各地的李产区均有栽培。日本、朝鲜、印度、美国、俄罗斯和许多欧洲国家也有较长的栽培历史，并已培育出许多变种和杂种。本种为落叶小乔木，高 9～12 米。叶片长倒卵圆形或长卵圆形，叶面光滑无毛。花序通常为 3 朵并生，直径 1.5～2 厘米；花柄长 1～1.5 厘米。本种萌芽成枝力均强；潜伏芽寿命长，便于自然更新，树势强健，适应性强，结果多且丰产性稳定。果实圆形，果皮底色黄或黄绿，表色有红、紫红、或暗红；果梗较长，梗洼深，缝合线明显，果粉较厚；果肉为或紫红色，核椭圆形，核面有纹，黏核或离核。多数品种自花不结实或少量结实，栽培时必须配置授粉树。该种花期较早，在寒冷地区易受晚霜危害。属于本种的主要品种有：玉皇李、木隽李、香蕉李、红心李、五月香李等。

2. 杏李

本种原产于我国华北地区，在北京的昌平和怀柔、河南的辉县、陕西的西安等地有少量栽培，抗寒力强，抗病力不如中国李，自花能结实，但丰产性差。小乔木，枝条直立，树冠呈尖塔形。叶片狭长，并具直立性，叶柄短而粗。花 1～3 朵簇生。果实扁圆形，果梗短，缝合线深。果皮暗红色或紫红色，果肉淡，质地紧密，香气浓。黏核，晚熟。属于本种的品种有香扁李、荷包李、腰子红、转子红、雁过红等。

3.欧洲李

本种原产于高加索,后传入罗马,再传入欧洲各地。我国辽宁、河北、山东等地有栽培。本种为乔木,树冠高大。叶片为卵形或倒卵形,蜡质厚。新梢和叶片均有茸毛。花较大,一个花芽内可开出1～2朵花。果实为圆形或卵形,果皮由黄、红直至紫蓝色。离核或黏核。本种花期比中国李晚10～15天,不易受晚霜危害,且自花结实力较强。果实含糖量高,可鲜食,也适于糖渍制作蜜饯、果酱和酒等加工品。属于本种的品种有冰糖李、晚黑李、大玫瑰李、甘李等。

4.乌苏里李

本种原产于我国的黑龙江,俄罗斯的远东沿海也有分布。它是李属植物中抗寒力最强的,花期能耐－3℃的低温,树体在冬季能耐－55℃的严寒,是优良的砧木用种。本种植株矮小,多分枝成灌木状,枝条多刺。叶片较小,呈倒卵圆形,叶背有茸毛。果实较小,直径1.5～2.5厘米,近球形;核为圆形,核面光滑。东北美丽李为该种的代表品种,经与美洲李、樱桃李杂交,已培育出一些有栽培价值的耐寒品种。

5.樱桃李

本种原产于我国新疆。在中亚、西亚、巴尔干半岛等地均有分布。树体为灌木或小乔木,新梢暗红,无毛。叶片椭圆形,卵圆形或倒卵圆形。果皮或红色。果肉厚、软、多汁,黏核;核小,呈卵形。本种为半栽培状态,一般多用作砧木。

二、主要优良品种

1.玉皇李

是我国古老的品种。果实长圆形,平均单果重61.3克,最大果重70克。果皮黄绿色。果肉,硬脆,纤维少,汁多,风味甜酸,香味浓,品质上等。玉皇李不仅是生食良种,也是加工罐头的优良品种。在辽南8月上旬成熟。果实耐贮运,一般可存放一周左右。该李适应性强,主要分布于甘肃、宁夏、陕西、河南、河北、山东、安徽等地,辽南也有栽培。

2.北京晚红李

又名三变李,北京紫李。该品种属于中国李。树势强健,萌芽、成枝力均强。幼树生长旺,盛果期树以花束状果枝结果为主。果实圆形或长圆形,果顶稍尖,平均单果重57克。果皮由红色→暗红色或紫色。果梗较长,梗洼深,缝合线明显,果粉厚。可溶性固形物含量14.8%～17.6%。果肉,肉质细,品质上。核为椭圆形,黏核或半黏核,核小。该品种为北京地区的优良品种之一,7月中下旬成熟。抗寒,抗病能力强,适于在沙滩盐碱地栽培。结果早、丰产性稳定,经济效益好。但自花不实,栽植时需配置授粉树。

3.澳大利亚14号

原产美国。果实圆形,平均单果重100克左右,最大200克以上。果面黑紫色,果肉黄绿色,近果皮处玫瑰红色,肉质硬脆,较致密,完熟时变软。风味甜酸适度,多汁,有香气。可溶性固形物含量12.5%～14.7%。核小,半离核,北京8月下旬至9月上旬成熟,是极晚耐贮运的鲜食优良品种。

4.黑宝石

系美国品种,单果重88～120克,最大果重160克左右,定植后第二年挂果。该品种结果性能特强,要特别注意疏果,以便增大果个。果实扁圆形,顶部平圆,两边对称,缝合线不明显,果柄粗短,梗洼宽浅,果面紫黑色,果粉少,无果点。果肉乳白色,质硬,细嫩,汁液较多,味甜爽口，品质上等。含可溶性固形物11.5%，离核，核小，可食率98%，耐贮运，贮藏期6个月以上。植株长势壮旺，可与玫瑰皇后互为授粉树。

5. 盖县大李

为沈阳农业大学和盖州市果树局在辽宁盖州发现的红皮、黄肉、大果型品种。果实大，平均单果重125克，最大果重165克，圆形，整齐，端正。果实底色黄绿。果皮中厚，果粉少。果肉橘红色，果汁较多，果肉细软，有香气。含可溶性固形物13.5%，品质极佳。以中短枝和花束状果枝结果为主。自花结实率低，需配置授粉树。果实发育期80天左右，为优良的大果中、早熟品种。

第二节　生长结果习性

一、生长

1. 根系生长

根系发达、但分布较浅广、易生根蘖，耐旱能力相对较差，但耐涝性强于桃树。

根系的活动受温度、湿度、通气状况、土壤营养状况以及树体营养状况的制约。根系一般无自然休眠期，只是在低温下才被迫休眠，温度适宜，一年之内均可生长。土温达到5～7℃时，即可发生新根，15～22℃为根系活跃期，超过22℃根系生长减缓。土壤水分为田间持水量的60%～80%是根系适宜的湿度，过高过低均不利于根系的生长。根系的生长节奏与地上部各器官的活动密切相关。一般幼树根系一年中有三次生长高峰，春季温度升高根系开始进入生长高峰，随开花坐果及新梢旺长生长减缓；当新梢进入缓慢生长期时进入第二次生长高峰，随果实膨大及雨季秋梢旺长又进入缓长期；当采果后，秋梢近停长，土温下降时，进入第三次生长高峰。结果期大树则只有两次明显的根系生长高峰。

2. 萌芽、成枝

萌芽、成枝力中等(较桃弱、比杏强)，副梢发生次数、数量和生长强度都比桃树要弱，潜伏芽极易萌发、尤其修剪量过大时更为明显。

叶芽萌发后抽枝长叶，枝叶的生长同样与环境条件及栽培技术密切相关。在北方李树一年之中的生长有一定节奏性，如早春萌芽后，新梢生长较慢，有7～10天的叶簇期，叶片小、节间短，芽较小，主要靠树体前一年的贮藏营养。随气温升高，根系的生长和叶片增多，新梢进入旺盛生长期，此期枝条节间长，叶片大，叶腋间的芽充实、饱满，芽体大；此时是水分临界期，对水分反应较敏感，要注意水分的管理，不要过多或过少。此期过后，新梢生长减缓，中、短梢停长积累养分，花芽进入旺盛分化期。雨季后新梢又进入一次旺长期，即秋梢生长。秋梢生长要适当控制，注意排水和旺枝的控制，以防幼树越冬抽条及冻害的发生。

二、结果

1. 花芽

花芽侧生、纯花芽。芽内小花数因种类不同而异，中国李每花芽有小花2～3朵，美洲李每花芽有小花2～5朵，欧洲李每花芽有小花1～2朵，杏李每花芽有小花1～3朵。

2.果枝

以短果枝、花束状果枝结果为主,其中2～4年生枝段上的花束状果枝结果最好。花束状果枝结果当年,可继续向前延伸形成新的花束状果枝,连续结果4～5年,因此其结果部位稳定、外移不明显。

3.结果特点

自花结实能力极低、需配置授粉树,有效授粉时间短、对授粉树花期要求较严格。

李花芽形成容易,达结果年龄早,栽植后经3～4年即开花结果,8～25年为盛果期,30年后即趋衰老。花芽为纯花芽,单生或与叶芽并生成复芽,枝条顶芽均为叶芽。每一花芽内常开2～3花,花较小。结果枝有长、中、短和花束状果枝4种,其中以花束状果枝和短果枝结果最可靠。老龄的花束状果枝,可以发生短的分枝,形成密集的花束状果枝群。中、长果枝在第二年除先端抽生几个长梢外,中、下部叶芽又可形成短果枝和花束状果枝。

欧洲李和美洲李以中、短果枝结果为主,果枝上多着生单芽。隐芽寿命短,不易萌发,更新较难,经济寿命比中国李短。

中国李大多数品种自花授粉不能正常结实,欧洲李中则有许多品种可自花结实。李雌蕊败育花较多,开花又早,早春花期低温常影响正常授粉、受精,导致坐果率低下。南方李品种北引栽培时应注意这一问题。

果实发育过程中有生理落果现象,有的品种相当严重,影响产量。氮肥过多引起新梢徒长,坐果过多、树势衰弱以及光照不足等都会加剧落果。

第三节　育苗与建园

一、育苗

(一)主要砧木类型

1.山桃

接后生长快、结果早,耐寒、耐旱、不耐湿,与欧洲李亲和差。生产中应用最多。

2.杏

接后生长结果好、寿命长,耐旱、耐瘠、但不耐涝。北方地区应用较多。

3.本砧

多用中国李,对低凹、黏重土壤适应强,不耐旱、适于温暖湿润地区,易生根蘖。南方地区应用多。

(二)育苗特点

李树苗木的培育与其他果树一样,大都采用嫁接繁殖,育苗程序也同其他果树类似。

二、建园技术

(一)园地选择

李树适应性强,对土壤要求不严,但要确保李树的高产,还是以土层深厚,肥沃,保水性能好的土壤为宜。要有排水、灌溉设施。低洼、排水不良,易受晚霜为害或风口处不宜选作李园。

如在条件不适宜的土壤上栽植，栽植前应对土壤进行改良。

(二)栽植前准备

园地选择后要进行土地平整。平原地区如有条件应进行全园深翻，并增施有机肥，深翻40～60厘米即可；如无条件则挖定植沟或穴，沟宽或穴直径80～100厘米，深60～80厘米，距地表30厘米以下填入表土＋植物秸秆＋优质腐熟有机肥的混合物。栽植前，对苗木应进行必要的处理；如远途运输的苗木，苗木如有失水现象，应在定植前浸水12～24小时，并对根系进行消毒，对伤根、劈根及过长根进行修剪。

(三)栽植

1. 栽植时期

北京地区习惯上多进行春栽，如果是就近取苗，最好是顶芽开始活动时栽植为宜，具体时间在4月上旬(平原)或中旬(西北部山区)。

2. 栽植方式

生产上采用的栽植方式有正方形栽植、长方形栽植、带状栽植、三角形栽植、丛状栽植和等高栽植。从充分利用阳光和机械作业来讲，最好采用长方形栽植，山坡地则多用等高栽植。

3. 栽植密度

栽植密度的确定要根据土壤肥力状况、肥水条件、品种特性、砧木种类等因素来考虑。一般土壤肥沃、肥水条件好、长势旺、毛桃砧木的李园应定植稀些，山坡瘠薄地、肥水条件较差、长势弱、毛樱桃砧木的李园密度应大些。现在生产上采用较多的株距为3～4米，行距4～6米。为了增加早期产量可计划密植，如先栽成2米×3米，再变成4米×3米，最后变成4米×6米。

4. 栽植注意事项

一是让根系舒展开，分布均匀，填土踏实，根与土壤充分接触；二是栽植不能过深，将根颈与地面相平；三是栽后尽快灌水。

5. 配置授粉树

李树绝大多数品种都是自花不实，而且不同品种间授粉亲和力差异相当大，雌蕊有效授粉期短，故栽植时必须考虑授粉品种的选择和配置；最好能配置2～3个授粉品种，要求自身花粉多，与主栽品种授粉亲和力强，花期一致或略早1～2天。授粉品种与主栽品种的比例以1∶3为宜。

第四节　土肥水管理

一、合理施肥

合理施肥是李树高产，优质的基础，早秋施基肥(9—10月份)，追肥抓住萌芽前、开花后(脱萼)、果实膨大和采收后四个关键时期进行。

(一)施肥量

一般李幼树每年施氮0.4～0.6千克尿素/株，磷、钾肥等量或略多，可达到正常生长，成花早。成年树施肥量按果实产量计，每产100千克果，施基肥(农家肥)100千克/株左右，钙镁磷肥1千克。追肥每次每株施尿素、钾肥各0.25千克，如果是过磷酸钙，则1.5～2.5千克/株/次。如果是叶面喷肥，尿素用0.3%～0.5%浓度。

(二)施肥方法和时期

1.基肥

最好在早秋施(9月—10月中旬)，因为此时正是根系第二次生长高峰期，伤根后能很快愈合，并能生出新根，促进根系生长，有利于恢复树势和增加树体贮存营养的积累；过晚则肥效发挥晚，延迟新梢生长，造成果实与枝条竞争养分，引起大量落果，影响花芽分化。

2.追肥

(1)萌芽前后追肥　李树在发芽前10天左右追肥，均以速效性的氮肥为主。其目的是补充上年树体贮藏营养的不足，为萌芽做好物质准备。萌芽后为了充实花芽，提高开花坐果的能力，也要追肥，以补充树体贮藏营养，同样以氮肥为主，一般在第一片真叶展开时施。

(2)开花前后　发芽开花消耗大量贮藏营养，为了提高坐果率和促进幼果、新梢的生长发育以及根系的生长，在开花前后追施速效性氮肥为主，并辅以硼素。可喷0.1%～0.3%的硼砂来提高坐果率，一般在盛花期喷1～2次。

(3)壮果肥　在生理落果后至果实开始硬核时期施，3—4月份施和5月份各施一次。当然要根据不同的品种而定，早熟品种要相对提前，也就是生理落果结束后就可以施了。

(4)采前追肥　采前2～3周果实迅速膨大，增施磷、钾肥可有效增产和提高品质。

(5)采后补肥　果实从发育直至成熟要消耗树体大量营养，所以在采收后6—7月份要施一次氮肥如尿素等，主要是恢复树势，促花芽。也可在9—10月份结合施基肥进行施氮、磷肥，以促进根系生长，延迟叶片衰老，恢复和增加树势，提高树体贮存营养，使枝芽充实，增强越冬能力。

3.叶面喷肥

7月份前以尿素为主，浓度0.2%～0.3%的水溶液；8—9月份以磷、钾肥为主，可使用磷酸二氢钾、氯化钾等，同样用0.2%～0.3%的水溶液。对缺锌、缺铁地区，还应加0.2%～0.3%硫酸锌和硫酸亚铁。叶面喷肥一个生长季喷5～8次，也可结合喷药进行。花期喷0.2%的硼酸和0.1%的尿素，有利于提高坐果率。

二、合理排灌

在我国北方地区，降水多集中在7—8月间，而春、秋和冬季均较干旱，在干旱季节必须有灌水条件，才能保证李树的正常生长和结果；但7—8月份雨水集中，往往又造成涝害，此时还必须注意排水。

1.灌溉

(1)花前灌水　有利于李树开花、坐果和新梢生长，一般在3月下旬至4月上旬进行。

(2)新梢旺长和幼果膨大期灌水　正是北京比较干旱的时期，也是李树需水临界期，此时必须注意灌水，以防影响新梢生长和果实发育。

(3)果实硬核期和果实迅速膨大期灌水　此时也正值花芽分化期，结合追肥灌水，可提高果品产量，提高品质，并促进花芽分化。

(4)采后灌水　采果后是李树树体积累养分阶段，此时结合施肥及时灌水，有利于根系的吸收和光合作用，促进树体营养物质的积累，提高抗冻性和抗抽条能力，利于第二年春的萌芽、开花和坐果。

(5)冬前灌水　北京在11月上中旬灌溉一次,可增加土壤湿度,有利于树体越冬。

2.排水

在雨季来临之前首先要修好排水沟,连续大雨时要将地面明水排出园区。

第五节　整形修剪

一、与修剪有关的枝芽特性

1.芽

李树的芽分为叶芽、花芽两种。叶芽着生于叶腋和枝顶,花芽只着生于叶腋。一个叶腋内可单生一个花芽或一个叶芽,也可花芽叶芽并生称为复芽。中国李中、长果枝的复花芽多数中间为叶芽两边为花芽,美洲李、欧洲李多为单芽。李芽具有早熟性,幼旺树一年内新梢可有2~3次生长并可发生副梢,李萌芽力强,成枝力弱。中国李隐芽寿命长,萌发力强,故更新容易。欧洲李、美洲李则较难。

2.枝

李树的枝分为营养枝和结果枝。旺的营养枝也称发育枝,叶腋一般只着生叶芽,但有时也有少数花芽,一般不能坐果;结果枝分为长果枝(30~60厘米)、中果枝(15~30厘米)、短果枝(5~15厘米)、花束状果枝(小于5厘米)和徒长性果枝(60厘米以上)。中国李的花束状果枝和短果枝结果稳定,长果枝、徒长性果枝坐果较差。欧洲李、美洲李,长、中、短果枝均可结果,在修剪时对不同种的李树应区别对待。

二、李的主要树形

1.自然开心形

70厘米左右定干,主干上留3个主枝,相距10~15厘米临近分布,以120度平面夹角配置,主枝与主干的夹角50~60度。每个主枝上配置2~3个侧枝,侧枝留的距离及数量根据栽植株行距的大小而定。在主侧枝上配置大、中、小型结果枝组。现在生产上应用的还有二主枝自然开心形,多主枝自然开心形。

2.两层疏散开心形

干高40~50厘米,有中心干,第一层3个主枝,层内距15~20厘米,第二层两个主枝,与第一层主枝插空配置,距第一层主枝60~80厘米,以上开心。此树形适于干性强的品种。

3.篱壁形

在经济较好的地区建园可以试用,树高2米左右,全株选6个主枝,左右各3个分别缚在3条平行的篱架铁线上。此树形也适宜在温室中使用,操作方便,通风透光好。

三、幼树的修剪

以开心形为例,李树、特别是中国李是以花束状果枝和短果枝结果为主。冬剪时必须轻剪甩放,减少短剪,适当疏枝,有利于树势缓和,多发花束状果枝和短果枝。李树幼龄期间要加强夏剪,一般随时进行,但重点应搞好以下几次:

1.4月下旬至5月上旬

对枝头较多的旺枝适当疏除，背上旺枝密枝疏除，削弱顶端优势，促进下部多发短枝。

2.5月下旬至6月上旬

对骨干枝需发枝的部位可短截促发分枝，对冬剪剪口下出的新梢过多者可疏除，枝头保持60度左右。其余枝条角度要大于枝头。背上枝可去除或捋平利用。

3.7—8月份

重点是处理内膛背上直立枝和枝头过密枝，促进通风透光。

4.9月下旬

对未停长的新梢全部摘心，促进枝条充分成熟，有利于安全越冬，也有利于第二年芽的萌发生长。

无论是冬剪还是夏剪，均应注意平衡树势。对强旺枝重截后疏除多余枝，并压低枝角，对弱枝则轻剪长留，抬高枝角。可逐渐使枝势平衡。

四、结果期树修剪

当李树大量结果后，树势趋于缓和且较稳定，修剪的目的是调整生长与结果的相对平衡，维持盛果期的年限。在修剪上对初进入盛果期的树应该以疏剪为主，短截为辅，适当回缩，在保持结果正常的条件下，要每年保证有一定量的壮枝新梢，只有这样才能保持树势，也才能保证每年有年轻的花束状果枝形成，保持旺盛的结果能力。

五、衰老树的修剪

当李树树势明显减弱，结果量明显降低，证明树已衰老。此时修剪的目的是恢复树势，维持产量，修剪以冬剪为主，促进更新。在加强地下肥水的基础上，适当重截，去弱留强，对弱枝头及时回缩更新，促进复壮。

第六节 花果管理

一、开花结果特点

中国李的栽培品种多自交不亲和，而且还有异交不亲和现象，因此李树常常开花很多，但落花落果相当严重。一般有三个高峰，第一次自开花完成后开始，主要是花器发育不全，失去受精能力或未受精造成的；第二次从花后2～4周开始，果实似大米粒大小时幼果和果梗变黄脱落，主要是授粉受精不良造成，如授粉树不足、缺传粉昆虫、花期低温、花粉管不能正常伸长等；第三次是在第二次落果后3周左右开始，主要是因为营养供应不足，胚发育中途停止、死亡造成落果。因此要获得丰产稳产需进行保花保果，坐果后还要根据坐果的多少进行疏果。花果管理的关键技术是，注意授粉品种配置，保证授粉受精；开花期放蜂或者进行人工辅助授粉，保证坐果；及时疏果，疏果宜在脱萼后及早进行，生产中多采用平均果间距法留果，以果实大小不同、果间距拉开7～15厘米为宜。

二、花果管理要点

1. 加强采后管理

采后合理施肥、修剪及保护好叶片，对花芽分化充实有重要作用，可减少下年落花落果的发生。

2. 人工授粉

人工授粉是提高坐果最有效的措施，注意采集花粉要从亲和力强的品种树上采。在授粉树缺乏时必须搞人工授粉，即使不缺授粉树，但遇上阴雨或低温等不良天气，传粉昆虫活动较少，也应搞人工辅助授粉。人工授粉最有效的办法是人工点授，但费工较多；也可采用人工抖粉，即在花粉中掺入 5 倍左右滑石粉等填充物，装入多层纱布口袋中，在李树花上部慢慢抖动。还可用掸授，即用鸡毛掸子在授粉树上滚动，后再在被授粉树上滚动。

3. 花期喷硼

花期喷 0.1%～0.2%的硼酸＋0.1%的尿素也可促进花粉管的伸长，促进坐果，另外用 0.2%的硼砂＋0.2%磷酸二氢钾＋30 毫克/千克防落素也有利于坐果。

4. 放蜂

花前 1 周左右，在李园每公顷放一箱蜂，可明显提高坐果率。

5. 花前回缩及疏枝

对树势较弱树上拖拉较长的果枝进行回缩，并疏去过密的细弱枝，可集中养分，加强通风透光；同时疏去一部分花，减少营养消耗，有利于提高坐果且增大果个。

6. 疏果

疏果能增大果个，提高商品价值，还可促进连年丰产稳产。疏果量的确定，应根据品种特性、果个大小、肥水条件等综合因素加以考虑。对坐果率高的品种，应早疏，并一次性定果。如北京的晚红李，只要授粉品种配置合理，坐果率极高，且不易落果，必须疏果，否则果个偏小。晚红李的疏果应根据不同枝类，留果距离应有所区别。对背上强旺的 1～2 年生花束状枝可 7～10 厘米留一个果，对平斜的较壮花束状枝留 10～15 厘米，而对下垂的细弱枝则应 15～20 厘米留一个果，甚至不留果，待枝势转强时再留果。对果实大的品种应留稀些，反之留密一些；肥水条件好、树势强健可适当多留果，而肥水条件差、树势又弱的树一定少留。

第七节 主要病虫害及其防治

一、主要病害及其防治

(一)褐腐病

又称果腐病，是李树果实的主要病害，在我国分布普遍。

防治方法：

(1)消灭越冬菌源 冬季对树上树下病枝、病果、病叶应彻底清除，集中烧毁或深埋。

(2)喷药防护 在病发严重地区，于初花期喷布 70%甲基托布津 800～1 000 倍液。无花腐发生园，于花后 10 天左右喷布 65%代森锌 500 倍液，或 50%代森铵 800～1 000 倍液，或 70%甲基托布津 800～1 000 倍液。之后，每隔半个月左右再喷 1～2 次。果实熟前 1 个月左右再喷 1～2 次。

(二)穿孔病

是李子常见病害，分细菌性和真菌性两类，以细菌性穿孔病发生最普遍，严重时可引起早期落叶。真菌性穿孔病又分褐斑、霉斑及斑点三种。

防治方法：

①加强栽培管理、清除病原　合理施肥、灌水和修剪，增强树势，提高树体抗病能力；生长季节和休眠期对病叶、病斑、病果及时清除，特别是冬剪时，彻底剪除病枝，清除落叶、落果，集中深埋或烧毁，消灭越冬菌源。

②药剂防治　在树体萌芽前喷 3～5 度石硫合剂。生长季节从 5 月上旬开始每隔 15 天左右喷药一次，连喷 3～4 次，可用 50％代森铵 700 倍液、50％福美双可湿性粉剂 500 倍液、硫酸锌石灰液(硫酸锌 0.5 千克，石灰 2 千克，水 120 千克)、0.3 波美度石硫合剂等。

(三)细菌性根癌病

又名根头癌肿病。受害植株生长缓慢，树势衰弱，缩短结果年限。

防治方法：

①繁殖无病苗木，选无根癌病的地块育苗，并严禁采集病园的接穗，如在苗圃刚定植时发现病苗应立即拔除，并清除残根集中烧毁，用 1％硫酸铜液消毒土壤。

②苗木消毒用 1％硫酸铜液浸泡 1 分钟，或用 3％次氯酸钠溶液浸根 3 分钟，杀死附着在根部的病菌。

③刮治病瘤。早期发现病瘤，及时切除，用 30％ DT 胶悬剂(琥珀酸铜)300 倍液消毒保护伤口，对刮下的病组织要集中烧毁。

二、主要虫害及其防治

(一)桑白蚧

防治方法：

①消灭越冬成虫，结合冬剪和刮树皮及时剪除、刮治被害枝，也可用硬毛刷刷除在枝干上的越冬雌成虫。

②药剂防治：最好在萌芽前 1 个月用石油类乳剂进行防治。生长季防治抓住第一代若虫盛发期，未形成蜡壳时进行防治，目前效果较好的是速扑杀，其渗透力强，可杀死介壳下的虫体。

(二)蚜虫

为害李树的蚜虫主要有桃蚜、桃粉蚜和桃瘤蚜三种。

防治方法：

①消灭越冬卵，刮除老皮或萌芽前 1 个月喷含油量 55％的柴油乳剂 30～50 倍全树均匀喷洒，一定要做到匀、透、流。

②喷药：花后用 5％的吡虫啉 3 000 倍液喷布 2～3 次。

(三)山楂红蜘蛛

防治方法：

①消灭越冬雌螨，结合防治其他虫害，刮除树干粗皮，翘皮，集中烧毁，在严重发生园片可

树干束草把，诱集越冬雌螨，早春取下草把烧毁。

②喷药防治：花前在红蜘蛛出蛰盛期，喷 0.3～0.5 波美度石硫合剂，也可用杀螨利果、霸螨灵等防治；花后 1～2 周为第一代幼、若螨发生盛期。用 5%尼索朗可湿性粉剂 2 000 倍液防治，效果显著。打药要细致周到，不要漏喷。

(四)李实蜂

李实蜂在华北、西北、华中等李果产区均有发生，发病严重年份有的李园大量落果、甚至绝产。

防治方法：

①成虫羽化出土前，深翻树盘，将虫茧埋入深层，使成虫不能出土。

②成虫期喷药　在初花期成虫羽化盛期树冠、地面喷 2.5%溴氰菊酯乳油 2 000 倍液，可有效的消灭成虫。

③在幼虫脱果入土前或成虫羽化出土前在李树树冠下撒 2.5%敌百虫粉剂，每株结果大树撒 0.25 千克。

④摘除被害果，并清除落地虫果，集中烧毁(表 7-1)。

表 7-1　李主要病虫害综合防治历

防治时期	防治对象	防治措施
休眠至萌芽前	消灭各种越冬病虫	喷 3～5 波美度石硫合剂；喷代森锌或 500 倍硫酸锌等，防治红蜘蛛、介壳虫、穿孔病、褐腐病等
谢花后	蚜虫、疮痂病、炭疽病	喷 10%吡虫啉可湿性粉剂 3 000 倍＋75%百菌清可湿性粉剂 800 倍、80%大生 M-45 可湿性粉剂 400～600 倍液或 65%代森锌可湿性粉剂 600 倍，防治蚜虫、疮痂病、炭疽病等病虫害
果实发育及新梢生长期	1.疮痂病、穿孔病、黑斑病、穿孔病、根癌病等 2.蚜虫、介壳虫、食心虫、黄刺蛾、各种蛾类、金龟子等	1.4 月上旬，喷 40%菊马乳油 1 000 倍＋速克灵 2 000 倍液，防治疮痂病、穿孔病、蚜虫，人工剪除蚜虫为害枝梢 2.4 月下旬，喷 Bt＋25%扑虱灵可湿性粉剂＋多霉清，防治蚜虫、黄刺蛾、黑斑病、穿孔病等 3.5—9 月，使用阿维菌素乳油＋吡虫啉可湿性粉剂＋多抗霉素(70%代森锰锌可湿性粉剂或 70%甲基托布津或 80%喷克可湿性粉剂)，防治各种蛾类、蚜虫、金龟子及各种虫害，若发现根癌病，则用 0.1%高锰酸钾液灌根 4.保护天敌，如瓢虫、草蛉、食蚜蝇、赤眼蜂、丽蚜小蜂、小黑花蝽、蜘蛛等 5.果实成熟前 20 天，喷 5.7%百树得可湿性粉剂 1 500 倍液，可防治各类吸果夜蛾
果实采收后	1.黄刺蛾、叶螨类 2.细菌性穿孔病	1.落叶后将病枝病叶和病果及果核残体集中销毁或深埋，减少病虫基数，对等病虫害防治效果好 2.对树体主干和主枝进行涂白防护
注意事项	1.限制使用的农药，每种每年最多使用 1 次，施药距采收期间隔应在 30 天以上 2.4 月下旬至 5 月下旬要尽量少用或不用限制使用的农药，以保护天敌	

第八节 采后处理与简易贮藏

一、采后处理

1.采收

适时、无伤采收，是延长李子储藏寿命的关键措施。当李子果皮由绿色转为该品种特有的颜色、表面有一薄层果粉、果肉仍较硬时，为最佳采收时期；果实成熟不一致时，应分批采收。用于鲜食的果实应在九成熟时采收，用于罐藏、制干或长途运销的果实应在七八成熟、果面色彩占1/3～1/2时采收。

要注意采收技术，尽量减少机械损伤，作好分级和包装工作，提高果品的附加值和经济效益。

2.预冷

在李子采收后的3小时内、最迟在24小时内，必须冷却到4～5℃以下，才能防止褐腐病和软腐病的发生；预冷方法是将果实放入0.5～1℃库房中作降温处理。

3.包装

将预冷的李子经挑选、分级后，用内衬包装纸或带塑料盘的周转箱进行包装。

二、简易贮藏

1.冷藏

冷藏温度0～1℃，相对湿度85%～90%，通风良好，可以贮藏40～60天。

2.冰窖贮藏

用碎冰块平铺窖底，然后将预冷后的果筐(箱)放在冰上码垛，层与层之间填满碎冰，垛与垛之间也用碎冰填充，垛好后再用碎冰覆盖果垛，其上再覆盖塑料薄膜，然后在薄膜上堆厚70～100厘米的锯末等隔热材料。此法储藏必须注意封闭窖门，窖温以控制在0～1℃为好。

3.简易气调贮藏

采用小包装气调冷藏方法，将适时采收的李子去梗，剔除病虫、伤烂果后，装入厚0.025毫米聚乙烯薄膜小袋，每袋装1～1.5千克，密封后置于－1℃的温度条件下，可保存2～3个月。

第八章　樱　　桃

樱桃在世界各国广为栽培，总产约 200 万吨，其中欧洲和亚洲各占 40%，北美占 14%，澳洲和南美各占 2%。

我国甜樱桃栽培约有 120 年的历史。最初只是在山东烟台、辽宁大连等地零星栽培，改革开放后，规模化的甜樱桃果园开始在包括山东半岛、辽东半岛等地在内的环渤海湾地区涌现，并逐步向我国中部地区和西南高海拔地区发展。我国现有甜樱桃面积 70 万～80 万亩，但一半以上的面积还没有进入丰产期。

北京市现有樱桃总面积达到 2.4 万亩，其中结果面积 1 万亩，樱桃总产量达到 250 万千克。北京市樱桃园观光采摘发展迅速，采摘量占樱桃总产量的 41.1%，采摘收入占总收入的 64.7%，年接待的游客数量达到了 50 万～60 万人次。

樱桃果实营养丰富，其蛋白质、脂肪、氨基酸、维生素和矿物质含量都很高，尤其是铁含量居诸果之首，是营养与风味俱佳的果品。樱桃的根、枝、叶、果、核均可入药，能治疗多种疾病，具有很高的药用价值。

第一节　优良品种

世界上约有 2 000 个甜樱桃品种，生产上应用较广泛的 100 余个。

(一)红灯

辽宁省大连市农业科学研究所育成，是我国目前广泛栽培的优良早熟品种。花芽大而饱满，每花芽有 1～3 朵花，花冠较大，花瓣白色、圆形，花粉量较多。果实为宽肾形，大而整齐，初熟为鲜红色，外观美丽，挂在树上宛若红灯，逐渐变成紫红色，有鲜艳的光亮；平均单果重 9 克，最大可达 12 克。果肉肥厚，多汁，较软，酸甜适口；果汁红色；果核圆形，中等大小，半离核；果柄短粗；可溶性总糖 14.48%，可滴定总酸 0.92%，干物质为 20.09%，含维生素 C 16.89 毫克/100 克，单宁 0.153%；较耐贮运；品质上等；果实发育期 40～45 天，北京地区 5 月中下旬成熟，经济价值很高。

(二)红艳

辽宁省大连市农业科学研究所育成。果实宽心脏形，平均果重 8 克，最大果重 10 克，果皮底色浅黄，阳面着鲜红色，色泽艳丽，有光泽。果肉细腻，质地脆，果汁多，酸甜适口，风味浓郁，品质上等。北京地区 5 月下旬成熟，比红灯略晚。

(三)早大果

乌克兰农业科学院灌溉园艺科学研究所育成。果实扁圆形，大而整齐，平均单果重 11～12 克；果皮紫红色，果肉较硬，果汁红色；果核大、圆形、半离核；可溶性固形物 16%～17%，口味甜酸，品质佳；果柄中等长度。果实成熟期一致，比红灯早 3～4 天，北京地区 5 月中旬成熟。

在果实成熟后期遇到降雨有裂果现象。

(四)红蜜

辽宁省大连市农业科学研究所育成。果实中等大小，平均单果重 6.0 克，果形心脏形，底色黄色，阳面有红晕，果肉软，果汁多，甜，品质上等，可溶性固形物 17%，果核小，黏核，北京地区 5 月下旬到 6 月上旬成熟，比红灯晚 4～6 天。

(五)先锋(Van)

加拿大太平洋农业与食物研究中心育成的优良甜樱桃品种，世界各地广泛栽培。果实为扁圆形，平均单果重 8.5 克，最大果重 10.5 克，产量过高时果个变小。果皮紫红色，有光泽，艳丽美观。果梗短粗。果肉紫红色，丰满肥厚，硬脆多汁，甜酸适度，可溶性固形物 17%，品质上等。果实生育期 50～55 天，比伯兰特晚 20 天，北京地区 6 月中旬成熟。

(六)砂蜜特(Summit)

加拿大太平洋农业与食物研究中心以先锋和萨姆杂交育成。果个大，平均单果重 11～13 克，果实心脏形，紫红色，光亮美观，果肉硬，口味甜，风味浓，品质上等，商品性能好。果皮韧度较高，裂果轻。成熟期比伯兰特晚 16～18 天，北京地区 6 月上旬成熟。

(七)雷尼(Rainier)

美国华盛顿州培育。果个大，平均单果重 8～9 克。果形扁圆形，果柄短。果皮黄色，阳面鲜红色，充分成熟时果面全红，具光泽，艳丽。果肉硬，质地脆，可溶性固形物 15%，品质极佳。成熟期比伯兰特晚 18～20 天，在北京地区 6 月上中旬成熟。花芽大而饱满，花粉多。

(八)美早

从美国引入。叶片特大，叶色黑绿；蜜腺大，多数 2～3 个，肾形，红色。花芽大而饱满，花冠大。果色鲜红，充分成熟时为紫红色至紫黑色，具明亮光泽，艳丽美观；果形为宽肾形，个特大而且整齐，平均单果重 12 克；果柄短粗；果肉硬，半离核，肥厚多汁，风味甜酸适口，可溶性固形物含量为 18%左右；果汁红色；果核圆形，中等大小，可食率 92.3%。果实成熟期比红灯略晚，较丰产。

第二节 生长结果习性与环境

一、生长结果习性

(一)根系生长

甜樱桃的根按照发生部位的不同可分为主根、侧根和不定根 3 种。主根是由砧木种子的胚根发育形成的，主根发达，分布深，粗壮。主根上发出的分枝和分枝的分枝称为侧根。不定根是在扦插、压条等无性繁殖方式中由枝条基部的根源基产生的，这种根系分布浅，主根不明显，甚至没有主根。

甜樱桃根系的生长发育特点取决于砧木类型、繁殖方式、立地条件和栽培管理措施。

甜樱桃幼年期长，进入结果期晚，乔砧嫁接苗一般定植后 4～5 年结果，8～10 年进入盛果期，盛果期达 15～20 年，30 年生以后树体明显衰老；矮化砧木嫁接苗定植后一般 3 年结果，

5 年进入盛果期。

(二)萌芽、成枝

1. 萌芽

甜樱桃的芽按枝条上的着生部位分为顶芽和腋芽，按性质分为花芽和叶芽。顶芽都是叶芽，腋芽单生，可以是叶芽，也可以是花芽。盛果期树的中、长果枝前端的芽多为叶芽，基部则多为花芽，短果枝和花束状果枝的腋芽一般为花芽。在形态上，花芽粗胖，中间鼓，呈长卵圆形，位于枝条的下部；叶芽瘦长，呈圆锥形或宽圆锥形，位于枝条的上部。在春天，花芽一般早于叶芽 5～7 天萌发。

樱桃的花芽为纯花芽，一个花芽中含 1～5 朵花，多为 2～4 朵花。花芽不能抽生枝条和生长出叶片，只能开花结果，结果后留下疤痕，在枝条下部形成一小段光秃带。叶芽只能抽生枝条，不能开花结果。

樱桃的芽为离生，芽体与其着生的枝条间的夹角较大，芽尖与枝条分离。这一特点对苗木包装和运输很重要，因为在操作过程中容易将芽碰落，造成光秃带。

樱桃的叶芽萌芽率很高，除生长旺盛的生长枝基部少数发育不良的腋芽外，一般均可萌发新梢。腋芽还具有早熟性，当年形成的腋芽在植株生产旺盛时或摘心处理后，当年即可萌发，形成二次枝。

甜樱桃的芽需要经过一定的低温阶段渡过休眠期，才能萌发。不同品种的低温需要量不同，一般甜樱桃品种在 0～7℃温度范围内的需冷量为 400～1 500 小时。满足需冷要求后，当外界温度适宜时，甜樱桃即可萌芽。

除品种特性外，萌芽早晚取决于当地的温度状况。当日平均气温达到 10℃左右时，花芽开始萌动。花芽一般比叶芽萌发早 5～7 天，即先花后叶。

2. 枝条生长

带有叶片的当年生枝条称为新梢；开花结果的新梢称为结果枝，没有花果的新梢称为发育枝，又称生长枝或营养枝。新梢在秋季落叶后到第 2 年萌芽前这一段时间称为 1 年生枝，1 年生枝萌芽后为 2 年生枝，着生 2 年生枝的枝条称为 3 年生枝或多年生枝。

樱桃的生长枝用于扩大树冠，形成骨架，并增加结果枝的数量。生长枝前部的芽抽生的枝条较长，一般为生长枝；中后部的芽抽生的枝条较短，这些短枝一般是结果枝或最终会发育成结果枝。

结果枝按枝条长度可以划分为混合枝、长果枝、中果枝、短果枝和花束状果枝。混合枝长度在 30 厘米以上，除基部几个芽为花芽外，其余全部为叶芽。长果枝长度为 15～30 厘米，除顶芽和上部的腋芽外，其余均为花芽。中果枝长度 5～15 厘米，除顶芽和先端几个腋芽外，其余均为花芽。短果枝和花束状果枝长度在 5 厘米以下，这类果枝腋芽均为花芽，仅顶芽为叶芽。花束状果枝与短果枝的主要区别是花束状果枝更短，仅 1～2 厘米，花芽族生而密集，以致难以区分节位。甜樱桃的花束状果枝寿命很长，可达 10～12 年，保持这种果枝的结果性能是实现甜樱桃连年丰产稳产的关键。

叶芽萌发后，新梢开始生长，约持续 1 周；进入开花期，新梢生长减缓，甚至逐渐停止生长，继而发育成短果枝或花束状果枝。花期后，新梢进入迅速生长期，当果实进入硬核期，新梢生长开始减慢，部分枝条逐渐停止生长，到 6 月中旬前后，新梢生长停止。这一阶段所生长的新梢称为春梢。7 月中旬前后，强旺的新梢开始迅速的秋梢生长，秋梢生长可持续到

8月中下旬，甚至更晚。

(三)结果

1.开花

甜樱桃的开花物候期可以划分为如下几个阶段。花芽膨大期：指全树有25%左右的花芽开始膨大，鳞片错开的时期。初花期：指全树有25%左右的花开放的时期。盛花期：指全树有25%～75%的花开放的时期。落花期：指全树有50%左右的花朵花瓣正常脱落的时期。

樱桃树一般当日均气温达到15℃时开花，花期大概可持续1～2周。不同品种的开花期不同，相差5～7天。花期早晚还与树龄、树势、果枝类型有关。一般幼龄树的花期晚于成龄树，旺树的花期晚于弱树，长枝的花期晚于短枝。

2.结果

樱桃果实的发育一般需经历三个阶段。

(1)第一次快速生长期 从盛花期开始，持续10～20天，果实迅速膨大，果核体积增长到接近成熟时大小；此后，果实大小几乎停止增长。总体而言，果实的细胞分裂在盛花期前后最为旺盛，此后细胞分裂逐渐减弱，而细胞的体积增长逐渐加强，到硬核期时，由细胞生长产生的果实体积增加已经超过了细胞分裂所增加的体积。盛花后，子房中形成果核的部分生长迅速，尤其是胚乳的发育最为旺盛，无论是细胞分裂还是细胞生长都十分活跃，直至进入第二期即硬核期。相对而言，子房中形成可食部分的中果皮在此期只是缓慢增长。

(2)硬核期 接近正常大小的果核开始木质化，果实在外观体积上几乎停止增长的时期。这一时期，果实外观变化很小，子房中形成可食部分的中果皮的发育几乎停止，而此时形成果核的组织却非常活跃。核壳木质化，硬度逐渐增大，颜色由白色变为褐色。种胚发育迅速，胚乳被吸收，种子形态基本建成，所以此期也称为胚发育期。该期需要10～20天，品种间差别较大，早熟品种所需时间短，晚熟品种所需时间长，被认为是控制果实成熟期的关键时期。

(3)第二次快速生长期 果实体积和重量迅速增大，直至果实成熟。此期历时15天左右，果实体积和重量增长占采收时果实的50%～70%，果实生长的主要原因是细胞体积和重量的增加、细胞间隙的加大。树体当年的管理水平对此期的影响很大，充足的肥水供应与合理的叶面积是实现丰产优质的关键。

二、对环境条件的要求

(一)温度

甜樱桃适宜种植在年平均气温10～12℃的地区。萌芽期适宜的温度是10℃，开花期为15℃，果实成熟期为20℃。休眠期低温(0～7℃)需求量为400～1 500小时。

年均气温10℃以下的地区种植樱桃的主要限制因素是冬季温度过低，冻害严重。在年平均气温12℃以上的地区，冬季高温一般不能满足甜樱桃休眠期对低温的需求；另外，这些地区往往生长季高温多雨，枝条徒长，病害严重；花芽分化初期的高温天气还会抑制花芽分化，产生大量畸形花，如双子房花等，来年形成“双生果”。

(二)水分

甜樱桃适宜于年降水量600～800毫米的地区生长，适宜冬春多雨、夏秋少雨的条件。

樱桃采收前，当土壤含水量为总有效水分的40%～60%时应该灌溉，以免影响树体和果实的正常生长发育。果实采收后适当控制灌水是有利的，并且不会降低来年的产量和品质。

（三）土壤

甜樱桃属于浅根树种，主根不发达，适宜土质疏松、不易积水的地块，以保肥保水良好的沙壤土或砾质壤土为好，土层深度在80～100厘米以上。

甜樱桃耐盐碱能力较差，适宜种植于微酸性的土壤，pH值为6.0～7.5，含盐量不高于0.1%。

（四）光照

甜樱桃为喜光树种，全年日照时间应在2 600～2 800小时以上。对光照的要求仅次于桃、杏，比苹果、梨更严格。

（五）地形地势

甜樱桃适宜种植于丘陵和平原不易积水的地区，低洼地易受低温、积水等危害，不宜种植。

第三节　育苗特点

一、砧木

北京市甜樱桃栽培，可以优先使用中国樱桃、酸樱桃或其杂种作为砧木。

（一）中国樱桃

中国樱桃起源我国长江流域，为小乔木，树高5～8米，树干暗灰色，新梢青绿色。叶片暗绿或鲜绿色，多为卵圆形，具短绒毛。果实小，红色或黄色，果皮薄，肉软多汁，风味甜，不耐贮运。采用扦插、压条、分株或播种繁殖。

对樱桃属于中国樱桃，原产北京市，分布在海淀、门头沟等区县。对樱桃根系发达，生长健旺，较抗根瘤病，与甜樱桃嫁接亲和力较好。嫁接树无大小脚现象，经济寿命长。采用扦插、压条、分株法繁殖，种子繁殖出苗率低。

（二）酸樱桃

酸樱桃为小乔木，原产欧洲，在欧美等国栽培广泛，果实主要用于加工，少数品种可以鲜食。酸樱桃砧木苗多用种子播种、扦插、组织培养等方式繁殖。酸樱桃根系发达，主根粗壮，细长根较多，须根少而短。与甜樱桃品种的嫁接亲和力很强，嫁接植株生长旺盛、丰产、寿命长。但不抗根瘤病。我国山东烟台，历史上多用酸樱桃品种毛把酸实生播种苗作为砧木繁育甜樱桃嫁接苗。

二、苗木繁育

生产上使用的甜樱桃种苗一般通过嫁接方式繁殖。甜樱桃的嫁接方法主要有芽接和枝接两类方法。春季嫁接时间一般在4月初至4月末，当砧木顶芽芽尖露白时进行。秋季多采用带木质部芽接，嫁接时间一般在8月末到9月中旬。

第四节 土肥水管理

一、土壤改良

(一)果园土壤质地的改良

1. 果园生草

甜樱桃园亦可采取生草制,可选择白三叶草、小冠花、扁茎黄芪等,青草期长,生长势旺,耐刈割的多年生草种。对于幼树园,只能在树行间种草,其草带应距离树盘外缘40厘米左右,作为施肥营养带。而成龄果园,可在行间和株间都种草,树盘下不要种草。一般来说,播种后的头一年,因苗弱根系小,不宜刈割;从第二年开始,当草长到40厘米左右时,就可刈割,每年可刈割3~5次。把刈割下的草可覆盖在树盘上,以利保墒,多年生草一般5年后已老化,并且长期生草后草根大量集中于表层土,争夺养分、水分,使果树表层根发育不良,因此几年后宜翻耕休闲一次,休闲1~2年后,再重新播种生草。

2. 果园土壤的深翻熟化

甜樱桃园土壤深翻,一般可在春、夏、秋3个季节进行,以在果实采收后或结合秋季施肥进行深翻效果最好。从定植后第一年的秋季开始,每年都要进行扩穴,利用3年左右的时间,把全园扩穴一遍。如果是挖沟定植,可以直接进行隔行深翻。在行间每隔一行翻一行,分2年完成,这样伤根少。

樱桃水平根发达,根系较浅,因此翻土要浅,不可过深。对于4年生以上的樱桃园,要禁止全园深翻。深翻后要立即灌水,使根系与土壤紧密结合。如遇干旱要多次灌水,雨多要及时排水,否者容易引起积涝而烂根。

(二)樱桃园覆盖

1. 樱桃园覆草

樱桃园实行覆草具有多方面的好处:①覆草使表层土温和水分稳定。②有利于土壤微生物的繁殖和分解活动,促进土壤团粒化,提高土壤肥力。③抑制杂草生长和减少锄地用工。

甜樱桃园覆草也有其不足之处,即长期覆草的甜樱桃树根系易上返变浅,一旦不覆草,则会对根系造成一定程度的损害。对排水不良果园不宜覆草,否则会使土壤长期湿度过大,引起烂根,早期落叶甚至死树,对这类果园先要解决排水问题,可采取的方法有:适当压沙压土,加厚活土层;覆草前先深翻改土,使根系向深层充分发展;覆草与清耕相间进行,覆草3~4年后浅翻一次,并清耕2年,使上下层的根都能充分发达。

覆草来源可通过园内大量种植绿肥来解决;此外,园内外各种杂草、稻草、麦秆、树叶、粗厩肥等都是良好的覆盖材料。覆草厚度以常年保持在15~20厘米为宜。

2. 地膜覆盖

地膜覆盖对于甜樱桃园具有提高地温,防止幼树抽条,保持土壤水分,减轻裂果以及防治杂草等多方面的好处。一般在每年的11月至翌年6月,对果园采用聚乙烯薄膜覆盖。

(三)樱桃园间作

幼龄甜樱桃园可进行行间间种;但间作物必须为矮秆、浅根、生育期短、需肥水较少且主要需肥水期与甜樱桃植株生长发育的关键时期错开，不与甜樱桃共有危险性病虫害或互为中间寄主，如草莓、中药材，或夏季套种花生、大豆、小绿豆、红小豆。樱桃园最好不间作秋菜，以免加重大青叶蝉为害及引起甜樱桃幼树贪青，造成抽条。同时还要注意果园内不能连续每年都种植同一种间作物，以免营养失调，给果树生长带来不良影响。

二、施肥

（一）甜樱桃树养分需求规律与营养诊断

与其他北方落叶果树相比，甜樱桃生长发育迅速。甜樱桃从开花到果实成熟主要集中在4—6月份，仅有40～60天，并且甜樱桃的花芽分化也远较其他果树集中，采果后短期内即开始大量的花芽分化。因此甜樱桃对养分的需求集中于生长季的前半期，此期树体储藏营养和肥力水平的高低，是甜樱桃能否健壮生长和持续丰产的决定因素。

（二）肥料种类

有机肥主要作为基肥使用。速效肥主要以氮、磷、钾肥为主，生产中常用的有尿素、硫酸铵、磷酸二铵、硫酸钾以及各种多元复合肥等。需要注意的是樱桃为忌氯树种，不可使用氯化铵和含有氯化铵的多元复合肥。叶面肥除尿素、磷酸二氢钾等外，常用的还有硼砂、氨基酸叶面肥、多元微肥等，主要在樱桃关键需肥期进行肥力补充。

甜樱桃园禁止使用的肥料有：未经无害化处理的城市垃圾，含有金属、橡胶、塑料及其他有害物质的垃圾，硝态氮肥、未经腐熟的人粪尿以及未获准登记的各种肥料产品。

（三）周年施肥关键时期

一年中应该注意抓好以下几个时期施肥：花前、花期、果实发育初期、采后、秋季。前四个时期以速效性肥料为主，秋季则以有机肥为主。樱桃展叶和开花几乎同时进行，因此花前追肥可以追施人粪尿、果树专用肥或氮磷钾三元复合肥等速效性化肥；花期和果实发育初期进行追肥，可在盛花期叶面喷施0.3%尿素+0.2%硼砂+600倍磷酸二氢钾液，幼果期土壤追施速效性氮磷钾三元复合肥；采果后，必须及时补充追施人粪尿、猪粪尿、豆饼水、复合肥等含元素全的速效性肥料；秋季要以农家肥等有机肥料为主，可加入适量的复合肥或磷肥。

三、水分管理

（一）水分需求规律

甜樱桃的迅速生长主要集中在前半期，此时甜樱桃开花、结果及梢、叶生长发育需要大量养分和水分供应，树体消耗很大；而此期在我国北方甜樱桃产区又多逢干旱。因此，适时灌水对促进萌芽、开花、果实发育和树体早期生长是十分必要的，谢花后至果实成熟前这一段时间，是樱桃的需水临界期，如果水分供应不足，会对产量和品质产生很大的影响。北方夏秋进入雨季，甜樱桃也步入花芽分化期，此期应适度的控制水分，如果水分过多，会影响来年产量，并且导致枝条贪青徒长，容易造成越冬抽条。

（二）灌水原则和方法

甜樱桃抗旱、抗涝性差。所以，每次灌水量不宜太多，灌水时应本着少量多次、稳定供应的原则进行，应采取少灌、勤灌的方法，忌大灌、漫灌。

灌水的方法可采取畦灌或沟灌。畦灌即在树冠外围筑起正方形或长方形土埂，树干周围土面积稍高，使干周不积水，该方法还可有效地控制根癌病的传播；现在樱桃树提倡垄栽，灌水时可以实行隔行灌溉，每次只灌垄一侧的行间，逐次轮流灌溉。每次灌水都要适当控制水量，不搞大水漫灌，以免影响根系生长发育。

有条件的甜樱桃园，可采取喷灌或滴灌，这些先进的灌水方式，既可控制水量，节约用水，又可减少土壤养分流失，避免土壤板结，保持土壤的团粒结构和土壤肥力，还可以增加空气湿度，调节甜樱桃园小气候，减轻低湿和干热对甜樱桃的危害。

(三)灌水

1. 花前水

这次浇水可在萌芽后开花前进行，主要满足甜樱桃前期生长发育对水分的需要；另外，花前水还可降低地温，推迟开花，减轻或避免晚霜对甜樱桃花蕾的危害。

2. 硬核期与膨大期水

硬核期是树体消耗水分和养分最多的时期，必须满足其水分供应。此期水分供应不足，易引起幼果发育不良，甚至早衰脱落。在甜樱桃果实膨大期，灌水与不灌水对果品产量和质量影响很大，这一时期如果缺水，则果实发育不良，产量低，品质差。膨大期浇水的原则是不可大水漫灌，每次只浇“过膛水”。

3. 采后水

甜樱桃在果实采收后1～2个月期间是花芽集中分化期，此时保持土壤的适度干旱可促进其花芽分化。采果后可结合施基肥灌一次水，水量不宜过大，如果土壤墒情较好，可以不浇水。

4. 封冻水

土壤封冻前，应灌一遍封冻水，有利于缓冲根际温度的变化，对于甜樱桃树安全越冬、减少花芽冻害、防止幼树抽条，都具有重要的意义。

(四)排水

甜樱桃树根系浅，对土壤通气要求高，抗涝性差。新根发生要求土壤中氧气含量在15%以上，降至5%时新根即完全停长。因此樱桃园排水十分重要，从园地选择时起就应该避开易涝和排水不畅的地段，并设计通畅的排水体系，雨季必须保证雨后水即排出，绝对不能出现园内积水现象。建园时采用高垄定植的方法，可以使雨季排水通畅，并有效地避免涝害的威胁。

第五节　整形修剪

一、与修剪有关的生长特点

1. 树势强旺，生长量大

在北方落叶果树中，甜樱桃的生长量最大。在乔砧上，甜樱桃幼树新梢当年可生长2米长。过旺的营养生长，延迟了生殖生长的发育进程，这是樱桃幼树进入丰产期相对较晚的重要原因。

2. 萌芽率高，成枝力弱

除基部几个瘪芽外，一年生枝条上的芽在春天几乎都能萌发，但仅先端几个（1～4 个）芽能够长成长枝，下部的芽能抽生成中枝的很少，大多数是极短的仅能萌发几个叶的叶丛枝，而这些叶丛枝与母体的连接不牢固，很容易脱落。

3. 顶端优势强，干性强

顶端、直立、背上的枝条长势很强，而下端、斜生、背下的枝条长势很弱，枝条的两极分化严重，形成优势枝条徒长、劣势枝条干枯脱落、内膛光秃的现象。如何抑制顶端优势、均衡树势、刺激小枝抽生、防止光秃、立体结果是重要的修剪目标。

二、修剪技术

1. 幼树的修剪

幼树的修剪目标是尽快完成整形工作，进入结果期和盛果期。

定植后即定干，定干高度比所采用树形的干高高 20～30 厘米。加强肥水管理，施用叶面肥，加速新梢生长，一般不疏除主干上萌生的新梢，在生长初期用牙签等将生长直立的主枝和辅养枝新梢基角撑开。当主枝新梢 60～80 厘米长时，去掉先端 15～20 厘米摘心，促发分枝。

栽后第 2～4 年，修剪特点是冬剪要轻，拉枝开角要大，夏剪要勤。春季冬剪选定主枝，骨干枝延长头轻短截或中短截；结果枝组部位的强枝疏除或极重短截，中枝破顶芽或缓放，细弱枝缓放不剪；竞争枝、背上直立枝疏除，下垂枝缓放不剪。生长期修剪对幼树非常重要，如修剪得当，其效果比冬剪还好，成为幼树快速成型、尽早进入结果期的重要措施。生长期修剪以摘心和拉枝为主。

2. 成龄树的修剪

成龄树的修剪目标是延长盛果期年限，保持产量稳定，品质优良，树体健壮。修剪特点是轻重配合、局部调整，抑强扶弱、均衡枝势，回缩临时枝、培养内膛枝。

对于强旺枝和强旺部位，采用多疏除、少短截、拉枝、缓放、保果等措施，缓和生长势；对于弱枝或弱势部位，采用中短截和重短截的办法，刺激生长。控制外围枝，更新主枝头，限制侧枝生长，缩小外围结果枝组大小，打开光路；培养内膛结果枝组，充分利用内膛徒长枝、背上枝，刺激内膛弱枝生长，培养内膛结果枝组。疏除主干基部的裙枝；回缩临时枝、辅养枝；落头控高，剪除或拉平中心领导干延长头。

3. 衰老树的修剪

衰老树的修剪目标是更新复壮，延缓衰老，延长经济寿命。修剪特点是重剪回缩，少疏多截，刺激生长，更新复壮。

衰老树除骨干枝延长头外，几乎都是中短枝，满树花芽，叶芽很少，营养生长衰弱。充分利用旺枝、旺芽、上位枝、上位芽，将骨干枝回缩到营养生长相对旺盛、叶芽多的部位。大枝疏除要留桩，一般 30～40 厘米长，不可一次疏除，这样不但可以刺激隐芽萌发，同时还可以避免大伤口对树体的不良影响。对结果枝组进行回缩更新，应去弱留强，减少花芽数量，增加叶芽比例。重视生长季修剪，加强肥水管理，降低产量，做好树体保护工作，促进营养生长，恢复树冠，重建营养生长和生殖生长的平衡，维持较高的经济栽培价值。

第六节　树体保护

一、霜冻

由于樱桃春季开花早，始花期多在当地晚霜期之前；同时樱桃花耐低温的能力差，花芽一旦萌发，花蕾期发生冻害的临界温度是－1.7℃，花期和幼果期冻害的临界温度为－1.1℃，因此容易遭受低温晚霜危害，造成减产。在花期必须注意天气预报，做到及时预防，最大限度地减轻损失。霜冻的预防措施主要有：

1.选择抗寒品种

选择抗寒的品种，合理搭配授粉树，适当种植自花结实的品种。轻度霜冻有时对花量的影响不大，但是如果授粉品种搭配不合理，将严重影响坐果，部分自花结实的品种如斯坦拉、拉宾斯等不仅是优良的授粉品种，而且自花结实，在易发生霜冻的地区栽植，可有效地降低损失。

2.选择适宜地块

建园时选择受霜害较轻的地块。从立地条件看，受北风侵袭的北坡地受霜害较重，南坡轻；山下较轻（开花期晚）；低洼地较重，岗平地较轻。所以，在建园时要选择受霜害较轻的地块。

3.早春灌水、霜前喷水

萌芽前漫灌，可以降低地温，推迟大樱桃萌芽和开花；据调查，用井水和水库水地面漫灌，可分别使大樱桃推迟 5 天和 3 天萌芽。根据天气预报，在降霜前 1～2 小时喷水，靠水分凝结散热，提高园内小气候的温度，对于减轻霜冻也有显著的作用。

4.熏烟法

熏烟法对于－2℃以上的轻微冻害有一定效果，如低于－2℃，则防效不明显。发烟物可用作物秸秆、杂草、落叶等能产生大量烟雾的易燃材料。事先在大樱桃园内每隔 5 米堆放草堆，当花期夜间温度下降到 2℃时，点燃草类或作物秸秆。草类可半干半湿，点燃后烟雾弥漫，一般在樱桃园多设几个燃草点，使烟雾连成一片，一直到太阳出来为止。熏烟对防霜效果较好，燃烧后的草灰可均匀撒在树盘里，以增加土壤养分。

5.架设防霜帐篷

对于霜冻发生严重的果园，可架设防霜帐篷进行防护，具体做法为：在大樱桃行间间隔 4 米埋设 1 根石柱，石柱顶部比大樱桃树高 20～30 厘米，石柱间以竹竿、铁丝等作横梁。大樱桃开花前 7 天在上面覆盖塑料薄膜，四周用绳索拉紧，使樱桃园全园连成一体，或以 2 行为 1 个结构体。塑料薄膜仅覆盖樱桃园上方，四周不盖，以利通风。大樱桃坐果后 2 周揭膜。

6.喷施防护剂

喷施防护剂，如“天达 2116”、“防霜灵”等，可以有效降低霜害。

二、抽条

在华北及西北内陆地区，甜樱桃栽培往往不能安全越冬，常见的是过冬后的幼树枝条自上而下干枯，这种现象称为“抽条”。

1. 秋季控制树体生长，防好病虫害

北方夏末秋初降水多，秋梢生长量大，枝条发育不充实；尤其晚秋气温较高，如果不控制肥水，氮肥施用过多，易造成秋梢贪青徒长，延迟停止生长。在初冬寒潮突然来临时气温骤然下降，在树体营养未能充分回流、枝条越冬锻炼不足时，被强制休眠，在春季多风少雨，空气干燥时，必然发生抽条。此外叶片穿孔病、叶斑病、红蜘蛛等严重发生时造成树体早期落叶，影响枝条的正常生长，发育不充实，秋季大青叶蝉等直接危害枝条，造成枝条损伤，加重抽条的发生。

因此，秋季应适度控水控肥，并加强病虫害的防护，生长后期不施氮肥，多施磷钾肥，以利枝条的加粗，及早停长，增强幼树的越冬能力。当初秋枝条依然生长较旺时，还可通过掐尖、喷施生长抑制剂等来使枝条停长，全株喷施多效唑，或用 300 倍的多效唑蘸梢，均能起到良好的效果。

2. 缠塑料条

在冬季落叶后，将幼树所有的枝条用塑料条缠裹。塑料条的材料，以地膜为好，使用前，可将地膜捆剁成宽 5 厘米左右的小卷，最好用铺地膜剩下的小捆地膜，以便于操作。从主干开始缠裹，要求一圈压一圈裹紧，全株均要进行缠裹，同时注意不可多个枝条并在一起缠绕，以免缠裹不严，失去保护效果，塑料条的末端一定要绕紧，以防松开后，造成水分丧失。到春季芽萌动时，及时将塑料条解开。此方法用工较多，但保护效果好，缠塑料条后，能够有效抑制水分蒸发，很好地防止抽条，对于 1 年生幼树十分必要。

3. 涂抹保护剂

落叶后，在枝条上涂抹防护剂也可以有效地防止抽条。常见的防护剂有动物油脂、甲基纤维素、凡士林以及其他复配的防抽油等。这些防护剂往往含有机油成分及其他低分子的油类，渗透性强，能杀死芽及伤口嫩皮，因此一定要注意不要涂抹过厚，以免春季融化后造成枝条和芽的伤害。涂抹时间以 12 月份气温较低时进行，选择晴好较温暖的正午，先将防护剂均匀搓在手套或布上，然后抓住枝条，自下而上进行涂抹。涂时要求涂抹均匀而薄，要求在芽上不能堆积防护剂。涂防护剂与缠塑料条相比，防止水分蒸发的效果不如缠塑料条，但是在小枝较多的情况下便于操作，速度快，效率高，而且省工，比较适用于 2 年生以上的幼树防护。

4. 北半边培防风土耳

冬季在幼树西北方向距树干 40～50 厘米处堆高 40～50 厘米的半弧形防风土耳，可挡北风，减少风害；同时根系附近的土壤形成一个背风向阳的环境，土壤解冻较早，抽条可以得到减轻。该方法和地膜覆盖相结合，对幼树防抽条具有良好的效果。

5. 地膜覆盖

秋冬施肥灌水后，在幼树的两边各铺一条宽约 1 米的地膜，对于防止抽条具有很好的效果。冬季进行地膜覆盖不但可以保持土壤水分，特别是可以提高地温，在华北内陆地区，地膜下的土壤基本不冻结；在枝条水分蒸腾量很大的早春，阳光好时，地膜下的温度可达 10℃ 以上，根系已经能活动，吸收水分，补充地上部分水分的消耗，从而有效地解决地上地下部水分失调的问题，达到防治抽条的目的。

北方地区樱桃树防止抽条要进行 2～3 年，一般 4 年生以上的甜樱桃就不存在抽条问题了。以上的措施应根据树龄和树体生长状况综合进行，对于 1 年生幼树应采用缠塑料条和地膜覆盖的措施，寒冷的地方还要在北半部堆防风墙；2 年生树，可采用涂抹防护剂和地膜覆盖的措施；3 年生树如果树体生长健壮，冬季只需在树行覆盖地膜，3 年生以上的树一般不会再发生抽条,可不必防护。应该注意的是所有的防护措施都是建立在良好的栽培管理基础上的,尤其秋季的栽培管理,对于防止抽条具有重要的意义,一定要十分重视。

三、冻害

1. 选用抗寒品种和砧木

甜樱桃品种间抗寒性差异较大,对于寒冷地区栽培应选择抗寒性强的品种,如先锋、红灯以及近年引进的一些乌克兰樱桃品种。此外,寒冷地区应选用抗寒砧木;酸樱桃、山樱桃、草原樱桃等砧木,主根发达,抗寒性强。

2. 枝干涂白

为避免大樱桃树枝冬季日烧型冻害的发生,最有效的措施是严冬前给主干及大枝涂白,以减少其向阳面的昼夜湿差,从而避免冻融骤变造成皮层损伤和裂干。涂白剂的原料配比为:生石灰 5～8 份、水 20 份、石硫合剂原液 1 份、食盐 1 份、面粉 1 份、食用油 0.1～0.2 份。配制时,先分别用 1/2 的水化开石灰和食盐,然后加入石硫合剂、油、面粉,充分搅拌均匀即可。要求树干涂高 1 米以上,下部主枝涂 30 厘米以上,成龄树涂前要刮除老翘皮,尤其是枝杈部位要重点涂抹。涂白不但能防冻,而且还能有效防治日灼、病虫危害。

3. 树干培土和堆防风土墙

对于 1 年生幼树,可以全株培土越冬,培土时轻轻压弯树干,先在树干接近根部处垫土形成土枕,以免树干弯折,然后用土将全株埋在土里,要求土堆高 40～50 厘米;翌年春季发芽前除去土堆,扶直树干。对于不宜压倒的树,用稻草捆绑包扎树干,稻草厚 5 厘米,包扎要严实,同时在树西北培 70～80 厘米高半圆形土埂,对降低树干附近的风速,提高地温和气温均有良好的作用,从而减轻或避免冻害的发生。

4. 灌封冻水

在每年 11 月中下旬到 12 月初土壤封冻前,全园灌 1 次封冻水,浇透根系土层,可以减轻土壤干旱,提高冬季地温,缓解土壤温度剧烈变化,有效防止冻害及春季抽条。

四、鸟害

甜樱桃成熟早,果实色泽鲜艳,柔软多汁,因此很多鸟类喜欢啄食。樱桃园中主要的鸟类有喜鹊、灰喜鹊、麻雀等,这些鸟类生性警觉,移动性大,十分不易防治;虽然危害时间短,但往往给生产中带来很大的损失,因此必须对鸟害加以防范。

我国果农以往多采用挂稻草人、敲锣、放鞭炮等方法防治鸟害,实践证明,这些方法费力而且效果不好。防范鸟害最好的方法是在果园架设防鸟网,在果实着色开始时用竹竿、铁丝等材料在果园架设网架,网架上铺设用尼龙丝制作的专用防鸟网,网的周边垂下地面并用土压实,以防鸟类从旁边飞入。在冰雹频发的地区,通过调整网格大小,还可以有效的防雹。

目前国外有一些新的方法,对于防治鸟害具有不错的效果。在美国,常采用播放惨叫或鸟类天敌鸣叫的录音来驱赶害鸟,或用高频警报装置,干扰鸟的听觉系统。这些装置有专门的商品出售,生产中可根据当地危害最多的鸟类,选择适合的声音进行播放。

五、伤口保护

樱桃树伤口愈合缓慢,修剪以及田间操作造成的伤口如果不及时保护,将造成流胶,严重影响树势。因此，修剪过程中一定要注意避免造成过大、过多的伤口。樱桃树去大枝一般在采果后进行，此期气温适宜，雨水较少，树体生长迅速，有利于伤口的愈合，剪时要避免“朝天疤”，这类伤口遇雨易引起伤口长期过湿，愈合困难并导致木质部腐烂。

修剪后，一定要处理好伤口，锯枝时锯口茬要平，不可留桩，要防止劈裂；为了避免伤口感染病害，有利于伤口的愈合，必须用锋利的刀将伤口四周的皮层和木质部削平，再用5波美度的石硫合剂或杀菌剂进行消毒，然后进行保护。常见的保护方法有涂抹铅油、油漆、稀泥、地膜包裹等。

第七节　病虫害防治

一、主要病害

1.病毒病

病毒在樱桃上引起的病害有樱桃衰退病、樱桃黑色溃疡病、樱桃粗皮病、樱桃小果病、樱桃卷叶病、樱桃斑叶病、樱桃锉叶病、樱桃坏死环斑病、李矮缩病、樱桃花叶病、樱桃白花病等。其中，由李属坏死环斑病毒（*Prunus* necrotic ring spot virus，PNRSV）、李矮缩病毒（prune dwarf virus，PDV）、樱桃小果病毒（little cherry virus，LCV）引起的樱桃坏死环斑病、李矮缩病和樱桃小果病对樱桃的危害最大。

传播途径：病毒可以通过带毒的繁殖材料如接穗、砧木、种子、花粉等进行传播，也可以通过芽接、枝接等嫁接方式进行传播。

防治方法：

(1)隔离病源和中间寄主：发现病株要铲除，以免传染。对于野生寄主也要一并铲除。观赏的樱花是小果病毒的中间寄主，在甜樱桃栽培区也不要种植。

(2)要防治和控制传毒媒介：一是要避免用带病毒的砧木和接穗来嫁接繁殖苗木，防止嫁接传毒；二是不要用染毒树上的花粉来进行授粉；三是不要用种子来培育实生砧，因为种子也可能带毒；四是要防治传毒的昆虫、线虫等，如苹果粉蚧、某些叶螨、各类线虫等。

(3)栽植无病毒苗木：通过组织培养，利用茎尖繁殖，微体嫁接可以得到脱毒苗，要建立隔离区发展无病毒苗木，建成原原种、原种和良种圃繁殖体系，发展优质的无病毒苗木。

2.流胶病

流胶病是甜樱桃枝干上的一种重要的非侵染性病害，发生极为普遍，发病原因复杂，规律难以掌握。染病后树势衰弱，抗旱、抗寒性减弱，影响花芽分化及产量，重者造成死树。

流胶病在不同树龄上的发病症状和发病程度明显不同，一般幼树及健壮的树发病较轻，老树及残、弱树发病较重。在主枝、主干以及当年生新梢上均可发生，以皮孔为中心发病，在树皮的伤口、皮孔、裂缝、芽基部流出无色半透明稀薄的胶质物，很黏。干后变黄褐色，质地变硬，结晶状，有的呈琥珀状胶块，有的能拉成胶状丝。果实上也常因虫蛀、雹伤流出乳白色半透明的胶质物，有的拉长成丝状。潜伏在枝干中的病菌，在适宜的条件下继续蔓延，一旦病菌侵入木质部或皮层后，形成环状病斑，造成枝干枯死。病菌侵入多年生枝干后，皮层先呈水泡状隆起，造成皮层组织分离，然后逐渐扩大并渗出胶液。病菌在枝干内继续蔓延危害，并且不断渗出胶液，使皮层逐渐木栓化，形成溃疡型病斑。

加强栽培管理，改良土壤，抓好病虫害防治是防治流胶病的根本方法。合理修剪，增强树势，保证植株健壮生长，提高抗性。增施有机肥，改良土壤结构，增强土壤通透性，控制氮肥用量。雨季及时排水，防止园内积水。尽量避免机械性损伤、冻害、日灼伤等，修剪造成的较大伤口涂保护剂。此外，也可以用药剂防治。在施药前将坏死病部刮除，然后均匀涂抹一层药剂。在冬春季用生石灰混合液、200 倍 50%的多菌灵、300 倍 70%的甲基托布津或 5 波美度的石硫合剂均有一定的效果。在生长季节，对发病部位及时刮治，用甲紫溶液或 100 倍 50%的多菌灵加维生素 B_6 涂抹病斑，然后用塑料薄膜包扎密封。

3. 根瘤病

根瘤病又名根癌病、冠瘿病、根头癌肿病等，主要发生在根颈部，主根、侧根也有发生。瘤形状不定，多为球形。

根癌是细菌性病害，地下害虫和线虫传播，伤口侵入，苗木带菌可远距离传播。育苗地重茬发病多，前茬为甘薯的地尤其严重。严重地块病株率达 90%以上。

根癌病的防治方法：

(1)严格检疫和苗木消毒　根癌病主要通过带病苗木远距离传播，因此，建园时应避免从病区引进苗木或接穗；如苗木发现病株应彻底剔除烧毁；对可能带病的苗木和接穗，应进行消毒，可用 1%的硫酸铜液浸 5 分钟，或 2%石灰液浸 1～2 分钟，苗木消毒后再定植。此外，切忌引进 2 年生以上老头苗，老苗移栽时多易受到病菌侵染。

(2)加强果园管理　适于根癌发生的中性或微碱性土壤，应增施有机肥，提高土壤酸度，改善土壤结构；土壤耕作及田间操作时应尽可能避免伤根或损伤茎蔓基部；注意防治地下害虫和土壤线虫，减少虫伤；平时注意雨后排水，降低土壤湿度。加强肥水管理增强树势，提高抗病力。

(3)刮除病瘤或清除病株　发现园中有个别病株时应扒开根周围土壤，用锋利小刀将肿瘤彻底切除，直至露出无病的木质部。刮除的病残组织应集中烧毁并涂以高浓度石硫合剂或波尔多液保护伤口，以免再受感染。对无法治疗的重病株应及早拔除并彻底收拾残根，集中烧毁，移植前应挖除可能带菌的土壤，换上无病、肥沃新土后再定植。

4. 穿孔病

细菌性穿孔病是一种危害叶片的主要细菌性病害，同时也危害枝梢和果实。

细菌性穿孔病的病菌主要在落叶和枝梢上越冬，春季抽梢展叶时细菌溢出，通过雨水传播，经叶片的气孔、枝条及果实的皮孔侵入。一般在 5—6 月间发病，雨季为发病盛期。春季气温高、降雨多、空气湿度大，发病早。夏季雨水多时，可造成大量晚期侵染。

防治方法：冬季结合修剪，彻底清除枯枝落叶及落果，减少越冬菌源；容易积水，树势偏旺的果园要注意排水；修剪时疏除密生枝、下垂枝、拖地枝，改善通风透光条件；加强栽培管理，增施有机肥料，避免偏施氮肥，增强树势，提高抗病能力。果树发芽前，喷施 4～5 波美度石硫合剂；对细菌性穿孔病，可在 5—6 月份喷洒 60%代森锰锌 500 倍液；对真菌性霉斑穿孔病，可用 70%甲基托布津可湿性粉剂 1 000 倍液，或 50%多菌灵可湿性粉剂 800 倍液防治。发病严重的果园要以防为主，可在展叶后喷 1～2 次 70%代森锰锌 600 倍液或 75%百菌清 500～800 倍液。

二、主要虫害

1. 红颈天牛

属鞘翅目，天牛科。又叫桃红颈天牛、铁炮虫等，分布很广。以幼虫蛀食皮层和木质相接的部分皮层的木质，造成树干中空，输导组织被破坏。虫道弯弯曲曲塞满粪便，有的也排出大量粪便，虫量大时树干基部有大堆的粪便，排粪处也有流胶现象。削弱树势，枝干死亡，严重时造成全株死亡。果园严重被害株率可达 60%～70%。

防治方法：

(1)成虫大量出现时，在中午成虫活跃时人工捕杀成虫，幼虫危害阶段根据枝上及地面蛀屑和虫粪，找出被害部位后，用铁丝将幼虫刺杀。

(2)采用生物防治，保护和利用天敌昆虫，例如在 4—5 月份的晴天释放管氏肿腿蜂。

(3)成虫发生期前，用 10 份生石灰、1 份硫磺粉、40 份水配制成涂白剂往主干和大枝上涂白，可以有效地防止产卵。

2. 桑白蚧

属同翅目，盾蚧科。又叫桑白盾蚧、桑盾蚧，简称桑蚧，俗名树虱子。其成虫、若虫、幼虫以刺吸式口器为害枝条和枝干。

防治方法：

(1)保护利用天敌。天敌种类很多，寄生性的寄生蜂 10 余种，捕食性的红点唇瓢虫，方头甲等多种，注意保护利用。

(2)石油类乳剂是防治介壳虫的最好药剂，即在早春发芽前 1 个月喷 5%柴油乳剂或机油乳剂效果显著，注意做到匀、透、流。

(3)抓仔虫孵化期、爬行扩散阶段喷药防治，可喷 3 000 倍 20%杀灭菊酯或 3 000 倍 2.5%溴氢菊酯，也可喷蜡蚧灵、速杀蚧、蚧蚜死等新混配剂型农药，每代仔虫期连喷药 2 次，华北多在 5 月下旬和 8 月下旬，每年早晚相差 5～7 天。

(4)结合修剪、刮树皮等及时剪除受害严重的枝条，用硬毛刷清除大枝上的介壳。

3. 金龟子类

金龟子类危害甜樱桃的主要是苹毛丽金龟子、东方金龟子和铜绿金龟子，东方金龟子又名黑绒金龟子，主要以成虫啃食樱桃的芽、幼叶、花蕾、花和嫩枝；苹毛丽金龟子幼虫啃食树体的幼根，成虫在花蕾至盛花期为害最重，为害期约 1 周。

防治方法：

(1)在成虫大量发生时期，利用其假死习性，在早晨或傍晚时人工震动树枝、枝干，把落到地上的成虫集中起来，进行人工捕杀。

(2)铜绿金龟子成虫大量发生时，利用其趋光性，架设黑光灯诱杀成虫。

(3)糖醋液诱杀　用红糖 5 份、醋 20 份、白酒 2 份、水 80 份，在金龟子成虫发生期间，将配好的糖醋液装入罐头瓶内，每亩挂 10～15 只糖醋液瓶，诱引金龟子飞入瓶中，倒出集中杀灭。

(4)水坑诱杀　在金龟子成虫发生期间，在树行间挖一个长 80 厘米、宽 60 厘米、深 30 厘米的坑，坑内铺上完整无漏水的塑料布，做成一个人工防渗水坑，坑内倒满清水。夜间坑里的清水光反射较为明亮，利用金龟子喜光的特性，引诱其飞入水坑中淹死。每亩地挖 6～8 个水坑即可。

4. 红蜘蛛

红蜘蛛有多种类型，危害甜樱桃的主要是山楂红蜘蛛，又名山楂叶螨、樱桃红蜘蛛，属于蛛形纲，蜱螨目、叶螨科，分布很广，遍及南北各地。成、幼、若螨刺吸叶片组织、芽、果的汁液，被害叶初期呈现灰白色失绿小斑点，随后扩大连片。

防治方法：

(1)保护和引放天敌。红蜘蛛的天敌有食螨瓢虫、小花蝽、食虫盲蝽、草蛉、蓟马、隐翅甲、捕食螨等数十种。尽量减少杀虫剂的使用次数或使用不杀伤天敌的药剂以保护天敌，特别花后大量天敌相继上树，如不喷药杀伤，往往可把害螨控制在经济允许水平以下，个别树严重，平均每叶达 5 头时应进行"挑治"，防止普治大量杀伤天敌。

(2)果树休眠期刮除老皮，重点是除主枝分叉以上老皮，主干可不刮皮以保护主干上越冬的天敌。

(3)幼树山楂叶螨主要在树干基部土缝里越冬，可在树干基部培土拍实，防止越冬螨出蛰上树。

(4)发芽前 1 个月喷含油量 3%～5%的柴油乳剂，或发芽前结合防治其他害虫可喷洒 5 波美度石硫合剂或 45%晶体石硫合剂 20 倍液、特别是刮皮后施药效果更好。

(5)花前是进行药剂防治叶螨和多种害虫的最佳施药时期，在做好虫情测报的基础上，及时全面进行药剂防治，可控制在为害繁殖之前。可选用 0.3～0.5 波美度石硫合剂或 45%晶体石硫合剂 300 倍液。

第八节　采后处理与简易贮藏

一、采收

(一)采收成熟度的判断

樱桃采收成熟度可以通过表面色泽、糖酸含量、质地和硬度、风味等判断。生产上，简便方法主要有以下几种。

1. 表面色泽的显现和变化

樱桃果实的颜色是判断其采收成熟度最重要的指标，不同品种采收时颜色亦不同。如 Bing 樱桃，成熟时的颜色应当是桃红色；鲜红色时，果实成熟度不够；紫红色时果实过熟。而 Van 樱桃，成熟时的红色比 Bing 樱桃色深。

2. 果实发育期

花后果实发育的天数可以作为成熟度指标，一般早熟品种 35 天、中熟品种 45 天、晚熟品种 55 天左右。但不同年份略有差别，在气温高的年份果实成熟期略有提前，在气温低的年份则延迟。

3. 用途

外销和贮藏保鲜的甜樱桃宜在八成熟时采收。采收过早，风味欠佳、果个小、产量低；采收过晚，不耐运输和贮藏。

(二)采收方法

作为鲜食的甜樱桃一般人工采收,人工采收成熟度容易控制,机械损伤少,对树体危害小。甜樱桃带果柄采摘有利于贮藏保鲜和延长货架期,但采收时一定注意不要损伤短果枝和花束壮果枝的顶芽,否则将形成光秃,永久丧失结果能力。

(三)分级包装

采收后必须经过严格的挑选,剔除伤、病、残果,按照色泽和果实大小进行分级。

樱桃的包装容器首先应该有足够的机械强度,保护产品在装卸、运输和堆码过程中免受损伤。其次,要具有一定的通透性,利于排除产品产生的呼吸热和进行气体交换,包装容器最好具有防潮性,防止吸水变形。此外,还必须具有清洁、无污染、无异味、无有毒化学物质、内壁光滑、美观、重量轻、成本低等特点。包装容器的外面应注明商标、品名、等级、重量、产地及包装日期。

为了防止产品失水和减轻机械损伤,包装箱中要加内包装,主要是各种塑料薄膜、纸或纸隔板等。

二、简易贮藏

(一)预冷

预冷是将新鲜采收的樱桃在运输、贮藏之前迅速除去田间热和呼吸热的过程。为了保持樱桃的新鲜度和延长贮藏及货架寿命,从采收到预冷的时间间隔越短越好,最好是在产地立即进行。预冷的方法有自然降温冷却、冷库风冷却、强制通风冷却等。

(二)防腐

引起樱桃果实采收腐烂变质的主要病原微生物是链格孢菌、褐腐菌、灰霉菌、根霉菌和青霉菌等。采用防腐剂处理主要目的是抑制或杀死致腐病原菌,使病原在寄主体内发展受到限制,并控制已建立的侵染。

1.防腐保鲜剂的种类

生产上防治褐腐病、灰霉病、软腐病(由根霉菌引起)等病害可用仲丁胺熏蒸剂杀菌,每千克樱桃果实用0.1～0.2克,也可在保鲜袋中放CT-8号保鲜剂熏蒸防腐保鲜。有条件时也可用0.1%噻苯咪唑、0.5%邻苯基酸钠和0.5%维生素浸果,均能抑制褐变及腐烂病发生。

除了化学防腐保鲜剂外,也可用拮抗微生物或动植物提取物等进行樱桃采后病害的生物防治。

2.防腐保鲜剂的使用

(1)熏蒸　以熏蒸方式为主要处理方法的防腐保鲜剂容易挥发或者经点燃后容易以烟的形式挥发,如仲丁胺、TBZ,甲醛等。熏蒸剂在较大贮藏室内应用时要求通过电风扇的搅动,以达到均匀分布,并穿透到潜伏浸染的部位,但在一些较小的贮藏容器如气调账或小型贮藏库内不需要开动风扇,熏蒸剂即可均匀扩散。常用的小型熏蒸装置以砖块作搁架,木轴作隔离,外置大纸盒或气调帐,点燃熏蒸剂的容器需离果品远点,以防受热,点燃后,用泥土封住盒底四边。

(2)喷淋和浸渍　生产中应用最多的防腐保鲜剂的剂型是液体,液体防腐保鲜剂主要通过喷淋和浸渍的方式处理。最常用的喷淋方法是用喷雾器喷洒。浸渍是把樱桃浸入装有已配制好的一定浓度溶液的池内，然后捞出沥干。

喷淋和浸渍均须在处理后及时晾干，否则，不但起不到良好的防腐保鲜效果，反而加速腐烂。

(三)冷藏

1. 选择中晚熟耐藏品种

一般说来，早熟和中熟品种不耐贮运，晚熟品种贮性较强。

2. 贮藏条件

樱桃贮藏宜装入厚度 0.02～0.08 毫米的聚乙烯或聚氯乙烯塑料袋中，一方面能起到气体调节作用，另一方面能防止果实失水皱缩。每塑料袋以装入樱桃 5 千克为宜，扎口后，放在 −1～0℃下贮藏，使袋内的氧和二氧化碳分别维持在 5％～10％和 5％～15％，相对湿度 90％～95％，这样可以贮藏 30 天左右。

(四)简易气调

樱桃气调贮藏温度以 0℃为宜，氧气浓度 1％～5％，二氧化碳为 5％～20％，相对湿度 85％～90％。樱桃对二氧化碳的耐性较强，但不可超过 30％；否则，会出现二氧化碳伤害，引起果实褐变或产生异味。樱桃气调贮藏可贮 3 个月左右。

附录　樱桃生产与病虫害防治作业历

时间	内容
1—2 月份	病虫枝叶清理，果园防火，幼树防寒疏漏检查
3 月份	喷防抽剂，灌解冻水，冬季修剪
4 月份	喷石硫合剂，高接换优，花期放蜂，疏花疏果，花后追肥灌水，幼树新梢牙签开角，地膜覆盖，喷波尔多液防病
5 月份	月初可喷杀菌剂 1 次如多菌灵等，控制杂草，夏季修剪，防鸟，采收
6 月份	采收，防鸟，夏季修剪，采收后喷杀菌杀螨剂 1 次，追肥
7 月份	采后疏枝，夏季修剪，喷波尔多液或杀菌剂 1 次，控制杂草，控制灌溉，果园排水防涝
8 月份	防治早期落叶，控制徒长，防治蛀干害虫
9—10 月份	防治早期落叶，控制徒长，深施多施基肥，控制杂草，防治叶蝉
11—12 月份	幼树防寒，灌防冻水

第九章　草　　莓

草莓是上市最早的露地生产水果，素有“早春第一果”的美称。草莓浆果柔软多汁，色泽艳丽，酸甜适口，芳香浓郁，营养丰富。测定表明，草莓鲜果中，含糖6%～12%，有机酸1.0%～1.5%，蛋白质0.4%～0.8%，无机盐0.6%，果胶1%～1.7%，粗纤维1.4%；每100克果肉中，含钙31.2毫克，磷40.2毫克，铁1.08毫克，维生素C 50～120毫克，维生素B_1 0.02毫克，维生素B_2 0.02毫克。

草莓植株矮小，结果早，见效快，适应性广，繁殖快，非常适合保护地栽培。北京地区目前共计拥有草莓种植日光温室和大棚约12 000栋，年产草莓超过10 000吨，主栽品种有红颜、章姬、卡姆罗莎和甜查理。

我国草莓生产上存在的问题主要有，品种更新慢，国外草莓品种一般3～5年就更新一次；育苗粗放，我国许多草莓产区繁苗大多用的是生产园长出的幼苗，质量差，病虫害多；重茬连作严重，在老草莓产区，许多地块已栽种草莓多年，导致品种退化，病虫害严重，土壤中有害盐类积累，养分不平衡，苗木生长弱，产量低，品质差；采收包装和贮运保鲜落后，我国的鲜食草莓生产区域分散，采收包装多数用大容积纸箱盛装，长途运输未用冷藏车，速冻加工能力不足。

第一节　主要栽培品种

(一)章姬

日本品种。植株长势强，株态直立，叶片大而薄，叶片数较少。果实较大，长圆锥形，畸形果少。果面红色，有光泽。种子分布均匀，密度中等，黄绿色、红色兼有，凹入果肉，品质好，味甜。果较软，不适于远距离运输。不抗白粉病。

(二)红颜

日本品种。植株生长势较强，株态直立。叶色淡绿，有光泽。果实圆锥形、整齐，果大，鲜红色，商品果率高，平均单果重24～28克，最大单果重58克。果肉白色，味甜，风味浓，有香气，可溶性固形物含量平均为11.8%，品质优。果实较硬，耐贮运。丰产性能好。不抗白粉病。

(三)甜查理

美国品种。植株长势强，叶片大，近圆形，绿色至深绿色。匍匐茎较多。果实较大，平均果重17克。果实圆锥形。果面橙红色，颜色均匀，富有光泽。果面平整。种子较稀，黄绿色，平于果面或微凹入果面。果肉橙红色，甜酸适口，品质优。果较硬，较耐运输。丰产性中等。抗病性强。

（四）天香

北京市农林科学院林业果树研究所选育。植株生长势中等，株态开张，叶绿色，叶片厚度中等。果实圆锥形，橙红色，有光泽；果肉橙红色。一、二级序果平均果重 29.8 克，最大果重 58 克。风味酸甜适中，香味较浓。可溶性固形物含量 8.9%。需注意白粉病的防治。

（五）燕香

北京市农林科学院林业果树研究所选育。植株生长势较强，叶圆形，绿色，叶片厚度中等，叶面平，叶尖向下，叶缘粗锯齿，果实圆锥或长圆锥形，橙红色，有光泽，；果肉橙红色。一、二级序果平均果重 33.3 克，最大果重 54 克。风味酸甜适中，有香味。可溶性固形物含量为 8.7%。抗病性强。

（六）红袖添香

北京市农林科学院林业果树研究所选育。植株生长势强，株态半开张。果实长圆锥形或楔形，红色，有光泽；果肉红色；花萼单层双层兼有，主贴副离。一级序果平均果重 50.6 克，最大果重 98 克。风味酸甜适中，有香味。可溶性固形物含量 10.5%，果实硬度较大。抗病性较强。

第二节　生长结果习性

一、根

（一）根的组成和分布

草莓植株的根系属茎源根系，由短缩茎上发生的初生根及初生根上发出的侧生根组成。一般健壮的植株可发出 20～50 条初生根，多的可出 100 条以上。初生根直径为 1.0～1.5 毫米，初生根上生长无数条侧生根。

草莓的根系在土壤中分布很浅，一般分布在距地表 20 厘米深的表土层内。草莓的新根为白色，随着根的老化，颜色由白转为褐色，最后变黑枯死。草莓初生根的寿命一般为一年，初生根变褐时，尚能发出侧根；当初生根变黑时，则完全不能发出侧根。

（二）根系的生长动态

草莓植株根系 1 年内有 2～3 次生长高峰。早春当气温上升到 2～5℃或 10 厘米深的土层地温稳定在 1～2℃时，根系开始生长，根系生长要比地上部生长早 10 天左右。以后随着气温的回升，地上部分花序开始显露，地下部分逐渐发出新根，越冬根的延长生长渐止。当10 厘米地温稳定在 13～15℃时，根系的生长达到第一次高峰。随着草莓植株开花和幼果膨大，根的生长缓慢。有些新根从顶部开始枯萎，变成褐色，甚至死亡。直到 7 月上中旬，正值高温和长日照，此时有利于草莓的营养生长，在草莓的腋芽处会萌发大量的匍匐茎，新茎基部也会产生许多新根系；根系生长进入第二次高峰。9 月下旬至越冬前，由于叶片养分回流运转及土温降温，营养大量积累并贮藏于根状茎内，根系生长形成第三次高峰。在有些地区由于 7—8 月份地温过高，根系只有在 4—6 月份和 9—10 月份两次生长高峰。

二、茎

草莓的茎分新茎、根状茎、匍匐茎三种。

(一)新茎

草莓植株的中心生长轴为一短缩茎。当年萌发的短缩茎叫新茎,呈弓背形,花序均发生在弓背方向,栽植时根据这一特性确定定植方向。新茎上密生多节,节间较短,其加长生长缓慢,每处只生长 0.5～2 厘米,加粗生长旺盛。草莓新茎上轮生着具有叶柄的叶片,叶腋处有腋芽。腋芽具有早熟性,温度高时萌发成匍匐茎;温度较低时,萌发成新茎分枝;有的不萌发成为隐芽。当地上部分受损伤时,隐芽萌发成新茎分枝或匍匐茎。新茎的顶芽到秋季可形成混合花芽,成为主茎上的第一花序。

新茎分枝的形态与新茎相同,分枝的多少,品种间差别很大。新茎分枝可用来繁殖幼苗,但由于其生活力弱,根系不发达,一般只在秧苗短缺及匍匐茎少的品种上应用。

(二)根状茎

草莓多年生的短缩茎叫根状茎。在第二年,当新茎上的叶全部枯死脱落后,变成形似根的根状茎,它是一种具有节和年轮的地下茎,是贮藏营养物质的器官。2 年生的根状茎,常在新茎基部发生大量不定根。3 年以上的根状茎分生组织不发达,极少发生不定根,并从下部向上逐渐衰亡。因此,根状茎越老,其地上部及根系生长越差。

(三)匍匐茎

草莓匍匐茎是由新茎的腋芽萌发形成的特殊的地上茎,茎细,节间长,它具有繁殖能力。匍匐茎一般在坐果后期开始抽生,在花序下部的新茎叶腋处先产生叶片,然后出现第一个匍匐茎,开始向上生长,长到叶面高度时,逐渐垂向株丛少而光照充足的地方,沿着地面匍匐生长。多数品种的匍匐茎,首先在第二节处向上发出新叶,向下形成不定根。如果土壤湿润,不定根向下扎入土中后,即长成一株匍匐茎苗。一般在 2～3 周子苗即可独立成活,随后在第 4、6、8 等偶数节上发出匍匐茎苗。

三、叶

草莓的叶为三出复叶,叶柄细长,一般长 10～25 厘米;草莓的叶片呈螺旋状排列在节间极短的新茎上,为 2/5 叶序。一般一年长出 20～30 个复叶。在 20℃条件下,每隔 8～10 天长出一片新叶,新叶展开后约 2 周达到成龄叶,约 30 天达到最大叶面积。生长期间,每株草莓有 6～8 片功能叶。生产上,在开花结果期要维持一定数量的功能叶,并定期摘除老叶、病叶,以减少养分消耗和病害的传播。

四、花

(一)草莓花及花序构造

大多数草莓品种的花为完全花,自花能结实。草莓的完全花由花柄、花托、萼片、花瓣、雄蕊和雌蕊几部分组成。花瓣白色,5～6 枚,萼片 10 枚以上。雄蕊 30～40 个,雌蕊有 200～400 个,离生,呈螺旋状整齐地排列在凸起的花托上。

草莓的花多为二歧聚伞花序。花轴顶端发育成花后停止生长,为一级序花;在这朵花苞间生出两等长的花柄，形成二级序花。依次类推，形成三级序花、四级序花。

(二)开花授粉

当外界温度在10℃以上时，草莓开始开花。开花时首先是萼片绽开，花瓣同时展开，然后花粉开裂落在雌蕊柱头上，此时的温度直接影响花药开裂，花药开裂的适宜温度13.8～20.6℃，花粉发芽适宜温度25～30℃，花期湿度在40%左右有利于花粉发芽。花粉在开花后2～3天内生命力最强。

五、果实

草莓的果实是由花托膨大形成的，在植物学上叫聚合果，栽培上叫浆果。果实由外部的皮层和内部的肉质髓组成。髓部有维管束与嵌在皮层中的种子相连。

第三节 苗木繁育与建园

一般而言，草莓健壮苗的标准是：具有四片以上展开叶，根茎粗度1.2厘米以上，根系发达，苗重20克以上，顶花芽分化完成，无病虫害。草莓苗的繁殖方法主要有匍匐茎繁殖法、分株繁殖法、组织培养法和种子繁殖法。

一、匍匐茎繁殖

匍匐茎是草莓的主要繁殖器官，匍匐茎繁殖是草莓生产上常用的育苗法，每亩草莓可繁殖出合格的草莓苗4万～5万株。生产上建立草莓专门育苗圃，育出的草莓苗多而健壮。

(一)选地和整地

育苗园要选择土地平整，肥沃疏松的沙壤土，灌溉条件要好。如果是重茬地，育苗前要进行土壤消毒。栽前要平整土地，每亩施5 000千克腐熟有机肥和30～40千克的过磷酸钙，全园均匀撒施，耕翻后做成宽1.2～1.5米的平畦或高畦。

(二)选择优良母株

母株的质量好坏，将直接影响草莓苗的繁殖数量和质量。母株要求是品种纯正、苗木健壮，新茎粗度在1厘米以上，根系发达，具有4～5片发育正常的叶片，无病毒，无病虫害。最好使用脱毒苗。

(三)栽植时期

草莓专用育苗圃的栽植时期可以秋栽，也可以春栽。在华北地区秋栽的时期可以在8月下旬至9月上旬，这个时期大多数匍匐茎苗已达到优质苗的标准，同时秋季气候凉爽，蒸发量小，栽后易成活，冬前有较长的生长发育时间。春季栽植时期，当日平均气温达到10℃以上时定植母株，栽植时最好带土坨，并随起随栽，保证成活率。

(四)栽植密度和深度

育苗圃的栽植密度主要取决于抽生匍匐茎的能力、土壤的肥力和管理水平。一般株行距0.5米×(1.0～1.5)米，1.5米宽的畦可栽2行。适宜的栽植深度是苗心与地面平齐，做到“深不埋心，浅不露根”。

(五)苗圃前期管理

母株定植后及时浇水，确保成活。母株随着气温的升高，开始出现花蕾，要及早分次摘除全部花蕾，不使其开花结果，以减少养分消耗，促进植株营养生长，及早抽生大量匍匐茎。在匍匐茎大量产生时，应及时把匍匐茎向母株四周拉开，以防交叉或重叠在一起，造成稀密不均，影响土地利用率。引茎的同时，要在匍匐茎第二、四等偶数节位上压土，以促进苗根系扎入土壤，形成健壮的匍匐茎苗。

(六)土、肥、水管理

秧苗栽植成活后，要进行多次中耕锄草，保持土壤疏松，松土有利于匍匐茎苗的扎根和生长。生长前期要小水勤灌，雨季到来时应注意排水防涝。开始生长期，可追施少量氮肥，每亩施10～15千克即可；待匍匐茎大量发生时，可再追一次复合肥，每亩用量为10千克左右。8月上旬以后，应控制氮肥，增施磷钾肥，也可叶面喷布0.5%的磷酸二氢钾，促苗健壮，花芽分化充实。

(七)匍匐茎摘心

如果匍匐茎发生太多，造成草莓苗太密，光照不良，容易产生许多细弱苗。因此，应及时疏除部分细弱苗，一般每母株可保留5～10个匍匐茎，每条匍匐茎留3～5株幼苗摘心，集中养分，促苗健壮。

二、分枝繁殖法

分枝育苗适用于需要更新换地的草莓园，以及不易发生匍匐茎的草莓品种。一般在浆果采收后的7—8月份，当老株地上部新叶抽出，地下部有新根生长时，挖出老根，剪掉下部黑色的不定根和衰老的根状茎，将新根状茎逐个分离，这些根状茎的上部应有4～5片健壮的叶片，下部应有4～5条浅黄色的不定根。对只有叶片没有根的新茎苗，可保留1～2片叶，摘除多余的叶片，然后进行遮阴扦插育苗。加强肥水管理，使其发根长叶，越冬前也能培育出合格的草莓苗。

另外一种利用新茎苗的方法是，草莓采完果后，带土挖出重新栽植。畦栽或垄栽，畦宽70厘米，可栽2行，相距30厘米，行内每隔50厘米挖一穴，每穴栽2棵。缓苗1个月后，当每个母株发出2～3条匍匐茎时，掐去茎尖，促进母株上的新茎加粗。去匍匐茎要反复进行。这样栽植的2年生苗，每穴至少可分生4～6个新茎苗。新茎上着生的花序，加上新茎苗周围匍匐茎上的花序，比单纯栽匍匐茎的花序要多30%以上，产量也可以显著增加，而且还节省苗、土地和劳力。采果后，把3年生植株去掉，结1年果的2年生植株又可利用。

分株法的缺点是繁殖系数偏低，一般3年生的母株，只能得到8～12株合格的草莓苗。另外，长时间用此法繁殖草莓苗易感染病害。优点是不需要专门的育苗圃，可降低成本。

三、种子繁殖

种子繁殖草莓苗，由于成苗率低和性状产生变异、分离，不能保持原品种的优良特性，生产上一般不采用。

四、组织培养法

草莓经过几代繁殖后，很容易感染草莓斑驳病毒、轻型黄边病毒和皱缩病毒等多种病毒病，造成产量降低，品质变劣，生长势衰退。从热处理后的草莓苗上取微小茎尖(0.2～0.3 毫米)可以脱掉部分病毒，培养出无病毒草莓苗。脱毒的草莓苗叶大而厚，叶色浓绿，生长健壮，产量可比带毒苗提高 20%～30%，浆果品质也明显提高；繁殖不受季节限制，一年四季均可进行；在人工控制条件下，实现育苗工厂化。

第四节　土肥水管理

由于草莓根系浅，株行距小，对肥料要求高、且根系耐肥力较弱，施用化肥太多或方法不当时，易烧根，出现肥害。因此，园地耕翻前要施足底肥，以腐熟有机肥为主，底肥要全园撒施，翻耕后与土壤充分混匀；一般每亩施优质农家肥 5 000 千克，过磷酸钙 40 千克，氮磷钾复合肥 50 千克，如果土壤缺素还应补充相应的微肥。

耕翻深度一般在 20～30 厘米为宜，耕翻后要求耙平盖实，细碎平整，上软下实。然后作畦，常用的有平畦和高畦，北方用平畦较多，一般畦长 10～20 米，畦宽 1.2～1.5 米，畦埂高 15 厘米，作畦要作成"顺水畦"，靠水口一侧稍高些，以便浇水顺利。采用高畦、高垄栽培时，必须注意防旱、防止冻害。整地作畦后，应灌一次小水或适当镇压，使土壤沉实，以免栽后浇水苗木下陷，造成泥土淤苗或土表出现空洞造成露根。

基肥不足时应进行 2～3 次追肥。第一次在花芽分化后，增施一次氮肥，不仅能促进营养生长，而且还能增加顶芽花序的花数。第二次在开花前施入，可每亩施氮、磷、钾复合肥 10～15 千克。第三次追肥，对于生长较弱的地块，可在果实膨大期进行；对于生长较壮的地块，可在采收后追肥。草莓追肥的方法可采用植株两侧撒施，也可以在离株根部 20 厘米处开沟施用，或采用打孔灌入液态肥的方法。

由于草莓根系浅，耐肥力差，常因追肥不当而出现烧根死苗现象，所以，草莓叶面喷肥不是土壤施肥的补充手段，而是草莓园肥水管理中的重要措施。草莓的叶片具有较强的吸肥能力。叶面喷肥不仅节约肥料，而且肥效发挥快。花期前后叶面喷施 0.3%尿素或 0.3%磷酸二氢钾 3～4 次，可增加单果重，改善浆果品质，坐果率提高 8%～19%。初花期和盛花期喷 0.2%硫酸钙＋0.05%硫酸锰(体积比 1∶1)，可比对照增产 14%～42%，还可使细胞变长，排列紧密，贮藏性能提高。花期叶面喷布 0.4%的硼酸和磷酸二氢钾两次，不但提高了坐果率和产量，而且还减少了干尖畸形果。叶面喷肥宜在傍晚叶片潮湿时进行，要以喷叶背面为主。

草莓是需要水分较多的植物，一株草莓，在整个生育期中大约需水 15 升，但不同生育期对土壤水分要求也不一样。秋季定植期需水量较多，如浇水不足，容易引起死苗。一般在土壤封冻前、越冬前要灌一次封冻水。早春去掉覆盖后，地温低，不宜灌水太早，以免引起地温明显下降，影响草莓根系恢复生长和地上部萌芽。萌芽水一般推迟至现蕾期为宜。进入花期后，随着开花坐果，需水量越来越多，要掌握小水勤浇，保持土壤湿润的原则。果实增大到浆果成熟期，在保证土壤湿润情况下，不宜大水漫灌，要适当控水，应在每次采果后的傍晚浇水，浇水量以浇后短时渗入土中，畦面不存水为原则。有条件的地方，可以采用滴灌。另外，每次施肥都要结合灌水进行。

草莓既喜水又怕涝,草莓植株在水中浸泡时间过长,叶片就会变黄。所以,在草莓园周围要建立好排水系统,大雨过后要及时排除积水,要求雨后田干。

第五节　日光温室草莓促成栽培技术

在我国北方地区,利用日光温室进行草莓促成栽培,具有:

(1)鲜果上市早,供应期长。鲜果最早可在 11 月中下旬开始上市,陆续采收可延长到第二年 5 月,采收期长达 6 个月,比露地栽培可提早 5～6 个月,供应鲜果时间延长 5 个月。

(2)产量高,效益好。采用促成栽培可使草莓植株花序抽生得多,连续结果,产量高。鲜果上市正值水果生产淡季,单价高,因此经济效益十分可观。

一、选择良种壮苗

日光温室促成栽培对品种的要求是:休眠期短,易打破休眠,形成花芽容易,并且花期对低温抗性较强,抗病、早熟、丰产优质。适合促成栽培的品种有章姬、枥乙女、丰香、佐贺清香、卡姆罗莎、甜查理等。为改进授粉条件,每棚可栽 2～3 个品种。

草莓促成栽培对苗木标准要求更高。标准是:根系发达,叶柄粗短,长 15 厘米左右,粗 0.3 厘米左右,成龄叶片 5～7 片,新茎粗 1～1.5 厘米,苗重 30 克左右。

二、土壤消毒及整地作垄

草莓忌重茬,重茬后黄萎病、根腐病、革腐病等土传病害发病严重,为了确保优质、丰产,每年在定植前要实施温室土壤消毒。方法是利用太阳热进行土壤消毒,具体做法是:将土壤深翻,灌透水,土壤表面覆盖一层地膜或旧棚膜,为了提高消毒效果,将用过的旧棚膜覆盖在温室的钢骨架上,密封温室。土壤太阳热消毒在 7、8 月份进行,利用夏季太阳热产生的高温(土壤温度可达 45～55℃),杀死土壤中的病菌和害虫。太阳热土壤消毒的时间至少为 40 天。

9 月初平整土地,施入腐熟的优质农家肥 5 000 千克和氮磷钾复合肥 50 千克,采用南北向深沟高畦,畦面宽 60 厘米,畦沟宽 40 厘米,沟深 20 厘米,畦面要求平整。在高畦上两边加小土埂,做成小平畦,以便于随时浇小水或追肥。

三、定植时期和密度

促成栽培定植时间宜早,可在顶花序花芽分化后 5～10 天定植。北京和河北等地,可在 8 月下旬到 9 月初栽植。

采用高畦定植,每畦栽两行,行距 30～35 厘米,株距 15～20 厘米,每亩栽 8 000～10 000 株。定植时要注意定植方向,应把草莓茎的弓背朝向高畦面的两侧,将来花序抽向畦两侧,通风透光,浆果着色好,病虫害少,品质佳,便于采摘。为了提高栽植成活率,最好采用带土坨栽植,塑料钵育苗则随栽培脱去塑料钵,减少根系损伤,缩短缓苗期,提高成活率。

四、扣棚保温及地膜覆盖

(一)扣棚时间

温室适时盖膜是草莓促成栽培中的关键技术。草莓多数品种从 10 月下旬左右开始逐渐进入休眠状态，而一般腋花芽分化也在此时开始。因此，既不能使草莓进入休眠状态，又不影响腋花芽分化，两者兼顾的时间为保温适期。一般年份，北方寒冷地区保温适期在10月中至10月下旬，此时外界最低气温降到8～10℃；南方为10月下旬至11月初，平均气温降到1～7℃。

(二)地膜覆盖

地膜覆盖是草莓设施栽培中的一项重要措施。地膜覆盖，不仅可以减少土壤中水分的蒸发，降低日光温室内的空气湿度，减少病虫害发生率，而且能够提高土壤温度，促使草莓根系的生长，从而使植株生长健壮，鲜果提早上市，此外覆盖地膜可以防止土壤对果实污染，提高果实商品质量。目前生产中普遍使用黑色地膜，因为黑地膜的透光率差，可显著减少杂草的生长。一般在扣棚后10天覆盖地膜，应在早晨、傍晚或阴天进行。盖膜后立即破膜提苗，地膜展平后，立即进行浇水。覆膜过晚，提苗时易折断叶柄，影响植株生长发育。

五、温度、湿度及光照管理

(一)温度管理

扣棚后，草莓生长发育对温度总的要求是前期高，后期低。在保温开始初期，为防止植株进入休眠矮化状态，促进花芽发育，白天保持28～30℃，超过30℃时要及时放风，夜间12～15℃，最低不低于8℃。在现蕾期要求白天25～28℃，夜间10～12℃，夜温不宜过高，超过13℃，就会导致腋花芽退化，雌雄蕊发育受阻。开花期白天适温要求23～25℃，夜间8～10℃，这样既有利于开花，也有利于开花后的授粉受精。在果实膨大期，为了促进果实膨大，减少小果率，白天保持20～25℃，夜间6～8℃为宜，夜温低有利于养分积累，促进果实肥大。进入采果期，白天保持20～23℃，夜间5～7℃即可。室温的高低要通过揭盖草苫和放风口大小来调节。

(二)湿度管理

湿度管理在草莓日光温室促成栽培生产中也处于十分重要的地位。扣棚后，日光温室内的湿度一般较室外大。当空气湿度在40%～50%时，草莓花药的开裂率最高，花粉发芽率亦最高。若空气湿度达80%以上，则花药的开裂率很低，花粉无法正常散开，而且发芽率亦低。因此，在草莓开花时期，日光温室内湿度应控制在40%～50%的范围内；除了通过覆盖地膜及膜下灌溉降低温室内湿度以外，还可通过换气来降低温室内的湿度。

(三)光照管理

光照不足一直是草莓日光温室促成栽培中的一个重要问题。促成栽培中，通过保温及给予长日照条件，使草莓不进入休眠。因此，人工补光是草莓促成栽培中非常有效的措施，可在距地面1.5米设白炽灯进行补光(每亩地25个100瓦的白炽灯，间隔为4米；或35～40个60瓦的白炽灯，间隔为3米)。常用的补光方式有三种，一是延长光照，即从日落到22时，5小时左右的连续光照；二是中断光照，即从22时～2时补光4个小时；三是间歇光照，即从日落到日出，每小时照10分钟，停50分钟，累计补光约2小时20分钟。无论哪种方式均有明显效果，但以间歇光照最经济。一般而言，早晨照明对增大果个有效，傍晚照明叶柄容易伸长。

六、水肥管理

在生产上判断草莓植株是否缺水不仅仅是看土壤是否湿润，更重要的是要看植株叶片边缘是否有吐水现象，若叶片没有吐水现象则需要灌溉。日光温室促成栽培不能进行大水漫灌，必须采用膜下灌溉的方式，最好采用膜下滴灌。定植时浇透水，一周内要勤浇水，覆盖地膜后以“湿而不涝，干而不旱”为原则。

草莓促成栽培，追肥至少进行4～5次，即盖膜前、果实膨大期、开花采收期、盛收期等。一般生长前期每20天追肥一次，后期每月一次。每次每亩施氮、磷、钾复合肥（注意肥料氮、磷、钾的合理搭配）8～10千克为宜，直接撒于畦面，并配合浇水。为提高肥效，可把肥料配成400～500倍的液肥少施勤施，顺畦面浇灌，每株0.5升左右。

七、赤霉素（GA_3）处理

在草莓促成栽培中，赤霉素处理有促进生长，促进叶柄和花序抽生，打破休眠，防止植株矮化作用。一般在保温开始以后，植株第二片新叶展开时，喷施赤霉素，喷洒浓度和用量因品种而异，休眠浅的品种，如丰香、章姬、枥乙女等，只喷一次即可，浓度5～10毫克/升，每株用量5毫升；休眠深的品种，如星都2和达赛莱克特，可喷洒两次，在保温后3天一次，第二次在显蕾时喷布，浓度为10毫克/升，每株用量为5毫升。喷时重点可喷到植株的心叶部位。喷赤霉素时最好选在高温时间，喷后把室温控制在30～32℃。如果保温后植株生长旺盛，叶肥大鲜绿，也可不喷赤霉素。

八、植株管理

（一）摘老叶、病叶

随着时间的推移，草莓植株上的叶片会逐渐发生老化和黄化，呈水平生长状态。因此，在新生叶片逐渐展开时，要定期去掉病叶和黄叶老叶，以减少草莓植株养分消耗，改善植株间的通风透光和减少病害。

（二）掰芽

促成栽培的草莓植株生长较旺盛，易出现较多的腋芽，这会引起养分分流，减少大果率和产量，所以要将多余的腋芽掰掉。方法是在顶花序抽生后，每个植株上选留两个方位好且粗壮的腋芽，其余全部掰除，以后再抽生的腋芽也要及时掰除。

（三）摘匍匐茎

草莓的匍匐茎和花序都是从植株叶腋间长出的分枝，其植物学位置相同，只是发生的时间有先后之别。抽生的匍匐茎如果发育成子苗，则会大量消耗母株的养分，影响腋花芽分化，从而降低产量。因此在植株的整个发育过程中，要及时摘除匍匐茎。

（四）花序整理

草莓花序属二歧聚伞花序或多歧聚伞花序，花序上高级次花分化得较差，所结果实较小，对产量形成的意义不大。因此，一般生产上每个花序留果实2～3个。此外，结果后的花序要及时去掉，以促进新花序的抽生。

九、辅助授粉

虽然草莓属于自花授粉植物，但通过异花授粉可提高坐果率，保证丰产。目前生产上推广使用蜜蜂辅助授粉技术。大棚内蜜蜂的密度，一般以一只蜜蜂一株草莓的比例放养，蜂箱最好在草莓开花前3～5天放入棚内，先让蜜蜂适应大棚内的环境条件。蜜蜂飞行距离一般为400米，访花时间为8～16小时，适宜活动的温度为15～25℃。

十、施用二氧化碳

由于冬季日光温室放风时间较短，室内严重缺乏二氧化碳，使草莓光合作用效率下降，制约了草莓产量的提高。目前，提高日光温室内二氧化碳浓度的方法有以下几种：

(1)增施有机肥。

(2)使用液体二氧化碳。

(3)放置干冰。此外还可以利用煤炭、液化石油燃烧产生二氧化碳来补偿日光温室中二氧化碳的亏缺。

二氧化碳施放时期一般在严冬早春及草莓生育初期效果好。生产上一般在开花后1周左右开始施用，可促进叶片制造大量有机物，并运往果实，提高早期产量。二氧化碳最佳施肥时间是9—16时。如果用二氧化碳发生器作为二氧化碳肥源，施肥时间还应适当提前，使揭草苫后半小时达到所要求的二氧化碳浓度。中午如果要通风，应在通风前半小时停止施肥。

二氧化碳施肥需注意：

(1)需要放风降温时，应在放风前0.5～1小时停止施用二氧化碳，否则影响提高室内二氧化碳的浓度。

(2)寒流期、阴雨天和雪天一般不施或降低施用浓度，晴天宜在上午施，阴天宜在中午前后施。

(3)增施二氧化碳后，草莓生长量大，发育速度快，应增施磷钾肥，适当控制氮肥用量，防止徒长。

(4)施放二氧化碳气肥要自始至终，才能达到持续增产效果。一旦停止施放后，草莓会提前老化，产量显著下降。应采用逐渐降低施放浓度，缩短施放时间，直到停止施放，以适应环境条件。

(5)硫酸有腐蚀作用，操作时应小心，防止滴到皮肤、衣物上。如洒到皮肤上，应及时清洗，涂抹小苏打。

十一、草莓畸形果产生的原因及预防措施

草莓畸形果产生的主要原因是花期授粉不良，因此，创造良好的授粉受精条件是预防草莓畸形果发生的途径。

(一)配置授粉品种

因草莓有的品种花粉可育性低，所以应选择一些花粉量多的品种作授粉品种，与主栽培混栽(如宝交早生与达娜，全明星与宝交早生或丰香混栽等)，能有效降低畸形果率。

(二)开花期间进行放蜂

棚室栽培的草莓花期早,花期自然出现的访花昆虫少。因此,花期在棚室中释放蜜蜂或壁蜂,可显著减少畸形果比率,并明显提高产量和果实的品质。

(三)合理调控棚室内的温湿度

草莓花粉发芽的最适温度为25～30℃,若低于10℃,就会影响花药的开裂和花粉管的伸长。花期适宜温度,白天应控制在20～28℃,夜间保持在5℃以上为宜。棚室内的湿度对花药的开裂和花粉的发芽也有较大的影响。湿度不易过大,以40%的湿度为宜。为了防止湿度过大,建棚时应采用无滴薄膜,能减少水滴浸湿柱头。采用高畦地膜覆盖及滴灌能有效地降低棚室内空气湿度。花期只要地表不干,一般不要灌水。

(四)疏花疏果

疏除易出现雌性不育的高级次花,摘除病果和过多的幼果,可明显降低草莓畸形果率,并可集中养分,保证正常的生长发育,提高单果重和果实品质。

第六节　植株及花果管理

一、中耕除草

草莓根系浅,喜湿润疏松的土壤。中耕有利于土壤通气和增加土壤微生物的活动,加快有机物分解,促进根系和地上部生长;可以消灭杂草,减少病虫害。中耕次数和时间因不同草莓园的具体情况而定。杂草少,土疏松的新草莓园,每年中耕5～6次即可,以做到园地清洁,不见杂草,排灌畅通,土壤疏松为准。中耕深度以不伤根,又除草松土为原则,一般3～4厘米为宜。

二、摘除匍匐茎

匍匐茎是草莓的营养繁殖器官;发生匍匐茎会消耗母株大量的养分,削弱母株的生长势,影响花芽分化,并降低产量和植株的越冬能力。因此,在以收获浆果为目的的生产园,应随时摘除匍匐茎。

三、疏花疏果和垫果

草莓一般每株有2～3个花序,每个花序有10～30朵花。因此,在现蕾期及早疏去高级次小花蕾,或株丛下部抽生的弱花序,可节省养分,增大果个,促进成熟,采收期集中,还可以防止植株早衰。一般每个花序上保留最大的1～3级花果即可。在幼果青色时,及时疏去畸形果、病虫果,可使果形整齐,商品果率增加。

草莓坐果后,随着果实的生长,果穗下垂,浆果与地面接触,施肥浇水均易污染果面。因此,对未采用地膜覆盖的草莓园,应在开花后2～3周,用麦秸或稻草垫于浆果下面。垫果有利于提高浆果商品价值,对防止灰霉病也有一定的效果。

第七节　主要病虫害防治

一、主要害虫

(一)蚜虫

蚜虫不仅吸食草莓的汁液，而且可以传播病毒。为害草莓的蚜虫主要有：桃蚜(*Myzus persicae*)、棉蚜(瓜蚜)(*Aphis gossypii*)和草莓根蚜(*Aphis forbesi*)等。

1. 桃蚜

又名桃赤蚜，在全国各地的草莓产区多有发生。主要在草莓的嫩叶、嫩心和幼嫩花蕾上繁殖取食汁液，造成嫩叶皱缩卷曲、畸形，不能正常展开，嫩心萎缩。

桃蚜一年发生大约30代，以卵在树上越冬。第二年春季开始孵化繁殖，4—5月份出现有翅迁飞蚜，开始在草莓植株上为害。深秋，有翅蚜再飞回树上，产生有性蚜，交配产卵越冬。

2. 棉蚜

又称腻虫，国内各地都有发生。棉蚜的寄主非常广泛，寄主植物达74科、285种。主要在草莓的嫩叶背面、嫩心和幼嫩花蕾上繁殖取食汁液，造成嫩叶皱缩卷曲、畸形，不能正常展开。

棉蚜一年繁殖几十代，以卵在树上及枯草基部越冬。第二年春季开始孵化繁殖，是春季最早迁移到草莓植株上蚜虫。棉蚜无滞育现象，在冬季的温室和大棚中可以为害作物。

3. 草莓根蚜

主要群集在草莓心叶及茎部吸食汁液，使心叶生长受抑制，植株生长不良，严重时植株可枯死。在寒冷地区以卵越冬，在温暖地区则以无翅胎生雌蚜越冬。

(二)红蜘蛛

红蜘蛛是草莓生产上的重要害虫，特别是在保护地条件下，温度高时发生更严重。危害草莓的红蜘蛛最主要的有二点叶螨和仙客来红蜘蛛。二点叶螨的寄主植物很广，有果树、蔬菜、花卉以及多种杂草。各种寄生植物上的红蜘蛛可以相互转移危害。一年可发生10代以上，世代重叠，周年为害。高温干燥条件容易诱发红蜘蛛大量发生，短期内可造成很大损失。红蜘蛛的幼虫和成虫在草莓叶的背面吸食汁液，使叶片局部形成灰白色小点，以后成锈色干枯，似火烧状，植株生长受到抑制，导致减产。红蜘蛛成虫无翅膀，主要靠苗木带卵或幼虫传播，另外，风、雨、工具等也可使红蜘蛛扩散传播。

(三)草莓线虫

草莓上寄生有多种线虫，有芽线虫和根线虫。草莓芽线虫危害比较严重，危害以后会出现各种症状，轻者新叶歪曲畸形，叶色变浓，茎叶生长不良。有的症似“花甘蓝”，表现为茎部膨大和分枝，形成大量新芽，花茎变粗变短，致使花蕾聚成一团。受害严重时，芽和叶柄变成黄色和红色，成为“草莓红芽”或“红芽症状”，植株萎蔫。还有的叶片发育不良，变成锥形，严重时花芽退化消失，坐果率降低。危害后期，苗心腐烂，对产量影响很大。该虫对草莓的一生都有危害，开花前后危害症状表现的明显。其传播一是靠秧苗，二是靠土壤。

根线虫寄生于草莓的根内，降低根系的吸收能力，导致植株发育不良，产量降低。草莓受害后根系不发达，植株变小。成虫主要在土壤中，靠土壤传播，因此，长期连作危害严重。根线虫除土壤传播外，也靠秧苗传播。

二、主要病害

(一)草莓白粉病

主要为害草莓叶、花、果梗和果实。在叶上发病初期，叶面上长出薄薄的白色菌丝层，随着病情加重，叶缘向上卷起，叶片呈汤勺状，上面发生大小不等的白色粉状物和暗色污斑。花蕾受害，花瓣不能正常开放，幼果不能正常膨大。果实后期受害，果面覆有一层白粉，果实失去光泽并硬化，失去商品价值。

该病的病原菌以菌丝体等在活着的草莓老叶上越冬，分生孢子或子囊孢子通过空气气流传播。分生孢子落到叶片上后，其先端产生的芽管和吸器从叶片表皮侵入，大约7天后产生成熟孢子。草莓白粉病菌是专一性寄生菌，环境中如果没有病原菌存在，草莓就不会得白粉病。温度和空气湿度是影响草莓白粉病发病的最主要环境因子，适宜的发病温度是15～20℃，低于5℃或高于35℃均不能发病；适宜的发病湿度是40%～80%。分生孢子在有水滴的情况下不能萌发，降雨抑制孢子传播。该病是日光温室和大棚草莓栽培的主要病害，严重时可导致绝产。

(二)草莓灰霉病

主要为害草莓叶、花、果梗和果实。在叶上发病时，产生褐色或暗褐色水渍状病斑，有时病部微具轮纹。干时病部褐色干腐，湿润时叶片背面出现乳白色茸毛状菌丝团。果实被害时最初出现油渍状淡褐色小斑点，进而斑点扩大，全果变软，出现由病原菌分生孢子和分生孢子梗组成的灰色霉状物。

该病的病原菌为灰霉菌。病菌在被害植物组织内越冬，在气温18～20℃、高湿条件下大量繁殖，孢子在空气中传播。栽植过密、氮肥过多、植株生长过于繁茂、灌水过多、阴雨连绵、空气湿度过大时发病严重。灰霉病是草莓的主要病害，设施栽培和露地栽培均易发生，一般可减产10%～30%，发病严重年份可减产50%。

(三)草莓黄萎病

主要为害叶片。初侵染的叶片和叶柄上产生黑褐色长条形病斑，叶片失去光泽，从叶缘和叶脉间开始变成黄褐色，萎蔫，干燥时叶片枯死。新叶感病后，变成灰绿色或淡褐色，下垂。受害植株的叶柄、果梗和根茎横切面上可见维管束部分或全部变褐。病害严重时可导致植株死亡，其地上部分变黑、腐败。

该病的病原菌为轮枝孢属真菌。病菌以菌丝或厚壁孢子在植株残体内越冬，其拟菌核在土壤中可以存活多年。病原菌从草莓根部侵入，沿维管束上升后引起地上部分发病，同时病原菌可以通过维管束传播到匍匐茎子苗。在气温20～25℃，土壤湿度25%以上时发病严重，28℃以上停止发病。该病原菌不仅为害草莓，还为害茄子、番茄、黄瓜等作物。因此，在草莓与茄子轮作的地区，草莓黄萎病发生严重。草莓与水稻轮作可以减轻该病的发生。

(四)草莓炭疽病

主要为害叶片、叶柄和匍匐茎，可导致局部病斑和全株萎蔫枯死。最明显的病症是在匍匐茎和叶柄上产生溃疡状、稍凹陷的病斑，长3～7毫米，黑色，纺锤形或椭圆形。浆果受害后，产生近圆形病斑，浅褐色至褐色，软腐状并凹陷，后期也可长出肉红色黏质孢子团。

该病的病原菌为毛盘孢属的草莓炭疽菌。病菌在病组织或植株残体内越冬，显蕾期开始在近地面植株的幼嫩部位侵染发病。草莓炭疽菌是典型高温性病菌，30℃左右发病严重，在盛夏高温雨季该病易流行。在田间，分生孢子通过风雨、流水传播。连作，植株郁闭导致发病严重。

（五）草莓红中柱根腐病

也称作草莓红心根腐病、红心病或褐心病，是冷凉和土壤潮湿地区的主要草莓病害，主要为害根部。开始发病时，在幼根根尖腐烂，至根上有裂口时，中柱出现红色腐烂，并且可扩展至根颈，病株容易拔起。该病可以分为急性萎蔫型和慢性萎缩型两种类型，急性萎蔫型多在春夏季发生，从定植后到早春植株生长期间，植株外观上没有异常表现，在 3 月中旬至 5 月初，特别是久雨初晴后，植株突然凋萎，青枯状死亡。慢性萎缩型主要在定植后至初冬期间发生，老叶边缘甚至整个叶片变红色或紫褐色，继而叶片枯死，植株萎缩而逐渐枯萎死亡。

该病的病原菌为藻菌纲中的一种疫霉。病菌以卵孢子在土壤中存活，可以存活数年。卵孢子在晚秋初冬时产生游动孢子，侵入主根或侧根尖端的表皮，形成病斑。菌丝沿着中柱生长，导致中柱变红、腐烂。病斑部位产生的孢子囊借助灌水或雨水传播蔓延。该病是低温病害，地温 6～10℃是发病适温，大水漫灌、排水不良加重发病。

三、药剂防治

（一）草莓白粉病

白粉病是温室草莓种植的常见病害，要以预防为主，在温室中白粉病一旦发生，就很难根除，所以防治白粉病要从假植时就开始。定植前，要彻底喷洒一次杀菌剂，喷布药剂要达到给苗“洗澡”的程度。定植后要定期打药预防。预防草莓白粉病发生可选用硫磺悬浮剂。防止棚室中白粉病的另一有效办法是硫磺熏蒸，具体的操作方法是：在傍晚，将硫磺粉放在金属器皿上，通过电加热使硫磺变成气体挥发，密闭熏蒸几个小时。硫磺熏蒸防治白粉病方法在日本普遍使用，但在我国目前温室条件下，由于夜间棚室内相对湿度偏高，硫磺熏蒸容易产生药害，所以使用时必须十分注意。实践证明，硫磺熏蒸结合喷洒百菌清，防治草莓白粉病的效果很好。

（二）草莓灰霉病

棚室中灰霉病发生的主要时期在 2—5 月份，正是果实大量成熟时期，只能采用烟剂熏蒸的方法防治。每亩用 20%腐霉利（速克灵）烟剂 80～100 克，傍晚时候分散放置在棚室内，点燃后迅速撤离，密闭棚室，过夜熏蒸。喷雾选用 50%乙烯菌核利（农利灵）可湿性粉剂 800 倍液，50%腐霉利（速克灵）可湿性粉剂 1 000 倍液，65%硫菌霉威可湿性粉剂 1 500 倍液，或 50%异菌脲（扑海因）可湿性粉剂 1 000 倍液，7～10 天喷 1 次，连喷 2～3 次。

（三）草莓炭疽病

用 25%咪鲜胺乳油 1 000～1 500 倍液喷雾防治，10 天喷 1 次，连喷 2～3 次。此外，也可以用 25%阿米西达悬浮剂喷雾防治。

（四）草莓红中柱根腐病

定植前，用 50%锰锌 · 乙铝可湿性粉剂浸苗；定植后用 50%锰锌 · 乙铝可湿性粉剂喷雾防治或用甲霜 · 锰锌灌根防治。

（五）草莓枯萎病

6月中旬开始用50%多菌灵可湿性粉剂600～700倍液或50%代森锰锌可湿性粉剂500倍液喷淋茎基部。定植前，用50%甲基硫菌灵（甲基托布津）可湿性粉剂1 000倍液浸苗5分钟，待药液晾干后栽植。

（六）螨类

螨类危害要早期防治。用20%双甲脒乳油1 000～1 500倍液或1%甲氨基阿维菌素苯甲酸盐乳油2 000～3 000倍液喷雾防治，10天左右一次，连续防治2～3次。一般采果前2周停止用药。

（七）蚜虫

喷雾防治使用1%苦参碱醇溶液800～1 000倍液，50%抗蚜威可湿性粉剂2 000倍液，3%啶虫脒乳油2 000～2 500倍液或10%吡虫啉可湿性粉剂1 500～2 000倍液，一般采果前2周停止用药。

第八节　采后处理、包装及简易贮藏

一、采后处理和包装

草莓浆果柔嫩多汁，采收、运输过程中极易损伤和腐烂，不耐贮运。

采收时必须轻摘轻放，用拇指和食指掐断果柄，将果实轻轻放在采收容器中，摆放2～3层，层数过多容易造成底部果实压伤。采摘过程中要注意尽量减少机械损伤。采摘的果实要求果柄短，不损伤花萼，无机械损伤，无病虫危害。

草莓适宜的包装对提高商品质量和信誉是十分有益的。我国的农业行业标准NY 5103—2002《无公害食品 草莓》中对草莓果实的包装也提出了规范性要求。生产上常用的包装容器有木箱、纸箱、塑料盒等。

二、简易贮藏

草莓最好随采随销，临时运输有困难的，可将包装好的草莓放入通风凉爽的库房内，包装箱摆放在货架上，不要就地堆放。

1. 低温贮藏

草莓采收后，要快速而均匀地预冷，然后低温贮藏，但冷藏时间不能过长，否则风味品质会逐渐下降。研究表明，库温保持在0～2℃，可存放7～10天；8℃以上能贮放4天；12℃左右，可贮藏3天。

2. 气调贮存

目前多采用塑料薄膜帐贮存，即利用厚0.2毫米的聚乙烯膜做帐，形成一个相对密闭的贮存环境，加上硅窗控制。草莓气调贮存的适宜气体成分是：3% O_2，3%～6% CO_2，91%～94% N_2，贮藏时间为10～15天，如将气调与低温冷藏相结合，贮存期会更长。CO_2浓度要适当控制，如果高到10%时，果实软化，风味差，并带有酒味。

第十章 无花果

无花果为桑科多年生木本果树，鲜果营养丰富，富含多种矿物质，维生素和氨基酸，含糖10%～15%，蛋白质0.7%，粗纤维1.3%，果酸0.8%，每100克果肉中含维生素C 3.0毫克，维生素B_1 0.24毫克，维生素B_2 0.01毫克，维生素E 0.12毫克，钙29.8毫克，磷56毫克，铁0.8毫克，钠0.7毫克，钾160毫克，赖氨酸含量高达0.033%，是一种高蛋白，高维生素，高矿物质，低热量的碱性食品。

无花果鲜果8月上中旬成熟，此时正值水果市场淡季；鲜果陆续成熟上市，直至11月初，供应期长达3个月之久。

无花果栽培适应性强，当年栽植，当年结果，具有结果期早、产量高、见效快的优点，繁殖迅速、管理方便、病虫害少、成本低廉。北京从2012年开始，大力推广无花果的设施栽培，力争为京郊的观光果业家族增添一名新成员，为市民增加一种富有营养的果品。

第一节 主要种类和品种

无花果属桑科无花果属，本属有600余种，多数原产热带、亚热带，以大乔木或小乔木为主，兼有藤木，作为果树栽培的只有无花果一个种。

(一)新疆早熟无花果(其里干安吉乐)

分布于新疆阿图什、疏附、莎车、叶城、和田等地。

果实扁圆形，平均重53.3克，最大果重69克，果皮黄色，有白色椭圆形果点，极易剥离，果肉淡黄色，柔软味甜，品质中上，种子多，黄褐色。

树势强健，发枝力中等，寿命长，抗风力强，不耐旱寒，夏果于7月中旬成熟，秋果于8月中旬成熟，不耐贮藏。

(二)新疆黄无花果(赛勒克安吉尔)

分布于库尔勒、阿图什、疏附、莎车、叶城、和田等地。

果实扁圆锥形，平均重68.6克，最大果重82克，果皮黄色，有明显的果点，果肉淡红色，柔软多汁，味甘甜，芳香，品质极上，树势旺盛，发枝力强，夏果和秋果都很丰产，抗寒力较强。

(三)新疆晚熟无花果(卡拉安吉尔)

分布于南疆盆地和吐鲁番盆地。

果实黄色，果皮有果点，扁圆略带锥形。果顶隆起，果肉黄色略带淡红色，果内花芯顶部有的呈紫红色，果顶裂孔处有紫斑或淡色红晕。树形高大，主干明显，枝茎松散，树形不规则。生长势强，树冠面积较早熟种大。叶片大，叶色浓绿，叶缘三裂，裂刻浅。在阿图什7月中旬开始成熟。

(四)麦司衣陶芬

该种引自日本。树势中庸，树冠开张。叶片稍大，新梢长势旺，休眠顶芽呈赤褐色，结果多。易保持矮化树形。在日本为主栽品种，栽培面积很大。

冬季温暖地区，夏果果形大、品质好，但结果量很少、产量不高，一般宜作秋果栽培。秋果8月中旬开始陆续成熟，8月下旬至10月上中旬期间为收获高峰，气候适宜地区可连续收获至10月下旬至11月中旬。果实成熟时下垂，单果重150克以上，平均果重80～100克。果皮淡紫褐色至赤褐色，薄而强韧，裂果少。果孔鳞片赤紫色，果肉桃红色，肉质稍粗，甜味和香气略逊。果皮较韧，耐贮运，鲜果上市商品性好。

耐寒性较弱，幼树期易受冻害，适宜长江以南地区栽培。

(五)红萨玛

树势较弱，叶色淡，果实前期发育快、早熟。同时期长出的幼果，成熟要比麦司衣陶芬提前7天。果实近似圆形，果实横径大，平均单果重略大于麦司衣陶芬。果皮粉红色，鲜艳，着色均匀。果皮稍厚，耐贮耐病性好。缺点是完熟前果实糖度较低，要避免过早采收，否则影响鲜果口味。秋果8月上旬成熟，果实生长发育约需70天。

新梢伸长速度快，易丰产。果形大，外观艳丽，鲜果市场商品性好。但耐寒性较弱，适宜矮化栽培与低主干防冻栽培。

(六)卡独太

夏秋果兼用种。树势强，叶片大，夏果果实卵圆形，中大，单果平均重约50克。表皮黄绿色，有光泽，肉质紧密，品质极上。秋果较早熟，自8月上旬即开始成熟采收。单果重30～80克，卵圆形。果实皮色在冷凉地区呈浓绿色，暖地呈绿黄色，颇美丽。果肉，白色，味甜，品质与夏果同样优良。适于糖渍、罐装用。

(七)加州黑

夏秋果兼用种。树势强，树姿高大。耐寒力强，枝梢略细，顶芽呈紫褐色。叶片较大，五裂片居多，裂刻深。夏果重50～60克，7月下旬成熟，品质优良。秋果重35～45克，8月中旬至10月中旬成熟，产量高。果实为长卵圆形。果皮薄，多细裂纹，呈浓紫赤色，有光泽。作为鲜果或果干用，品质均优良。

(八)白圣比罗

尼罗河流域自古栽培的品种，现在世界各国均有分布。鲜果用品种，品质极佳。树势强，枝冠稍开张。叶片较大，多为三裂片或五裂片。果实近圆形，果顶稍平、果形大，重80～120克。果皮黄绿色，果肉琥珀色，质粘而柔软多汁，味甜芳香。夏果自6月下旬至7月下旬采收，不需授粉受精能成熟；但秋果需进行授粉，使之受精，才能充分肥大成熟，生产上以夏果专用为目的而栽培。容易自然落果，产量较低，完熟后的果实仍不易裂开是其突出优点。

(九)紫陶芬

原产法国。树势强健，枝粗壮，枝稀，树冠稍开张。果实大，单果重达100～150克，最大可达250克，为短卵圆形。顶部稍平，几乎无果颈，果梗短，纵线明显而少。果皮暗紫赤色。果肉带黄色，肉质致密柔软，味甜有香气。品质极优。

果熟期自6月下旬至7月上旬，是夏果专用品种中产量较高的品种。

(十)布兰瑞克

原产法国,该品种有少量夏果,但以秋果为主。夏果呈长倒圆锥形,成熟时绿黄色,单果大者可达100～140克。秋果倒圆锥形或倒卵形;一般单果重40～60克,成熟时果皮绿黄色,果顶不开裂;果实中空,果肉淡粉红色;可溶性固形物16%以上,风味香甜,品质上等。较适合北京地区温室、大棚栽培,较耐寒。

第二节 生长结果习性

一、生长特点

1.根系

无花果多为茎源根系,须根发达,生根容易,分蘖力强。

无花果根系由不定根、侧枝和须根组成,侧根增粗形成骨干根;侧根上着生须根,须根上着生许多白色的吸收根,其先端生根毛。

无花果根系在土壤中分布较浅,属浅根性果树,垂直分布范围在15～60厘米土层内,集中分布在10～40厘米范围内,水平分布可达10米左右;随着树龄增长和树冠扩大,根系发达并不断加深,土层深厚的地区垂直分布可达1～2米。

无花果根系活动的温度为10℃左右,一般3月中下旬开始活动,5月中旬为活动盛期,6月中旬为活动高峰,5月中旬至6月下旬是春根生长最快的时期,春根生长量大部分于7月上旬前完成,然后进入充实阶段,根重增加;8月上中旬高温干旱,根系停长,8月下旬到10月再次生长,产生秋根,11月下旬至12月上旬,地温10℃以下时根系停止生长。

2.芽的种类与特性

无花果枝条叶腋内有2～3个芽,其中较小、呈圆锥形者为叶芽,大而圆者为花芽,叶芽长出新梢或潜伏保留;无花果潜伏芽较多,寿命可达数十年,又极易在骨干枝上形成大量不定芽。

无花果早春的生育启动较迟,萌芽早晚主要受温度的影响,当地温达15℃以上时开始发芽。发芽后7～10天,开始展叶。

3.枝条种类与特性

无花果的枝条,按其性质分为发育枝和结果枝两大类。

发育枝又称营养枝、生长枝。其顶芽和各节位上的侧芽为叶芽;叶芽萌发后抽生发育枝,一般幼树和生长旺盛的树,形成发育枝的能力较强。进入结果期,由于许多生长中庸或较弱的混合枝主要起结果的作用,因而较多为结果枝。除了生长特别旺盛的萌条和徒长性蘖枝以外,几乎所有的新梢都具有扩大树冠和结果的双重作用。但是,衰老的结果枝,生长势力弱,不能抽生壮旺的混合枝,因而不利于高产,故应适时更新。

顶芽、叶芽、隐芽或不定芽都能生长成新梢。休眠顶芽外侧有2张苞叶鳞片保护,发芽后随着新梢伸长顺次着叶,并在节部形成果实(花芽)和腋芽(叶芽)。新梢的发育比根系活动迟10天左右。9—10月份新梢生长充实成熟,进入贮藏养分积蓄期。

4.叶片生长

无花果叶片大,一般长、宽度都在20厘米左右,大的叶片可达40厘米。叶片为单生掌状开裂。叶肉厚,表面和背面密生茸毛,尤其背面较多。叶脉极为明显,叶片裂刻有3～5裂,亦有少数品种无裂刻。裂片为倒卵形或钝形，叶缘有不规则的锯齿。开裂的深浅状态因品种而不同，是作为区别品种的主要依据。

叶片带有长的叶柄，粗糙、暗绿色。有些品种的叶柄上具有细刺毛。叶痕较大，为三角形、心脏形或肾状形。叶腋内可以形成2～3个芽。叶芽较小，呈圆锥形，萌发后长出新极或成潜伏状态，待更新修剪或摘心后萌发；花芽大而圆，营养条件好，会出现2个花芽。此外，无花果还能萌发不定芽。

二、结果习性

无花果的花很小，有梗，子房下位，单性花，花被一个，深五裂。其有三种花：雄花、短花柱雌花、长花柱雌花。柱头通常二裂。短花柱雌花子房圆球形，花柱长约0.7毫米，适于无花果蜂的产卵。长花柱雌花，花柱长约1.8厘米，子房近圆形或椭圆形，一般不适于无花果蜂的产卵。两种雌花都是可育性的，授粉受精后可发育为小核果，成为无花果的真正果实，一般称为种子。雄花花梗较长，花被五裂，雄蕊五枚，有一个残存的雌蕊。雌花分布于隐头花序内壁，雄花集中分布于孔道内上端的花托壁上。

无花果的果实有扁圆形、球形、梨形和坛形多种，果皮有绿、黄、红、紫红等色，果肉黄色、浅红色或深红色。单果重35～150克，一般为80克左右。果实6月下旬至10月上中旬成熟。

无花果结果习性是秋末在新梢顶端叶腋内形成花托原始体，翌春继续分化、开花、结实，称谓春果（一次果）。同时新梢继续生长，从基部2～3芽向上渐次形成花托原始体，逐渐发育，不断开花结果，称夏果（二次果）和秋果（三次果）。因此，始果期早，年年丰产。

无花果的新梢生长、花芽分化和花托形成都是同时进行的，与一般果树不同。在适宜条件下，不论是春梢和秋梢，其叶腋生长点分化花托的过程，由下而上不断进行。在生长中庸的新梢上的分化过程旺盛，一般由花托分化到果实成熟为50～60天。

无花果栽植后2～3年开始结果，6～7年进入盛果期，以后树冠不断扩大，产量不断上升，结果年限达40～70年；在适宜条件下，寿命可达100年以上。通常30～40年大树株产为60～70千克，高产可达150千克。

三、对环境条件的要求

1. 土壤

无花果对土壤条件要求不严格，在典型的灰壤土、多石灰的沙漠性沙质土、潮湿的亚热带酸性红壤以及冲积性黏壤土上都能比较正常地生长；其中以保水性较好的砂壤土最适合无花果生长及果实发育的要求。

2. 温度

无花果不耐寒，冬季温度达－12℃时新梢顶端就开始受冻；在－22～－20℃时，根茎以上的整个地上部分将受冻死亡。

无花果能耐较高的温度而不致受害，一般说来，适宜于比较温暖的气候。以年平均温度为15℃，夏季平均最高温度为20℃，冬季平均最低温度为8℃的地区较适宜；以5℃以上的生物学积温达4 800℃的地区对无花果的生长结果最为有利。

3. 光照

无花果是喜光树种。在管理条件、光照条件良好时，树体健壮，花芽饱满，坐果率高，果枝寿命长，果实含糖量高，酸味少；相反，光照条件差、树形不良时，则冠内枝条弱，果枝寿命短，花芽不充实，果实品质差。

4.水分

无花果原产小亚细亚的夏干地带，在生长期间对水分条件的要求不及温度那样严格；年降雨量400～800毫米，生长季节(4—10月份)降雨量仅90～270毫米，比较适宜无花果的生长。无花果不耐涝，在滞水的情况下，很快就凋萎落叶，甚至死亡；同时，水分过多、特别是果实成熟期降雨过多，常降低含糖率，使品质变劣。适宜起垄栽培。

第三节 育苗与建园

一、育苗技术

1.扦插繁殖法

(1)硬枝扦插

①插条选择与贮藏 通常在秋季落叶后或早春树液流动前剪取插条，插条应生长健壮，组织充实，叶芽饱满，粗度在1厘米以上；将插条剪成长20厘米的插段，每50～100支打成一捆埋土越冬，注意湿度。春季采条可随插随采。

②扦插时间 露地扦插以3月下旬至4月中旬为宜。

③插前剪条 插前把每一插条剪成留2～3芽的枝段，将下段剪成斜面，最好把剪口放在节上或芽下几厘米，上剪口距上芽1厘米左右，剪成平口，插前用清水浸泡一段时间。

④激素处理 分别用萘乙酸、生根粉、根宝等激素按说明书处理插条，全插条浸泡或下端浸泡，均可起到促进插条生根的作用。

⑤扦插方法 插条略向北斜插入土，上端芽眼露出地面2～5厘米，插后把土压实，干旱时应浇水，扦插株行距为(15～20)厘米×30厘米，每亩扦插密度15 000株，扦插后可覆盖地膜，以促进插条生根。也可用营养袋扦插，于早春把插条插入营养袋内，放在日光温室中，待生根长叶、外界气温回升后带营养袋移入田间，这样可促进苗木生长。

(2)绿枝扦插

①扦插时间 一般6—8月份进行。

②插条选择 选取生长健壮，无病害，半木质化的当年生枝条，剪取一部分作插条，随剪随插，枝条顶端的叶片保留1/2左右的面积，以利光合和插条生根。

③搭棚遮阴 扦插完后，应立即搭好棚架，防止烈日灼伤插条，棚架高度一般为80～100厘米，棚内温度保持25～28℃。

④保湿 高温干旱会影响插条生根发芽，夏季扦插应保持一定的土壤湿度，定期浇水，防止干旱，有条件的地方，可定期喷水或喷雾。

2.压条繁殖

(1)母株枝条水平压条 冬季修剪时，除留好主枝和结果母枝外，将母株靠近地面的枝条，包括不成熟枝与幼嫩枝，压成水平状埋土15厘米以上，翌春扒去10厘米土层，促其萌发新梢。待新根生长健全后，于6月上中旬新梢均能伸长到30厘米以上时，挖开土层。先从母株上分离，再将生根的压条隔15厘米留一新梢成一单株，并将其分别剪断，覆土施肥，让其独立生长成苗。这种方法，可结合冬季埋土防冻时进行，省工省时，成活率高，幼苗生长快。

(2)萌发新梢压条　4月中下旬至7月中旬为新梢生长旺盛时期。5月中下旬，母株基部新萌发的枝条长达20厘米以上，此时，挖10厘米浅沟，将枝条基部弯曲压入沟中，填土踩实，新梢顶部露出地面。6月中旬生根，7月中旬可切断枝条，让其脱离母株，并进行浇水施肥，成为新的植株。也可以让其在母株上持续生长，落叶后一次性分离成苗。

(3)低主干压条　当种苗紧缺时，新栽母株采用低主干，距地面留4～5芽，剪去上部枝条，增加插穗数量。同时，采取强修剪后促使基部萌发新梢。4月中下旬萌发新梢达15厘米以上时，进行培土压条，让新梢基部节间发出新根，任其生长。落叶后挖开土层，剪取苗木。这种方法，也适用于受冻害的母株，锯掉受冻害的主干，及早进行培土，促使基部萌发新的植株。

3. 嫁接繁殖

主要用于优良品种引进，品种更新和对那些用扦插、压条不易繁殖的品种。

二、建园特点

北京地区多在保护地栽培。

根据当地立地和气候条件，选准品种。选用地上部生长充实，枝干皮色由绿转至褐色，主干高50厘米以上，节间短，直径1.5～2厘米，根系发达、侧根多，无病虫的苗木。反之，细根少，节间长而细的苗木，定植当年生长势差，耐寒性弱。

无花果发芽和新根生长比其他果树迟，为了防止冬季干枯和早春低温冻害，以春栽为主。

栽植密度因品种、整枝方式和土壤条件而不同。低主干丛生型栽培的株行距为1.5米×2米，每亩定植220株；“X”字形栽培的株行距为2米×2.2米，每亩定植150株左右；普通栽培密度，株行距2米×2.5米或2.2米×2.5米，每亩定植120～130株。

第四节　土肥水管理

一、土壤管理

无花果的土壤管理包括深翻熟化土壤、中耕除草、地面覆盖、间作套种等。

二、施肥技术

1. 施肥时期

无花果的基肥施用时期，可在11—12月份修剪结束后进行，但以2月下旬至3月上旬施用为宜。基肥以有机肥为主，如畜禽厩肥、堆肥、菜籽饼等，并结合搭配使用复合肥，能较长时期地供给植株所需的养分，不断地补充营养，恢复树势，也为翌年生长结果准备物质条件。

在无花果栽培中，分为前期追肥(夏肥)和后期追肥(秋肥)。即在施基肥的基础上根据各个时期的需肥特点进行补给肥料，以调节树体生长与结果的矛盾，保证高产、稳产、优质。一般高温多雨地区，养分易流失，追肥次数宜多，施肥量宜少；树势弱，根系生长差，必须增加追肥次数。

无花果植株前期生长量大，需肥多。随着新梢伸长连续不断进行花序分化，5月下旬至7月中旬为需肥高峰期，此时追肥对整个生长期起着关键性作用。

7 月下旬果实开始成熟，一直采收到 10 月下旬，采收期长达 3 个月。适时适量追肥，既能促进果实膨大，增加后期产量，提高品质，又有利于新梢生长充实和树体积累养分。

9 月上旬，秋根开始生长，10 月份果实采收量减少，进入贮藏养分积累期。10 月下旬进行后期追肥(秋肥)也很重要，此时为秋根生长发育旺盛时期，追肥有利于恢复树势，提高叶片同化作用，增加贮藏养分。但施用时期不宜过早，防止引起秋梢二次伸长，反而消耗养分；也不能过迟，施用晚，秋根生长缓慢，贮藏养分积累就少。

2. 施肥量

无花果施肥以适磷重氮钾为原则；氮、磷、钾三要素的配合比例，幼龄树以 1∶0.5∶0.7 为好，成年树以 1∶0.75∶1 为宜。但由于各地土壤条件等差异比较大，施肥量和氮、磷、钾的施用比例，应结合当地实际情况来确定。

三、灌溉与排水技术

1. 灌水时期

(1)萌芽前　3 月下旬如土壤墒情差，应适量灌水。

(2)枝条速长期　枝条速长期是无花果的水分临界期，此时灌水，不仅能促进幼果发育、枝条生长，而且对于后期生长发育有积极的促进作用。

(3)果实采收期　8 月中旬至 10 月下旬，果实进入成熟采收期。高温干旱天气，地面蒸发量大，叶片蒸腾作用强，需水量特别多。此时土壤水分不足，单果重下降，会直接造成减产；但又不能一次灌水过多，避免土壤干湿变幅过大，导致裂果增多。合理灌水防旱，并尽可能经常保持土壤湿润，既减少裂果，又有利于果实膨大，增加产量。

2. 灌水方法

(1)沟灌　在行间开深 20～25 厘米的灌沟，并与排水渠道相垂直。沟距因行距而定，一般黏重土壤光距 1～1.5 米，疏松土壤 0.75～1 米。如为密植无花果园，可于行间开一条沟即可。灌水后半沟填平。这种方法的优点是对全园土壤浸湿较匀，散失水少，有利土壤通气，防止板结，便于机械开沟。

(2)穴灌　在树盘内外挖一定数量的直径 30 厘米的穴(8～12 个)，穴深 30 厘米左右。灌水时将水注满穴，水渗下后将土复原。本法特节水，适于缺水地区。

(3)树盘灌水　在果园行、株间筑埂，使每株无花果树在一个畦中，然后放水逐畦灌溉。此法费水，且土壤易板结，但灌水充分。在土地平整的无花果园较适用。

3. 排水

无花果抗旱力强，耐涝力弱。据试验，无花果在缺氧的死水中浸泡 2 天，其枝叶即凋萎。所以，无花果果园排水是很重要的。

平地无花果果园排水系统分明沟与暗沟排水。目前，国外用明沟排涝，暗沟排土壤水分，形成全面排水体系。在我国沿海滩涂、盐碱地发展无花果果园，上述排水体系值得引用。

第五节　整形修剪技术

一、树体结构与整形

无花果多采用主干自然开心形，丛状形。

1. 树体结构

基部三主枝邻近，按二叉式分枝，形成4～6个二级主枝后不再分级。每个主枝上培养2个固定外侧枝。主枝在主干上成30～45度开张角延伸，侧枝在主枝上成50度角延伸，这种树形侧枝寿命长，成形快，早期丰产，空间利用好。

2. 整形过程

第一年：定干40～60厘米，选好3～4个枝作主干培养，长到40厘米时摘心，促发主枝。

第二年：对主枝选外侧饱满芽短截，促发1～3个侧枝。

第三年：对主枝及主干延长头短截，促发健壮枝，疏去过密枝。

二、不同年龄时期的修剪

1. 幼树的修剪

无花果幼树时期主要是建立牢固的骨架。在整形的基础上，对各类枝条的修剪要尽量轻些，疏剪程度也要尽量从轻。夏季对幼树生长旺的枝梢多摘心，促分枝，形成结果母枝，使幼树提早结果。修剪延长枝一般留50厘米左右，利用留外芽开张角度。对直立性强的品种，要利用拿枝、拉枝开张角度。还要注意平衡树势，把枝条摆布均匀，使各级骨干枝从属关系分明。

2. 初结果期树的修剪

此期整形修剪的目的是尽快扩大树冠，迅速培养结果母枝，促使早丰产。冬季对骨干枝、延长头继续短截，以促发分枝。夏季要加强摘心和短截，促使中、下部发枝，利用徒长枝培养结果母枝，尽快完成树形的构建，并使结果母枝增多，使生长与结果协调。

3. 盛果期树的修剪

这一时期树冠已经形成，生长和结果的矛盾日益突出。因此，此期应注意控强扶弱，利用多种修剪方法解决各种矛盾，着重强化结果母枝的生长势，充分利用夏季摘心的新生侧枝和不定芽萌发的新结果母枝。

盛果期各骨干枝、延长枝的修剪，一般修剪量应相应增加，剪留长度以30厘米为宜。树冠停止扩大后，选旺壮枝结果，大枝缩剪到2～3年生枝，使其萌发出一年生枝，冬季再剪一年生枝，2～3年后再行缩剪。这样缩放交替使用，使骨干枝的生长势一直旺盛，保持一定大小的树冠。对各部位的结果母枝要有计划有目的地重剪，更新成新的结果母枝，稳定健壮的结果枝数量，以保证稳产。

4. 衰老树的修剪

衰老树生长势转弱，树冠多枯枝、焦枝，缺枝少杈，产量下降。此期修剪任务是及时更新复壮，重新恢复树冠。以潜伏芽、徒长枝培养2～3年，便可重新恢复树冠。在截除大枝时，要选有适当生长量正常分枝的部位短截，同时配合以加大施肥、灌水，促使树体更新复壮。对无经济价值的老树，要及时更新。

三、夏季修剪与结果枝组培养

1. 夏季修剪

无花果具有生长势较旺的枝条不间断生长的特性，在生长季节进行修剪，能促进早结果，早成形。夏剪的方法有摘心、剪梢、拿枝、拉枝等。

2.结果枝组的培养

无花果主要依靠结果母枝结果，故要着重强化结果母枝的生长势，充分利用基部新侧枝、潜伏芽或不定芽萌发长成的新的结果母枝，注意培养粗壮的结果母枝，对内膛枝组应有缩有放，对过高过长的老枝组应及时回缩，促使下部发出更新枝，对短而细弱的枝组应先放后缩，增加枝量，促其复壮。粗壮的结果母枝不但发生的结果枝粗壮，而且发出的结果枝数量也多，因而使产量得到提高。

第六节 主要病虫害防治

一、主要病害防治

1.疫病

(1)病症 无花果叶片、果实、新梢、主干都能发生疫病。在6月下旬至7月上旬，下部叶片上出现不规则的圆形病斑，暗绿色，病斑逐渐扩大，直至落叶。新梢发病后，暗褐色至黑色，新芽变黑，枯死。果实症状从绿转黑，水渍状，病斑凹陷。

(2)防治方法

①收获后，落叶修剪时，清扫园内地面病果、病叶，进行烧毁，减少越冬菌源。

②密植园或树势强的园，适当疏除结果枝，改善通风条件。

③4月上旬，地面全部铺草，防止病菌随雨滴溅起。

④由于病果，病叶是发病菌源，必须彻底烧毁。如果埋入土中反而增加菌量繁殖。

⑤发病期间，发病树病害不停止，果实不出售。疫病菌传染早，病菌潜伏期长，即使收获果看不出病斑。在货架期仍能发病。

⑥药剂防治，重点以预防为主。6月中旬至7月中旬，波尔多液(石灰1份：硫酸铜1份：水200份)或80%退菌特800～1 500倍液喷洒；7月下旬至收获期，90%疫霜灵500～800倍液喷洒。

2.黑霉病

(1)症状 黑霉病在成熟时期发生较多，主要侵染果实。危害初期，果顶裂开处果肉变成暗褐色，然后出现暗褐色的霉斑，呈水渍状腐烂。果实感病部产生暗褐色湿润状病斑，迅速扩大，引起果实软化腐烂，在表面密生灰色至暗褐色的霉斑。

(2)防治方法

①彻底清除树上树下病僵果。对年年发病的无花果果园，应特别注意在休眠期清除小僵果、病枯枝、果台，并刮除病枯树皮，以减少初次侵染来源。

②喷药保护果实。根据发病时期喷布药液。在发病期1个月左右，即开始喷布200倍波尔多液。然后，一般在5月中下旬喷第一次药，在6月上旬、下旬和7月上旬再各喷1次，共喷4次波尔多液。

③及时摘除初期发现的病果。

④采用高脂膜喷布，浓度为300倍，防效优良。

⑤从5月份起，每隔15天喷1次80%大富丹可湿性粉剂1 000倍液，共喷6～8次，防治效果为98%。

⑥用双效灵 200 倍液于 6 月中旬至 8 月上旬共喷 4 次，防病效果达 99.5%。

3. 锈病

(1)危害特征　主要危害叶片和果实，初期叶片上产生褐色小斑点，叶背面为黄褐色的粉状斑点。叶片上病斑多，落叶早，结果枝仅剩果实。发病重时，风吹动叶片，孢子堆喷出灰尘状的夏孢子，未成熟果与叶片一样有斑点，阻碍果实的膨大。

(2)防治方法

①摘除病叶，集中烧毁，力争降低越冬菌源密度。

②锈病病菌在副梢(秋枝)和根蘖的芽上越冬，发病重的年份，修剪时从基部剪掉。

③锈病发生后，锈病孢子能粘在衣服上传播。因此，每天更换工作服。发病园操作时穿戴的工作衣，不要进入不发病园。

④锈病发病初期，及早防治。

⑤药剂防治。4 月上旬(催芽期)喷石硫合剂 8 倍液。病菌在结果母枝的芽上越冬。4 月上旬，当芽萌动时，在枝条两侧均匀喷雾。尽可能选择无风晴天喷药。在无花果生长至收获的全过程中，看到发生锈病就及时喷药。用甲基托布津 1 000 倍液喷雾。也可以采用石硫合剂 200 倍液喷雾。病害大发生时，暂时停止收获，用石硫合剂 100 倍液喷雾。发生早的年份，在发病初期同一地区统一防治效果好。

4. 果实腐败病

(1)危害特征　果顶部产生灰色霉，在收获过程中，腐烂果最为常见。即使是外观正常的果实，放置 2 天以上，果孔也会裂开，果顶部发生腐烂，流出酸性很重的粉红色汁液。

(2)防治方法

①尽量摘除过熟果实。

②园内保持通风透光，避免密植和繁茂过度。

③若遇连续降雨，装箱时查看果实顶部，发现腐烂果实应剔除。

④药剂防治以预防为主，与炭疽病相同。

5. 白纹羽病

(1)危害特征　受害树的结果枝伸长差，下部变黄落叶，根上有白色菌丝，感病树逐渐枯死，但不像株枯病那样快。

(2)防治方法

①栽植前清除土壤中枯枝、残根，减少病原。

②发现病株后，尽快连根挖起烧掉。

6. 干枯病

(1)危害特征　5—6 月份主干和主枝树皮变为赤褐色凹陷，扩展成纺锤形病斑，表皮粗糙产生许多小隆起，剥下树皮，能看到淡黄色的菌丝。受冻害处，病害扩展快，寒冷冻害的年份各地均能发生。排水不良或易受干旱的园，树势差，发病多。

(2)防治方法

①削去感病部位，用甲基托布津等保护剂涂抹伤口。

②剪除枯枝，培养新枝，进行主枝更新。

③3 月中下旬喷石硫合剂 10 倍液。5 月上旬喷波尔多液。

二、主要虫害防治

1. 天牛类

(1)发生规律

①桑天牛　桑天牛 2～3 年发生一代。以幼虫越冬。成虫产卵于距地面 30 厘米左右的树干上或大枝的枝皮裂缝里。初孵化幼虫先向下蛀食皮层，当年冬以小幼虫在韧皮部越冬。开春后继续蛀食木质部边材，第三年春天后，老熟幼虫化蛹，6—7 月份长成成虫。成虫中午多静伏于枝干上。

②云斑天牛　7 月上旬成虫飞入无花果园，以主干部产卵为主，卵历期 7 天左右，孵化的幼虫蛀入木质部危害，经过 1～2 年的老熟幼虫，才能化蛹并羽化为成虫。

③星天牛　一年发生一代。以幼虫在树干内越冬，第 2 年化蛹，5 月下旬出现成虫，食害嫩树皮及嫩芽。6—8 月份成虫产卵。产卵前先将皮层咬成"T"字形或"八"字形伤口，然后产卵于内。每头雌成虫产卵 60 粒左右。幼虫孵化后在皮层内盘旋蛀食，再蛀入木质部危害，蛀道弯曲。11 月份进入越冬。

④黄星桑天牛　一年一代。成虫 5 月下旬至 8 月中旬羽化，6 月下旬至 8 月上旬迁入最多。成虫寿命 2～3 个月，食害结果枝树皮和叶片。雌成虫羽化后 10 天开始交尾，咬伤树干和主枝的树皮。每个伤口产卵孵化后，在树皮下的木质部表面危害，排出粉状虫粪。蛀入木质部取食发育，从树皮裂缝中排出木屑和虫粪。越冬幼虫翌春在孔道内化蛹并羽化。

(2)防治方法

①在每年 6—7 月份成虫产卵期，实行人工捕杀。

②成虫发生前，在树干和大树枝上涂白涂剂(用生石灰 10 份、硫黄 1 份、水 40 份配成)，防止成虫产卵。

③7—8 月份，在树干及大枝上寻找有虫粪处，发现有新鲜虫粪，用刀挖除蛀道里的幼虫。

④用 2.5%溴氰菊酯(敌杀死)、2.5%三氟氯氰菊酯(功夫)喷透，使药液沿树干流到根部，或将上述药液喷于包扎树干的编织袋、麻袋片上，或用这些药液浸或喷诱饵树枝叶。

2. 黄刺蛾

黄刺蛾食性杂，为害多种果树。幼虫只食叶肉残留叶脉，将叶片吃成网状；幼虫长大后，将叶片吃成缺刻，仅留叶柄及主脉。

(1)发生规律　以老熟幼虫在小枝杈处、主侧枝以及树干的粗皮中结茧越冬。在发生一代的地区，成虫于 6 月中旬出现，产卵于叶背，数十粒连成一片。卵期为 7～10 天。幼虫于 7 月中旬至 8 月下旬发生与为害。幼虫喜群集一处，多在叶背啃食叶肉。幼虫长大后逐步分散为害，食叶量大。一年发生两代者，越冬代成虫于 5 月下旬至 6 月上旬开始出现，第一代幼虫于 6 月中旬孵化即开始为害，7 月为为害盛期。第二代幼虫于 7 月底开始为害，8 月上中旬为为害盛期，至 8 月下旬，幼虫老熟，则在树体上结茧越冬。

(2)防治方法　在冬季或早春，剪除果树上及附近防风林上的黄刺蛾越冬茧。在幼虫发生期，可喷施 50%氯丹乳剂 800～1 000 倍液，或青虫菌 800 倍液，防治效果都很好。

3. 东方金龟子

幼虫取食无花果树根，成虫主要食无花果树的嫩芽、新芽、喜群集暴食，对幼虫为害严重。

(1)发生规律　一般一年发生一代，以成虫在土壤内越冬。翌年春季当土层解冻后，越冬成虫即逐渐上升。4 月中下旬至 5 月初大量出土活动，取食幼嫩芽、叶，为害盛期在 5 月初至 6 月中旬。6 月为产卵期，卵产在果园间作地，以 5～10 厘米深的表土层内为最多。卵期 9 天左右，6 月中下旬开始出现新的一代幼虫。幼虫取食无花果的幼根，至秋季，3 龄老熟幼虫钻入 20～30 厘米处做土室化蛹，蛹期约 10 天，羽化出来的成虫则不再出土而进入越冬状态。

成虫在日落前后从土里爬出来取食为害，并进行交尾活动，多于温暖无风、湿度大的天气中出现。一般在晚 9～10 时，成虫会从树上自动落地，钻进土里潜伏。成虫有较强的趋光性和假死性。

(2)防治方法

①对苗圃或新植无花果园，在成虫出现盛期，可于无风的下午 3 时左右，用长约 60 厘米的杨、榆、柳枝条蘸上 80%敌百虫 100 倍液，分散插在地里诱杀成虫，可收到良好效果。

②在成虫发生期，利用其假死性，组织人力于傍晚摇树将其振落捕杀。

③利用成虫入土习性，于发生前在树下撒 5%辛硫磷颗粒剂，施后耙松表土，使部分入土的成虫触药中毒而死。

④在成虫大量发生期，可进行树上喷药，喷施 8%敌百虫 800 倍液，或 50%马拉硫磷乳油 2 000 倍液，或 25%可湿性西维因 1 000 倍液均有效。

⑤利用成虫的趋光性，在成虫发生期可设置黑光灯诱杀之。

4. 蓟马

危害无花果的蓟马种类有台湾蓟马、罂粟花蓟马、大豆蓟马、枇杷花蓟马、黄马黄蓟马(柿蓟马)、葱蓟马等。但以台湾蓟马为主。

(1)危害特征　果实受害后外观上看不见异常症状，但剖开未成熟的被害果内部，有蓟马若虫和成虫栖息危害。果实内小花变为褐色，成熟果受害，果肉从茶褐色变为黑褐色，导致失去商品价值。果实内的蓟马随着成熟果膨大的糖度增加，不能活动而压死。8 月上旬的自然成熟果，受蓟马危害的可能性大。

(2)防治方法　6 月中旬当果顶部果孔张开时，用杀螟松乳剂或巴丹水溶剂 1 000 倍液喷雾，6—7 月份连续干旱年份，隔 7～10 天再喷药，能减轻蓟马危害。

5. 螨类

(1)危害特征　危害叶片和果实。在叶片背面吸汁危害。受害后叶片失去绿色，变为黄白色，叶片呈花叶状，引起早期落叶。发生多时危害果实。果面表皮粗糙，受害重时果实不能膨大，成为萎缩果，轻则有红褐色锈斑，失去商品价值。

(2)发生规律　成螨在结果母枝芽附近或树干、主枝的树皮裂缝中越冬。春季降雨少，连续高温干燥发生危害重。无花果新梢伸长期的 6 月上旬开始活动，高温干燥时数量急速上升。8—9 月份收获期发生量达到高峰。发育适温为 20～28℃，卵历期 2～3 天，若螨至成螨 6～7 天。

(3)防治方法

①4 月上旬，结果母枝的芽(鳞片)萌动时，用石硫合剂 7～8 倍液喷雾，防治越冬螨虫。

②6 月中旬至梅雨结束和 7 月中下旬，发生初期进行药剂防治。用阿维菌素 500～1 000 倍液均匀喷雾叶片背面。

第七节 采收与贮运加工

一、采收

1.采收时间

果皮的着色程度是判断果实成熟度和品质的简要方法。气温高，着果部位光照条件差的下位节的果实，8月中旬，着色度达60%～70%以上就可采收；温度低，果实着果部位光照条件好的上位节的果实，在9月上中旬以后采收，果实着色度80%～90%的标准为采收适期。

无花果鲜果的采收，尽可能在清晨或傍晚进行。一般是销售当天的早上或前一天的晚上采收，最迟于当天上午10时钟前采收结束。

2.采收方法

果实采收时，手掌托住果实，用手指轻轻压断果梗，或者用剪刀剪断果梗，但需保留一小段果梗，以减少果皮撕裂。注意小心轻放，不要碰破或擦伤果皮。

采摘人员最好戴薄型橡胶手套，手指尽量不接触白色乳汁，防止皮肤过敏或痛痒。

二、包装、保鲜、贮藏

1.包装

无花果鲜果果形大，肉质软，装盒时要注意轻拿轻放，边装边剔除破损腐变果、未熟果、裂果和过分成熟果，以确保商品质量。并按果形大小和外观色泽分级装盒。

无花果鲜果可采用透明塑料小盒包装(高8厘米，长18厘米，宽12厘米)，每盒装4～6个果实(400～500克)，这样不仅可以减少运输途中的挤压和碰撞，保证果品质量，而且出售时外观美丽，整盒出售，携带方便。也可将小盒装入适当容积的硬质纸箱内，便于集装运输。

2.保鲜剂、保鲜纸的应用

(1)SM保鲜剂　将无花果果实用MS保鲜剂浸一下，捞出晾干，装入塑料周转箱，存放在普通贮藏室内能延长贮藏期15天。它能降低果实呼吸强度，减少失水，提高硬度。

(2)涕必灵(TBZ)　用0.3%～0.5%的涕必灵溶液浸泡无花果3～5分钟，晾干后放入0.01～0.02毫米厚的塑料薄膜袋中，装入纸箱，在正常室温下贮藏，能延长贮藏期10天左右。

(3)BX-1型保鲜纸　BX-1型保鲜纸的主要作用是抑制乙烯产生，用它包无花果果实可降低损耗5%～10%，还可提高果实硬度，提高果实品质，防止病害。

3.贮藏技术

(1)无花果臭氧保鲜贮藏　无花果在采收前10天停止浇水，采收后立即用500～1 000毫克/千克萘乙酸浸泡15分钟，每5千克装入厚0.07毫米聚乙烯塑料袋中，再放入纸箱，移入0～1℃冷库中，用臭氧发生器将12～16毫克/千克浓度的臭氧通入袋内。在相对湿度为95%的条件下，无花果可贮藏2个月。

(2)无花果硅窗帐贮藏　应用塑料薄膜加硅窗大帐，多层架式结构，每层贮存无花果20厘米。搁架用铁网或在高粱秆上铺草帘做成，周围有挡板，每帐贮藏1 500千克。在温度为－1～0℃、相对湿度95%、二氧化碳10%、氧11%的条件下，可使无花果贮藏期延长到2个月。

三、简易加工技术

1. 制作果干

(1)腌制果干　当无花果果实达七八成熟时即可采收,切成片,每 502 千克鲜无花果加食盐 7.5 千克,拌匀后装入缸中压紧,用无毒薄膜封盖,在薄膜上再用食盐封压。1 周后,取出晒干即成。鲜果腌制果干的比例为 3∶1。

(2)制甜果干　当无花果果实达到 6 成熟左右采摘,用切片机切成 1.5 厘米左右厚的薄片,放在太阳光下曝晒成干。遇到雨天,可用烘干机烘干。鲜果晒成干果的比例为 47∶1。

(3)糖渍果干　用脱皮机将成熟的无花果果实脱皮,再用浓缩糖液浸泡 1～2 天取出晾干,即成风味极佳的糖渍果干。

2. 制作果粉、果酱

(1)果粉　把成熟的无花果果实洗净脱皮,放入不锈钢密封容器内,在－80℃的超低温状态下,将无花果果实瞬间粉碎成 3～4 微米的超级细粉即成。

(2)果酱　采摘成熟的无花果果实,去掉个别腐烂和不能食用的果实,然后洗涤干净,除去果皮,加入果实重量 10%的水进行预煮软化,也可用蒸气进行软化。软化后用打酱机打酱,或用粉碎机、木棍捣烂备用。

第十一章 柿 子

柿子起源于中国，有品种800多个。根据文献记载，在我国已有2 000多年的栽培历史。据统计，2008年的世界柿子产量近200万吨；其中，中国137万吨，日本25万吨，韩国21万吨。中、日、韩三国的柿子产量占世界柿子总产量的90%以上，其中仅中国就占了近70%。

柿鲜果营养成分丰富。在100克鲜果可食部分中，含胡萝卜素0.16毫克，硫胺素0.01克，核黄素0.02克，尼克酸0.2毫克，抗坏血酸16毫克，蛋白质0.7毫克，脂肪0.1毫克，糖11克，热量48千卡，粗纤维3.1克，无机酸2.9克，钙10毫克，磷19毫克，铁0.2毫克。柿饼含糖达65.22%，蛋白质1.5%，脂肪0.1%。柿的未熟果实含有多量单宁物质，可以提取柿涩（柿漆），可做防腐剂；其木材质地致密，纹理美丽，可做各种器具。

我国柿树主要分布在黄河流域，占全国柿树分布的70%～80%，主要在陕西、山西、河南、河北、山东、北京等地。柿子是北京特产，曾是北京的第一大果品；现有19.5万亩，产量6 600万千克。

目前柿子生产中主要存在以下问题：

(1)品种混杂、单一　京郊的柿子以盖柿为主，集中于10月采收上市，品种过于单一，品种结构不合理。

(2)栽培技术落后　柿树管理还停留在原始的栽培管理技术水平上，柿子树体过于高大，进行修剪、打药及采收等作业时十分不便，不利于柿子的产业化经营。

(3)脱涩、保鲜技术落后，流通渠道不完善　由于柿子上市时间集中及传统脱涩技术带来的诸多问题，柿子的流通渠道仅限于北方、特别是东北地区，广阔的南方市场尚未充分打开。

(4)缺乏生产管理和果品质量标准　柿树生产区没有一个统一的、科学的、规范的优质生产标准，造成各地生产中只根据传统栽培管理技术进行生产。

第一节　种类和品种

一、主要种类

世界上的柿属植物有200多种，大多是乔木或灌木，主要分布在热带或亚热带地区，具有较高经济价值的种类有以下几种。

(一)柿

柿原产我国，日本、朝鲜、新西兰、美国、以色列、意大利等国也有栽培。

乔木，树高可达10余米。树皮呈鳞片状开裂，新梢有绒毛。叶片倒卵形或广椭圆形，先端尖，基部楔形或近圆形；叶背密布短茸毛和腺状毛，有些品种的叶柄上也有茸毛。雌花单生、雄花成极短的聚伞花序或淡黄白色、肉质，呈钟状。雄蕊8～12个，子房8室，花柱有不同程度的联合。果实形状多样，形常较大。

(二)君迁子

君迁子又叫黑枣、软枣、遵、羊屎枣、牛奶枣、丁香枣。原产于我国黄河流域，目前山东、河北、河南、山西、陕西等省分布较多，南方也有分布。

乔木。干皮薄，灰黑色，细裂。新梢表皮常呈碎膜状脱落，细枝光滑无毛。叶椭圆形至长椭圆形。雌雄同株或异株，雌花单生，黄白色；雄花成短聚伞花序，2～3 朵簇聚在一起，红黄色，具雄蕊 8 个。花柄极短。果实极小，长、扁、圆都有，果粉多，成熟时橙黄色，软后很容易变黑色，在北方主要作为柿砧木有一种无核软枣，专供食用，其他供制柿漆或砧木，也可食用。

二、柿品种的分类

柿品种分类是以采收时果实的涩味，即果实的脱涩程度作为一个主要特性。最普遍采用的是 Bellini 和 Sugiura 的分类法。

(一)完全甜柿(Pollination-constant/non-astringent，PCNA)

此类品种不论有无种子均能在树上自然完成脱涩过程，但果肉内常常形成少量褐斑，如富有、次郎、阳丰、新秋、伊豆、骏河、太秋及中国的罗田甜柿、甜宝盖等。

(二)不完全甜柿(Pollination-variant/non-astringent，PVNA)

种子的作用范围较大、脱涩度高的品种，如 Kaki Tipo、禅寺丸、西村早生、海库曼、东洋一等。

(三)完全涩柿(Pollination-constant/astringent，PCA)

此类品种不论果实有无种子均不能自然脱涩，即果实直至软化前不能脱涩的品种，果肉内也不形成褐斑，如四沟、爱宕及中国的绝大多数品种。

(四)不完全涩柿(Pollination variant/astringent，PVA)

种子的作用范围较小、脱涩度低的品种，如平核无、会津身不知、甲洲百目、衣纹等。

三、柿的优良品种

(一)甜柿类

1. 阳丰

原产日本，1992 年引入我国，现山西、陕西、湖北、河南、河北、山东等 16 个省市和地区均有栽培。

果实大，平均重 190 克，最大果重 250 克。扁圆形，果顶广圆，橙红色，果顶更红。大小整齐。软化后红色。果皮细腻、果粉中等多、无网状纹，无裂纹、蒂隙，果顶不裂。纵沟无，果肩偶有条状锈斑，无缢痕或有浅浅的缢痕，状若花瓣，因而有人称它为“莲花座甜柿”。柿蒂大，圆形，微红色，具有断续环形纹，果梗附近环状突起。萼片 4 枚，大，扁心脏形，平展紧果面。肉质中等密，稍硬，味甜，糖度 17%，汁液少，品质中上等。硬果期 20～35 天，较次郎耐贮。

2. 次郎

原产日本，是我国目前甜柿的主栽品种。

果实大，平均重 146～200 克，最大 300 克。大小整齐。扁方形，橙黄色。纵沟浅，十字沟深，果顶广平微凹，花柱遗迹呈簇状，因而果顶易开裂。横断面方圆形。肉质脆而稍密、软化后黏质,略带粉质。汁液稍多,味稍甜,糖度 17%,品质中上。核 1～4 粒(在不配授粉树时无核或少核)。硬果期 20～30 天,耐贮。在国家资源圃 10 月下旬成熟。树姿开张。树势强。丰产,大小年不明显。新叶黄绿色,很容易与其他品种区别。接后第 3 年开始结果。

3. 罗田甜柿

原产于我国,分布于湖北罗田及麻城的张家畈、木子寨乡的部分地区。

树冠圆头形。树势强健。枝条粗壮,新梢棕红色。叶大,阔心脏形,深绿色、挺直。果实中等大略偏小,平均重 100 克。扁圆形。橙红色。着色后不需人工脱涩便能鲜食。肉质致密,味甜,含糖量 20%。品质中上,核较多。在罗田 10 月份上中旬成熟。供鲜食,也可制柿饼、菊花柿饼、柿片等。树势健壮,高产稳产,寿命长。耐湿热、抗旱。

(二)涩柿类品种

1. 磨盘柿

又叫盖柿(河南、山西)、盒柿(山东)、箍箍柿、腰带柿(湖南)、帽儿柿(陕西)等。以北京房山、昌平,天津蓟县,河北满城、易县栽培最多,最为有名。果实极大,平均重 241 克,最大可达 500 克以上。磨盘形,橙黄色。缢痕深而明显,位于果腰,将果肉分为上下两部分,形若磨盘而得名。果肉淡黄色,肉松。软后水质,汁液特多,味甜,无核,品质中上,耐贮运。最宜脱涩鲜食,也可制饼,但不容易晒干。该品种适应性强,抗寒抗旱,寿命长,产量中等。是目前我国面积产量最大的品种。

2. 富平尖柿

原产陕西富平县,耀县也有分布。分化出升底尖柿和辣椒尖柿 2 种类型。果实大,平均重 160 克,最大果重 250 克,心脏形或圆锥形,橙黄色,软后橙色。果皮细腻,果粉中等多。果实横断面圆形或略方,果肉橙色,纤维短而少;软化后水质,汁液多,味浓甜。无核或少核,易脱涩,稍耐贮,品质极上。糖度 21%。最宜制饼,也可鲜食。出饼率 28.09%,制成的柿饼称“合儿饼”,个大、红亮、霜厚、柔软、味甜、质优,是陕西省的名特产品。10 月下旬到 11 月上旬成熟。该品种适应性强,树势强健,树姿开张,丰产,无大小年。但易感炭疽病,应注意综合防治。

3. 恭城水柿

又称月柿。分布于广西的恭城、平乐、荔浦、阳朔一带。树冠圆头形,植株较矮,枝条短而稀疏。果实大,平均果重 180 克,扁圆形,果面橙色,在当地大多无核,无核时果顶微凹陷,有核时果顶平或圆,无纵沟。果肉橙色,汁液较少,糖度 17%,最宜制饼,柿饼肉质透明,细腻清甜,外形整齐美观。该品种果大,适应性强,生理落果较重,易感炭疽病,部分地区果实顶腐病易发,应加强综合防治。

4. 杵头扁

分布于平谷区乐政务、刘店、大华山等乡镇,是平谷区一个优良的地方品种,在当地栽培历史长久。

杵头扁果实扁,方圆形,无缢痕,单果重 79～150 克,果实大小不整齐;果皮表面细腻,橙黄色,有片状锈斑;果肉橙黄色,褐斑多,极甜,无核;易脱涩,不耐贮运,品质上等,既可鲜食,又可加工制作柿饼。

该品种果实成熟期 10 月上旬。

第二节　生长发育习性

一、柿树的根系

柿根初生结构为白色，随着生长发展为黑色，老根粗糙有裂纹，内部白色。

柿根因砧木不同而有差异，本砧主根发达，细胞较少，根层分布较深。用君迁子做砧木，主根较弱，侧根和细根多，根层分布浅。

柿树根系（以君迁子为砧木）可分为骨干根和吸收根。

柿根含单宁较多，受伤后难愈合，发根也较难，根系一旦受伤恢复较慢；因此，移植时应注意多保留根系，运输途中也勿使根干燥，否则常使移栽苗成活率低或树势恢复慢。

柿的抗寒性不强，根系亦然；因此，在较寒冷地区若在秋季移栽或假植时，须适当加厚培土，以免冻伤根系影响成活。

二、柿树的枝、芽、叶特性

（一）枝条

柿树当年萌发的枝条，可以分为结果枝、发育枝和徒长枝三种。

柿的枝条顶部在生长后期自行枯死，这称“自枯”现象。因此，没有真正的顶芽，其顶芽系伪顶芽（下简称顶芽）。

柿大枝一旦衰老下垂或回缩剪断，后部背上极易发生更新枝，是柿更新枝发生较早、更新频率较大的主要原因，也是人工进行树体更新的主要依据。

（二）芽

柿树的芽从枝条顶部至基部逐渐变小，有花芽、叶芽、潜伏芽、副芽等。

（三）叶

叶片展叶以后，随着枝条生长而生长，当枝条生长最快的时候，叶子生长也最迅速。同一枝条上，叶的大小依着生的节位不同而不同，基部叶小而圆；顶部中等大，较窄长；中部的最大，发育正常。

三、柿树花的特性

柿花黄白色，花瓣厚，肉质。萼片大，四裂。花性分两种，即单性花（雌花或雄花）和两性花。

雌花　单生，一般着生在粗壮的结果枝上，每叶腋着生一花。子房上位，一般由 4 个心皮组成。花柱合并程度与柱头开裂情况因品种而异。子房下方有退化的雄蕊 8 个（或 10～12 个），花丝呈狭长的三角形，花药棕褐色，不完全，花粉缺或瘦小，无授精能力。如磨盘柿、眉县牛心柿、大红柿等。

雄花　栽培品种多缺，仅在个别品种上出现，如黑心柿、襄阳牛心柿有雄花。大小为雌花的（1×2）～（1×5），呈吊钟状，每个花序有 1～3 朵花簇生。雌蕊退化，雄蕊 8 对重生，花丝短，花药长大，内有麦粒状的干燥花粉粒，吸水后立即变圆球形，发芽很快，花粉管伸长的速度很快。柿的花粉遇水易破，因此，花期遇雨影响受精，容易落花而减产。单性结实率低的品种更加突出。

完全花 有雌花型和雄花型两种。雌花型外观与雌花相似，单生于叶腋，雄蕊退化不全，常能生产有核果；雄花型着生于雄花序中间，大小介于雌雄花之间，萼片、花瓣、子房等都属中间型。这种完全花的结实率低；结果后发育不良，果呈长方形，大小约为雌花所结果的 1/3。

四、柿果实的发育特点

开花以后，果实迅速增大。果实的生长发育，大体可分为三个阶段，开花后 60 天内，果实迅速膨大；7 月中旬至 9 月上中旬，果实呈间歇性生长状态；9 月中旬采收，即着色以后至采收，又有明显的增大趋势。在同一结果枝上，由于开花先后不同，果实大小也不相同；先开花的果实大，后开花的果实小，尤其是结果量大、座果率高的品种更显著。

第三节 柿树对环境条件的要求

一、温度

柿原产于我国长江流域，在年平均温度 10～21.05℃均有栽培，最适于温带中部温和气候。在休眠期，柿树有一定耐寒力，冬季最低温度降至－14℃，无任何损害，且能忍耐短期的－18℃的绝对最低温。冬季绝对低温降至－20～－15℃以下，时间较长时，枝梢易受冻害，甚至整树冻死。

甜柿系统的品种耐寒力较涩柿系统的品种弱。甜柿的营养生长期平均温度须在 17℃以上；但温度过高达 20℃以上时，果皮粗厚，果肉褐质较多，品质降低，甜柿最宜于长江流域与西南云贵高原一带栽培。涩柿对气温的适应范围较甜柿为广，在我国南北各地除过冷地区外都有分布。

二、水分

年雨量 382.6～1947.2 毫米，是柿的经济栽培的必要条件。

枝叶生长期雨量过多，阻碍授粉受精，易致落花落果；幼果期如遇阴雨过多，日照不足，则会减少同化，养分的形成，引起生理落果；生长期中盛夏果实久旱又不行灌溉时，土壤缺乏水分，果实发育会受到阻碍，甚至引起大量落果；在果实成熟前多雨，易致果实在树上腐烂，秋季干燥少雨是其必要条件。因此，在南方 5、6 月梅雨期需排水，而在北方 7、8 月干旱期，需及时行灌溉，以利果实的生长。

三、光照

对柿子最有利的光照强度是 64 000 勒克司，相当于夏天 8—9 时的太阳光。光的强度因四季、早晚、阴晴等气象变化而变化，也随着叶幕厚度而减弱。由于树冠外围较内膛光照充足，有机养分容易积累，碳氮比相对地较高，因此花芽容易形成，发生的结果枝较多，坐果率也比较高，并且果实发育良好，风味浓；相反，内膛光不良，有机养分积累不多，碳氮比相对较低，花芽形成少，结果量少，也容易脱落，而且枝条细弱，容易枯死，结果部位逐年外移。

日照充足与否对产量影响极大。由于日照不足，枝条不充实，碳氮比下降，花芽分化不良或中途停止，开花量不多，而且坐果率降低。花期和幼果期阴雨过多，生理落果显著，使产量下降。一株树上，南面日照充足，结果比北面多。日照对果实品质有一定影响，日照充足，光合作用活性较强，有机养分积累增加，含糖量高；相反，日光不足，含糖量显著降低。

四、土壤

柿树对土壤的适应性较强；但要使其生长良好，寿命持久，高产稳产，要求具备如下条件：

1. 土层深厚

柿为深根性，土层深，树冠生长也相应增强，对增加结果，维持树势，延长树龄，均有好处。柿园土壤深度至少需 1～1.2 米。

2. 排水良好

柿的根系与其他果树相比较，对土壤通气状况的要求不严，但要使其充分伸展发育，发挥其应有的作用，土壤通气状况要良好。要求排水良好，地下水位低至 1 米以下。

3. 保水力强

柿虽不喜阴湿，但喜土壤中保有适当水分，因为它对水分的要求多；在干燥地区树势显著衰弱，果实不肥大，易受药害，落果多，且易发生落叶病。

4. 坡度较缓

柿在平地与倾斜地都可行栽，但坡度太陡，往往土层浅薄，保水力弱，肥力不足，对柿生育多有不利。柿喜日光充足，其方向宜选用阳光充足的坡地，结果与果实的品质均良好。故一般利用坡地建柿园时，以倾斜度在 20 度以下者为最有利。

第四节　育苗与建园

一、柿园选址

(一)气候条件

年平均温度 10～21℃，最适年均温 13～19℃，1 月份平均气温不低于－10℃。

(二)地形条件

选择山地与平原广阔的过渡地带的浅山丘陵、山麓地带及与之相邻的平原区域的山前暖区。特别是选择这一地区的背风向阳的小流域、岗台地，斜坡平地，且要避开风口、冰雹区域建园。

(三)土壤条件

以土层深厚的壤土和黏壤土最好，土壤有机质在 1.5%以上，地下水位在 1.2 米以下，排水良好；pH 值 6.5～8.5；含盐量在 0.026%以下。

(四)水分条件

年降水量 400～800 毫米。

二、柿园建立

(一)栽植时期

主要在秋季落叶后及春季发芽前进行。北方冬季严寒,土地封冻早,不便操作,也易冻伤根系,影响成活,宜在春季栽植。栽后如能埋土防寒,也可在秋季栽植。长江以南气候温暖,以冬季栽植较为理想。

秋季栽植可使根系在翌年春萌芽前有较长时间进行恢复和生长。为第二年春地上部发芽做好准备。春天发芽前进行栽植,离发芽期很近,根系没有较长时间恢复,生长一般不如秋季栽植的好。

(二)栽培管理

①有风的地方为了防止苗木被风吹倒,在苗边立支柱,把苗缚在支柱上。

②苗木从苗圃挖出后,根系大大缩小,初栽时不能吸收足够的水分供地上部分萌发。因此需将地上部分适当修剪,减少水分蒸发。

对尚未定干的苗木,在栽后立即定干;定干高度,成片柿园为 60～80 厘米,柿粮间作的为 1～1.5 米,干高以上再留出 15～20 厘米芽作为整形带。

③寒冷地区若进行秋植时,定植后应在苗基部培土防寒或将苗木压倒埋土防寒。

④苗期根系浅,不耐干旱,需在定植后检查土壤湿度;发现土壤过干应及时浇水,尤其在盛夏季节,更需注意。

第五节 柿园土、肥、水管理技术

一、果园覆盖方法

利用农家有机材料如麦秸、稻草、玉米秆、玉米轴、豆秸、绿肥、杂草等有机物质,覆盖于树盘、树行或全园。覆盖厚度在 15～20 厘米,覆盖物上适当压土,防止覆盖物被风刮走及防火灾。较大的覆盖材料如玉米秆,不易被风刮跑,可顺行排放,其上可不必压土。常年保持覆盖时,每株覆盖量需 70～100 千克;树行覆盖时,每亩覆盖量需 1 000～1 250 千克;全园覆盖时,每亩覆盖材料需 2 000～2 500 千克。如用新鲜材料,每亩覆盖量需在 4 000 千克左右。

覆盖视草源一年四季均可,山坡、旱涝地果园解决保墒和培肥土壤,一般最好在春季开始。

二、绿肥的种类及果园生草

绿肥作物分为两大类,一类是豆科绿肥,如各种豆类、紫云英、苕子、田菁、紫花苜蓿、紫穗槐等;另一类是非豆科绿肥,如荞麦、黑麦草、油菜、肥田萝卜、水生绿肥及野生的水草、青草等。

优良的绿肥,应该是易于栽培,适应性强,产草量高,含有丰富的营养物质。我国幅员辽阔,绿肥资源十分丰富,种植前要因地制宜地加以选择。一般在瘠薄沙地柿园,可间作两年生白花草木樨;沙岗、空闲地可种植沙打旺;土质较好的地可间作油菜;紫穗槐适应性强,在各类土壤中均能生长，如土质条件好，产量较高，是我国北方平原和山地果园种植最为广泛的绿肥作物。

果园生草要控制草的高度，1 年中割几次，把割下的草覆盖在树下或作为畜生的饲料，转化成农家肥，然后还原给果园。

三、柿园施肥种类

(一)基肥

宜用迟效性的堆肥、厩肥、饼肥、骨粉、绿肥等，辅以追施硫酸铵、过磷酸钙、草木灰、硫酸钾等速效肥。基肥是供给柿树生长的基本肥料，一般在采收后或萌动前施入，最好在采收后施入。至土壤结冻前挖放射状、条状、半环状沟施、穴施方法施入。幼树和初结果期树，每年每公顷施基肥 25 000～30 000 千克；盛果期树，每株施有机肥 50～75 千克，最好与多元素颗粒柿专用肥每株 3 千克或与氮、磷、钾配比(有效成分 N：P：K＝10：2.4：10)的化肥 3 千克混合施入。

(二)追肥

盛果期柿树，每年每公顷追施纯氮 100 千克、五氧化二磷 25 千克、氧化钾 100 千克；于 7 月上旬(雨季前)，三种化肥混合后，一次投入。施入时期为新梢速长期，幼果膨大期、果实着色期。新梢迅速长期以氮肥为主；幼果膨大期以磷、钾肥为主；果实着色期氮、磷、钾肥配合施入。施入方法为穴施或撒施。依据平衡施肥理论，配置氮、磷、钾、锌等 7 元素颗粒的柿专用复合肥，每公顷追施 500 千克效果更佳。

根外追肥溶液必须掌握适当浓度，浓度太高会发生焦叶现象。追肥时间宜选择阴天和早晚日光较弱时喷布为好，可以减少叶面蒸发，使其充分吸收。

四、柿园灌水与排水

(一)灌水

1. 灌水时间

全年可分为萌芽前、新梢速长期、果实膨大期和结冻前 4 次进行。于萌芽期灌水可促进枝叶生长和花器发育；开花前后灌水有利于坐果，防止落花落果。另外，在每次施肥后灌水，有利于肥效的发挥。

2. 灌水指标

萌芽前、花期和幼果膨大期保持田间最大持水量的 60％～70％，花芽分化临界期保持 50％～60％为宜。

(二)排水

山地梯田和鱼鳞坑在雨季应注意保水和排水，防止大雨冲刷。

第六节 柿树的整形修剪技术

一、柿树的树形

(一)主干疏层形

其结构特点为有明显的中央领导干,主枝分层分散在中央领导干上。第一层一般有三个主枝,第二层二个主枝,第三层一个主枝,构成三层主枝的主干分层形的树冠。上下两层主枝应错开分布,避免重叠。层间距为60~70厘米,层内距为40~50厘米。此种树形后期特别注意控制上层枝条,勿使生长过旺,必要时可以考虑落头。

(二)自然半圆形

其结构特点为没有明显的中央领导干,在主干上端着生4~6个主枝,向斜上方自然生长,各主枝生长势大体相等,主枝上分层着生侧枝,侧枝间互相错开,均匀分布,使树冠呈半圆形。自然半圆形,虽无明显层次,但树冠开张,树体较矮,内膛通风透光良好,因而也能丰产。

(三)变则主干形

其结构比起传统的疏散分层主干型整形,光照条件好,容易获得高品质、整齐的大个果实,而且也能够高产和稳产。一般第7年开始落头,将主干3米以上部分全部去掉。使主枝数在4~5个,侧枝为6~8个,到此树的骨架建设基本完成。以后,根据立地条件及树体生长发育状况,适当调整均衡树势,使树冠尽快扩大成形。

(四)自然开心形

由杯状形演变而来,无中心干。一般主枝3个,错落着生于主干上,相邻主枝间隔30厘米左右,每主枝着生2个侧枝。该树形骨干枝确定较早,整形容易,树冠较小,管理较为方便。但主枝间的距离较小,常出现“卡脖”现象。一些干性较弱的品种通常采用此类树形。从第5年修剪开始从主枝的基部开始依次确定侧枝,每个主枝上选留两个侧枝,这样,全树3大主枝,6个侧枝,共9个骨干枝,树的骨架基本确定。第6年以后要合理配置结果枝组,培养结果母枝。以后适当调整均衡树势,使树冠尽快扩大成形。

二、修剪

(一)柿幼树的修剪

幼树是定植后到开始结果期,1~5年生树。

1. 生长特点

幼树生长旺盛,停止生长迟,新梢长,层性明显,隐芽萌发能力强,摘心后能发出二三个梢,顶端优势明显,分枝角度小。

2. 修剪原则

选留强枝培养骨架,开张角度,扩大树冠,疏截结合,增加枝量,提早结果,为早期丰产打下基础。

3. 修剪方法

定干后,经过1年的生长,冬季选留直立向上的枝条,作为中央领导干。下部选留3~4个向四周均匀分布，角度开张适宜，长势较强的枝条作为第一层主枝，并在 60～70 厘米处短截（剪口芽向外侧），疏去少数过密枝，为使第一层主枝生长旺盛，须抑制中心干的顶端优势。中央领导干达第二层高度时，冬剪短截，发生分枝形成第二层主枝；与此同时第一层主枝先端也发出延长枝和侧分枝，这些新生枝生长直立，应当采取撑、拉、吊等方法开张角度。第二层仍按第一层办法整形要求选留。一般 3～5 年，骨架基本形成，生长也渐趋缓慢，以后逐步疏除过密枝条，逐渐培养成结果枝组。

(二)初果期-初盛果期树的修剪

1. 生长特点

柿树成形，进入初果期至初盛果期，树姿逐渐弯曲，结果枝组、结果部位开始外移，出现大小年和枝组自然更新。

2. 修剪方法

(1)结果母枝的修剪　柿树以强壮结果母枝结果为主，结果母枝越粗壮，抽生的结果枝数量越多。因此坐果数量也就越多。当结果母枝密集一起时，应当进行疏剪，去弱留强，保持一定距离。过粗的枝条会抽生很多结果枝，应根据需要可剪去顶端 1～2 个芽，以适当减少结果量。多余的结果母枝自顶端 1/3 处短截，剪去混合芽，作为预备枝。生长旺盛的树，结果枝仍能形成花芽，在不影响通风透光的情况下，可以让结果母枝全部结果，不必短截成预备枝。

(2)发育枝的修剪　先将内膛或大枝上向下着生的 6～10 厘米长的细弱枝条疏去，以利通风透光，减少养分消耗，对有二、三次梢的发育枝，应将不充实的部位剪去。在长度 20～40 厘米的发育枝上最易产生结果母枝，应当根据具体情况进行处理，长的在 1/3 处短截做预备枝，短的可以不剪。生长较弱的结果枝能成为结果母枝的，均按发育枝对待，但这种发育枝多在结果部位以下没有侧芽，因此可从基部短截，留 1～2 厘米短截，激发副芽萌发成枝。

(3)徒长枝的利用　对于经过修剪后大树上所产生的徒长枝一般无多大用处，留下来易扰乱树形，应从基部疏除。当出现较大的缺枝部位时，可以短截，培养成枝组，以补空间。

(三)盛果期大树的修剪

1. 生长结果特点

北京地区盛果期大树多为放任生长，树体高大，骨干枝数量多，互相穿插、遮蔽，上强下弱，内膛光秃，外围多年生枝冗长，结果部位外移，呈伞状结果，树势衰弱，产量低，大小年现象严重，大枝受刺激后隐芽萌发成枝，容易出现自然更新现象。

2. 修剪方法

(1)去弱留强，调节群枝结构　盛果期放任生长柿树第一次修剪(果农称之开荒修剪)，采取“疏缩结合，以疏为主，集中复壮”的方法。这种方法是鉴于盛果期大树结果主要集中于树冠外围而制定的，具体实施时尽量疏除纤细枝、弱枝、无效枝；尽量保留结果母枝，提高结果母枝在树冠中的比例和结果能力。结合肥水管理，在连续进行二三年的修剪之后，待膛内结果母枝量逐渐增加，并优于外围结果母枝的情况下，回缩外围冗长的多年生枝，疏除纤细枝、无效枝，增加内膛结果母枝比例，用新的强壮结果母枝逐步代替外围多年延伸的势力弱的母枝。提高全树结果能力，并加快树势的恢复。

对于少数没有产量、过弱和显著大年树，为尽快复壮，结合调整大小年，在开荒修剪的当年就可以采取“疏缩结合，以缩为主，集中复壮”的方法。

(2)调整和更新枝组　对放任生长柿树冠中的高枝组,光秃延伸枝组以及平行、交叉、重叠等枝组进行调整,采取压缩过高枝组,调节、回缩光秃延伸枝组;改造平行、交叉、重叠枝组,使其枝组紧凑,生长有空间,通风透光,不影响层间光照。

(3)调整树体结构　开荒修剪当年,一般不急于调整树体结构,以免影响当年产量,待连续二三年之后,结果母枝、结果枝组在数量增加并有所复壮、产量上升时,分年度调整树体结构。即主枝过多的大树,每年去其1～2个,去掉过于拥挤、过于光秃或严重影响光照的大枝、骨干枝数保持在8～9个为宜,并使之摆布均衡合理。

对于少数没有产量、过弱的和显著大年树为尽快建立建立一个合理的树体结构,结合调整大小年,开荒修剪的当年即可调整树体结构,不影响当年产量。

(4)充分利用徒长枝　放任生长的盛果期大树内膛光秃、缺枝是低产的重要原因之一。多年生枝回缩修剪,调整树体结构形成的剪锯口处都会发生密集的徒长枝,有空间的可以把角度适当、枝条健壮的枝保留下来;在光秃带生长的徒长枝,可间隔一定距离,剪留30～40厘米,填补空间,培养成枝组;对于缺少大骨干枝的部位,也可以利用其附近发生的徒长枝,经过多年培养,形成新的骨干枝。

(5)调节负载量　根据品种、树龄、树势、管理水平确定计划产量,推算出应保留的结果母枝数,进行修剪。有利于克服大小年,促进丰产稳产。

(四)衰老树的更新修剪

1.生长特点

树势极度衰弱,骨干树枝残缺不全,新梢生长量很小,枯枝逐年增加,坐果率低,内膛尚能萌发徒长枝。

2.修剪方法

重落头,回缩骨干枝,上部主枝短留,下部长留;主枝长留,侧枝短留;保留结果母枝,压低更新结果枝组。对失去结果能力的柿树,可进行全树更新,做到一年更新,二年整形,三年四年结果,构成新树冠。

(五)夏季修剪

柿树是高大落叶乔木果树,枝叶生长迅速,顶端优势明显,树冠较开张,自然更新能力很强,所以柿树夏季修剪的主要任务是缓和生长势和调节花果量。

1.抹芽和疏枝

柿树芽萌发后到新梢木质化前,要对大枝分杈处、大枝剪锯口附近、弯曲的弓背上部萌发的不定芽以及多余的芽抹除或疏除,以免长成徒长枝,消耗养分,扰乱树形,影响通风透光和结果。如若有空间,可适当选留1～2个发育健壮枝补空,通过摘心或短截控制。

2.摘心

对旺长幼树的旺盛发育枝和大树内膛有利用价值的徒长枝,在长达15～20厘米时摘心打顶,促发二次枝,扩大营养面积,当年形成花芽,下年即可结果。也可防止前部跑条旺长、后部光秃现象的发生。

3.短截

有些易结果品种的大年树,几乎所有结果枝上每一节都能开花结果。为了避免结果过量,影响下年产量和树势,可于4—5月份新梢现蕾时,将部分结果母枝从基部短截,一般每留2个结果母枝，必须短截1枝，以促进副芽萌发长成发育枝，保证适当的枝果比。

4. 环剥

在健壮的幼旺树或旺而无果的大树上进行环剥，可促进花芽分化，提早结果。其方法是在春季于主干、大枝的光滑处，先刮去粗皮，露出微黄色的韧皮部进行错口半圆形或螺旋形环剥，剥口宽度依环剥枝干的粗度和生长势决定，一般在5毫米以下。一般在初花期开始到盛花期完成，从大枝或结果枝组基部进行，可以减少落果和促进果实肥大，对老树不宜采用环剥方法。

第七节　花果管理

一、生理落果

落果有两种情况，一种是由于炭疽病和柿蒂虫等病虫害引起的；另一种是柿树自身生理失调所致，称为“生理落果”。

生理落果时期，一般在终花期以后至7月上中旬；但以6月上中旬最剧烈，约占落果总数的80%以上。多数品种在以后不再脱落，个别品种在8～9个月出现第二次落果。前者称生理落果，后者为采前落果。

柿的生理落果各地不一，大多有多次落果高峰，第一次是花后的3周左右落果量最多；第二次在8月中旬至9月中旬为采前落果，多与季节和降雨、病虫害有密切关系。

二、疏花

疏花为摘去过多的花蕾或花果，一般花蕾期进行效果较好。柿树一个结果母枝能发生多个结果枝，而一个结果枝最少也着生1、2朵花，多则7、8朵花，坐果率大约为10%～20%，因此在开花前将过多的花蕾摘去，以免养分的浪费，对促进所留果实的发育尤为有效。疏花时，一个结果枝上多花时，一般自下留第二朵花为宜，这样不仅果形大，且生理落果率亦小。实际操作时，应多观察比较留下强壮的花朵，疏去过密的花朵。

疏花时期以在开花前10日为宜，此时花梗尚未硬化，用手指易于摘去，不必用剪刀。

三、疏果

留果量依品种、土质、树龄、树势、树冠大小等而有差异。具体确定时，宜先根据上年或过去经验，参照当年树生长情况，决定每亩可能收获的生产指标。一般栽培品种盛果期的柿树，每亩以收获果实1 500～2 500千克，即平均2 000千克为标准。以杭州扁花柿为例，充分成熟肥大的果每斤约3个，每亩生产指标如预定为4 000千克，则理论上应留12 000个，但实际上需加落果、病虫害等损害的预备果约20%，这样每亩需留果约14 400个。如果每亩栽植数为20株，则每株平均宜留果720个。在实际疏果时，各树应留果数未必一律，尚须依树势等情况而合理分布。一个结果枝应留的果数，平均大果种1个，中果种2个，小果种3个。

柿疏果时应注意：

(1)留结果枝中央部个大形正的果实，并须注意所留的果蒂形状。

(2)留无病虫的果，并尽量留枝上侧生或向下的结果。

(3)依结果枝的长短而定果，一般短果枝至多留1个，大结果枝可留2个或2个以上。

(4)疏果时应使树冠各部果实,分布均匀、负担均衡,使果实成熟后整齐一致。

(5)小年树上果少时宜尽量留果;大年树上果多宜疏果。

(6)柿叶果比大体为(15～20)∶1。

第八节　主要病虫害防治

一、主要病害防治

(一)柿圆斑病

柿圆斑病又称柿子杵或柿子烘。

此病危害柿树叶片,病斑初呈现叶为褐色小斑,边缘不明显,逐渐扩大,呈圆形,深褐色,边缘黑褐色,直径 1.5～4 毫米,一般为 2～3 毫米。病叶渐变红色,随后在病斑周围发生黄绿色晕环,一片叶上病斑可多达 200 余个,从出现病斑到叶片变红脱落最短仅 5～7 天。生长势较弱的树叶片变红、脱落较快,生长势强的树叶脱落时不变色,病叶脱落果实迅速变红变软、脱落。

圆斑病菌以成熟的子囊壳在病叶中越冬,至第二年子囊壳成熟,孢子传播受当年降雨影响,5 月下旬至 6 月中旬为子囊孢子飞散高峰期,经叶背气孔入。潜伏 50～100 天。8 月中旬至 9 月上旬开始发病,9 月下旬叶片大量出现病斑,10 月中旬以后渐停止发病。一年内仅有一次侵染,不发生重复侵染。当年发病早晚与 5—6 月份降雨有密切关系,5—6 月份降雨偏大则当年发病早;反之则晚,柿园土壤瘠薄,施肥不足,树势衰弱时病害也较重。

防治措施:

(1)秋末冬初清扫落叶,全面彻底、集中深埋或烧毁,压低病原菌越冬基数。

(2)5 月中下旬柿落花后,在孢子大量飞散前喷 1∶5∶600∶1* 波尔多液(*为 107 胶或农用 6501 展着剂)。保护叶片,10～15 天后再喷一次。注意喷药时要均匀喷布叶背。

(3)增施有机肥,对生长衰弱树要加强肥水管理,增加树势。

(二)柿角斑病

柿角斑病菌侵害柿树的叶片和果实蒂部。在叶上病斑开始出现时,叶正面呈黄绿色,形状不规则,叶脉变黑色。病斑颜色逐渐加深,10 余天后呈浅黑色,再经 5～10 天,病斑中部褪为淡褐色并出现黑色小粒点。病斑四周受叶脉所阻,出现黑色边缘,但不如正面明显,也有黑色小粒点,但较正面细小。病斑自出现至定型约需 30 天。柿蒂染病时,病斑发生在柿蒂周围呈多角形,褐至淡褐色,有黑色边缘或无明显边缘,病斑大小不定,由蒂的尖端向内扩展,蒂两面可产生黑色小粒点。发生严重时,提早 1 个月落叶,造成大量落果,同时枝条生长不充实,越冬易冻而枯死。

角斑菌以菌丝在病叶病蒂上越冬,至翌年 6—7 月间,在一定温度条件下,产生新的分生孢子进行初次侵染。直至 9 月间越冬的病残体可陆续产生分生孢子。树上残留的病蒂是主要的侵染源和传播中心,在侵染循环中占有重要地位。病菌在病蒂上可留活 3 年以上。分生孢子借雨水传播,自叶背侵入,潜育期 25～28 天,当年发病的病斑上陆续地存在着分生孢子。只要条件适合,分生孢子即可连续侵入寄生。北京地区 8 月份开始发生,9 月份大量落叶、落果,以后继续落果。发病和落叶迟早，与雨季早、晚和雨量多少有密切关系，5—8月份降雨大，降雨月多，10月份部分植株全部落叶，如降雨少，并集中在5—8月份，则至8月下旬开始发病，10月下旬部分树叶落光，柿果变软，影响产量。

防治措施为：

(1)清除枯叶和病蒂。早春发芽前除枯枝，摘病蒂，减少侵染源。

(2)5月下旬至6月上旬喷1：5：600波尔多液1～2次，可收到良好效果。

(三)柿炭疽病

此病主要危害果实和枝条，叶片上很少发生，即使有，也只限于叶柄或叶脉上；果实主要在近蒂处发病。在新梢上发生的病斑，多呈椭圆形，黑色或黑褐色，表面略凹陷而开裂。上面散生小点(孢子层)。病斑环绕新梢一周时，因输导组织遭受破坏，病斑上部的枝条即干枯，引起落叶。

枝条一般在6月上旬开始发病，果实发病较晚，一般在6月下旬、7月上旬，或8月下旬至9月上旬，发病初期果面出现小黑点，逐渐扩大呈圆形或椭圆形，略凹陷，病斑直径约1厘米。病斑中央有黑点，其上有黑灰色的黏状物(分生孢子)着生。被害果实容易软化脱落，或发酸变质。

病菌在病枝和病果上越冬，气温在9～36℃之间都能活动，但以25℃最适宜此菌的繁殖和发展。当果实或枝条有伤口时更易侵入。

防治方法：

(1)收集烧毁病枝和病果。

(2)选择抗性强的品种。

(3)严格选择苗木和接穗，防止此病传播。

(4)萌芽前喷一次5波美度石硫合剂。

(5)6月以后喷1：(2～5)：600倍波尔多液。

(6)营养期不宜多施氮肥，防止枝叶徒长。

(四)柿白粉病

此病危害叶子，引起早期落叶，偶尔也危害新梢和果实。发病初期(5—6月间)，在叶面上出现密集的针尖大的小黑点，病斑直径1～2厘米，以后扩展县全叶，这与一般白粉病特征不同，往往不易识别。秋后在叶背出现白色粉状的菌丝及分生孢子，10月在菌丛中散生黄色至暗红色像红蜘蛛一般的小粒点，即病菌的子囊壳，之后囊壳呈黑红色。

白粉病菌以子囊壳在落叶上越冬。翌年4月上旬，柿叶展开后，从子囊壳飞散出子囊孢子落于叶背，发芽后从气孔侵入。病菌发育最适宜的温度为15～20℃，26℃以上发育几乎停止，15℃以下便产生了囊壳。

防治方法：

(1)及早清扫落叶，集中烧毁。

(2)冬季深翻果园，将子囊壳埋入土中。

(3)4月下旬至5月上旬喷0.2波美度的石硫合剂，杀死发芽的孢子，预防侵染。

(4)6月中旬在叶背喷1：(2～5)：600倍波尔多液，抑制菌丝蔓延。

(五)柿疯病

病树春季发芽晚，生长迟缓，叶脉黑色，枝干木质部变为黑褐色，严重的扩及韧皮部组织；

枝条丛生或直立、徒长或枯枝、梢焦，结果少且果实提早变软后脱落，严重的不结果或整株死亡。

防治方法：

(1)休眠期改良土壤，冬季修剪。

(2)新梢生长期，盛花期喷钙、硼各一次。

(3)加强检疫，预防角斑病、圆斑的发生，防止早期落叶的发生，注意防治媒介昆虫斑衣蜡蝉、血斑叶蝉。

(4)病轻时可在主干基部钻孔，深达主干直径2/3，成年树每株注射1 000毫克/千克春雷霉素2～5升；病重时及时挖除。

二、主要虫害防治

(一)柿绵介壳虫

又名柿毛囊蚧、柿粉蚧，俗称"斑""树虱子"。以若虫和成虫危害柿果、嫩叶和叶片，受害严重的果实早期变黄，软腐脱落，甚至绝产；枝条受害后可使1～2年生枝死亡；主干受害可形成"爆皮"，即粗皮层翘起，对树势影响极大。

此虫在北京地区一年发生5代，以初龄至二龄若虫在主干粗皮缝及多年生枝皮缝中越冬，在1～2年生枝上主要集中在轮痕、芽基和芽鳞片内越冬。第二年4月中下旬越冬若虫开始出蛰，爬到嫩叶，叶柄及表面的主脉或侧脉处固定危害，使受害部位的叶背面形成木栓化畸形膨大；危害严重时，叶面畸形不能伸展。雌虫于5月中下旬开始披蜡(基本与花期吻合)，形成白色卵囊，并陆续产卵。卵产于卵囊内虫体后方，每雌产卵110～180粒，最多240粒。卵期9～11天，第一代若虫孵化后分散危害，多集中在果实和叶背，在果实上危害时，被害处失绿变黄，逐渐变黑凹陷，后期果实大时常龟裂造成落果。各代发生不整齐，基本每月发生1代，各代若虫发生期为第一代6月上旬至7月上旬；第二代7月中旬至8月中旬至9月上旬；第四代为9月下旬至10月下旬；越冬代若虫10月下旬孵化，11月初开始越冬。

防治措施：

(1)早春刮树皮，每年2月中旬以后，对主干老翘皮要彻底刮除，同时在柿树发芽前，即3月底至4月初，全树喷3～5波美度石硫合剂，消灭越冬若虫。

(2)4月下至5月上若虫出蛰高峰期喷布0.5～0.8波美度石硫合剂，均能收到良好效果。

(3)6月中旬第一代若虫孵化高峰期，进行树上药剂防治，用药同前。

(4)保护天敌。黑缘红瓢虫和红点唇瓢虫为柿棉介壳虫的天敌，要注意保护。

(二)柿蒂虫

柿蒂虫又叫柿实虫、柿食蛾，君迁子果实的重要害虫之一。此虫以幼虫蛀食柿蒂，第一代危害后柿果变褐，多不脱落；第二代受害后，果实提前脱落，造成严重减产。

在北京地区一年发生2代，以老熟幼虫在柿树枝干的老皮下和树根土缝中以及残留于树上的被害干果中结茧越冬。越冬幼虫于翌年4月中下旬化蛹，5月中下旬成虫羽化盛期，成虫发生期不整齐近1个月。初羽化成虫飞翔能力很弱，趋光性弱，白天停留于柿叶背面，怕阳光，刮风下雨不飞不动，晚9时左右为活动交尾、产卵时间。卵多产于果柄与果蒂之间，卵期5～7天，每雌产卵10～40粒。第一代幼虫5月下旬开始害果。幼虫孵化后先吐丝将果柄、柿蒂缠住，不让柿果落地，将果柄吃成环状或果柄皮下钻入果心，粪便排于果外。一个幼虫能连续危害柿果 5～6 个。6 月下旬至 7 月上旬幼虫老熟，一部分在被害果内，一部分在树皮下结茧化蛹。在被害果内作茧的，羽化孔从外观看似白线头，极易识别；在君迁子上化蛹的羽化孔多在萼片下。第一代若虫羽化盛期在 7 月中旬左右。成虫发生期近两个月，第一代幼虫危害期在 8 月上旬至 9 月下旬，8 月下旬以后幼虫陆续老熟。第二代幼虫从柿蒂蛀入果内危害，被害果由绿变黄、变红，大量烘落。

防治措施：

(1)早春刮树皮　2 月中旬以后对树干、主枝的老翘皮彻底刮除，结合堵树洞、培土堆，压低越冬基数。堵树洞要求用黄土：石灰＝3：1；培土堆要求在树干根基方圆 60 厘米地面培土高约 20 厘米，土堆可于 6 月中旬以后去除，在以上措施基础上，全树喷布 2.5％功夫菊酯 1 500 倍液，减少越冬虫量。药剂防治。

(2)树上喷药　在 5 月中下旬、7 月下旬至 8 月上旬幼虫发生高峰期，各喷药两次，每次药间隔 10～15 天。发生量大时可考虑每代幼虫发生期喷药 3 次，用药剂为 20％菊马乳油 2 500 倍液，着重喷果实、果梗、柿蒂。

(3)人工摘除虫果　从 6 月中旬至 7 月中旬，8 月中旬至 9 月上旬。每 3 天人工采摘虫果一次，深埋，压低虫量。7 月中下旬至 8 月上旬(具体时间以测报为准)，一般发生期较长，又是雨季，以打 2 次药为宜，并在药中加入 0.1％～0.2％ 107 胶或农用展着剂，抗雨水冲刷。另外，利用越冬代幼虫喜在幼果内化蛹的习性，在 6 月 20 日至 7 月 10 日期间，摘除树上僵果并深埋，可以大量压低第一代发生量。

(4)8 月中下旬树干扎草绳诱杀越冬幼虫，冬季取下烧毁。

(三)秋千毛虫

俗称柿毛虫，又名舞毒蛾。柿毛虫以幼虫食叶危害，食性较杂，危害 500 多种植物，主要危害柿、杨树、苹果、桃、杏、梅、柑橘、核桃、栗、柳、栎、落地松等。严重发生时，可将全株叶片吃光，影响树体正常生长。

每年发生 1 代，以卵块在树干背阴面及梯田石缝中赵冬，翌年 3 月底至 4 月上开始孵化。幼虫孵化期每年差异较大，从 10 天至 1 个月不等，初孵化幼虫，可借风传播，幼虫夜间取食，白天潜伏在老皮缝、树杈、树洞、地上石块下。3 龄以后幼虫白天多下树潜伏。5 月中旬幼虫进入 4 龄后，取食量增大，称“暴食期”，严重的几天内可将叶片全部吃光。雌虫一生共 7 龄，雄虫 6 龄，6 月中旬开始化蛹，蛹期 10～14 天，6 月底至 7 月初成虫羽化。雄蛾飞翔能力较强，趋光性强，雌蛾不活泼，每只雌蛾可产卵 1～2 块。产卵时，雌蛾将腹部鳞片覆盖在卵块表面，保护卵块。

防治方法为：

(1)收集卵块　从 12 月份以后至 3 月中旬以前，人工收集卵块，集中深埋或烧毁，可以保护天敌。

(2)树干涂药　3 月底至 4 月初，幼虫初卵期，使用水与菊酯类农药，如敌杀死、溴菊酯、速灭杀丁。水与农药的比例为 1：(40～50)倍。作法是在树主干 1 米左右便于操作的部位，喷 15～20 厘米的带环，阻隔上、下树的幼虫。一般虫龄越低效果越好，但要注意清除树上卵块，山区要注意“搭桥树”的防治。

(3)树上喷药　幼虫大量上树危害时，可全株喷布 2.5％功夫菊酯乳油 2 000 倍液，或

1 500～2 000 倍液或 0.5～0.8 度石硫合剂触杀幼虫。

(4)成虫羽化盛期,用黑光灯诱杀成虫。

(四)柿斑叶蝉

又名柿血斑小叶蝉,柿水浮尘子,血斑浮尘子以成虫。若虫在柿、枣、桃、李、葡萄、桑的叶背面刺吸汁液,破坏叶绿素的形成。主要分布在北京、河北、河南、山东、山西等省市。柿树受害严重时能造成早期落叶。

一年发生 2 代,以卵在当年生枝梢皮层内越冬,越冬卵翌年 4 月下旬开始孵化,5 月中旬为成虫羽化盛期。羽化后 3 天开始交尾,第二天可产卵,卵期约 14 天。6 月中旬第二代若虫出现,7 月上旬第二代成虫出现。越冬卵一般在当年生枝条皮层内,卵粒散产,着卵枝粗在 3～4 毫米。若虫孵化后,集中在叶背面中脉附近吸食汁液,不甚活跃,严重发生时,被害叶正面呈褪绿斑点,甚至全叶呈苍白色,提早脱落。第一代成虫产卵叶背近中脉处,成虫和老龄若虫性均活跃,成虫受惊后即起飞。

防治措施为:

(1)加强果园管理　合理施肥灌溉,增强树势,提高树体抵抗力,科学修剪,剪除病残枝及茂密枝,调节通风透光,保持果园适当的温湿度,结合修剪,清理果园,减少虫源。

(2)保护和利用天敌。

(3)化学防治　在若虫盛发期即 4 月中旬至 5 月上旬。喷施 2.5%功夫菊酯乳油 2 000 倍液,效果较好。

第九节　采收、脱涩与贮藏加工

一、采收

柿子采收的时期据目的不同而有区别:作为硬柿供食用,可在着色以后陆续采摘,脱涩后供应市场;用于制柿饼的,宜于果实成熟、由橙转红时采收,一般都在霜降前后采收,果实含糖量高,尚未软化,削皮容易,制成的柿饼品质较优;作为软柿食用的,当果实呈现该品种固有的色彩、半软状态才采收,这样的果实较人工催熟的味甜好吃。

二、柿子脱涩方法

(一)硬柿供食

脱涩后的柿果,肉质脆硬,味甜。这种柿子又叫柿、暖柿、温柿、泡柿、呛柿等。

1.温水脱涩

将新鲜柿果装入铝锅或洁净的缸内(内器忌用铁质,以防铁和单宁发生化学变化而影响品质),倒入 40℃左右的温水,淹没柿果,密封缸口,隔绝空气流通。脱涩时间的长短与品种、成熟度高低有关,一般经 10～24 小时便能脱涩。

这种方法脱涩的柿子味稍淡,不能久贮,2～3 天后颜色发褐色变软,不能大规模进行。但脱涩快,小规模的、就地供应时,采用此法较理想。

2.冷水脱涩

多在南方应用。将柿果装在箩筐内,连筐浸在塘内,经 5～7 天,便可脱涩。或将柿浸于缸内，水要淹没柿果，水若变味则换入清水。也有 50 千克冷水中加入辣蓼(芝麻秆、柿叶)1.5～2.5 千克，倒入柿果，以水淹没，上面覆盖稻草，经 5～7 天也能脱涩。

3. 石灰水脱涩

每 50 千克柿果，用生石灰 1.5～2.5 千克，先用少量水把石灰溶化，再加水稀释，水量要淹没柿果。3～4 天后便可脱涩。如能提高水温，能缩短时间。

4. 二氧化碳脱涩

将柿果装在可以密闭的容器内，容器上下方各设一个小孔。二氧化碳由下方小孔渐渐注入，将孔塞住。温度 25～30℃，在常压下 7～10 天便可脱涩；如果加压至 7～11 千克，温度维持在 20℃左右，2～3 天后便可食用。若在容器中再加入少量酒精，则能加速脱涩。

(二)软柿供食

经脱涩后的柿果，质软，可以剥皮。又叫烘食、丹柿、爬柿等。

1. 鲜果脱涩

柿果装入缸内，每 50 千克放入 1.5～5 千克梅梨或木瓜、槟子、沙果、山楂等其他成熟的鲜果，分层混放，放满后封盖缺口。经 3～5 天后，便软化、脱涩，而且色泽艳丽，风味加浓。

2. 熏烟脱涩

先挖一条横沟，宽 1.2～1.4 米，深 1.2 米，长度可根据地形和柿子的多少而定，作为人行道。再在沟的侧旁挖圆锥形的窑洞，底宽 70 厘米，深 70 厘米，口径 20～25 厘米，在洞底下，从沟道的一侧开一个 20 厘米见方的火口(似煤炉)，与窑洞底相隔约 10 厘米厚，在此隔层中间钻 2～3 个小孔，作为进烟孔，上盖 1～2 块瓦片，以分散烟雾。在一条横沟两侧能挖很多窑洞，两个窑洞之间只需保留 80 厘米的距离即可。

熏烟的方法：将柿果整齐排放在窑内，放满后洞用砖盖住，再用泥封闭。在火口中燃烧草树叶等物，使烟从小孔注入窑内。每天早、中、晚各熏一次，每次用燃料 1～1.5 千克，经 3～4 天后，柿果软化脱涩，取出后放在通风处，散去烟味，便可食用。

3. 自然脱涩

南方许多地方，果实成熟后不采收，让它继续生长，等到软化后再采，吃起来已经不涩。北方常在柿果成熟后采下，经贮藏变软，吃起来也不涩。这种不加任何处理而脱涩的称自然脱涩。

4. 酒精脱涩

将柿果装在桶或其他容器中，每装一层柿果，喷布少量酒精，装满后加盖密封，约经一星期便可脱涩。

5. 刺伤脱涩

利用机械伤害，加速果实的内呼吸，促进后熟。方法是在柿蒂附近插入一小段干燥的芝麻或竹篾，几天以后就变软不涩。

6. 植物叶脱涩

用柏树、榕树等植物的叶片，与成熟的柿果混放在容器内，数日后便可脱涩。

7. 乙烯利脱涩

用 250 毫克/千克的乙烯利(2-氯乙基磷酸)的水溶液在树上喷布至果面潮润，或将采收后的果实，连筐在上述溶液中浸 3 分钟，经 3～10 天，便可脱涩。脱涩的速度快慢因品种、成熟度、药液浓度、浸渍时间及温度高低有关。

三、柿的贮藏

我国各地对鲜柿的贮藏，依各自气候和地理条件，因地制宜。选用中、晚熟耐贮品种，细心采收，严格挑去病、虫伤果进行贮藏，一般有以下几种方法。

(一)室内堆藏

选择阴凉、干燥、通气好的窑洞或无人居住的房屋(楼棚)，清扫干净，铺一层谷草(或稻草)厚15～20厘米。将选好的柿果轻轻地堆放在草上，厚达3～4层(小果类可适当增加)，过厚容易变软、相互挤压损伤而变质。此法在北方可贮至春节前后。数量不多可装在筐内，置冷凉处，也有同样效果。

(二)露天架藏

选择阴凉、温度变化不大的地方，用木柱搭架，一般架高1米，过低影响空气流通，柿果容易变黑或发霉，过高操作不便；架面大小依贮量多少而定。架上铺箔或玉米秆，上面再铺一层10～15厘米的谷草，把柿果轻轻堆放在草上，厚度不要超过30厘米，太厚了不通气，柿果容易软化或压破。柿果放妥后，再用谷草覆盖保温，使温度变化不致过大。上面设置防雨篷，以免雨雪渗入，引起霉烂。雨篷与草要有一定距离，以利通气，这样在山西可贮到清明前后，色泽的品质不变。也有连枝折下，用绳串缚，挂在背阴的房檐下或冷凉的房内墙上，也可贮至清明前后。

(三)自然冷冻贮藏

在寒冷的北方，将采下的柿果放在冷凉的房内墙外的架上，如前法，勿使解冻。这样可贮至春暖时节，色泽、风味不变。

(四)速冻贮藏

将贮藏用的果实先放在－20℃以下的冷库里，处理1～2昼夜，使果肉细胞充分冻结，停止生命活动，然后在－10℃左右的温度中贮放。这样，色泽及风味变化甚少，几乎可以全年供应。食用时将冷冻的果实浸于水中慢慢解冻。这种方法能保持维生素C的含量。

(五)液体贮藏(又称矾柿法)

将成熟较晚或皮较厚、水分少、耐贮藏的品种，在着色变黄时细心采收，轻放筐内。前一天将水烧开，每50千克水加盐1千克，明矾0.25千克，溶化后冷却备用。将配好的盐矾水倒入干净缸内，再将鲜柿放入，并用柿叶盖好，以竹条压住，使柿果完全浸没液中。当水分减少时须经常添加。这样能放到春季，甚至可放到4—5月份。取食时严禁手取，必须用干净的勺捞取。否则杂菌进入容易发酵变质。这种方法贮藏的味甜、质脆，但贮量少，有时略带碱味。

这种贮藏方法，技术要求很严，一般不易掌握。质量好坏与盐、矾配合的比例有关，必须根据品种、成熟度灵活运用，并且卫生条件的要求也较高。

(六)气体贮藏

将鲜柿置于密闭的容器中，如坛、箱、聚乙烯薄膜袋、库等，减少氧的含量，抑制生命活动，就能延长贮存时间。代替氧气充实空间的气体，即气体贮藏所用的气体有二氧化碳、一氧化碳、氮、乙烯等，以二氧化碳最实用。在可密闭的容器中放入空气的15%～30%的二氧化碳后密闭。这样，可贮存2～4个月，使果实保持脆、硬、不变色。

气体贮藏时要注意：

①要经常调节气体浓度，不要太高。否则因缺氧呼吸使糖分分解，味变淡；产生多量的乙醛等物质，使果实具有一种令人不愉快的刺激性臭。

②必须保持一定的湿度，湿度过大，不耐贮藏，可用生石灰、氯化钾等作吸湿剂。

③贮藏期温度控制在 0～8℃。

四、柿饼制作法

(一)阳干法

利用自然太阳晒干，为制作柿饼最经济的方法。如果秋季柿成熟期多晴天，则柿可以迅速干燥，品质优良。我国华北或西北气候干燥、秋高气爽、阴雨甚少，是适宜阳干制柿饼的区域。

(二)火干法

火干设备最简单为干燥器。此器为木板制，高 170 厘米，宽及长各为 50 厘米，上方设小换气孔 5 个，侧面上下 2 处各设 1 个小玻璃窗，以便于干燥中观察内部，下方一侧设高约 36 厘米，宽约 40 厘米的出入口，以便炭火的放入和取出，器内分为上下两层装置竹的梁木，以便悬挂柿串。

干燥时应注意：

(1)在一器内勿放入过量的果实，即重 170～200 克的果每次一器内能干燥的分量以 400～500 个为度。

(2)妥善调节温度。

第十二章 枣

枣树是我国特产的一种果树，远在古代，枣树与桃、杏、李、栗一起并称“五果”，广为栽培，目前，仍然是我国第一大干果。我国枣树的栽培历史可追溯到 7 000 年以前，有文字可考的历史也在 3 000 年以上。我国古代在枣的栽培上非常重视品种的选择。在《尔雅》中记载有 11 个品种，到元代柳贯写的《打枣谱》已搜集到 73 个品种。1993 年出版的《中国果树志 · 枣卷》记载枣品种 749 个。

我国枣树分布极为广泛，分布范围在北纬 23～42.5 度、东京 76～124 度之间，90％分布在秦、晋、豫、冀、鲁五大枣区。目前全国枣树栽培面积已达 150 万公顷，枣果年产量在 300 万吨以上，占世界枣产量的 99％以上。

枣果含有丰富的营养物质，富含维生素 C、维生素 P(路丁)。枣可制成多种加工品，枣花量大，花期长，蜜汁丰富而质优，是很好的蜜源植物；枣叶可以制成枣叶茶饮用；枣树木质坚硬，纹理细致，是优质的木材。枣树是很好的水土保持树种，还适合于庭院栽植，绿化美化环境。

第一节 种类和品种

一、种类和分布

枣属是鼠李科中最重要的一个属，该属拥有多种重要栽培果树及观赏、药用、蜜源植物。全世界约有枣属植物 170 种，多分布在热带和亚热带地区；我国枣属植物有 18 种，主要的种为枣、酸枣和毛叶枣，除黑龙江外均有分布。

二、品种分类

枣树品种分类方法目前尚不统一，生产上的分类方法主要有：

(1)按地区分类，一般以年平均 15℃等温线为界，划分为南枣和北枣两个生态类型。

(2)按果实大小分类，把枣分为大枣和小枣两类。

(3)按用途分类，分为制干品种、鲜食品种、兼用品种、观赏品种。

三、优良品种介绍

(一)鲜食品种

1. 冬枣

别名冻枣、苹果枣，山东德州、聊城、河北黄骅等地均有分布，果实近圆形，果面平整光洁，平均果重 10.79 克，大小较齐。果皮薄而脆，赭红色，不裂果。果肉质地细嫩，味甜多汁，品质极上。鲜枣含可溶性固形物 38％～42％，可食率 96.9％。果实生长期约 125 天，在原产地 10 月上旬成熟。树势中庸偏弱，发枝力中等，枝叶较密。该品种适应性较强，较耐盐碱。丰产稳产。

2. 尜尜枣

果实两端钝尖而光圆，中间大，为鲜食名贵品种之一。平均单果重 7.31 克。果皮薄，紫红色。果肉质细而脆嫩，甜而微酸，汁多，鲜果含全糖 29.91%、含酸 0.56%，含维生素 C 189.1 毫克/100 克，品质上等。果实 9 月上旬成熟。树势中，早期丰产和丰产稳产性极佳，但易裂果。

3. 马牙白枣

又称白马牙，北京地方品种。果个大小较均匀。果肉淡绿色，细嫩多汁，风味甜，可食部分占全果重的 92.94%，鲜果含全糖 35.3%、含酸 0.67%，每百克鲜果肉含维生素 C 332.86 毫克，品质上等。8 月下旬果实成熟。早果丰产性极佳，适应性较强，对土壤条件要求不严格。容易裂果是不足。

4. 郎家园枣

原产北京朝阳区郎家园一带。果实小，长圆形，平均果重 5.63 克，大小整齐均匀。果面平滑、具光泽，果皮薄脆、深红色。果肉质地酥脆多汁，甜味浓，稍有香气，可食率 95.7%，品质极上等，鲜果含糖 31%～35%。树势和发枝力较强，产量不高。在北京产区，果实生长期 90～95 天，9 月上旬成熟，采前裂果较轻。

5. 长辛店白枣

北京地方品种，果型大，平均单果重 14.3 克，长卵圆形，平均纵径 3.2 厘米，径 1.8 厘米；皮薄，肉脆，汁多，味甜，鲜果含可溶性固形物 29.6%。可滴定酸 0.26%，维生素 C 375 毫克/100 克。品质极上等，9 月中旬果熟。树姿半开张，树冠为多主干乱头形。主干灰褐，树势强健，发枝力不强，丰产性极佳，采前裂果较重，不耐贮运。

（二）鲜食与制干兼用品种

1. 赞皇大枣

原产河北赞皇，果实长圆形或倒卵形，平均果重 17.3 克，大小整齐，果面平整，果皮深红褐色，不裂果，果肉致密质细，汁液中等，味甜略酸，含可溶性固形物 30.5%，可食率 96.0%，制干率 47.8%，果实生长期 110 天左右，产地 9 月下旬成熟。该品种适应性较强，耐瘠耐旱，坐果稳定，产量较高。果实品质优良，适于制干枣和蜜枣，也宜鲜食，用途广泛。适于北方日照充足，夏季气候温热的地区发展。

2. 骏枣

主产于山西交城，果大，圆柱形，平均果重 22.9 克，大小不均匀。果面光滑，果皮薄，深红色。果肉质地松脆，汁液中等。含糖量 28.7%，酸 0.45%，维生素 C 432 毫克/100 克，可食率 96.3%，品质上等。果实生长期 100 天左右，产地 9 月中旬进入脆熟期。生食、加工、制干均可，制作醉枣品质甚优。

3. 苏子峪大枣

原产于平谷区大华山乡苏子峪，也称苏子峪蜜枣。果实较大。果皮薄，果肉致密而脆，果汁中等多，味甜而稍酸。核稍大。果实 9 月上中旬成熟。枣头黄褐色。生长旺盛。树势较旺，较丰产。适应性强，山地、半山地都可栽植。抗病力弱，食心虫为害较重，枣疯病严重。果实品质上等，可干鲜两用。丰产性能好，抗逆性强。

(三)制干品种

1.金丝小枣

原产山东、河北交界地带，栽培历史悠久。该品种果实晒半干，掰开果肉，黏稠的果汁可拉成6～7厘米长缕缕金色细丝，故名“金丝小枣”。果实较小，平均重5克。果皮薄，鲜红色，光亮美观，果肉质地致密细脆，汁液中等多，味甘甜微酸。含可溶性固形物34%～38%，维生素C 56毫克/100克，可食率95%～97%，制干率55%～58%，果实生长期100天左右，产地9月下旬成熟。盛果期产量高而稳定。

2.泡泡红大枣

北京地方品种，主要分布在房山区南尚乐一带。果实纵径2.1厘米，横径1.3厘米，个较大。果皮厚而硬。果肉硬而紧密，汁液少，味甜。果实9月上旬成熟。树势强健，丰产，适应性强，抗逆性强，对土壤要求不严格，是北京地区制干的优良品种。

(四)加工品种

1.义乌大枣

原产于浙江义乌、东阳等地。果实大，圆柱形或长圆形，平均果重15.4克，大小均匀，果面不很平整。果皮较薄，赭红色，少光泽，稍有粗糙感。果肉厚，质地稍松，汁液少，鲜食味淡，适宜制作蜜枣，品质上等。白熟果生长期95天左右，在浙江义乌果实8月下旬进入白熟期。成熟期遇雨不裂果。该品种耐旱涝，要求土壤肥沃，并配植授粉品种以提高产量。

2.宣城尖枣

原产于安徽宣城的水东。果实长卵圆形，果形大，平均重22.5克，大小整齐。果皮红色，果面光滑，加工期采收时乳黄色，很少裂果。汁液少，甜，味淡，可食率97%，栽植地以壤或砂壤土为好，耐旱、不耐涝，抗风性差，不抗枣疯病。果实在产地8月下旬进入白熟期。蜜枣果形整齐，透明度高，吸糖量高。肉厚核小，品质上等，素有“金丝琥珀蜜枣”之称。

(五)观赏品种

1.龙爪枣

别名龙枣、龙须枣、蟠龙枣、曲枝枣。果实不适食用，然其树体矮小、树形、枝形、果形美观奇特，是难得的观赏品种，可庭院栽培或制作盆景。

2.胎里红

别名老来变。果实长圆形，果皮中厚，幼果为紫红色，以后渐减退，至白熟期转变为绿白色，略具红晕、随果实成熟度递增，色泽又渐加深，至完熟期，转为红色。可制作蜜枣。在河南镇平9月上旬成熟。果生长期100天左右。该品种适应性强，早产丰产性好，因其枝、花、特别是幼果均呈红色，有很高的观赏价值。

第二节　生长结果习性

一、根系

1.根系的种类

枣树的根系因繁殖方法不同分为实生根系和茎源根系，茎源根系是指分株、扦插及茎尖组织培养繁殖枣树的根系。

2. 根系的分布

根系分布与品种、土壤条件和管理措施等有关。大枣根系分布深而广，小枣类型则较浅，精细管理的枣园根系发达，放任生长的枣树根系生长较差；土壤肥力强，则根系健壮。枣实生根系主根和侧根均强大，且垂直根较水平根发达，实生幼苗刚出土时，垂直根长度为地上部的2倍左右。茎源根系一般水平根较垂直根发达，向四周延伸的能力很强，其分布往往超过树冠的1倍以上。水平根又称“行根”和“串走根”，其主要功能是扩大根系分布范围，增加吸收面积，并发生不定芽形成根蘖。

3. 根的生长

枣树的根系先于地上部生长，开始生长的时间因品种、地区和年份而异。土温达7.2℃以上开始生长；7—8月份土温22～25℃时，达生长高峰期；9月份以后土温降至21℃以下时，生长又趋缓慢；随土温降低，渐至停止生长。在根系生长活动季节，土壤湿度在60%～70%，空气通透，能加速根的生长；否则，不但根系生缓慢，其生长期和寿命都会缩短。根系生长强弱与地上部生长明显相关，4—5月份枝叶旺盛生长期，根系生长缓慢；进入6月份，枝叶生长趋于缓慢，开始积累营养物质，根系生长逐渐加快；7—8月份，枝叶基本停止生长，根系生长则进入高峰时期，以后因温度下降而停止。

二、芽

1. 主芽

主芽又称正芽或冬芽，为鳞芽，因其着生部位不同，生长习性各异。位于枣头顶端的主芽，生命活力旺盛，往往能萌生发育枝，连续延长生长多年，形成树体的骨架或大的结果枝组。着生在枣股顶端或侧生在枣头一次枝和二次枝叶腋间的主芽一般生长缓弱或呈潜伏状，受强烈刺激后方能萌发为强壮的营养枝。枣树的潜伏芽寿命很长，可达数十年至数百年，这一特性有利于树体更新复壮，也是枣树长寿的基础。

2. 副芽

副芽又称夏芽，为裸芽，着生在主芽的侧上方，副芽具有早熟性。枣树的主副二芽着生在同一节位上，为复芽。枣头一次枝的基部和二次枝上的副芽，萌发后形成枣吊，枣头一次枝中上部的副芽萌发后形成永久性二次枝，其上的主芽翌春均萌发形成新枣股；而一次枝上的主芽翌年多不萌发。枣股上的副芽萌发后形成枣吊，开花结果，是主要结果性枝条。枣股上也可抽生枣头，增加枝量；幼树整形时，二次枝基部短截，可刺激枣股萌出角度开张的健壮枣头作为主枝。

三、枝

1. 枣头

枣头即一般果树上的发育枝或营养枝，是形成骨干枝和结果基枝的主要枝条。新生枣头的作用是进行营养生长、扩大树冠和增加结果部位提高产量，新生枣头当年即可结果。

2. 枣股

枣股是由枣头一次枝和枣头二次枝上的主芽萌发形成的短缩结果母枝，是结果的主要枝条，枣股主芽每年萌发生长1～2毫米，枣股副芽每年萌发抽生枣吊。

3. 枣吊

枣吊是枣的结果枝，主要着生在枣股上，当年生枣头一次枝基部和二次枝各节也着生枣吊。枣吊每年春季萌发生长，在叶腋间形成花序，开花结果，晚秋脱落，故又叫脱落性枝。是枣树开花结果的枝条，又是进行光合作用的重要器官。

四、花

1. 花和花序的形态与构造

枣树为多花树种，花为单生或3～10朵以上组成紧密的二歧聚伞花序或不完全二歧聚伞花序。枣花小，具萼片，花瓣、雄蕊各5个。萼片绿色，卵状三角形，无毛；花瓣黄色，开花前花瓣紧抱雄蕊，开花时与雄蕊分离；蜜盘（称花盘）肥大，单花盛开时蜜汁丰富，具浓香；落花后，萼片、花瓣、雄蕊随幼果形成而脱落。

2. 花芽分化

枣树花芽当年分化，随生长随分化，单花分化期短，分化速度快，全树分化持续期长。枣单花分化仅历时6天左右，单花序分化需6～20天，单个枣吊分化期一般1个月左右，单株分化则长达2～3个月之久。

3. 开花和授粉

枣花较小，花径仅6～8毫米，盛开时蜜汁丰富，香味浓郁，为典型的虫媒花。枣花开放当天授粉坐果率高（50%），第二天授粉坐果率显著地降低（2%），以后授粉则全部脱落，枣落花落果严重与单花有效授粉期短也有关系。

自然状况下，枣很多品种自花授粉也能结果，很多枣区常栽种单一品种，不配植授粉品种；但是，异花授粉可提高坐果率，而有些品种则必须配植适当的授粉品种。因此，建园时应需考虑为主栽品种配植适宜的授粉树。

低温、干旱、多风、连雨天对授粉不利。花粉发芽以24～26℃为宜，空气湿度太低（40%～50%）通常也影响花粉的发芽，故生产上在花期喷水为花粉发芽创造条件，以提高坐果率。

五、果

1. 果实生长

枣树自然坐果率通常只有1%左右。枣树花后1周左右就大量落花落果，在北方枣区落果高峰出现在6月中下旬至7月上旬，即幼果迅速生长初期，此期落果量约占总量的50%以上，7月中下旬生理落果基本结束。后期落果多因病虫或机械伤害引起。

根据枣果细胞分裂和果形变化，可将果实发育划分为三个时期。

(1)迅速增长期　包括果实细胞旺盛分裂和迅速生长期。授粉授精初期，细胞迅速分裂，大果型品种细胞分裂期长达4周左右，且分裂速度快；小果型品种细胞分裂期短（2～3周），而且分裂慢。迅速增长期是果实细胞分裂生长的关键时期，要消耗较多的营养物质，如肥水不足，不仅果实瘦小，而且生理落果严重。

(2)缓慢增长期　果实各部分增长速度下降，果核细胞壁加厚并木质化，核完全硬化；同时，种仁充实、饱满，期末达最高峰。此期末果肉细胞增长已趋停止，果实的重量和体积也在直线增长。此期持续期长短因品种而异，一般为4周左右。

(3)熟前增长期　主要进行营养物质的积累和转化，细胞和果实的增长均很缓慢，此期果实达一定大小，果皮绿色变淡，开始着色，糖分增加，风味增进，直至果实完全成熟。

2. 果实成熟

(1)白熟期　枣果果皮褪绿，变白，呈绿白色或乳白色时为白熟期，此时果实体积不再增长，肉质比较疏松、汁少，含糖量低，果皮薄而柔软，最适于加工蜜枣，是加工品种的采收期。

(2)脆熟期　枣果白熟期过后，果实开始着色，果皮光滑，果肉脆甜多汁，具备了本品种的特有风味，为脆熟期，是鲜食品种的采收适期。

(3)完熟期　枣果脆熟期过后15天左右，果皮颜色进一步加深，糖分不再增加，果实变软，果皮微皱，并出现自然落果现象时为完熟期，是干制品种的采收时期。此时采收加工的红枣品质最优。

六、枣树与环境条件的关系

1. 枣树与气候条件的关系

(1)温度　枣树是喜温树种，其生长发育要求较高的温度，品种不同对温度的要求也有所不同。枣树在春季日平均气温达13～14℃时芽开始萌动；抽梢和花芽分化则需18～19℃以上的温度；日平均温度在200℃左右进入始花期，22～25℃进入盛花期。枣树花粉发芽的适温为24～30℃，果实生长期要求24～25℃以上温度，积温2 430～2 480℃；气温下降至15℃枣树开始落叶，一般至初霜期到来时树叶落尽。

枣树根系开始生长要求土温7～20℃，20～25℃时生长旺。土温降至21℃时生长减缓，至20℃以下则停止生长。枣树根系生长期较地上部为长。枣树在休眠期对低温适应性较强，－31℃枣树仍能安全越冬。

(2)水分　枣树对水分的适应性较强，在降水量1 000毫米以上的南方和年降水量不足100毫米的甘肃敦煌均有枣树栽培，北方枣树主产区的年降水量多在400～600毫米。但枣树生育期内对水分条件也有一定的要求。花期干旱，空气湿度过低，严重影响坐果；果实发育期持续干旱，会导致果实明显变小；果实发育后期至成熟期多雨，易引起严重裂果和烂果而减产。

枣树根系抗涝性较强。

(3)光照　枣树为喜光树种。日照时间短，抽生结果枝少，且枝短而弱，坐果少，树冠内秃裸现象严重。一般在树冠外围和南向光照好，结果较多，品质也好。

(4)风　枣树在休眠期抗风力较强，对其生长结果影响不大，常用作防风固沙树种。

2. 枣树与土壤和地势的关系

枣树对土壤适应性强，各种类型土壤均可正常生长。枣树对土壤pH的适应性也广，如浙江义乌、兰溪土壤pH 5.5～6.0，河北沧州pH 8.0～8.5，两地均为驰名中外的枣产区。地势对枣树的生长发育影响不大；无论低洼盐碱地，还是山丘地，枣树均能生长，高山地区也能栽培枣树。不同品种对土壤的适应性不尽相同，生产上亦应注意适地适树及改良土壤。

第三节 育苗与建园

一、优质枣苗的繁育

1. 育苗方法

(1)分株育苗 分株法育苗,也称之为归圃育苗,是利用枣树有自生根蘖的特性,将大枣树下萌生的小苗挖掘出来,移植到苗圃地里培育使其长成新株,所育成的苗木称为“归圃苗”。分株法育苗优点是可直接栽种定植,操作简便;不足是育苗数量有限,难以大规模生产,并对母株树势及产量影响甚大。

(2)嫁接育苗 嫁接是目前繁殖枣苗的常用方法,采用嫁接法育苗繁育率高,育苗速度快,能保持母本的优良性状,较早进入结果期;还便于利用野生酸枣资源。嫁接育苗所用砧木有本砧、酸枣和铜钱树三种;本砧是指用栽培枣的根蘖苗和用种仁饱满的枣核播种育成的实生苗;野生酸枣分布广,适应性强、资源丰富;铜钱树为野生树种,属鼠李科马甲子属大乔木。

枣苗一年四季均可嫁接。嫁接的方法也有很多种,春季最常用的方法是切接和插皮接;枣苗夏季嫁接,一般采用带木质部“T”形芽接。

2. 苗木出圃

育苗时,一要控制苗木的密度,每亩产苗5 000株左右为宜;二要加强苗圃水肥管理,做到壮苗出圃,嫁接部位以上10厘米处粗度应达到0.8厘米以上。起苗时,尽量挖大坑,保证根系完好。

起苗时,根据苗木分级规格分别分级包装或假植。分级标准见表12-1。

表12-1 枣树苗木分级规格

级别	苗高(米)	地茎(厘米)	根系状况
一级	1.2～1.5	1.5以上	根系发达,直径2毫米以上、长20厘米以上侧根6条以上
二级	1.0～1.2	1.0以上	根系发达,直径2毫米以上、长15厘米以上侧根6条以上

注:引自《枣树无公害生产综合技术》(DB11/T 330—2005)。

二、建园栽植

(1)栽植时期 枣树和其他落叶果树一样,春秋季均可栽植;但栽植最适时间,应根据当地自然条件而确定。

(2)栽植密度 生产上栽植密度可参照表12-2。

表12-2 枣树栽植密度

	株行距(米)	株数/亩	适宜园地
稀植园	(3～5)×(8～20)	7～28	以粮为主,兼收枣利
一般密度园	(3～4)×(5～7)	28～44	一般园地,管理水平较高
中等密度园	(2～3)×(4～5)	44～83	土肥水条件好,管理水平高
高密度园	(1.5～2)×(3～4)	82～148	土肥水条件好,管理水平极高
超密园	(0.5～0.7)×(1.0～1.8)	600～1 000	土肥水条件好,特殊管理技术

注:引自《枣树无公害生产综合技术》(DB11/T 330—2005)。

第四节 土肥水管理

一、土壤管理

1. 中耕除草

枣树根系浅，杂草常与其争肥。枣树生产实行清耕，通过中耕松土，可达到除草保墒之目的。生长季中耕深度一般为5～10厘米，中耕次数应以气候特点和杂草生长情况而定。北方春季及初夏干旱少雨，应锄松表土保墒，在杂草出苗后及时中耕除草效果较好。夏季杂草繁盛，在雨季来临之前翻耕一次，既可除去杂草，又可增加土壤有机质。

2. 土壤间作

枣粮间作适宜的间作物是矮秆作物，可以种小麦、谷类，但应提倡枣园间作豆科作物，如豇豆、红小豆、绿豆、黄豆等；通过间作，在增加收入的同时，提高了土壤肥效。同时提倡枣园间作绿肥，常用的绿肥作物有沙打旺、草木樨、紫花苜蓿、紫穗槐、田菁、绿豆、苕子、豌豆等。

二、施肥技术

1. 施肥时期

枣树的施肥，应针对每一时期营养分配的特点来进行。就需肥规律而讲，枣树生产上要特别注意"四肥"，即秋季基肥、萌芽肥、花期肥和助果肥（幼果期追肥）的施用。秋施基肥应以有机肥为主，适当配合施入一些速效肥。

2. 施肥量

一般认为，枣树需肥量应该比苹果需肥量还高，因为枣鲜果的干物质、糖分含量比苹果高1.2～1.8倍。一般生长结果期树株施有机肥30～80千克，盛果期大树株施有机肥100～200千克。生长季追肥在萌芽前以氮肥为主，适当配合磷肥；一般多在4月上旬进行。1～3年生幼树，每株可追施尿素或磷酸二铵0.1～0.3千克；盛果期大树，每株可追施磷酸二铵1.0～1.5千克。花期肥在花前和初花期进行，以氮、磷肥为主，适当加入一些钾肥；施磷酸二铵0.5～1.0千克，硫酸钾0.5～1.0千克。助果肥，氮、磷、钾配合施用，追肥量为磷酸二铵0.5～1.0千克，硫酸钾0.75～1.0千克。

三、水分管理

1. 需水的关键时期

早春萌芽前，一般4月上中旬，结合追肥灌1次催芽水。花期对水分相当敏感，水分不足，授粉受精不良，降低坐果率；北方枣区枣树开花期正处干旱风季节，"焦花"现象相当严重，因此，要结合花前追肥灌1次助花水。幼果发育期，需水量较大；此期正值7月上旬，天气干旱，气温高，枝叶易和幼果争夺水分，导致幼果萎蔫，要结合追肥灌1次促果水。在果实白熟期，结合追肥灌水，有利于枣果膨大，有利于果实着色鲜艳，提高品质。为了增强枣树抗寒能力，在土壤上冻之前，结合施基肥灌1次封冻水。

具体的浇水时期、次数要因地制宜，在山区和没有浇水条件的地方，应进行多次中耕，蓄水保墒，以及应用旱作抗旱栽培技术，解决枣树生长结果的需水问题。

2. 节水栽培

许多枣树种植园干旱无水，灌水条件不足或根本没有灌溉条件，种植枣树可以采用以下几种节水栽培措施。

(1)滴灌和喷灌　采用喷灌或滴灌，减少大水漫灌用水浪费现象。

(2)穴贮肥水　在树冠下挖3～5个直径20～30厘米、深40～50厘米的圆柱状坑，坑内放入玉米秸、杂草等物，将追肥施入，然后覆土，将水灌入坑中，坑上覆地膜或覆草，以增强蓄水保肥效果。

(3)施用保水剂。

(4)整修树盘　枣树虽较抗旱和耐涝，但要获得高产仍要在生长期进行灌水和排水，以满足枣树对水分的需要和防止积水危害。

3. 枣园排水

枣园土壤水分过大或园地长期积水，会引起土壤严重缺氧，根系发育不良，树势衰弱，产量下降。果实生长后期园地积水，还会加大空气湿度，枣果大量霉烂脱落，丰产不丰收。枣树建园地应做好排水工程，一旦土壤超过田间最大持水量60%～80%时，就立即进行排水。

第五节　整形与修剪

一、枣树的主要树形

1. 疏散分层形

树形的特点是树冠呈半圆形，骨架结构牢固，立体结果，负载量大，主枝分层，通风透光好。枝多，级次多，成形快，产量高。有主枝6～8个，分2～3层；第一层主枝3～4个，第二层主枝2～3个，第三层主枝1～2个。主枝基角50～60度。每主枝配备侧枝1～3个。第一、二层间距离70～100厘米，二、三层间距离40～60厘米。该树形适合栽培密度较小的中密度果园和稀植枣园。

2. 开心形

树体较矮小，树冠小，通风透光良好，结果枝组配备较多，结果枝较多，叶面积系数较大，前期产量高。树体结构特点是树干上部着生3～4个主枝，主枝以50度角左右向四周伸展，不留中心干，呈开心形。每主枝的外侧着生侧枝3～4个，结果枝组均匀地分布在主侧枝的前后左右。密植、稀植枣园均适用。

3. 多主枝自然圆头形

多主枝自然圆头形是根据枣树在自然生长状态下的树形改进而来的。树形特点是骨架牢固，光照好，整形简单，骨干枝少，负载量大，结果早，宜丰产。有主枝6～8个，交错排列在中心干上，不重叠、不分层；主枝上着生2～3个侧枝。适用于生长势较强的品种和稀植枣园。

4. 扇形

树体结构特点是全树有主枝4～5个，分向两个相反方向生长，主枝层间距1米左右。扇面与行向垂直，或有一定角度，主枝上基本不留侧枝，直接培养结果枝组。树冠小，受光面积大，早期产量高，果实品质好。修剪方法简单，技术容易掌握。适于密植枣园的整形。

二、不同年龄时期枣树的修剪

1. 幼树的修剪

枣幼树期生长旺盛，幼树修剪应以整形为主，提高发枝力，加大生长量，迅速形成树冠。

幼树修剪原则是轻剪为主，夏剪为主，增强树势，加速分枝。在生长季，对于生长较旺的枝梢，根据空间大小，对新梢及时摘心，抑制生长，促使形成健壮枝。尽量少疏枝，要多留枝，促使树冠的形成。开花前对当年萌发的发育枝进行摘心，以促使花芽分化和开花结果。对于多余无用芽在萌芽后应及时抹除，对于生长过旺的植株和枝，在花期环割，以提高坐果率。

2. 结果初期枣树的修剪

此期树冠继续扩大，仍以营养生长为主，但产量逐年增加。这一时期修剪的目的是调节生长和结果的关系，使生长和结果兼顾、并逐渐转向以结果为主。此期修剪应以疏枝、回缩、短截和培养为主，按照"四留五不留"原则进行修剪。"四留"，即外围的枣头要留，骨干枝上的枣头要留，健壮充实有发展前途的枣头要留，具有大量二次枝和枣股、结果能力强的枣头要留；"五不留"，指下垂枝和衰弱枝不留，细弱的斜生枝和重叠枝不留，病虫枝和枯死枝不留，位置不当和不充实的徒长枝不留，轮生枝、交叉枝、并生枝及徒长枝不留。此期要继续培养各类结果枝组，在冠径没有达到最大之前，继续对骨干枝枣头短截，促发新枝，增加骨干枝的生长量，继续扩大树冠；当树冠已达到要求，对骨干枝的延长枝进行摘心，控制其延长生长，并适时开甲，实现全树结果。

3. 盛果期枣树的修剪

盛果期树冠已经形成，以营养生长为主转向生殖生长，此期生长势减弱，枝组稳定，树冠基本稳定，结果能力达到最强。在这一阶段的后期骨干枝先端逐渐弯曲下垂，内膛枝出现枯死，结果部位开始外移。修剪的任务是通风透光，更新枝组，集中树体营养，大力促进结果，以稳定产量，增强树势，提高果实品质。修剪宜采用疏缩结合的方式，间伐、疏枝、回缩并用，打开光路，引光入膛，培养内膛枝，防止内部枝条枯死和结果部位外移，注意结果枝组的培养和更新，提高叶片的光合效能，延长结果年限。

4. 衰老枣树的修剪

老枣树随着树龄的增大，骨干枝逐渐回枯，树冠变小，生长明显变弱，枣头生长量小，枣吊短，结果能力显著下降。对这种老树需进行回缩更新、调整新生枣头等更新修剪方式，复壮树势。

5. 放任树的修剪

枣树放任树是指管理粗放、从不修剪或很少修剪而自然生长的枣树。这类树大多树冠枝条紊乱，通风透光不良，骨干枝主侧不分，从属不明，先端下垂，内部光秃，结果部位外移，花多果少，产量低、品质差。对放任树进行修剪，要坚持"因树修剪，随枝作形"的原则，不强求树形。主要任务是疏除过密枝，打开层间距，引光入膛。对于背上枝，如有空间，将其培养成结果枝组，否则把它疏除掉，增强骨干枝延长枝的生长势，使主侧枝从属分明。对于先端已下垂的骨干枝，要适当回缩，抬高枝头角度。对于病虫枝、细弱枝、枯死枝要及时疏除。

第六节 花果管理特性

一、提高花期营养供给水平，促花坐果

枣树开花多，坐果少，自然坐果率仅为1%左右。提高花期营养供给水平，促花坐果是减少落花落果、发挥枣树增产潜力的关键。

1.加强肥水管理

上一年和当年肥水管理水平高，树体营养积累好，花芽分化质量好，就能促进花果发育，满足树体生长和开花坐果对养分的需求，减少落花落果，这是根本的措施。叶面喷肥能及时补充树体急需养分，明显减少落花落果现象。花期喷微量元素硼、铁、镁、锌等，也能有效提高坐果率。

2.调节生长与结果的矛盾

通过修剪等一些技术措施，减少树体过多的养分消耗，控制树体营养生长向生殖生长转化，就能提高花果发育质量，减少落花落果。具体调节方法如下：

(1)断根　即通过土壤深翻和深施有机肥断根，可减缓幼树、旺树营养生长，促进坐果。

(2)抹芽　春季枣树萌芽后，对各级主侧枝、结果枝组间萌发出的新枣头，如不做延长枝和结果枝组培养，都可以从基部抹掉。这可极大节省营养生长所消耗的养分，明显促进坐果。如不及时抹除，任其生长会造成巨大营养消耗，严重落花落果。

(3)摘心　包括一次枝、二次枝、枣吊三种方式。一次枝摘心即剪掉枣头顶端的芽，摘心后枣头停止生长，减少了幼嫩枝叶进一步发生对养分的消耗，营养集中供给二次枝及枣吊生长，有利于花芽分化及提高开花质量；摘心处理能提高坐果率33%～45%。一次枝摘心后，二次枝生长明显加快，及时行二次枝摘心，能显著促进枣吊生长，早开花、早坐果、多坐果效果明显。枣吊摘心，又能明显促进开花坐果。

(4)疏枝　对位置不当、影响通风透光、冬剪没有疏掉的枝条和春季萌发抽生的新生枝条，都应及时疏除。

(5)拉枝　对生长直立的枣头，花前及花期用绳将其拉平，会迅速减缓枝条营养生长，促进花芽分化，提早开花，提高坐果。

(6)环剥　也称开甲、嫁树等。通过环剥，切断韧皮组织中养分运转通道，使叶片光合产物一时不能下运，集中于树冠部分，供给花及果，提高花果的营养条件，达到开花好，坐果好，成熟早，品质高的良好效果。环剥适期在盛花初期，即全树大部分结果枝已开花5～8朵，正值花质最好的“头蓬花”盛开之际；环剥过早，效果降低。环剥宽度，干径4～10厘米的幼树剥口宽0.3～0.5厘米，干径10厘米以上的为0.5～0.7厘米。要求深达木质部，又不伤及木质部。剥口应及时喷涂1～2次杀虫剂防治虫蛀。

3.疏花疏果

枣花量大，坐果多，也是引起落花落果的重要原因之一。通过疏花疏果，人工调整花果数量，减少养分消耗，集中养分供应，则能减少落花落果；一般情况下，疏花疏果可提高坐果率1倍以上。疏果原则是按1亩定产，以吊定果；定果时强树1果1吊，中庸树1果2吊，弱树1果3吊。也应根据实际管理水平和树体情况，果形大小等加以调节。

二、创造良好授粉条件，促花坐果

1. 花期喷水提高空气湿度，促花坐果

枣花授粉需要较高的空气湿度，相对湿度 75%～85%，但北方枣花开放时通常因空气干燥而造成“焦花”影响坐果。喷水效果与当年花期干旱程度及喷水量有关，空气干燥，大面积、大水量喷布，坐果必然会大幅度提高。一天中喷水时间以傍晚为好，因傍晚空气湿度较高，喷水能维持较长时间高湿状态。

2. 枣园放蜂，促花坐果

一般情况下，枣花需授粉，才能结果；在花期放蜂，增加授粉媒介，可以提高坐果率。蜂群间距以小于 300 米为宜，最大不超过 700 米。

3. 喷洒植物激素，促花坐果

枣树盛花中期、末期，喷洒赤霉素 10～30 毫克/千克等，能明显减少落果，提高坐果率。

第七节　主要病虫害防治

一、枣树主要虫害的防治

1. 枣瘿蚊

枣瘿蚊属双翅目瘿蚊科，以幼虫危害枣树嫩叶、花蕾和幼果，影响枣头生长，影响枣吊抽生。具体防治方法是：

(1)土壤防治　春季枣树萌芽前，地面喷洒 50%辛硫磷 300 液，喷后浅耙，可杀死入土化蛹的老熟幼虫；秋季将树盘浅翻，可冻死入土虫蛹，消灭越冬虫源；早春成虫羽化前深翻，可把老熟幼虫或蛹翻到深层，使成虫不能羽化出土。

(2)覆膜灭虫　3 月下旬以前树下覆塑料薄膜，阻隔越冬幼虫出土。

(3)药剂防治　枣芽萌动期开始，发现被虫危害叶时，及时树上喷药防治。可喷 25%灭幼脲 3 号悬浮剂 1 000～2 000 倍液，50%辛脲乳油 1 500～2 000 倍液等，均有良好防治效果。

2. 桃小食心虫

桃小食心虫是为害枣果的重要害虫，幼虫为害枣果，在果内串食，虫粪留在果内，形成“豆沙馅”；发生严重时，造成大量落果。具体防治方法是：

(1)翻土　土壤结冻前，翻开距树干约 50 厘米，深 10 厘米的表土，铲起撒于地表，并把贴根茎上的虫茧一起铲下，使虫茧暴露于地表，使其经风吹冷冻死亡。此法可使虫茧死亡率高达 90%以上。

(2)挖茧　解冻后到幼虫出土前，在树干根茎附近挖拣虫茧，集中消灭之。

(3)地膜覆盖　春季树干周围半径 100 厘米以内地面覆盖地膜。能抑制幼虫出土、化蛹、羽化。

(4)拣拾落果　7 月中下旬后，每隔 2～3 天拣拾一次落果，或轻摇树体，使虫果脱落，集中堆沤、熟煮或做饲料，此法可消灭果内幼虫。

(5)药剂防治。

①地面用药　枣芽萌动期4月上中旬和老熟幼虫脱落前的7月中旬前后,结合防治其他害虫地面喷洒辛硫磷乳液300倍液,毒杀出土成虫和脱叶胎幼虫。

②树上用药　诱蛾高峰1周左右,为树上喷药最佳时期,一般为7月中下旬和8月中下旬。可喷25%灭幼脲3号悬浮剂1 000～2 000倍液,50%辛脲乳油1 500～2 000倍液等,均有良好防治效果。

(6)性诱剂诱杀　利用桃小诱芯诱杀桃小食心虫。

3. 枣叶螨

俗称红蜘蛛,危害枣树的常见种类有朱砂叶螨、二斑叶螨、山楂叶螨、截形叶螨。以山楂叶螨为例,若虫、成虫刺吸叶片汁液,造成叶片发黄,严重时大量落叶。具体防治方法是:

(1)刮树皮　冬春刮树皮,消灭越冬成虫。

(2)药剂防治　在萌芽前喷3～5波美度石硫合剂;根据虫情,及时喷药,压低虫口密度。常用药剂有:5%尼索朗乳油2 000倍液,10%济阳霉素乳油1 000倍液,20%螨死净胶悬剂2 000～3 000倍液,15%哒螨灵乳油3 000倍液。

4. 绿盲蝽

绿盲蝽又名牧草盲蝽。成虫和若虫刺吸枣树的幼芽、嫩叶、枣吊、花蕾和果实。被害叶芽先呈现失绿斑点,随着叶片的伸展,小点逐渐变为不规则的孔洞,俗称"破叶疯";枣吊受害则呈弯曲状;花蕾受害后停止发育而枯死脱落,受害严重的枣树花蕾几乎全部脱落。幼果受害后,有的出现黑色坏死斑,有的出现隆起的小疱,其果肉组织坏死,大部分受害果脱落,严重影响枣果的产量。具体防治方法是:

(1)人工防治　冬季彻底清除杂草及其他植物残体,刮除树干及枝杈处的粗皮,剪除树上病残枝、枯枝并集中销毁,以减少越冬卵量。

(2)药剂防治　春季旬均气温稳定在10℃以上时,及时对枣园内及附近农作物喷药,防治初孵第一代若虫;之后在枣树萌芽期结合其他枣树害虫防治进行喷药,这两次用药是全年防治的关键,以后各代视发生情况进行防治,可喷洒2.5%功夫乳油2 000～3 000倍液,或20%溴灭菊酯乳油1 000～2 000倍液,着重喷树干、地上杂草及行间作物,做到树上树下喷严、喷全。

二、枣树主要病害的防治

1. 枣疯病

枣疯病是一种毁灭性病害。病树枝、叶、花、根部不能正常生长发育,形成枝叶丛生的现象,直至全树死亡。病原是植原体,可通过嫁接、根蘖或扦插等方法可进行传播,拟菱纹叶蝉、橙带拟菱纹叶蝉等昆虫也可传播。树体衰弱、杂草丛生、结果过量、土壤干旱瘠薄及管理粗放的枣园易感染发病。防治方法:

(1)消灭病源　及清除疯枝,早铲除病株病蘖,消灭病原,这是根本办法。

(2)检疫防疫　培育无病苗木,选择无病母株采集接穗、插条和繁殖根蘖苗。加强苗木检疫,严禁病苗进入枣区。

(3)培育抗病品种　选栽抗病品种和砧木,不同枣品种间,抗病性差异很大,如冬枣易染病,汆汆枣较抗病。

(4)健壮树体　加强枣园栽培管理，增施碱性肥和农家肥，增强树势，则发病轻。

(5)药剂治疗　采用祛疯1号树干输液，对病树的治疗效果显著。

2. 枣铁皮病

枣铁皮病是近十几年来在枣上发生的一种果实病害。该病在果实白熟期开始表现症状，首先在果实表面出现黄褐色病斑，犹如铁锈色，随之病斑扩大，果肉变褐，味变苦，也称“雾焯”、“缩果病”等，病果极易脱落，失去食用价值。8月中下旬发病，8月下旬至9月上中旬进入发病盛期。一般年份病果率在10%～50%，严重时达90%以上，阴雨连绵天气易暴发成灾，导致绝收。

该病为真菌引起的侵染性病害。最初侵染枣果是在6月下旬，也侵染枣叶、枣花、枣吊，但在枣叶、花、吊上均不表现症状。具体防治方法是：

(1)早春清园　清除落果、落叶、落吊、枣枝和树皮；早春刮树皮，集口烧毁，减少菌源。

(2)药剂防治　萌芽前喷3～5波美度石硫合剂；6月中下旬(末花期)开始喷药，此后每隔10～15天喷药一次杀菌剂至采收前半个月。

3. 枣果霉烂病

枣果常发生的霉烂病有枣软腐病等，一般发生在枣果的采收期、加工期和贮藏期。一般多从果洼或果皮有破口的凹陷处感染，感病的枣果果肉腐烂，组织解体，果胶外溢，果皮发粘，具一种霉味，影响品质和食用。发生枣果霉烂病的原因大部分因为枣果水分偏多，贮藏库内湿度偏高而造成的，所以在防治上要注意以下几点：

(1)科学采收　采收时防止果实损伤，减少病菌侵入机会。采收的果实及时晾晒或炕烘处理，减少霉烂。

(2)安全存贮　贮藏前要进行库内消毒，用1%甲醛熏库以杀死病菌。贮存时，剔除伤果、虫果、病果，置于通风低温处，防止潮湿。红密和蜜枣制品贮藏时要充分脱水，含水量不能高于20%～30%。

4. 枣裂果

枣裂果是枣树生产中存在的严重问题之一，防止裂果的措施包括：

(1)稳定供水　保持干旱季节有稳定的水分供应，土壤水分处于充足而稳定的状态，不使果皮细胞停止生长过早，干旱时适当灌水，雨天加强排水。

(2)果园覆草　减少地面蒸发，维持土壤湿度，保证果实细胞对水分的需求，使其不致因干旱过多地缺水、雨后果肉细胞大量吸水而引起细胞迅速膨胀。

(3)树下覆膜　防止裂果效果十分明显，成龄结果树覆膜宽度要达到树冠边缘；覆膜应在7月雨季到来之前进行，也可在早期施肥灌水后进行。覆膜后，膜上盖土1～2厘米，在果实白熟期间，若地表20厘米的土层含水量能稳定在14%左右，即能基本上防止裂果。

(4)喷钙防治　7月下旬起，每隔10～15天在树上喷1次0.3%的氯化钙水溶液，直到采收，可明显地降低枣裂果率，还可降低枣果晾晒和加工过程中由于裂果腐烂而造成的损失。喷施可结合防治病虫害同时进行。

(5)选择适宜品种　建园时要选择抗裂品种或在雨季后成熟的晚熟品种以及适宜在白熟期采收加工的品种，这样可以尽量避免造成裂果损失。

5.枣锈病

枣锈病为枣树重要的流行性病害，常在枣果实膨大期引起大量落叶，枣果皱缩，果肉含糖量大减，枣果多数失去食用价值。夏季高温多雨年份常大流行，病症在叶片上发生，初在叶背散生淡绿色小点，后渐凸起呈暗黄褐色，后呈花叶状，失去光泽，干枯脱落。降雨早、连阴天多、空气湿度大时发病早且重，反之则轻；树下间作高秆作物、通风不良的枣园发病早而重，发病先从树冠下部、中部开始，逐渐向冠顶扩展。具体防治方法是：

(1)测报防治　采用孢子捕捉法测报。6月上旬至7月下旬在枣园内用载玻片涂甘油或凡士林，每两片为一组，涂上甘油或凡士林的面向外，以绳固定，悬挂于枣林间，每5天观察1次，根据孢子形态及捕捉数，确定枣锈病发生期及发生量，指导防治。

(2)加强栽培管理　修剪过密枝条保证通风透光，增强树势，雨季及时排水，降低枣园湿度，防止过于潮湿。冬季清洁枣园，扫除落叶，集中烧毁，消灭菌源。枣树行间不间种高秆作物。

(3)根外追施肥料　枣树根外追肥具有提高光合作用和坐果率的功效，还可防治枣锈病。在枣树感病期，可喷布0.5%尿素液或0.3%磷酸二氢钾溶液2～3次。

(4)喷药保护　发病严重枣园，于7月上旬开始树上喷布200～300倍波尔多液(硫酸铜1份，生石灰2～3份，水200～300份)，或锌铜波尔多液(硫酸铜0.5～0.6份、硫酸锌0.4～0.5份、生石灰2～3份、水200～300份)，或50%多菌灵、退菌特500～800倍液，或80%大生-45可湿粉800倍液。喷药时间应掌握在枣锈病即将发生或发病的初期为宜，每隔10～15天喷一次；如天气干旱，可适当减少喷药次数或不喷；如果雨水较多，应增加喷药次数。各种药剂交替使用。

6.枣缩果病

枣缩果病是北方枣园的一种严重病害，病原菌为噬枣欧文氏菌。病菌侵入枣果组织3天后开始发病，外果皮出现淡黄色晕环，果皮呈水渍状，果肉土黄松软，外皮变为暗红色无光泽，病区失水萎缩，坏死，果实脱落。枣园虫害严重、尤以刺吸式口器害虫严重者发病较重，大面积治虫的枣区病害较轻；雨水多、空气湿度大、日照偏少的年份发病严重，反之则发病较轻或不发病。防治措施：

(1)灭虫防病　防治虫害减少传播媒介；重点防治壁虱、叶蝉、椿象等刺吸口器昆虫，达到除虫防病的目的。

(2)药剂防治　一般在果实着色期前后是发病盛期，故枣果采收前15～20天是防治缩果病的关键时期。可喷杀菌剂如50% DT-MWP 600～800倍液，土霉素210单位/毫升等。

(3)健壮树体　选择抗病品种，加强枣园土肥水管理，增强树势，提高抗病能力。

第八节　采收与贮藏加工

一、采收期的确定

枣果何时采收，依其用途不同而异。加工枣，在白熟期采收，此期枣果体积不再增大，肉质已开始松软，加工蜜枣时糖分易浸入；加工乌枣成品乌光发亮，黑里透红，枣肉紧，不易变形，不脱皮；加工醉枣，色泽鲜红，风味清香。鲜食宜在脆熟期采收，此期果实肉脆味甜，鲜食适口性最佳。制干枣时，宜在完熟期采收，此期果实糖分转化基本结束，含糖量高，水分少，采收后制干率高，干制成品色泽紫红，果肉肥厚，富有弹性，品质好。

二、制干及干枣贮藏

红枣的干制有自然干制和人工干制。自然干制的红枣，一般需要 15～25 天时间；除常规的自然干制外应大力提倡人工干制，人工干制只需要 20 多个小时，并且可提高制干率 5%～10%，美观卫生；人工干制方法，主要有烘烤法、干制机干燥法、远红外线干燥法、真空脱水法等。

干枣的贮藏方法有缸藏、囤藏、棚藏等；近年来，成功用塑料袋小包装贮藏和气调贮藏。

三、鲜枣保鲜贮藏

枣果的成熟度是影响果实贮藏的重要因素之一。鲜枣的贮藏以半红期（即 50%着色）采摘为佳；应先进行降温预冷，一般采用喷水降温或浸水降温等方法；预冷后的枣果，放入氯化钙液中浸果，然后放入保鲜膜袋中封扎袋口入库贮藏。

贮藏期间的管理十分重要，鲜枣贮藏最适宜的温度是（0±1）℃，湿度应在 90%～95%。用有孔塑料袋、保鲜膜袋，可以起到保湿作用，一般选 0.04～0.07 毫米的低密聚乙烯或无毒聚氯乙烯薄膜为佳。枣在贮藏中不能忍受长时间含量高于 5%的二氧化碳，因此，贮藏库内应定时或不定时通风换气，使库内保持低温高湿的普通空气。

第十三章 核　　桃

核桃属(*Juglans* L.)核桃是世界四大干果之一，也是我国重要的经济树种。根据联合国粮农组织统计数据(http://apps.fao.org/default-c.htm)，2005 年全世界核桃产量突破 149 万吨，产量在 10 万吨以上的国家依次为中国、美国、伊朗和土耳其。其中我国核桃产量达到 42 万吨，占世界总产量的 28.2%。

我国核桃生产中存在的主要问题是：

(1)实生繁殖，良种化程度较低。

(2)缺少适宜适地的优良品种。

(3)栽培管理技术较落后。

第一节 主要种类和品种

一、核桃的主要种类

核桃有 23 个种，分 4 组。核桃组(Sect. Juglans)和核桃楸组(Sect. Cardiocaryon)分布于欧亚，黑核桃组(Sect. Rhysocayon)和灰核桃组(Sect. Trachycaryon)分布于北美到南美。原产中国的核桃属植物有 5 个种，其中核桃(*J. regia* L.)和铁核桃(*J. sigillata* Dode)属于核桃组，核桃楸(*J. mandshurica* Max.)、麻核桃(*J. hopeiensis* Hu)和野核桃(*J. cathayensis* Dode)属于核桃楸组。

我国栽培的核桃主要是核桃属(*Juglans*)中的核桃(*J. regia* L.)和铁核桃(*J. sigillata* D.)2 个种，其中铁核桃适于亚热带气候，不抗寒，主要分布在云南、贵州、四川西南等地区。这里所列的核桃为北方种植的普通核桃(*J. regia* L.)。

核桃(*J. regia* L.)分为早实和晚实两大类型。早实核桃嫁接后 2～3 年能结果，分枝能力强，幼树新梢生长量大(有二次甚至三次生长，易形成秋梢)，管理不到位幼树易抽条。晚实核桃嫁接后一般需 4～5 年甚至更长时间结果，分枝能力较弱，幼树新梢生长量较早实核桃小(少有二次生长，一般无秋梢)，幼树抗抽条能力强于早实核桃。

二、核桃的优良品种

(一)早实核桃

1. 薄壳香

北京林果所由新疆核桃的实生后代中选出。坚果较大，平均单果重 13.02 克，最大 15.5 克，壳面较光滑，壳厚 1.19 毫米，缝合线紧，可取整仁，出仁率 58%。仁色浅，风味香，品质极佳。

2.丰辉

山东省果树所用阿9(早实)×上宋5号(早实)杂交育成。坚果长圆形,较小,平均单重8.85克,最大12.8克,壳面光滑,壳厚1.05毫米,缝合线较紧,可取整仁,出仁率57.6%,仁色中,风味香,品质中上等。

3.辽宁1号

辽宁省经济林研究所以新疆纸皮作母本,河北昌黎大薄皮作父本杂交育成。坚果中等大,平均单果重11.1克,最大13.7克,壳面较光滑,壳厚1.17毫米,缝合线紧,可取整仁,出仁率55.4%,仁色浅,风味香,品质上等。

4.鲁光

山东省果树所以卡卡孜(晚实)作母本,用上宋6号(早实)作父本杂交育成。坚果卵圆形,平均单果重12.0克,最大15.3克,壳面光滑美观,壳厚1.07毫米,缝合线较紧,可取整仁,出仁率56.9%,仁色浅,风味香,品质上等。

(二)晚实核桃类品种

1.晋龙1号

山西省林科所选自汾阳县南偏城村当地晚实核桃类群。坚果较大,平均单果重14.85克,最大16.7克,果形端正,壳面较光滑,颜色较浅,壳厚1.09毫米,缝合线窄而平,结合紧密,易取整仁,出仁率61.34%,平均单仁重9.1克,仁色浅,风味香,品质上等。

2.礼品1号

辽宁经济林研究所从新疆晚实纸皮核桃种子的实生核桃园中选出。坚果长圆形,果基圆,顶部圆并微尖,坚果大小均匀,果形美观,坚果重9.7克。壳面光滑,色浅。缝合线窄而平,结合不紧密,指捏即开。壳厚0.6毫米。内褶壁与横隔膜退化,极易取整仁。核仁充实,饱满,色浅,核仁重6.74克,出仁率70%左右,风味佳。

3.礼品2号

辽宁经济林研究所从新疆晚实纸皮核桃实生园中选出。坚果大,长圆形,果基圆,顶部圆微尖。坚果重13.5克。壳面较光滑,色浅。缝合线窄而平,结合较紧密,但指捏即开。壳厚0.7毫米。内褶壁与横隔膜退化,极易取整仁。核仁充实饱满,色浅,核仁重9.1克,出仁率67.4%,风味佳。

4.北京746

北京林果所从北京门头沟实生核桃树中选出。坚果圆形,平均单果重11.7克,壳面较光滑,壳厚1.2毫米,缝合线紧,可取整仁,出仁率54.7%,仁色浅黄,风味香,不涩,品质中上等。

第二节　生长结果习性

一、对环境条件的要求

(一)气候条件

1.温度

核桃适宜生长在年均温8～16℃,极端最低温度不低于－20℃、极端最高温度在38℃以下，无霜期170天以上地区。

2. 水分

核桃对于干燥空气环境适应性强，但对土壤水分变化较为敏感。缺水，使树体生长弱，大量落果、落叶。土壤水分过多，影响地上部的生长发育，甚至死亡。因此，核桃耐旱、怕涝，但不能缺水。

3. 光照

核桃喜光，宜生长在全年日照大于2 000小时的地区和区域。

4. 风

核桃一年生枝髓心较大，抗风力较弱，幼树易抽条。

(二)土壤条件

1. 土壤质地

土壤以疏松壤土最好。质地黏重、沙石含量多的土壤，不适宜核桃生长。

2. 土壤酸碱性

适宜核桃生长的土壤pH为6.5～8.0。核桃不耐盐碱，土壤含盐量应在0.2%以下。

3. 土层厚度

核桃属深根性树种，土层厚度在1米以上，且地下水位在3米以下时生长良好。

(三)地势

核桃可在土层深厚且有水浇条件的坡地、丘陵山地、平地等栽植，坡度以不大于25度为宜。避免易积水的低洼地种植。

二、核桃的生物学习性

(一)根

核桃根系分为主根、侧根和须根，其主根发达，侧根伸展较远，须根广泛。幼苗时根比茎生长快，主根比水平根生长快。三年生以后侧根数量逐渐增多，水平根生长加快。成年核桃树主根深可达3米多，而水平根可延伸至树冠边缘甚至更远。核桃根系的垂直分布主要在0～60厘米的土层中，其中20～40厘米深的土层中最多。因此，施肥深度多在20～40厘米，范围为冠下及边缘。根的生长周期中，一般在发芽前3～4周新根的形成数量和延长生长增加，至新梢快速生长开始前减缓。在新梢生长停止和果实生长减缓时，根生长又开始加速，直至落叶又降至最低水平。

(二)枝

1. 新梢

当年抽生的新枝到落叶前叫新梢。新梢包括结果梢和发育梢；着生果实的梢叫结果梢，发育梢只着生叶和芽。幼树发育梢每年常有两次生长高峰，形成春梢和秋梢。其中春季生长的部分叫春梢。5月上旬春梢达生长高峰，日生长量3～4厘米，6月上中旬第一次生长停止，短枝和弱枝一次生长结束后形成顶芽，无秋梢。旺盛的新梢可出现第二次生长，形成秋梢。秋梢一般8月下旬停止生长，秋梢往往生长不充实，越冬易抽条，一般需在7月底摘心。

2. 二次梢

新梢侧芽当年萌发再抽生的分枝叫二次梢。二次梢是早实核桃品种的一个重要特征。早实核桃生长旺盛的发育枝短截后可抽生二次梢，幼树的结果枝也可抽生二次梢。晚实核桃生长旺盛时也可以抽生二次梢，但一般很少。早实核桃的二次梢一般情况下能形成结果母枝，晚实核桃的二次枝只能形成营养枝。

3. 一年生枝

新梢落叶后到第二年萌发前叫一年生枝。根据用途又可将其分为结果母枝、营养枝和雄花枝；着生混合芽的枝条称为结果母枝，早实品种比晚实品种结果母枝多而短；发芽后仅抽生枝叶的枝条称为营养枝；而只着生雄花的枝条叫雄花枝，此类枝顶芽萌发后雄花开放，然后脱落，整个短枝形成光秃状态，越冬后枯死。在树冠郁闭严重或树势衰弱时，易发生雄花枝。

4. 二年生枝和多年生枝

生长满二年的枝条叫二年生枝；三年生及以上的枝条均可称为多年生枝。

（三）叶

核桃叶属于奇数羽状复叶，每一复叶上的小叶数为5～9片。一般着双果的结果枝需要有5～6片以上正常复叶，才能保证枝条和果实正常发育。具1～2片复叶的果枝，即使结果，果实会变小，甚至发育不良。

（四）芽

1. 芽的种类

核桃的芽可分为混合芽（雌花芽）、雄花芽、叶芽（营养芽）和潜伏芽等。

（1）雌花芽（混合花芽）　芽体肥大，圆形，鳞片紧包。萌芽后抽生枝、叶和雌花序。晚实核桃的混合芽着生在一年生枝顶部1～3个节位处，单生或与叶芽、雄花芽上下呈复芽状态着生于叶腋间。早实核桃除顶芽为混合芽外，侧芽通常也形成混合花芽，侧芽也能开花结果，这是早实核桃区别于晚实核桃的一个重要特征。

（2）雄花芽　形似桑葚，萌发后为雄花序。通常着生于顶芽以下2～10节，单生或叠生。

（3）叶芽　叶芽萌发后只抽生枝，不开花。

（4）潜伏芽　属于叶芽的一种。常着生于枝条基部，芽体小，正常情况下不萌发，只有当受到外界刺激后才萌发，利于树体更新。潜伏芽常随枝条的加粗生长而埋于皮下。

2. 花芽分化

（1）雌花芽的分化　核桃雌花芽的分化，分两个阶段。第一阶段为生理分化阶段，约在中短枝停止生长后的第三周开始，大致时间是6月初至7月初。这一阶段是花芽分化的临界期，通俗讲，是叶芽能否变成雌花芽的关键期。因此，生产中，在枝条生长停止前，可通过减少灌水、少施氮肥、环剥、喷生长延缓剂等控制生长，减少消耗，增加碳水化合物的积累，促进雌花芽分化。第二阶段，即形态分化阶段，需10个月才能完成。

（2）雄花芽的分化　雄花芽分化较早于雌花芽，大多品种在4月下旬就开始分化，到6月上旬就可在叶腋间明显看到表面具鳞片状的雄花芽；到翌年4月份发育迅速完成，并开花散粉。

(五)开花特性

核桃为雌雄同株异花,雌雄花期多不一致,称为“雌雄异熟”。雌花先开的称为“雌先型”;雄花先开的称为“雄先型”;个别品种雌雄花同开的称为“雌雄同熟”。雌雄异熟除为品种的特性外,还受树龄和环境条件的影响。同一品种的幼树常表现更强的异熟性。冷凉的条件下,有利于雌花先开,温度高的条件下,利于雄花先开。这种雌雄异熟特性对其授粉有不良影响,栽植时要配置授粉树。

核桃一般每年开花一次。早实核桃具有二次开花结实的特性;二次花多着生在新梢顶部,其花序有雌花序、雄花序、雌雄混合花序三种类型。二次雌花多在一次花后 20～30 天时开放,如能坐果,也可以成熟,但果个小;开花晚的则果实不能成熟。故二次开花的习性不利于生产。

(六)果实

成熟的核桃由青果皮、核壳和可食的核仁三部分组成。

从雌花柱头枯萎到总苞变黄开裂,这个过程称为果实发育期,一般为 120 天左右。

核桃果实发育整个过程大体可分为 4 个时期:

①果实迅速生长期　一般在 5 月初到 6 月下旬,其体积生长量约占全年总生长量的 90%,重量约占 70%。

②果壳硬化期　6 月下旬到 7 月上旬。果壳自顶向基部逐渐变硬,种仁由浆状物变成嫩白核仁,果实大小基本定型,营养物质此时期积累也最多。

③脂肪迅速积累期　7 月上旬到 8 月下旬。此期果实内淀粉、糖大量转化为脂肪,脂肪含量占到 63%左右。

④果实成熟期　8 月下旬到 9 月上旬。此期果实重量、油脂增量均很小,且青果皮由绿变黄,有的出现裂口,应准备采收。

第三节　育苗及建园

一、育苗

(一)实生砧木苗的繁殖

1. 种子采集和层积处理

采集或选购生长充实、种仁饱满、无检疫对象的核桃坚果用作种子。土壤结冻前,选择地势较高、排水良好的阴凉地点,挖深 60～80 厘米、宽 80～100 厘米的沙藏沟,长度依种子量而定。种子沙藏前用清水浸泡 2～3 天,并且每天换水。沙子湿度以手握成团而不滴水,松手后分成几块而不散开为宜,沟底铺 10 厘米左右的湿沙,然后一层种子一层沙,种子与湿沙比例为 1∶(3～5)填入坑内至离地面约 10 厘米为止,层积时间一般为 90～120 天。

2. 播种

播种分秋播和春播。秋播在 11 月上旬土壤结冻前进行,秋播的种子播种前用清水浸泡 2～3 天,每天换水,待种仁充分吸水后即可播种。春播一般在土壤化冻后,3 月中旬至 4 月上旬进行。每亩需播种 80～100 千克,可产实生苗 5 000～6 000 株。播种的行距 50～60 厘米,株距 20～25 厘米，开深 10 厘米的浅沟，在沟内摆放种子，缝合线与地面垂直，随即覆土 5～8 厘米，压实。

3. 播后管理

一般春季播种 20 天左右开始出苗，40 天左右出齐。幼苗出齐前一般不灌水，若土壤特别干旱，也应灌水。对秋播的种子，春季土壤化冻后应灌水。5、6 月份，结合灌水应追施 1～2 次尿素。

(二)嫁接

1. 砧木处理

发芽前，对培育好的砧木苗距地面 1 厘米进行平茬，待苗长至 10 厘米左右时，选留一健壮新梢，其余全部抹掉。

2. 嫁接时期

夏季芽接一般在 5 月底至 6 月底进行。

3. 芽接方法

(1)剪砧　在砧木苗的半木质化部位选取一芽作为嫁接部位，接口芽以上留 1～2 片复叶剪砧，接口以下叶片全部去除。

(2)取接芽　选饱满芽为接芽，在接芽上下距芽 0.75 厘米处横切一刀，并在接芽上下两端刮除表皮，漏出韧皮部，在接芽两侧各纵切一刀，深达木质部，然后迅速取下接芽，芽眼要带维管束(护芽肉)。

(3)嫁接

①方块形芽接　在砧木的半木质化光滑部位上下各横切一刀，深达木质部，长度与接芽相同，在一侧纵切一刀，将皮层剥开，放入接芽，根据接芽宽度将皮层撕下，使接芽的上下、左右皮层与砧木皮层对齐。

②改良方块形芽接　在砧木的半木质化光滑部位靠上横切一刀，再在下面两侧纵向各切一刀，深达木质，宽度与接芽相同或略大于接芽宽度，形状如同一个“门”字。然后将皮向外撬起，用嫁接刀由下向上将皮削去，不伤及木质，削去皮的长度小于芽片 0.2～0.5 厘米。将接芽放入，顶端和两侧(或其中一侧)对齐，下边插入砧木皮层。

③对芽接　在砧木嫁接部位芽的两侧沿叶柄各纵切一刀，深达木质部，长 3 厘米左右，然后在芽上方距芽 0.5 厘米处横切一刀，深达木质部，手捏叶柄将芽掰离木质部，用嫁接刀在叶柄下 0.5 厘米处削去带芽韧皮部，不伤木质。将砧木接口上下皮层撬起，将削好的接芽插入砧木，用砧木皮将接芽上下两边压住，使接芽维管束与砧木芽眼对齐。

(4)绑缚　用弹性好的塑料条将接口绑紧缠严，芽外露。

(三)芽接后的管理

嫁接后要及时抹去萌蘖。当新梢长出 4～5 片复叶，便可解绑；解绑要完全，避免残留塑料条。当新梢长到 30 厘米左右时，在接口以上 1 厘米处将保留砧木剪掉。

二、果园建立

(一)栽植密度和方式

1. 栽植密度

根据品种、立地条件和栽植模式选择。在土壤条件较好情况下，纯核桃园早实品种株行距为(4～5)米×(4～6)米，晚实品种株行距为(5～6)米×(6～8)米；果粮间作核桃园早实品种株行距为(4～5)米×(8～10)米，晚实品种株行距(5～7)米×(10～12)米。立地条件越差，栽植密度应越大；立地条件越好，栽植密度应越小。

2. 栽植方式

地势平坦的山地和平地宜采用正方形或长方形的栽植方式，地势较陡的山地和零星地块宜采用三角形的栽植方式。

(二)栽植技术

1. 栽植时期

秋栽，在苗木落叶后至土壤封冻前完成。春栽，在土壤解冻后至苗木发芽前完成。

2. 栽植技术

栽植前将苗木的主根和较粗的侧根轻剪一斜面，剪除伤残根，露出新茬，有利于发新根。0.6 米以下顶芽饱满的苗子不定干，顶芽不饱满的苗子剪口下留壮芽定干；0.6 米以上的大苗可以定干到 0.6～1.0 米，剪口下留壮芽，剪口离芽 1.0 厘米左右，然后套上塑料管或缠上塑料条，用塑料条缠时中上部的芽要漏出。若栽植时期较晚，正值萌芽期，可不套塑料套。根据苗木根系大小挖坑，将苗子放正，根系摆好，回填湿土，踏实，使根颈土痕与地面齐平，切记苗木栽植过深。浇透水，水渗后，平整树盘，覆膜。

(三)栽后当年管理

芽萌发后，塑料套管先开洞放风，2～3 天后去掉。缠塑料条的，应在新梢长到 4～5 厘米后一次解掉。及时去除雌花和接口下萌发的萌蘖。

(四)越冬防寒

上冻后，要对整个树体进行防寒处理。对于较大植株采用“双层包被法”，先用报纸条或卫生纸缠一层，然后用塑料条自下而上“一圈压一圈”薄薄地缠一层，缠紧绑好，要防止进水和大风吹开。下雪天，枝条上若有积雪，雪后要震落积雪，防止雪融化后进水。早春如遇下雨天进水，要及时解绑。

第四节　土、肥、水管理技术

一、土壤管理

(一)间作或生草

幼树期，行间可间作矮秆经济作物或种植牧草、绿肥等作物，以不影响树体生长为准。

(二)土壤浅翻

在秋末冬初进行,以树干为中心,树冠外围50厘米为半径,深度为20～30厘米。近干处宜浅,远离树干处宜深,有条件的地方可全园浅翻,可机耕。

(三)中耕除草

每年生长季节进行3～5次浅耕,深度10厘米左右;可进行1～2次深耕,以涵养水分、增加土壤透气度,深度20厘米左右。

二、施肥

施肥以有机肥为主,化肥为辅;以施基肥为主,追肥为辅。

(一)基肥

以腐熟的有机肥为主,在果实采收后到落叶前尽早施入,也可在春季萌芽前施入。根据树体大小,幼树25～50千克/株,盛果期树50～100千克/株。

(二)追肥

根据土壤肥力,适量进行追肥。

1. 萌芽前追肥

结合灌水进行,以氮肥为主。幼树施尿素100～200克/株,成龄树200～300克/株。

2. 果实发育期追肥

一般在5月中下旬进行,以氮为主,磷、钾为辅。幼树施尿素50～100克/株,过磷酸钙100～150克/株,氯化钾30～50克/株;成龄树施尿素100～150克/株,过磷酸钙150～200克/株,氯化钾50～100克/株。

3. 核仁发育期追肥

一般在7月上旬进行,以磷、钾肥为主。幼树施过磷酸钙200～300克/株,氯化钾50～100克/株;成龄树施过磷酸钙300～500克/株,氯化钾100～200克/株。

(三)叶面喷肥

叶面喷肥可以快速补充营养;5—6月份喷2～3次0.3%的尿素,7—8月份喷2～3次0.3%的磷酸二氢钾。其他元素或多元素叶面专用肥可参照说明书使用。

(四)施肥方法

1. 环状施肥

用于幼树施基肥。以树冠投影线为外缘,围绕树干挖环状沟,沟宽30～40厘米,沟深50厘米,将肥料与表土混合均匀施入沟内,再盖底土。环状沟应逐年外移。

2. 条状沟施肥

用于幼树和密植园施基肥。在株间或行间的树冠内侧挖1～2条沟,沟长为冠径的2/3或与冠径相等,沟宽40厘米左右,沟深50厘米,每年在行间或株间轮换挖沟施肥。

3. 放射沟施肥

用于成年散生大树施基肥,以树冠外围向内2/3,向外1/3,挖4～8条宽30厘米,深40～50厘米的放射状沟。尽量少伤直径1厘米以上的大根,位置每年错开。若树冠较大,可挖成内外交错的两排施肥沟。

4. 穴状施肥

用于追肥。以树干为中心，从冠径 1/2 处到树冠边缘，挖若干长宽 20 厘米×20 厘米，深 10～15 厘米的施肥穴，将肥料施入穴中，封土后灌水。

三、灌水和排涝

(一)灌水时期

根据土壤墒情，一般每年需灌水 2～4 次，包括萌芽前灌水，可结合施肥进行；5 月份果实迅速膨大期灌水；果实采收后结合秋施基肥灌水；土壤结冻前灌冻水。其中，萌芽水和防冻水应尽量保证。

(二)蓄水保墒

水源不足的地块，在干旱季节灌水后或雨后树盘下，可以覆草或覆膜保墒。

(三)排涝

地势平坦或较低洼的地块，应有排水沟，降水量过大时，及时排涝。

第五节 整形修剪技术

一、修剪时间

核桃幼树，一般在春季萌芽期进行；成龄核桃园，一般在秋季采果后及早进行。

二、核桃幼树的整形与修剪

核桃幼树阶段是指从苗木定植到进入结果盛期，早实核桃为 7～8 年；晚实核桃为 10～15 年。此阶段的主要目的是整形，通过修剪措施培养良好的树体结构和充足的枝量，使树体四周、上下、内外树势均衡，通风透光良好。

(一)定干

早实核桃栽后当年或第二年进行，晚实核桃栽后 2～3 年内进行。早实核桃密植园干高 50～80 厘米，间作园和零星栽植的树干高 80～120 厘米。晚实纯核桃园干高 60～100 厘米，间作园干高 120～150 厘米。如果考虑到果材兼用，干高可达 2 米以上。春季萌芽期，在定干高度短截，剪口下留壮芽，剪口距芽 1 厘米左右。

(二)树形培养

1. 树形种类

核桃树形可采用以下 3 种树形。

(1)“开心形” 无中央领导干，在主干不同方位选留 3～4 个主枝。此树形适合于立地条件较差和密植的园片。

(2)“疏散分层形” 在中央领导干上选留 5～7 个主枝，分 2～3 层配置。此树形适合于立地条件好和稀植的园片。

(3)“变则主干形” 在中央领导干四周上下均匀选留 5～7 个主枝,不分层。此树形适合于大冠稀植的园片和果粮间作的地块。

2. 树形的培养

按树形要求在主干或中央领导干不同方位选留壮芽或生长健壮的枝条,逐年培养成主枝。

3. 主枝的培养

春季萌芽前,对要培养成主枝的一年生枝条进行短截,一般保留 50～60 厘米,枝条较长,可适当长些。对不够长度的枝条,若较壮并且顶芽饱满,则不用短截;如果顶芽不饱满或有损伤,则剪口下留壮芽短截。短截位置要在芽以上 1 厘米左右处,通过剪口芽的方向来调整主枝的方位和长势,若枝条长势较弱,可留上芽;若枝条长势较强,可留下芽。第 2 年春季萌芽前,对主枝头和侧枝继续进行短截,主枝头继续向前生长以扩大树冠,侧枝上萌发的枝条根据空间大小决定去留,留下的枝条作为结果母枝或结果枝。第 3 年以后,只要有继续生长的空间,就对较长的主、侧枝头进行短截,以培养新的侧枝和结果母枝,直到树与树之间近似交接。

(三)主侧枝选留

(1)主、侧枝的选留,尽量做到“均衡树势”和“主次分明”。所谓“主次分明”是指中央领导干的长势要强于主枝,主枝头的长势要强于侧枝。通过拉枝、多留果、剪口留下芽等措施来缓和枝条长势;反之,通过疏果、剪口留上芽、抬高枝条角度等措施来增强枝条长势。

(2)早实核桃品种侧芽萌芽率高,在主枝培养过程中,萌芽后可将离枝头新梢很近的新梢抹去。对长势很强(长势近于或超过主枝头)的侧枝新梢,可在 5 月中下旬进行摘心或短截,促发分枝,加快成形;分枝新梢 7 月底未停长则要摘心,促进生长充实,并且入冬后进行双层包被防寒。

(3)早实核桃幼树在整形过程中,由于果枝率高,萌芽后大多为结果枝,用于培养枝头和侧枝的结果枝则需将果疏掉,使其萌发二次枝,继续延长生长。若萌发 2 个并行二次枝,需疏除 1 弱枝或短截。若树势较旺,萌发二次枝较多,则根据空间大小和主侧枝培养决定去留。二次枝生长快,风大易弯倒,可用竹竿绑缚或其他措施将其扶正,以免树形紊乱。

三、盛果期核桃园的整形修剪

处于结果盛期的核桃园,树冠骨架已经基本形成。这时修剪的主要任务是改善树冠内的通风透光条件,更新结果枝组,以保持稳定的长势和产量。

(一)清理无用枝

主要是疏除树膛内过密、重叠、交叉、细弱、病虫和干枯枝。

(二)疏枝

早实核桃的侧生枝结果枝率较高,每个结果枝第 2 年常萌发 1～3 个新的结果枝,根据空间大小,只留 1～2 个健壮枝,以维持本空间枝组的长势和果实产量。

(三)回缩

当结果枝组明显减弱或出现枯死时,可通过回缩使其萌发长枝,再轻度短截,可发出 3～5

个结果枝，根据空间大小选留。

（四）利用徒长枝

进入结果盛期很少发生徒长枝。若发生徒长枝，如果内膛枝条比较密集，影响枝组正常生长时，可疏除；如果徒长枝附近空间较大，或其附近结果枝组已明显衰弱，则可利用徒长枝培养成新的结果枝组。

四、核桃高接换优技术

对3～10年生核桃实生劣树，可采用枝接技术进行高接换优。对于已进入大量结果的核桃散生实生幼树，只要坚果品质不是太差，建议不改接。

（一）接穗的采集与贮藏

1.接穗的采集

枝接接穗一般在冬初或春季萌芽前采集。选择生长充实健壮、髓心较小、无病虫害、粗度在1～1.5厘米的发育枝，每30根打成一捆，标明品种和数量。

2.穗条的贮藏

冬初采集的接穗应进行越冬低温贮藏。接穗两端蜡封，与湿度为60%左右的消毒锯末或细木屑混合，用塑料布打包保湿，贮存在－3～0℃的冷库或冷藏箱中或假植沟中。土壤解冻后，温度转暖时，及时将假植接穗进行蜡封。

3、接穗的剪截与蜡封

接穗的剪截长度一般在15厘米左右，留2～3个饱满芽，顶芽距剪口1～2厘米，将接穗进行蜡封。

（二）嫁接

1.嫁接时期

在展叶期进行，北京地区一般在4月中下旬。

2.砧木处理

展叶前，在准备嫁接的部位以上10厘米处锯断，嫁接时再往下截10厘米，嫁接部位的直径以4～7厘米为宜。

3.嫁接方法

嫁接方法以“插皮舌接”为最好。嫁接步骤如下：

（1）放水 在离地面30厘米左右的主干上，用手锯分2～3锯螺旋锯一圈，深到木质。

（2）嫁接 在砧木嫁接部位截断，削光皮层毛茬。在砧木截口侧面选一通直光滑处，由下向上削去老皮，长5～7厘米，露出嫩皮1～2毫米厚皮层。一个接头可嫁接1～3根接穗。将接穗下端削一长6～8厘米的削面，刀口一开始就向下并超过髓心。把接穗木质部插入砧木木质部和皮层之间，使接穗皮层紧贴在砧木皮层的削面上，然后用塑料条将接口缠紧。

（3）保湿处理 用一报纸卷成筒套在接口上，纸筒上部高出接穗顶部2～4厘米，纸筒下部低于绑塑料绳处，再用塑料绳将底部绑好。然后用细碎的湿润土填满纸筒，并用木棍将接口部位的土插实，然后再用塑料袋自上而下套住，最后用塑料绳将基部扎牢，中间部分也适当绑扎。

(三)接后管理

1. 除萌

及时去掉砧木上的萌蘖,若接穗死亡,萌芽可保留一部分,以便芽接补救或恢复树冠后在进行改接。

2. 放风

接后 20 天左右接穗开始萌发,当新梢长出土后,可将袋顶部开一口,让嫩梢顶端自然伸出,放风口由小到大,分 2~3 次打开。当新梢伸出袋后,可将顶部全打开。

3. 绑支柱

当新梢长到 20~30 厘米时,将土全部去掉。及时在接口处设立支杆,将新梢牵引绑结在支杆上,随着新梢的加长要绑缚 2~3 次。

4. 解绑

接后 2 个月左右,要将接口处的绑绳解掉,防止绞缢。

5. 疏花、整形

新梢萌发后若有雌花,及早疏掉。在新梢 20~30 厘米时,要根据整形需要,疏掉多余新梢枝,尤其是早实品种萌芽率高,同一节位的 2 个芽往往都能萌发,其他节位的芽萌发良好情况下,一般一个节位留 1 壮梢即可。长势旺的用于培养侧枝的新梢,可在长至 50 厘米左右时摘心促分二次枝。8 月上旬,对所有未停长的新梢摘心,若再萌发,可抹芽或留 1~2 片叶再摘。

第六节　花果管理

一、疏雄

疏除过多雄花可以节约树体贮藏养分,利于生长和结果。对主栽品种,在雄花芽刚开始萌动时人工掰除。疏雄程度是在树冠不同部位保留 5%~10%的健壮雄花芽,其余的全部疏除。授粉品种配置较多时,根据需要疏除过多雄花。

二、疏果与保果

盛花期后 1 个月内进行。早实核桃 1~2 年生幼树的果实要全部疏掉,3~4 年生幼树根据长势适当选留。成龄大树疏果强度要根据立地条件和核桃树树势状况灵活掌握,一般中等以上立地条件和中等偏旺树势,每平方米树冠投影面积的留果量为 40~50 个;立地条件优越和树势很强的核桃树,每平方米树冠投影面积留果 50~60 个。疏果时,先疏除病虫伤残果,再根据果实在树冠各部位均衡分布的原则决定取舍。一些品种坐果率很高,有时形成无叶果,一定要疏除。细弱结果枝的果实,根据复叶多少和生长的空间大小决定疏果或将细弱枝疏除。也可根据叶片多少疏果,一般每果需 2~3 片复叶。

三、人工辅助授粉

对于因雌雄花期不遇、周围又无授粉树而坐果率低的核桃树,可进行人工辅助授粉。雌花期采集刚要散粉的雄花序,6～10 个为一束,挂在树冠迎风面上部即可。也可采集刚要散粉的雄花序,置于阴凉通风处,散粉后收集花粉,加入 10 倍淀粉,用毛笔点授或用授粉器授粉。

第七节 主要病虫害防治

一、病虫害综合预防

(一)深翻果园

封冻时期进行,即把表层土壤、落叶和杂草等翻埋到下层,同时把底土翻到上面,深度以 25～30 厘米为宜。深翻既可以破坏害虫的越冬场所,把害虫翻到地表上杀死、冻死或被鸟和其他天敌吃掉,减少害虫越冬数量;又可疏松土壤,利于果树根系生长。

(二)树干涂白

涂白以 2 次为好,第 1 次在落叶后到土壤结冻前;第 2 次在早春。涂白部位应以主干和较粗的主枝为主,不可将全树涂白,以免造成开春烧芽。涂白可减轻日灼、冻害等危害,兼治树干病虫害。涂白剂的配制:

(1)石灰∶石硫合剂原液∶食盐∶水∶豆汁＝10∶2∶2∶36∶2。

(2)水∶石灰∶食盐∶硫磺粉∶动物油＝100∶30∶2∶1∶1,混匀。

(三)彻底清园

萌芽前进行,要彻底清扫果园中的枯枝落叶、病僵果和杂草,集中烧毁或堆集起来沤制肥料,可降低病菌和害虫越冬数量,减轻病虫害的发生。

(四)喷施石硫合剂

萌芽前,全树喷施 3～5 波美度的石硫合剂,不留死角。可以预防病害,杀灭蚜虫、红蜘蛛等害虫虫卵。

二、病害防治

在做好上述工作基础上,对新建和病害很少的果园,每年 6—8 月份喷施 2～3 次保护性杀菌剂即可,雨水较多的年份可多喷 1～2 次;保护性杀菌剂可选用波尔多液、代森锰锌等。对已有病害发生的果园可采取以下措施:

(1)有枝干病害的果园,必须进行刮除疗法。三四月份为枝干病害高发期,枝干病害较重,必须将病斑刮除;若较轻,将外皮刮掉,用小刀每 5 毫米左右纵向划割,深达木质。然后涂 4～5 倍的"果腐康"(又叫"9281"等名,其有效成分为过氧乙酸),要涂匀涂透,2～3 小时后涂第 2 次,第 2 天再涂 1 次即可。

(2)坐果后,一般在 5 月上旬,叶面喷施内吸性低毒杀菌剂 1 次。药剂可选用多菌灵、甲基托布津等。雨季前,一般在 6 月上旬,叶面喷施内吸性低毒杀菌剂 1 次。药剂选用同上。雨季,6 月中旬至 8 月中旬,根据雨水多少和病害程度,喷施保护性杀菌剂 2～4 次。落叶后,全树喷 3～5 波美度石硫合剂。

三、虫害防治

(一)核桃举肢蛾

又名核桃黑。幼虫钻入核桃果内蛀食,受害果逐渐变黑而凹陷皱缩。该虫一年发生1～2代。以老熟幼虫在土壤内结茧越冬。次年5月中旬至6月中旬化蛹,成虫发生期在6月上旬至7月上旬,幼虫一般在6月中旬开始为害,7月份为害最严重。卵期4～5天,幼虫在果面仅停留3～4小时后就蛀入果内,在果内30～45天后脱果。该虫的发生与降雨量关系密切,在5—6月份成虫羽化期,降雨量少于30毫米,发生轻,反之则重。

防治方法:

(1)在采收前,即核桃举肢蛾幼虫未脱果以前,集中拾烧虫果,消灭越冬虫源。

(2)采用性诱剂诱捕雄成虫,减少交配,降低子代虫口密度。

(3)冬季翻耕树盘,对减轻危害有很好的效果,将越冬幼虫翻于2～4厘米厚的土下,成虫即不能出土而死。一般农耕地比非农耕地虫茧少,黑果率也低。

(4)5—6月份挂杀虫灯诱杀成虫。

(5)药剂防治:幼虫初孵期(一般在6月上旬至7月下旬),每10～15天喷每毫升含孢子量2亿～4亿的白僵菌液或青虫菌或"7216"杀螟杆菌(每克100亿个孢子)1 000倍液(阴雨天不喷,若喷后下大雨,雨后要补喷)。也可采用40%硫酸烟碱800～1 000倍液,使用时混入0.3%肥皂或洗衣粉可增加杀虫效果。提倡少用化学药剂。

(二)金龟子类

常见的有铜绿金龟子,暗黑金龟子等。成虫为害期3月下旬至5月下旬,常早、晚活动,取食核桃嫩芽、嫩叶和花柄等,以核桃萌芽期为害最重。

防治方法:

(1)成虫发生期(3月下旬至5月上旬),用堆火或黑光灯或挂频振式杀虫灯诱杀。

(2)利用其假死习性,每天清晨或傍晚,人工震落捕杀。

(3)发生严重时,可以喷施:1%绿色威雷2号微胶囊水悬剂200倍液;25%灭幼脲Ⅲ号胶悬剂1 500倍液;烟·参碱1 000倍液。

(三)草履蚧壳虫

若虫喜欢在隐蔽处群集为害,尤其喜欢在嫩枝、芽等处吸食汁液。该虫一年发生一代。以卵在树冠下土块和裂缝以及烂草中越冬。一般2月上中旬开始孵化为若虫,上树为害,雄虫老熟后即下树,潜伏在土块、裂缝中化蛹。雌虫在树上继续为害到5—6月份,待雄虫羽化后飞到树上交配,交配完成后雄虫死亡,雌虫下树钻入土中或裂缝以及烂草中产卵,而后逐渐干缩死亡。

防治方法:

(1)若虫上树前(一般在2月上旬),在树干的基部(离地50厘米左右)将翘皮刮除(高度在20厘米左右),并在刮皮处缠上宽胶带,在胶带上涂10～15厘米宽的黏胶剂,防止若虫上树为害,树下根颈部表土喷6%的柴油乳剂。黏胶剂的配制:

①用黄油、敌杀死、废机油按照2∶0.5∶1的比例配制。

②用机油和沥青(或柴油和松香粉)按照1∶1的比例配制,加热熔化后备用即可。

(2)萌芽前树上喷 3～5 波美度的石硫合剂;若虫上树初期,喷 0.5%果圣水剂(苦参碱和烟碱为主的多种生物碱复配而成的广谱、高效杀虫杀螨剂)或 1.1%烟百素乳油(烟碱、百部碱和楝素复配剂),也能收到一定效果。

(3)保护好黑缘红瓢虫、暗红瓢虫等天敌。

(四)大青叶蝉

晚秋成虫产卵于树干和枝条的皮层内,造成许多新月型伤疤,致使枝条失水,抗冻及抗病力下降。一年 3 代。以卵在枝干的皮层下越冬,4 月孵化,若虫及成虫以杂草为食。10 月上旬至中旬降霜后开始产卵。

防治方法:

(1)清洁果园及附近的杂草,以减少虫量。

(2)产卵前树干涂白。

(3)10 月份霜降前喷 4.5%的高效氯氰菊酯 1 500 倍液。

(五)蚜虫

蚜虫喜欢在叶背面吸食汁液,叶上常有蜜露分泌物。蚜虫一年发生 10 多代。以卵在芽腋和树皮的裂缝处越冬。核桃萌芽时开始孵化。产生无翅胎生雌蚜,群集叶背面吸汁为害。5—6 月份为害较重。5 月份出现有翅蚜,迁移到其他作物或杂草上,秋季迁回,产生两性蚜,交配,产卵越冬。

防治方法:

(1)保护瓢虫、草蛉等天敌。

(2)清洁果园,萌芽前树上喷 3～5 波美度的石硫合剂。

(3)发生期药剂防治,药剂可选用 25%吡虫啉可湿性粉剂 3 500 倍液,50%抗蚜威 2 000 倍液,或 50%溴氰菊酯 3 000 倍液(其他药剂参考说明书使用),7～10 天 1 次,一般用药 1～2 次即可控制。

第八节　采收与贮藏加工

一、果实采收

(一)采收时期

当核桃青皮由绿色渐渐变淡,呈黄绿色或黄色,有近 1/3 的果实青皮出现裂缝,容易剥离时,即可采收。过早,出仁率会降低;过晚,种仁颜色深。北京地区一般在 8 月底至 9 月中旬采收。

(二)采收方法

树体矮化的核桃园,手摘即可。采摘时,不伤青皮;青皮伤后,易腐烂而污染果面。树体较高时,可采用打落法,即用竹竿或有弹性的软木竿从枝的侧面垂直打,或用钩子钩住摇动以震落果实,不可由外向里打,以免损伤过多枝芽。

二、果实采后处理

核桃采收后，易离皮的青果要立即脱去青皮，并用清水清洗干净。对不易脱青皮的果实，可用 3 000～5 000 毫克/千克的乙烯利溶液浸蘸青果，然后堆成 30 厘米左右厚度，放置在背阴通风处，3～5 天后即可离皮。注意：青皮有伤的果实要单独堆放。量大，可采用机械脱青皮，脱青皮和清洗一次完成。

洗好的坚果应在竹箔或高粱秸箔上阴干半天，再晾晒，坚果摊放的厚度不应超过两层果。一般经 5～7 天即可晾干。刚脱完青皮，若遇连雨天，种仁易长毛，应及时烘干。烘干可用火炕或烘干机，温度不超过 35℃。

三、贮藏

长期贮存的商品核桃要求含水量不超过 7%。贮存时间不超过次年三四月份，室温贮藏即可；将晾干的核桃装入布袋或麻袋，存放在干燥、通风、背光处即可，下面垫一隔层防潮。注意防鼠。若过夏，则需要低温贮藏。核桃低温贮存在 4℃左右即可，不要与水果同放一个冷库，若确需与水果存一库，可将核桃用聚乙烯袋密封以防潮。一般情况，核桃低温下可贮藏 2 年。

第十四章 板　　栗

板栗在我国分布十分广泛，北起吉林，南至海南岛，跨越寒温带、温带、亚热带；垂直分布从海拔 50～2 800 米。板栗主要成分以糖类为主，其中淀粉占干物质的 45%～65%，总糖 20%～25%，蛋白质含量 7%～10 %；粗脂肪 2%左右；还含有维生素 A、维生素 B_1、维生素 B_2 等多种维生素和 N、P、K、Ca、Mg、Zn、Fe、B 等多种矿质营养元素。

北京市密云、怀柔、昌平、延庆、平谷、房山和门头沟等区县产板栗。目前，全市面积达 67.5 万亩，占北京果树总面积的 29.1%，总产量达到 2.77 万吨，涉及 10 万余农户。优势区域主要集中在北部燕山地区，形成了从延庆的大庄科乡——昌平北部的延寿镇——怀柔的九渡河、渤海、桥梓、雁栖、怀北镇——密云的石城、冯家峪、不老屯、高岭镇——平谷的镇罗营镇的百里板栗带。

目前产业发展存在的主要问题：一是单位面积产量低，北京市平均亩产仅 55 千克，远低于示范丰产园的 250 千克/亩；二是销售价格不稳定，正常年份平均 10 元/千克，个别年份最低到 6～7 元/千克；三是专用品种少、尤其是加工专用品种少；四是采后处理与加工环节落后。

第一节 主要种类和品种

一、主要种类

栗在植物学分类上属山毛榉科(壳斗科)、栗属。本属植物在世界上约有十几个种，生产栽培的有板栗、日本栗、欧洲栗、美洲栗和锥栗 5 种。我国分布与生产的主要有以下几种。

(一)板栗

原产我国，长江中下游和秦岭山区的野板栗为其原生种。乔木，小枝及新梢有短茸毛，叶背有星状毛。雌雄同株，总苞密生针刺，多数有 3 个坚果，果实大、中、小类型均有，外果皮褐色，涩皮易剥离，肉致密，质量优良。抗旱性、抗栗疫病、墨水病能力强。品种类型多，栽培性状好，经济价值高。由于气候、立地条件、栽培历史、市场要求等多种因素，形成了华北炒食栗(甘栗)及太湖流域菜食栗两大类型。

(二)锥栗

乔木，总苞内有一坚果，熟食较板栗香，性喜暖湿，分布以淮河为北界，浙江南部至福建北部有经济栽培，以建瓯、建阳为著名。产量较板栗低。

(三)日本栗

原产日本、朝鲜。乔木，比板栗树体小，刺苞大，苞刺细长，坚果有顶尖，涩皮厚而韧性差，不易剥离。实生苗结果早，适应于沿海较暖湿气候。我国辽宁省的丹东、凤城、宽甸栽培的丹东栗和山东省文登栽培的"水道栗"均属于日本栗系统。

(四)茅栗

小乔木,形似野板栗,不同点是叶型、刺苞、坚果更小,叶背少茸毛,呈鳞腺状。雌花形成能力强,刺苞成串着生,多的一个结果枝可结刺苞 20 余个。总苞瘦,苞刺相对细长,坚果重 0.7～1.0 克,分布于秦岭、大别山、庐山及长江中下游以南地区。茅栗不能用作板栗砧木,一般表现为不亲和。栗实可以吃,但无商品价值。野板栗与茅栗形态相似,但能作板栗砧木,两者在名称上极容易混淆。

二、板栗品种及北方栗与南方栗的区别

据初步估计,全国有板栗品种 300 余个,绝大多数为乡土品种,类型、单株不计其数。

中国的板栗品种大体可分北方栗和南方栗两大类:

北方栗主要分布在华北地区的燕山及太行山山区及其邻近地区,包括河北、北京、河南北部、山东、陕西、甘肃部分地区及江苏北部;著名的品种有明栗、尖顶油栗、明拣栗等,其特点是果型小,单粒平均重 10 克左右;肉质糯性,含糖量高达 20%左右;果肉含淀粉量低,蛋白质含量高;果皮色泽较深,有光泽;香味浓,涩皮易剥离,适于炒食,称糖炒栗子;较南方栗耐储藏,果表面带毛绒的比光栗耐储藏,同品种内大果实比小果实耐储藏。

南方栗主要分布在江苏、浙江、安徽、湖北、湖南、河南南部,著名品种有毛板红、马齿青、九家种等。这一地区,高温多雨,板栗坚果果形大,单粒平均重 15 克左右,最大可达 25 克,但含糖量低,淀粉含量较高,肉质偏粳性,多用作菜栗。

三、主要优良品种

(一)京暑红

树冠扁圆头形,树势中庸,树体较开张;总苞椭圆形,成熟时多为"一"字形开裂,出实率 41.16%。坚果均重 8.2 克,总糖 20.41%,淀粉 38.15%,脂肪 4.52%,蛋白质 5.61%,灰分 2.03%,内果皮薄,易剥离,果肉黄色,质地细糯,风味香甜,果实适宜炒食。8 月下旬果实开始成熟,一般年份 8 月 23 日(处暑)栗苞开裂采收,9 月 5 日前采收完毕。树体具有丰产、稳产、抗病虫、耐瘠薄。适宜在北京、河北等地区栽培推广的极早熟品种。

(二)燕山早生

树冠开张,总苞椭圆形,坚果均重 8.1 克,总糖 19.89%,淀粉 38.6%,脂肪 1.1%,蛋白质 3.82%,内果皮易剥离,果肉黄色,质地细糯,风味香甜,果实适宜炒食。8 月下旬至 9 月上旬果实成熟,适宜在北京、河北等地区栽培推广的极早熟品种。

(三)燕昌早生

为坚果极早熟品种。总苞椭圆形,平均每苞含坚果数 2.1 个,蓬皮较薄,刺较短 1.3 厘米,刺束中密。坚果整齐,平均单粒重 8.0 克,红褐色,果面光滑美观,有光泽。果肉含水量 54.6%,淀粉 38.2%,总糖 21.37%,蛋白质 4.7%,脂肪 1.0%,粗纤维 2.0%,维生素 C 23.4 毫克/100 克,维生素 B 0.13 毫克/100 克,锌 7.9 毫克/100 克,磷 88 毫克/100 克,铁 1.49 毫

克/100 克,钾 405.68 毫克/100 克,钙 18.85 毫克/100 克,硒 0.01 毫克/100 克。内果皮易剥离,果肉黄色,质地细糯,风味香甜。坚果 8 月下旬成熟,耐贮运;幼树生长健壮,结果后树体生长势缓和,果前梢芽大而饱满,雌花易形成,较丰产。坚果适宜炒食、加工。

(四)燕山早丰

树冠高,圆头形,树姿半开张。每母枝抽生果枝 2.03 个,每果枝平均结蓬 2.42 个,总苞小,呈"十"字开裂。平均单粒重 8 克,椭圆形,皮褐色,茸毛少,果肉黄色,质地细腻,味香甜,熟食品质上等。含糖 19.67%,含淀粉 51.34%,含蛋白质 4.43%。果实成熟期为 9 月上旬。丰产、成熟期早、抗病、耐旱。

(五)燕山红栗

又名北庄 1 号、燕红。树性中等偏小,树冠紧凑,分枝角度较小。每个结果母枝平均抽生 2.4 个结果枝,果前梢一般较短,平均有混合芽 3.5 个;每个结果枝平均着生 1.4 个球果。平均每个总苞有坚果 2.2 个,鲜重出实率为 46.8%。坚果平均粒重 8.9 克,果面茸毛很少,多分布在果顶、果间部位;果皮深红棕色,美观,富有光泽。坚果中含糖量 20.25%,粗蛋白占 7.07%,脂肪 2.46%;栗子富糯性。果实成熟期为 9 月 15～23 日。抗病能力较强,抗旱力中等,适宜在条件较好的地区发展。

(六)怀丰

又名"四渡河 2 号"。树冠自然开张,每结果母枝平均抽生结果枝 3 条,每结果枝平均着生混合花序 2.2 个,每结果枝着生栗苞 2～4 个。总苞椭圆形,每苞平均含坚果 3 个,成熟时多呈"一"字开裂,出实率 45.8%,空苞率 1.5%。坚果偏圆形,果顶微凸,黑褐色,极少茸毛,平均单粒质量 8.9 克;果肉黄色,煮食质地甜糯,鲜食风味香甜,成熟果果肉含水量 54.80%,总糖 6.73%,淀粉 39.80%,粗纤维 1.30%,脂肪 0.90%,蛋白质 5.25%。适应性强,耐瘠薄。9 月上中旬果实成熟。

(七)燕昌栗

别名下庄 4 号。树姿开展,分枝角度大,呈扁圆头形或自然开心形。每个结果母枝平均抽生 2.1 个结果枝,每个结果枝平均结球果 1.8 个,平均每棚中含有坚果 2.6 个,平均出实率为 40.5%。坚果单粒重 8.6 克,果面茸毛较多,果肩部分茸毛密度大,果皮红褐色,光泽中等,较美观。果实成熟期为 9 月中旬。本品种适宜在条件好的地区栽培。

(八)怀九

树形多为半圆形,属长果枝类型,耐短截,适宜密植。果前梢较长,每个果前梢平均有 9 个混合芽,芽为圆头形。总苞皮厚,出实率为 48.09%。结果母枝平均抽生结果枝 2.06 条,每个结果枝平均着生栗蓬 2.37 个,蓬内坚果平均为 2.35 粒。坚果为圆形,鲜果单粒质量 7.5～8.3 克,属小粒形,种皮栗褐色,有光泽,茸毛较少,坚果种脐较小。适宜炒食。品种生长势较强,适宜开心型密植栽培,适宜短截,连续结果性好。

(九)怀黄

树形多为半圆形,树姿开展,结果母枝平均长度为 32.87 厘米,短截后均能结果,适宜密植。果前梢较长,果前梢平均 7 个混合芽,芽为圆形。球果椭圆形,中等大,总苞皮厚,出实率为 46.03%。结果母枝平均抽生结果枝 1.85 条,结果枝占 45.45%,每个结果枝平均着生栗蓬 2.33 个,栗蓬内坚果平均 2.24 粒。坚果为圆形,鲜果单粒质量 7.1～8.0 克,属小粒形,皮色为栗褐色,有光泽,茸毛较少,坚果种脐较小。适宜炒食。

(十)阳光

树型中等,树冠开张,呈半球形。每个总苞内坚果数平均为 1.3 个,坚果的平均单粒质量 11.1 克,坚果椭圆形,外种皮深褐色,果面茸毛多,光泽较暗;果肉甜、糯性,涩皮易剥离。栗仁在 100℃ 热水中可保持原有颜色。在不添加任何护色剂的条件下,加工品可保持栗仁原有的鲜黄或黄色,加工品可在 5 年内不发生褐变。该品种坚果适合加工。

第二节　生长结果习性

一、板栗对土壤条件的要求

板栗适宜在酸性或微酸性的土壤上生长,在 pH 值 5.5～6.5 的土壤上生长良好,pH 值超过 7.2 则生长不良,含盐量以 0.2%为临界值。以花岗岩、片麻岩和页岩的成土母质的土壤栽培为适宜。

二、板栗的根系

板栗为深根性果树,土层深厚时其垂直根和水平根都较发达,垂直根的分布受土层厚度与土壤质地影响较大。疏松肥沃的土壤,根系可深入到 2 米以上,但主要还是分布在 80 厘米以内的土层中,其中在 20～60 厘米土层的分布最为集中。板栗根系的水平分布范围较广,可超过冠幅的 2 倍,其分布范围受土壤和地势影响很大。水平根一般集中分布于树冠投影以下。8 年生幼树距树干 0～1.2 米范围内。

板栗根系与某些真菌共生形成外生菌根。具有菌根的板栗幼苗根系发达,形成良好的共生菌根结构,须根多,根系占的比重大,苗木生长旺盛。

三、板栗芽的类型与特点

板栗树的芽按其性质、作用和结构可分为混合芽、叶芽和隐芽三种。板栗枝条顶端有自枯性,无真正的顶芽,其顶芽实际上是顶端第一个腋芽。其特点如下。

(一)混合芽

混合芽又分完全混合花芽和不完全混合花芽。芽萌发后既可抽枝展叶、又能形成雌雄花开花结果的芽,为完全混合花芽。完全混合花芽着生在结果母枝的先端,芽体肥大饱满,发育健壮充实,芽顶钝圆形,俗称大芽。粗壮枝条先端几个饱满的完全混合芽能抽生出有雌、雄花序的枝并开花结果。其下部的混合芽以及弱枝上的混合芽因养分不足,只能形成雄花枝,因此这芽又称不完全混合芽。

(二)叶芽

芽体萌发之后能抽生营养枝的芽为叶芽，常常在旺盛生长枝条的上中部。叶芽比较瘦小，呈三角形或圆锥形。健壮枝上叶芽可当年分化，当年萌发，形成二次枝甚至三四次枝，因此，板栗具早熟性芽。根据这一特性幼树连续摘心可促进叶芽萌发，及早形成树冠，为幼树早期丰产打下基础。

(三)隐芽

隐芽又称休眠芽，着生在枝条的基部，芽体瘦小。这类芽一般不萌发，呈休眠状态。板栗树的休眠芽寿命很长，可生存几十年之久。当隐芽受刺激后，即可萌发出枝条，隐芽的这种特性常用于板栗老树的更新。

四、板栗枝条与特点

(一)结果母枝

着生结果枝的枝为结果母枝。正常情况下，结果母枝有个典型特征，结果后留上凹进去的果痕，在一年生枝上尤其明显，果痕前的枝称为果前梢，果前梢前端1～3个芽体肥大饱满的芽多是完全混合花芽。完全混合花芽春季萌发后抽生新梢并开花结果，抽生并结果的枝为结果枝。结果母枝前端混合芽抽生结果枝连续开花结果的能力与枝条的健壮程度呈正相关。

(二)结果枝

能生长果实的枝条称结果枝，又称混合花枝。结果枝上着生雄花和雌花，结果枝着生在粗壮结果母枝的先端，自然生长的栗树，结果枝条分布在树冠外围。结果枝自下而上可分为4段，基部3～5节为休眠芽，中段3～8节叶腋是雄花序，上部2～3节叶腋中生长有雌花簇的雄花序，顶端1～3节叶腋是混合花芽。基部的休眠芽一般不萌发，中段的雄花序脱落后留下盲节(没有芽体)，所以，板栗中间枝段没有芽体。上部生长有雌花簇的雄花序开花结果采收后，留下果痕，果痕前端有1～3节混合花芽的一段枝称果前梢或尾梢(枝)，其上充实的混合花芽俗称尾芽(或大芽)。自然生长条件下，果前梢的长短、着生混合花芽的数量和质量决定该枝条翌年抽生结果枝开花结果的能力。

(三)雄花枝

仅着生单性雄花的枝条为雄花枝。雄花枝着生在一年生枝的中部或弱枝的上部。雄花枝基部4节左右叶腋内具有隐芽，中部5～10个芽着生雄花，花序脱落后留下空节，不再形成芽体，雄花前部叶腋内芽瘦小，翌年抽生雄花枝或细弱枝。

(四)发育枝

发育枝由叶芽萌发而成，不着生雌花和雄花。发育枝是构成幼树树冠的基础，冬季短截幼树延长枝可达到扩展树冠的目的。发育枝又可转化为结果母枝。

五、板栗的花

(一)板栗雄花

板栗雄花为葇荑花序，其长短以及在枝条上的数量依品种或枝条类型的不同而不同；某些技术和环境条件也能影响雄花序的数量，增施钾肥可减少雄花序数量，秋季干旱可减少雄花序的数量。一般每个雄花序有小花 600～900 朵，每朵小花有花被 6 枚，雄蕊 9～12 个，花丝细长，花药卵形，没有花瓣；每 3～9 朵小花组成一簇，花序自下而上，每簇中的小花数逐渐减少。雄花序在枝上的开花顺序是自下而上，小花在花序上的开花顺序也是自下而上，呈无限型。板栗是花粉直感作用比较明显的树种，父本花粉对果实的大小、形状、果肉的颜色、品质、涩皮的剥离及成熟期的早晚，都有显著的直感效应。

(二)板栗雌花

通常每一雌花序有 3 朵雌花，聚生在一个总苞内。雌花子房 8 室，每室有 2 个胚珠，共 16 个胚珠。一般只有 1 室中的一个胚珠发育成种子，也有一个果内形成 2 个或 3 个种子的，称多籽果。多籽果增加了涩皮，不是良好的经济性状，日本栗和朝鲜栗的多籽果较多。雌花序为聚伞花序，中心花先开。当 1 个花序轴上有多个雌花序时，可为总状式聚伞花序。

板栗为雌雄同株异花植物，雄雌花比例一般为(2 000～3 000)：1，雄雌花序之比一般为 5：1。雌花量少是板栗产量低的原因之一。

(三)花芽分化

雄花序原基分化的盛期集中于 6 月下旬至 8 月中旬；在果实采收前的一段时间处于停滞状态，果实采收后至落叶前，又可观察到雄花序原基的分化，冬眠后，第二年初春继续分化。

雌雄混合两性花序原基发生在春季，萌芽期开始进入形态分化。4 月上旬，结果母枝上的混合芽萌发时，芽内雏梢生长锥延迟伸长，并在其侧面相继分化出两性花序原基。到花芽展开时，在伸长并分化中的两性花序基部出现雌花序原基。在几个两性花序原基的前部，雏梢生长锥继续分化，形成果前梢。

板栗雌花芽的形态分化是在春季芽萌动以后到 4 月底以前完成的，雌花的生理分化和形态分化是相伴随的，所以春季追肥能促进雌花分化。

(四)开花

板栗雄花开放过程可分为花丝顶出、花丝伸直、花药开裂和花丝枯萎几个阶段。单花开放过程需 10～15 天。混合花序轴上的雄花比单性雄花花期滞后 7～10 天。对全树和一个雄花序轴而言，总是基部花先开，逐渐向上伸延。

雌花的开放过程，可分为雌花出现、柱头出现、柱头分叉、柱头反卷四个阶段。北京地区雌花于 6 月初出现，6 月中旬柱头出现、分叉，6 月下旬柱头反卷，雌花期近 1 个月，雌花盛期在 6 月中旬。

(五)授粉受精

板栗雄花基部有褐色的腺束，花盛开时散发出一种特殊的香味。花丝、花粉鲜黄，引诱各类昆虫，特别是蝇、金龟子、甲虫、金花虫等群集而来。由于板栗雄花很小，可以随风飘移，属风媒花，但也可虫媒。成熟花粉的散粉主要在上午 9～12 时。

(六)果实

正常的情况下，经授粉受精后，雌花簇进一步发育，形成果实，包括球苞和坚果两部分；坚果即栗子，是由子房发育而成的，分果皮、种皮和果肉三部分。一个栗蓬内发育成 3 个坚果，有时发育成 2 个或 1 个(也有时每苞内有 4 个以上),也有可能空蓬。

果实发育为双 S 曲线;栗蓬首先增重,7 月底到 8 月初坚果才开始积累干物质,胚乳开始积累碳水化合物,特别是在接近成熟期时淀粉形成最快,因此,“采青”会导致减产。

第三节 建 园

一、果园选址

(一)气候条件

年平均气温 8.5～10℃,4—10 月份平均气温 18～22℃,1 月份的月平均气温大于－10℃,冬季最低温度不低于－25℃;果实发育期有效积温 2 200～3 000℃;开花期适温为 17～27℃,无霜期 180 天以上。日照时数在 2 000～2 700 小时,日照率 50%～60%。

(二)土壤条件

土层在 40 厘米以上,排水良好,地下水位低,土壤基岩以花岗岩、片麻岩、砂岩为好,适宜土壤为褐壤土、沙壤土、壤土等。土壤 pH 值 5.8～6.8,超过 7.2 则生长不良;板栗是果树中对盐碱土敏感的树种之一,含盐量以 0.2%为临界值。

(三)水分条件

年降水量 500 毫米以上。北京地区冬春干旱少雨,最好有水浇条件。

(四)地势

海拔高度在 600 米以下,园地选在阳坡、半阳坡;低山丘陵,在半阴坡、阴坡亦可栽植。

二、品种选择

应以区域化和良种化为基础,北京板栗生产中品种选择时最好选燕山板栗产区的品种。

板栗是异花授粉作物,自花不结实或结实率低;因此,在建园时不能采用单一品种。栗柱头的可受精期长,可持续 2 周以上,一般两个品种之间都能互相授粉;一般授粉树株间距离 20～50 米以内作为授粉树配置的参考。

第四节 土、肥、水管理

一、土壤管理

(一)山地栗园径流灌溉

山地栗园多数浇水困难。除进行蓄水保墒外,可在树下挖沟蓄水,称“蓄水库”,利用雨季截留山地坡面径流,在树下水坑中蓄水,在山坡地形成一个个“小水库”。也可在每株树边上挖取深 30～40 厘米深、长 50 厘米、宽 30～40 厘米的沟,在沟内填些杂草或落叶,上覆一薄层土,也能使雨水截留下来,称为“一树一库”。

(二)覆盖保墒

覆盖物可以是农作物的秸秆、山草、树叶等,也可以用地膜。覆盖后可减小雨水的径流量,防止土壤冲刷并增加雨水的渗透,减少水分的蒸发量和保蓄土壤的水分;同时又有利于微生物活动,覆盖的秸秆腐烂后增加土壤的有机质的含量,提高土壤肥力;秸秆覆盖能稳定温度,降低昼夜温差,降低夏季中午的土壤高温,在寒冷地区又能提高冬季的土温,有利于根系的发育。除覆盖秸秆外,还可采用地膜覆盖保墒法。

(三)深翻改土

在树冠外缘下地面,结合施肥、压绿肥,深翻 30～50 厘米,以利蓄水。每年进行 2～3 次;春季松土,土壤解冻后,墒情良好,应及时中耕,减少土壤水分蒸发;夏季松土除草,6 月下旬至 8 月上旬,及时扩树盘蓄水,同时除草压肥。

(四)扩穴

板栗大多生长在瘠薄山地,土质坚实,虽栽植多年,但根系常常仍局限在定植穴内,很难向远处伸展,根系发育受限,树体生长缓慢而形成"小老树"。所以,定植时应挖大坑栽植;已栽植在小穴内的树应扩穴,使根系生长有较宽松的空间。

(五)生草

生草种类应选择适应性强、耐阴、耐瘠薄、干物质产量高、养分消耗量少的草类,如紫穗槐、紫花苜蓿、草木樨、龙须草等。

无论是山地栗园还是平地栗园,生草应及时刈割,割下的草可就地覆盖在树盘内,防止土壤水分蒸散;也可翻压在树盘下,增加土壤的保水、蓄水能力,提高土壤有机质含量。

二、施肥方法和数量

(一)基肥

10 月中下旬施有机肥,施肥量 20 千克/株,以穴施为主。为补充肥源的不足,可以栗园行间间作绿肥,是解决目前栗树肥料不足的一种有效方法。一般应掌握在绿肥枝叶生长茂盛期进行,枝叶压在土层内易于腐烂;豆类及紫穗槐等绿肥应在开花期进行,压肥可采取树下沟埋法,挖沟深、宽各 40 厘米,将枝叶用土埋在沟内。绿肥可使土壤有机质得到明显提高;绿肥根部分泌酸类物质,能使土壤中难溶性矿质养料变为栗树能利用的可溶性状态。

(二)追肥

土壤解冻后,在树冠下外缘穴施速效性肥料,深度 20 厘米 左右,每株 0.2～0.3 千克。

生长季追肥:以复合肥为主,从 6 月下旬至 8 月下旬,下透雨后立即施入,可施 2～3 次;最佳时期为花前(后)追肥、栗仁增大前肥。北方常于 7 月底与 8 月初追果树复合肥,此时正值果实迅速膨大期;5～10 年生幼树每株 2～2.5 千克、10～20 年大树每株 2.5～3.5 千克。

叶面喷肥:开花前喷一次尿素,开花后 20 天左右喷一次尿素,8 月上中旬至 9 月上旬可喷磷酸二氢钾,采收后喷尿素;浓度均为 0.3%。

空蓬果园施硼肥:栗园每 4 年可施一次硼砂,增加土壤硼元素含量, 防止空苞现象。雨季穴施,春季施后要浇水。施肥量:5～10 生树 0.2 千克/株,10～20 生树 0.25 千克/株,20～40

生树 0.3 千克/株。

三、灌水时期和灌水量

(一)发芽前

春季是板栗各器官迅速建造时期,板栗雌花芽当年分化,早春干旱影响花芽分化,不但当年花少,而且尾枝上的大芽也少,还影响下一年的产量。早春降雨或灌水非常关键;在有条件灌水的栗园,灌水后应及时浅锄和覆草保墒。

(二)新梢速长期

春季新梢生长有一高峰,这个时期如果水分不足,往往限制新梢的生长。

(三)果实迅速膨大期

果实迅速膨大期干旱会严重影响果仁增大;北京地区在 7 月底 8 月初期间降雨或灌水,能有效地促进籽粒增大,增加产量,提高品质。

第五节　整形修剪

一、主要树形与整形修剪

(一)开心形

没有中心干,干高 50～60 厘米,全树 3～5 个主枝,各主枝在主干上相距 25 厘米左右。主枝开张角度 45～50 度,每主枝选留 2～3 个侧枝。

定干高 50～60 厘米,从剪口下选出生长势强的新梢 3 个,培育成主枝,各主枝间方位错开,有一定间距,其余新梢剪除。当选留新梢长到 70 厘米左右时,就及时摘心,促发二次枝培养侧枝,以后每年继续培养主枝及侧枝。主枝开张角度 45～50 度,对影响主、侧枝生长的枝及时剪除。

(二)变则主干形

干高 60～70 厘米,全树主枝 4 个,每层一个主枝,每个主枝的方位不同,主枝间隔 60～70 厘米,主枝开张角 45 度,每主枝两侧选留 1～2 个侧枝。

定干高 60～70 厘米,首先从剪口下选直立的强旺枝为中心主枝延长枝,其次选择角度大,生长健壮的枝为第一主枝延长枝,并短截。第二年从中心主枝上选留与第一主枝方向相反相距 50～60 厘米的壮枝为第二主枝。以后修剪每年选留一个主枝,各主枝的方位彼此错开,保持一定距离和角度,在各主枝的外斜侧,选留第一、第二侧枝,方位彼此错开,间距 40～60 厘米。第 4～5 年主侧枝基本形成,即可剪除中心延长枝。

(三)主干疏层延迟开心形

干高 60～80 厘米,全树留 5 个主枝。第一层三个主枝,主枝间距 25 厘米,开张角度 45～50 度。第二层 2 个主枝,间距 50 厘米,开张角度 30～40 度,层间距 80～100 厘米。每个主枝选留 1～2 个侧枝,第一侧枝距主干 70～80 厘米,第二侧枝距第一侧枝 40～60 厘米。

定干 60～80 厘米，第二年春选直立壮枝作为中心延长枝，在饱满芽处短截，同时选分布均匀的第一层三个主枝，并在饱满处短截。第三年春，对中心延长枝短截，留长 40～50 厘米。在距第一层主枝 80 厘米处短截，选留 1～2 个方位适宜的壮枝，作为第二层主枝。两层主枝方位要上下互相错开，每个主枝要选留 1～2 个侧枝，第一层主枝的第一侧枝距主干 70 厘米，第二侧枝距第一侧枝 40 厘米左右。第四年为防止树势上强，将强旺的第一芽延长枝自基部重截或拉平使其结果，利用第二芽枝做延长枝，并适当短截。在距第二层主枝 60 厘米左右处，选壮枝作为第三主枝。对其余细弱枝、重叠枝、交叉枝等都疏除。第五年后进入盛果期，保留五个主枝及其侧枝，应及时除掉中心枝，落头开心。

二、不同栗树修剪方法

(一)幼树修剪

选留不同方位的 3～4 个主枝延长枝。

嫁接成活初期要及时除去砧木上的萌蘖，以免竞争养分和水分。对嫁接后未成活的树，除选留砧木上分枝角度、方位理想的旺盛萌蘖枝，来年再补接外，其余萌蘖一律去除。

夏季及时摘心。一般是在新梢生长至 30 厘米左右时，摘除先端 3～5 厘米长的嫩梢，摘心后新梢先端 3～5 芽再次萌发生长，或单芽萌发单轴延伸。摘心处形成轮痕，轮痕以下 3～5 芽是第二次新梢萌发生长以前营养分配的中心，可形成数个大芽，结果早的品种甚至可以形成花芽。

(二)密植板栗园修剪

对于在内膛中心部分抽生并形成“树上长小树”的较大枝，要及时疏除，保证密植园栗树多主枝不规则自然开心树形。

由同一枝上抽生的结果母枝一般为 2～3 个，生长势强的可达到 5 个。对于三叉枝可以疏除细弱母枝，集中营养；重短截健壮枝，为第 2 年结果做准备；缓放(或轻短截)中庸枝。对于分枝较多的同组结果母枝，也可应用以上原则，短截其中 1～2 条壮枝，疏除细弱枝，对中庸枝留 3～4 个大芽轻短截。

当部分枝条顶端生长势开始减弱、结果能力稍差时，应适时分年分批地回缩，降低到有分枝的低级次位置上。密植栗树的小更新应常年进行，降低结果部位，延缓结果外移的果间。

对内膛细弱枝，应从基部疏除。对挡光严重的徒长枝，若周围不空，可以从基部去除；而对光秃内膛陷芽产生的徒长性壮旺枝，可以重短截，或在夏季摘心，促生分枝，培养健壮的结果母枝。

(三)放任生长的老栗树修剪

(1)先落头压缩中干，再逐年疏除重叠、并生、交叉大枝。

(2)对萌发的旺枝、徒长枝，在冬剪时，采用重中短截，促发分枝，结合夏剪，摘心 2～3 次。

(3)疏除过密枝、交叉枝、细弱枝；适当回缩冗长枝、光秃枝，促发基部隐芽萌发新梢，对新梢生成的壮枝，采用重、中短截，并结合夏季多次摘心，培养结果枝组。

三、修剪量的确定

单位土地面积上拥有适量的、充实健壮的结果母枝，是获得预期单位产量的先决条件；修剪时，主要参考结果母枝的留量确定修剪量。一般而言，幼年结果树结果母枝应控制在4～8个/米^2；成年结果树结果母枝应控制在8～14个/米^2。

第六节 花果管理

一、提高板栗雌花数

增施磷肥、尤其是秋季施磷混有机肥或早春施磷肥，树体磷素营养提高，栗树雌花枝量增加，雄花枝减少，每果枝平均结苞数增多，产量得以显著提高。土壤中速效磷含量不应低于12毫克/千克；需要注意的是，磷肥在充足氮肥的基础上，才能充分发挥其作用。

二、除雄技术

雄花在板栗生长季节中，平均耗费40%的营养，最高耗费达63%。所以，留下足够授粉用的雄花，去除多余的雄花，可以节省大量营养，节省的营养可利用到雌花的开花坐果中。

生产上多采用人工去雄，即当雄花序不足2厘米时，除将新梢最上端的3～5个花序(可能是混合花序)保留外，其余全部疏除。除雄可以明显地增加雌花数量，减少雌花因营养不良而发生的败育。采用化学疏雄技术也可达到同样的效果。

三、花期施硼减少空蓬率

板栗空蓬的形成有下面几个原因：一是雌花分化质量低、生殖器官发育异常，授粉受精不良或胚胎发育受阻；二是树体营养与水分亏缺，如树体磷元素含量、碳水化合物不足；三是品种单一、品种间亲和力低、各品种花期不一致、花期遇雨、因硼营养缺乏而阻碍花粉发芽及花粉管生长等，均会造成授粉受精不良。花期喷肥一可以降低空苞率，二可以促进栗蓬发育，减少因营养不良而造成的落果。

初花期和盛花期喷布0.2%～0.3%硼酸＋0.2%磷酸二氢钾＋0.2%～0.3%尿素＋微肥，花后则着重喷尿素和磷钾肥。

四、疏除二次花

秋季，板栗壮树容易形成二次花，消耗树体营养，因此应该疏除二次花，以免影响第二年产量。

第七节 主要病虫害防治

一、主要病害及防治

(一)种仁斑点病

栗种仁斑点病又称栗黑斑病，主要发生在贮运期。在栗仁上形成坏死斑点，使栗仁变质或腐烂，严重影响栗实质量，是板栗采后的重要病害。

沙藏温度25℃左右，对病害发展有利，15℃以下显著抑制病害的发展速度，5℃以下病害基本停止发展。栗仁表面失水加速病斑扩展，但过度失水并无明显影响。栗瘿蜂危害严重，病害发生也严重。幼树、健壮树发病轻，老弱树发病重。早熟早采发病重，晚熟晚采发病轻，采收、贮运过程中机械损伤多，加重病害发生。

防治方法：

①加强栽培管理，增强树势，提高树体抗病能力，避免栗瘿蜂等危害，减少树上枝干发病，是预防该病的基础。

②从6月中旬开始喷药，15～20天喷一次，共喷三次，可选用50%退菌特800倍液。

③及时刮除树上干腐病斑，剪除病枯枝，减少病菌侵入染。

④采收时，减少栗果机械损伤。降低贮运期温度，保持栗仁正常含水量，减少机械伤口可有效控制病害的发生发展。用7.5%盐水漂洗果实，除去漂浮的病果效果较好。

(二)栗疫病

栗疫病又称胴枯病，大部分栗产区均有发生。有些地区新嫁接的小树也会发病很重，常引起树皮腐烂，直至全株死亡。为检疫性病害，引种苗木或接穗时尤其要注意。

其症状主要发生在主干、主枝，也有少数在枝梢上引起枝枯。初发病时，在树皮上出现红褐色病斑，组织松软，稍隆起，有时自病斑流出黄褐色汁液。撕开树皮，可见内部组织呈红褐色水渍状腐烂，有酒糟味。发病中后期，病部失水，干缩下陷，并在树皮底下产生黑色瘤状小粒点。雨季或潮湿时，涌出橙黄色的黄色卷须状的孢子角。最后病皮干缩开裂，并在病斑周围产生愈伤组织。幼树常在树干基部发病，造成枯死，下部产生愈伤组织，大树的主枝或基部也可发病。

防治方法：

①增强树势　通过合理的土肥水管理，增强树势，提高树体的愈伤能力和抗病能力。

②加强树体保护　对嫁接口和伤口要及时给予保护，用含有杀菌剂的药泥涂伤口，对嫁接口还要外包塑料布条保护。注意尽量减少造成伤口，减少浸染部位。冻害发生的地区可进行树干涂白保护。

③选择无毒苗木和抗病品种　病害可通过苗木进行远途传播，调运苗木时注意对苗木检疫，严格淘汰病苗。

④病斑治疗　及时处理病枝干，清除病死的枝条。刮治病斑的基本方法是用快刀将病变组织及带菌组织彻底刮除，刮后必须涂药并妥善保护伤口，如10波美度的石硫合剂、40%退菌特可湿性粉剂50倍液、60%腐殖酸钠50～75倍液、托福油膏等。70%甲基托布津可湿性粉剂1份加豆油或其他植物油3～5份效果也很好。

(三)板栗霉烂

板栗霉烂主要与品种的抗病性、采收成熟度和环境条件密切相关。其原因是黑根霉菌和毛霉菌的侵染而引起。

其防治方法：

①适时采收，使栗果充分成熟，其抗病性明显提高。

②采后用500毫克/千克2,4-D加200毫克/千克托布津药剂浸果3分钟能有效抑制

霉烂。

③适当降低湿度，创造适宜的低温环境，采用架藏等方式，可降低栗果呼吸，延缓其代谢。同时，加强通风管理也是防止腐烂的有效方式。

④加放松针　在沙藏、筐架藏和冷藏带中放一定量的松针，对霉菌有一定的抑制作用。

⑤采后预冷　将刚采收的板栗进行快速降温，使果温降至5℃以下，不仅能抑制霉菌发生，减少霉烂，而且能够延长贮期。

二、主要虫害及防治

(一)桃蛀螟

桃蛀螟在我国大部分栗产区均有分布，以长江流域和华北地区发生较重，寄主除板栗外，还有桃、李、杏、梨、苹果、柿、山楂等果树和其他农作物，是一种多食性害虫。以幼虫为害板栗总苞和坚果。栗篷受害率为10%～30%，严重时可达50%，是为害板栗的一种主要害虫。

防治方法：

①人工防治和农业防治　果实采收后及时脱粒，防止幼虫蛀入坚果。清扫栗园，将枯枝落叶收集后烧毁或深埋入土。

②种植诱捕植物　每隔20米左右种植一行向日葵，起诱捕作用，然后及时处理向日葵花盘。

③药剂防治　田间用药适期是成虫产卵和幼虫孵化期。常用药剂有50%杀螟松乳油1 000倍液。

④性激素迷向　利用人工合成的桃蛀螟性素迷惑雄成虫，使其失去交尾能力，从而减少雌成虫的有效卵。每亩每次投放量0.02克，成虫迷向率85.4%，虫果率下降74.89%。

⑤黑光灯诱杀　因成虫有趋光性，可用黑光灯诱杀。黑光灯每50～100米设置1个，黑光灯下放洗衣粉水盆。用糖醋液诱集时，糖、醋、酒、水的配比为(1～2)：(1～4)：1：16。

(二)栗红蜘蛛

栗红蜘蛛分布北京、河北、山东、江苏、安徽、浙江、江西等地，寄主有板栗、锥栗、麻栎、橡等树种，是为害栗树叶片的主要螨类。

栗红蜘蛛以幼螨、若螨和成螨刺吸叶片。栗树叶片受害后呈现苍白小斑点，斑点尤其集中在叶脉两侧，严重时叶色苍黄，焦枯死亡，树势衰弱，栗果瘦小，严重影响栗树生长与栗实产量。

防治方法：

①利用天敌　栗园天敌种类较多，常见的有草蛉、食螨瓢虫、蓟马、小黑花蝽及多各种捕食螨，应注意保护。有条件的地区可人工释放草蛉卵，开展生物防治。或于4月份每株释放1袋捕食螨。

②药剂涂干　栗树开始抽枝展叶时，越冬卵即开始孵化。此期可使用该法，效果较好。涂药方法是：在树干基部选择较平整部位，用刮刀把树皮刮去，环带宽15～20厘米，刮除老皮略见青皮即可，不能刮到木质部，否则易产生药害。刮好后即可涂药，涂上药后用塑料布包扎。为防治产生药害，药液浓度控制在5%以下。

(三)栗瘿蜂

栗瘿蜂在我国各栗产区几乎都有分布。发生严重的年份受害株率可达100%，是影响板栗生产的主要害虫之一。

其幼虫危害芽和叶片，形成各种各样的虫瘿。被害芽不能长出枝条，直接膨大形成虫瘿的为枝瘿；虫瘿呈球状或不规则形，在虫瘿上长出畸形小叶，在叶片主脉上形成的虫瘿为叶瘿。虫瘿呈绿色或紫红色，到秋季变成枯黄色。自然干枯的虫瘿在一两年内不会脱落。栗树受害严重时，虫瘿比比皆是，很少长出新梢，不能结实，树势衰弱，枝条枯死。

防治方法：

①人工防治和农业防治　剪除病枝，剪除虫瘿周围的无效枝，尤其是树冠中部的无效枝，能消灭其中的幼虫。剪除虫瘿，在新虫瘿形成期，及时剪除虫瘿，消灭其中的幼虫。剪虫瘿的时间越早越好。

②生物防治　保护和利用寄生蜂是防治栗瘿蜂的最好办法。保护的方法是在寄生蜂发生期不喷任何化学药剂。

③药剂防治　在栗瘿蜂成虫发生期，可喷布50%杀螟松乳油。在春季幼虫开始活动时，用药液涂树干，每树用药20毫升，涂药后包扎。利用药剂的内吸作用杀死栗瘿蜂幼虫。

（四）象鼻虫

栗象鼻虫在我国各板栗产区都有分布。主要为害栗属植物、榛、栎等植物。以幼虫为害栗实，发生严重时，栗实被害率可达80%，是危害板栗的一种主要害虫。

幼虫在栗实内取食，形成较较大的坑道，内部充满虫粪。被害栗实易霉烂变质，失去发芽能力和食用价值。老熟幼虫脱果后留下圆形脱果孔。

防治方法：

①栽培抗虫高产优质品种　大型栗苞，苞刺密而长，质地坚硬，苞壳厚的品种抗虫性强。

②农业防治　实行集约化栽培，加强栽培管理，集中烧掉或深埋、消灭幼虫。还可利用成虫的假死性，在发生期振树，捕杀落地的成虫。

③温水侵种　将新采收的栗果于50℃热水中浸泡30分钟，或在90℃热水中浸10～30秒，杀虫率可达90%以上。处理后的栗果，晾干表面水后即可沙藏，不影响栗实发芽。在处理时应掌握水温和时间，避免烫伤。

④药剂熏蒸　将新脱粒下的栗果在密闭条件下熏蒸。溴甲烷，每立方米栗果用药量为60克，处理4小时；二硫化碳，每立方米实用30毫升，处理20小时；56%磷化铝片剂，每立方米栗苞用药21克，每立方米栗果用量为18克，处理24小时。

⑤药剂处理土壤　在虫口密度大的果园，栗苞迅速膨大期时正值成虫出土期，此时在地面上叶洒5%辛硫磷粉剂。喷药后用铁耙将药土混匀。在土质的堆栗场上，脱粒结束后用同样药剂处理土壤，杀死其中的幼虫。

⑥药剂防治　在大量雄花脱落时的成虫发生期，往树上喷90%敌百虫晶体1 000倍液，消灭成虫效果都很好。

（五）栗透翅蛾

栗透翅蛾分布于我国河北、山东、山西、河南、江西、浙江等栗产区。寄主主要是板栗，也可为害锥栗和毛栗。栗透翅蛾是板栗的一种主要害虫。

幼虫在树干的韧皮部和木质部之间串食，造成不规则的蛀道，其中堆有褐色虫粪。被害处表皮肿胀隆起，皮层开裂。当蛀道环绕树干一周时，则导致树体死亡。

防治方法：

①人工防治和农业防治　在幼虫孵化期，用刀刮除距地面1米以内主干上的粗皮，集中烧毁，消灭其中的幼虫和卵，刮皮后最好再喷1次杀虫剂。发现树干上有幼虫为害时，及时用刀刮除幼虫。成虫产卵以前在树干上涂白涂剂可阻止成虫产卵。加强栗树栽培管理，增强树势，避免在树上造成伤口。

②药剂防治　在成虫产卵和幼虫孵化期往树干上喷药，可杀死卵和初孵幼虫。常用农药有50%杀螟松乳油、20%杀灭菊酯乳油等，均用1 000倍液喷布。

第八节　采收和贮藏

一、采收

(一)成熟标准

总苞片缝开裂；栗果皮呈褐色或红褐色，有光泽；果座颜色也呈黄褐色。

(二)成熟期

早熟品种(系)，8月下旬至9月上旬；中熟品种(系)，9月上旬至9月中旬；晚熟品种(系)，9月下旬。

板栗一般于完全成熟、自然脱落时采收，质量最佳；尤其对用于贮藏的板栗更应如此，以减少贮藏过程中的腐烂率。

二、贮藏

(一)板栗贮运前处理方式

1.散热处理

栗果采收后1个月内，如果堆积管理不当，栗果会产生大量呼吸热，加之气温偏高，最易腐败变质。因此，采收后的栗苞或栗果应尽快进行散热处理。有冷藏条件的，可以将采收的栗苞和栗果直接放入冷库中；没有冷藏条件的，要选择阴凉通风的场所，将栗苞和栗果摊开，尽快将栗果从栗苞中脱出进行贮藏；切忌进行大堆长期存放。

2.化学药剂浸果

贮藏前用药剂对栗果进行表面消毒，抑制微生物活动，提高贮藏性。可以用500倍的托布津浸果3分钟或用200倍托布津喷洒果面。其他可用多菌灵、高锰酸钾、盐碱水、醋酸等溶液洗果、浸果，均能有效地减少腐烂。

3.热水消毒处理

用50℃热水将栗子浸泡45分钟，杀死果实中的寄生幼虫、卵和果实内潜伏的微生物，控制病虫危害。热水处理后应立即于冷水中冷却贮藏。

4.药剂熏蒸

可用二硫化碳、二氧化硫等熏蒸，熏蒸要在密闭的仓库或箱袋中进行。二硫化碳为无色液体，易爆炸，须严禁烟火。熏蒸温度20℃以上时每立方米用药20毫升，密闭20小时即可。

5. 防止发芽

防止发芽可用药剂处理(青鲜素浸果 3 分钟)或用 γ 射线照射。

(二)贮藏方法

1. 沙藏法

把处理好的栗果与沙混合堆放在沟床内,沟深 0.8～1 米,宽 1～1.5 米,长依贮量而定,果与沙的比例为 1∶2;也可以一层沙,一层果分层放在沟内,填到离沟口 20 厘米处,用沙覆盖,最后培成屋脊状。冬季冷时,上面用草帘覆盖。铺果入沟时,用秸秆绑成直径 10 厘米,高 1.5～2.0 米的秸秆棒,直立沟底,每隔 1.5 米放一个,以利通气。

2. 地窖沙藏法

在窖内堆放栗果,高约 50 厘米,然后用河沙覆盖;或把栗果与沙按 1∶2 混合拌匀放在窖内,上面用 10 厘米左右的河沙覆盖。入冬前,白天关闭窖口,夜间打开降温;入冬后关闭窖口。

3. 冷藏法

库温控制在 0～2℃,相对湿度 90%～95%,库内二氧化碳含量 3%。把栗果装入内衬浸湿水的双层麻袋,或内衬打孔塑料包装袋,然后码垛在木制托盘上每盘码三层,垛位长方形,垛与垛之间留有通道,以利通风和检查。

4. 土窖洞机械制冷贮藏法

在结构合理的土窖洞内,配备制冷机组,根据外界气温、开关制冷机,使窖温控制在 0～2℃,达到低温贮藏。

第三部分

实 践 技 术

第十五章　果树生产实践技术

第一节　种子层积

一、层积处理的定义

层积处理是解除种子休眠的一种方法，即将种子埋在湿沙中置于1～10℃温度中，经1～3个月的低温处理就能有效地解除休眠。层积处理期间，种子中的抑制物质含量下降，而赤霉素和细胞分裂素的含量增加。一般来说，适当延长低温处理时间，能促进萌发。大多数果树砧木种子，春播前都需要经过沙藏层积处理，才能正常发芽和生长。

二、层积处理方法

(一)种子处理

干藏的种子，先用清凉水浸泡1～2天，使种仁充分吸水；过干的种子，先用60～70℃的热水浸烫，边烫边搅动，然后浸泡24小时；湿藏的种子过干时也要浸泡几小时。

浸泡后的种子和干净的湿沙按1∶3(小种子)或1∶5(大种子)的比例拌匀进行沙藏。

(二)沙藏的方法

沙藏种子一般都用干净的河沙，沙子的用量一般为种子容量的5～8倍。种子较多时，可选择地势高燥、背风阴凉、不易积水的地方，挖沟埋藏；沟深80～100厘米，宽50～60厘米，长度视种子量的多少而定。层积时底部先铺放6～8厘米的湿沙，然后放入1厘米厚的种子(小粒种子)，大粒种子可以稍厚一些，一层种子一层沙，交替填放；但仁果类的小粒种子，如海棠、杜梨等，适宜混合贮藏(种子与沙子混合拌均匀)。填土至距地面10～15厘米时，要堆土成屋脊形，喷洒少量水，促使冻结。

(三)层积的温度

层积温度宜在0～8℃范围内。如种子量少，可将种子与湿沙混合，装入木箱或花盆内，放在背阴处，温度保持在5℃以下，沙的湿度控制在10%左右。在贮藏期间经常检查，不使过干、过湿或者发霉，上下翻动，有助通气，并使温度均匀。同时，还要防止鼠害。

(四)层积的时间

仁果类种子需时较短，核果类种子需时较长。甜樱桃和板栗种子不能干燥，从果实内取出应立即放入湿沙中，在阴凉处采用沟藏贮藏。

各种砧木种子沙藏处理的大致天数如下：湖北海棠30～35天，海棠果40～50天，山定子30～50天，八棱海棠40～60天；秋子梨40～60天，杜梨60天，山梨80天；核桃60～80天；山杏45～100天；枣和酸枣60～100天；山桃、毛桃80～100天；板栗100～150天；中国李80～

120 天；酸樱桃 150～180 天；山楂 1 年以上。

第二节 果树扦插和压条繁殖

一、果树扦插和压条繁殖的定义

扦插是以植物的根、茎、叶等为繁殖材料，将其插入土、沙、蛭石等基质中，给予一定的条件使其再生成完整的独立个体。压条繁殖是将生长在母株上的枝条埋入土中或用其他湿润材料包裹，促使枝条的被压部分或被包被的部分生根，然后再与母株割离，成为独立的新植株。

二、扦插繁殖

扦插包括枝(茎)插、根插、叶插等，现以枝(茎)插为例讲解操作要点。

根据所用枝条的状况，枝(茎)插可分为硬枝扦插、嫩枝扦插和草质茎扦插等。其中硬枝扦插的插条为一年生枝，在春季进行(有些树种用二年生甚至二年生以上的枝条作为扦插材料，其生根成活率也较高，如石榴等)；嫩枝扦插的插条为半木质化的当年生新梢，于生长季进行；草质茎插同样是在生长季进行。

1. 葡萄硬枝扦插的操作步骤如下：

①插穗采集与贮藏　于深秋落叶后至翌年早春树液开始流动之前，从优良品种母株采集生长健壮、芽体饱满且无病虫害的葡萄一年生枝条，采集枝条后一般通过低温湿沙贮藏(类似于种子的层积处理)至扦插，一定要保证休眠芽不萌动。

②剪插穗　将一年生枝条剪成带 2～3 个芽、20 厘米左右的插穗，有些长势强健的枝条也可保留 1 个芽。不同树种插穗剪取长度各异，易生根者可适当短一些。插穗上切口为平口，离最上面一个芽 1 厘米为宜(干旱地区可为 2 厘米)；下剪口在靠近节处斜剪形成单斜面切口。植物种类不同，下切口的形状要求也不同。容易生根的树种可采用平切口，其生根较均匀；对于有些植物，为扩大吸收面积和促进愈伤组织形成，可采用双斜切口或踵状切口，但斜切口常形成偏根，愈伤组织生根型和中间型树种可以采用；踵状切口一般是在插穗下带 2～3 年生枝时采用。上下切口都要平滑。

③催根与扦插　扦插前进行催根处理既能提高生根率，又能延长生育期，使苗木健壮。催根的方法是在温床的底部铺上一层马粪等酿热物，待温度上升至 25℃以上时将抽穗(要浸泡使其吸足水分)成捆立于床内，用湿锯末或湿沙填满空隙，只露地上部芽眼，气温控制在 10℃以下，避免发芽，约 20 天后即可形成愈伤组织和根原始体，待室外气温上升至 25℃以上后就可将抽穗直接插于已备好的苗床上，将抽穗上部 1～2 个芽路出土壤或基质，切忌直接用抽穗向下用力以防止损坏基部愈伤组织。

插床的准备基本同播种，扦插前灌足水。对于易生根树种也可不进行催根处理，待温度适宜时直接将抽穗插入苗床，但这种扦插方式最好用地膜覆盖以提高地温促进形成愈伤组织和生根。主要的做法是将插穗透过地膜插入土壤或基质中，抽穗顶部 1～2 个芽露于地膜上，并将抽穗周围压实。对于较难生根的树种，应采用生长素类植物生长调节剂处理来促进生根，常用的有萘乙酸(NAA)、ABT 生根粉等。

④插后管理　水分条件是插穗成活和生长的关键因子，要注意合理灌溉，以保持土壤湿

润，保证苗木的水分供应。在扦插愈合生根时期，要及时松土除草，使土壤疏松湿润，通气良好，提高地温，减少水分蒸发，以促进抽穗生根和成活。在插穗长出许多新梢时，应选留一个生长健壮、方位适宜的新梢作为主干培养，抹除多余的萌条；除萌应及早进行，以避免木质化后造成苗木出现伤口。

2. 嫩枝扦插的操作如下

插穗一般保留 1～4 个节，长度 5～15 厘米，插穗下切口位于叶或腋芽之下以利于生根，上端则保留顶梢。阔叶树种为减少水分蒸腾，将插穗下部的叶片适当摘除，上部的叶片必须保留，若叶片过大再将留下的叶片剪掉 1/3～1/2。插穗入土深度以其长度的 1/3～1/2 为宜。插穗一般随采随插，不宜贮藏。嫩枝扦插后需要适度遮阳和维持湿度，使床面经常保持湿润状态和一定的空气湿度。全光照自动间歇喷雾装置可使嫩枝扦插的抽穗在一定光照条件、空气相对湿度为 80%～90%、插床基质适度湿润和通气状态下生长，获得较好的生根效果。嫩枝扦插的苗床基质最好在扦插前进行消毒。

三、压条繁殖

压条繁殖依据埋条状态、位置及其操作方法不同分为普通压条法、直立压条法和空中压条法三种，其中普通压条法又衍生出先端压条、水平压条和波浪状压条等方法；压条繁殖根据压条时期又可以分为休眠期压条和生长期压条两种方法，休眠期压条是利用一年生枝条秋季落叶后或早春发芽前进行，生长期压条是利用当年生新梢在雨季进行。

1. 直立压条法

直立压条法又叫垂直压条法、培土压条法、堆土压条法和堆土压条法等，适用于分蘖多、丛生性强的植物，如苹果矮化砧、贴梗海棠、石榴、醋栗、无花果等。以苹果矮化砧为例说明。

①萌芽前，对供压条母株距地面 15～20 厘米处重短截，促使萌发新梢。

②当新梢半木质化时，在其基部进行第一次培土，培土高度为新梢长的 1/2。

③为增加生根部位，在第一次培土后 20～30 天，在新梢基部进行第二次培土。两次培土总高度为 25～30 厘米。培土前浇足水，培土后注意保持湿润。

④新梢到秋季便成为带有根系的小植株，在秋末冬初即可起苗。起苗时先扒开土堆，从新梢基部靠近母株处剪断，便分出带根系的小植株。

2. 普通压条法

普通压条法适用于葡萄、猕猴桃等藤本植物，同样在春季萌芽时进行。以葡萄为例说明。

①从供压条母株中选择靠近地面的一年生枝条，在其附近挖沟，沟与母株的距离以枝条的中下部能弯曲在沟内为合适，沟的深度和宽度为 15～20 厘米。

②将枝条中部弯曲向下，靠在沟底，用带分叉的枝棍固定，并在弯曲处进行环剥。枝端稍露出沟外。

③在枝条弯曲部分压上填平，使枝条埋入土中生根，露在地面部分继续生长新梢。

④秋末冬初分株，即成一独立新植株。

3. 水平压条法

适用于葡萄、苹果矮化砧和醋栗等果树，同样在春季萌芽前进行。以苹果矮化砧为例。

①春季萌芽前，将苹果矮化砧母株按行距 1.5 米、株距 30～50 厘米，顺行向与地面成 45 度倾斜栽植。一般定植当年即可压条。

②母株开始萌动时进行短截，剪掉枝条顶端不充实的部分，然后沿行向开一条深 5～10 厘米的浅沟，将枝条呈水平状压入沟中，用枝杈固定，再覆盖 2～3 厘米厚的细土。

③新梢出土后、长到 15～20 厘米高时，用行间的土进行第一次培土，培土高度 10 厘米左右；新梢继续生长，高达 25～30 厘米时，进行第二次培土。两次培土总高度 30 厘米左右，这时原行间变成垄，各新梢成行排列在垄上。

④秋末冬初将生根的新梢自母株上分段剪离成新植株。对靠近母株基部的新植株保留 1～2 株，作为明年再次压条用。

第三节　果树嫁接繁殖

一、嫁接的定义

嫁接是把一种植物的枝或芽接到另一种植物的茎或根上，使接在一起的两个部分长成一个完整的植株。接上去的枝或芽，叫做接穗；被接的植物体或承载接穗的部分，叫做砧木或台木。接穗一般选用具 2～4 个芽的枝段(枝接)或单芽，嫁接后成为植物体的上部或顶部；砧木嫁接后成为植物体的根系部分。

二、嫁接的原理

嫁接愈合成活的基本原理是，接穗和砧木形成层或其他组织脱分化形成愈伤组织，逐步填满其间的空隙并再分化出新的木质部，向外进一步分化出新的韧皮部，最后砧木与接穗的维管系统连通起来使嫁接产生的新个体能独立生长。嫁接能否成活主要取决于砧木和接穗的嫁接亲和力，其次是嫁接的时期(主要体现在接穗和砧木的状态、嫁接时的温度等)，嫁接口湿度、嫁接技术以及嫁接口是否出现伤流、分泌单宁和树胶等物质，也直接影响嫁接是否成活。

三、嫁接时期

只要条件具备，一年四季都可以进行枝接，但以春季萌芽前后至展叶期进行较为普遍。只要接穗保存在冷凉处不萌发，枝接时间还可以延长。

生长季凡皮层能够剥离时均可进行芽接，其中 7—9 月份是主要芽接时期。核果类应适当提早，而柿、枣与板栗在利用二年生基部的休眠芽嫁接时应在花期进行。

四、嫁接方法

嫁接方法很多，依接穗利用情况，分为芽接和枝接；根据嫁接部位不同，分为根接、根茎接、二重接、腹接、高接；从接口形式，分为劈接、切接、插皮接、嵌芽接、舌接、靠接等。现介绍主要的芽接和枝接方法。

1. 芽接

以芽片为接穗的繁殖方法，包括“T”字形芽接、嵌芽接、方块形芽接、环状芽接等。

(1)“T”字形芽接法

①不带木质部的“T”字形芽接　一般在接穗新梢停止生长后，砧木和接穗皮层易剥离时进行。芽接接穗应选用发育充实、芽子饱满的新梢，接穗采下后，留 1 厘米左右的叶柄，将叶剪

除，以减少水分蒸发，最好随采随用。

先在芽上方0.5厘米处，横切一刀，深达木质部，再在芽下方1～1.5厘米处向上斜削一刀至横切扣处，捏住芽片横向一扭，取下芽片。在砧木皮部光滑处，横切一刀，宽度比接芽略宽，深达木质部；再在刀口中央向下竖切一刀，长度与芽片长相适应。切后用刀尖左右一拨撬起两边皮层，迅速插入芽片，并使接芽上切口与砧木横切口密接，其他部分与砧木紧密相贴。然后用塑料薄膜条绑缚，只露叶柄和芽。

②带木质部的"T"字形芽接　实质是单芽枝接。春季砧木芽萌发时进行，接穗可不必封蜡，选发育饱满的侧芽，在芽上方背面1厘米处自上而下削成3～5厘米的长削面，下端渐尖，然后用剪枝剪连木质部剪下接芽，接芽呈上厚下薄的盾状芽片；再在砧木平滑处皮层横竖切一T形切口，深达木质部；拨开皮层，随即将芽片插入皮内，并用塑料条包扎严密，外露芽眼。接后15天即可成活，将芽上部的砧木剪去，促进接芽萌发。

(2)嵌芽接法　在砧、穗均难以离皮时，采用嵌芽接。

选健壮的接穗，在芽上方1厘米处向下向内斜削一刀，达到芽的下方1厘米处，然后在芽下方0.5厘米处向下向内斜削到第一刀削面的底部，取下芽片；在砧木平滑处，用削取芽片的同一方法，削成与带木质部芽片等大的切口，将砧木上被削掉的部分取下，把芽"嵌"进去，使接芽与砧木切口对齐，然后用塑料条绑紧。

(3)方块芽接法　主要用于核桃、柿树的嫁接。

用双刀片在芽的上下方各横切一刀，使两刀片切口恰在芽的上下各1厘米处，再用一侧的单刀在芽的左右各纵割一刀，深达木质部，芽片宽1.5厘米；用同样的方法在砧木的光滑部位切下一块表皮，迅速放入接芽片使其上下和一侧对齐，密切结合，然后用塑料条自下而上绑紧即可。

(4)环状芽接法　又称套芽接法。先在接穗芽的上方0.8～1厘米处剪截，再在芽的下方0.8～1厘米处环割一刀深达木质部，扭下管状芽套。将粗度与接穗近似的砧木剪去枝条上部，留至欲嫁接部位，将皮层向下剥开，套上芽套向下推至紧密为度，再将剥下的砧木皮向上拢住芽套，立即用薄膜条绑紧。如不剪砧木，可按接穗芽套长度在砧木上环剥，然后将接芽套纵切开，套在砧木环剥部分，绑缚即可。

2.枝接

以枝段为接穗的繁殖方法，主要有切接、劈接、腹接等。

①切接法　接穗长5～8厘米，有2～3个饱满芽，过长的接穗萌芽后生长势较弱。将接穗基部削成一长一短两个削面，长削面2～3厘米，与顶芽同侧，对面的短削面长1厘米左右。砧木在距地面5～8厘米平滑处剪断，削平截面后，选皮层平整光滑面由截口稍带木质部处垂直向下纵切2～3厘米，长削面向里插入接穗，砧穗形成层对准，用薄膜条等绑缚即可。

②劈接　接穗基部削成两个长度相等的楔形削面，削面长约3厘米，外侧稍厚于内侧，即两侧一薄一厚。将砧木在嫁接部位剪断或锯断，削平切口后，用劈刀在砧木中心纵劈一刀，深3～4厘米。用劈刀将切口撬开，插入接穗，厚侧在外，薄侧向里，并使接穗的外侧形成层与砧木的形成层对准，接穗削面上端微露，然后用薄膜条将所有的伤口全部包严，以防失水过多影响成活。较粗的砧木可以同时插入两个接穗，以利于伤口的愈合。

③腹接　又称腰接，即在砧木腹部的枝接。砧木不在嫁接口处剪截，或仅剪去顶梢，待成活后再剪除上部枝条。接穗留2～3个芽，于顶芽的同侧作长削面，长2～2.5厘米，对侧做短

削面，长 1～1.5 厘米(类似于切接接穗的削面)。在砧木嫁接部位，选择平滑面，自上而下斜切一刀，切口与砧木约呈 45 度，深达木质部，为砧木直径的 1/3 左右，将接穗长削面与砧木内切面的形成层对准插入切口，用薄膜条包扎嫁接口。

④切腹接　将留 2～3 个芽接穗的基部削成一长一短两个削面，长削面 3 厘米左右，与顶芽同侧，对面的短削面长 2.5 厘米左右。将砧木在距地面 5～10 厘米平滑处剪断形成约 45 度的斜剪口，再从斜剪口上端侧向下剪一长 2.5～3 厘米的直切口，与地面呈 70～80 度。将接穗的长削面与砧木内切面的形成层对准插入切口，用薄膜条包扎嫁接口。

⑤插皮接　又称皮下接，砧木易离皮时采用。将接穗基部与顶端芽同侧的一面削成长 3 厘米左右的单面舌状削面，在其对面下部削去 0.2～0.3 厘米的皮层形成一小斜面。将砧木在嫁接部位剪断，削平切口，用与接穗削面相近似的竹签自形成层处垂直插下，取出竹签后插入刚削好的接穗，接穗的削面微露，然后用薄膜条绑缚。

⑥舌接法　常用于葡萄室内枝接，砧木与接穗粗度应大致相同。将接穗基部削成长 3～4 厘米的单面舌状削面；选砧木平滑整齐面截去上端，形成与接穗相同的单面舌状削面，后在接穗与砧木的削面上距尖端 1/3 处下刀，与削面接近平行切入一刀，使成舌状，然后将穗砧插合，对准形成层用薄膜绑紧。

⑦插皮舌接　又称皮下舌接，砧木与接穗均易离皮时采用。将接穗基部与顶端芽同侧的一面削成长 3～4 厘米的单面舌状长削面。在长削面的对面轻削一刀去掉前端较软的部分，以便插入。用手轻捏使接穗基部的韧皮部与木质部分离。用刀削去砧木最外层较粗的周皮，露出韧皮部，长度 3～5 厘米。然后用刀纵割一长度略短于接穗削面的直口，也可以不割，直接插入接穗。将接穗的木质部徐徐插入砧木的木质部与韧皮部之间，直至微露接穗削面为止，再将接穗的皮部敷在砧木的嫩皮上，用薄膜条包扎嫁接口。

⑧嫩枝接　是用当年萌发半木质化的嫩枝作接穗的一种枝接方法，砧木也多用嫩枝，在生长季进行，为葡萄嫁接育苗常用方法。与夏季修剪结合采集半木质化的接穗，接穗的芽眼最好是刚刚萌发而未吐叶的夏芽，芽眼很快抽生嫩梢且生长快，成活率高。如夏芽已发出 3～4 片叶，则需去掉副梢，利用冬芽。冬芽萌发慢，但萌发后生长快。注意随剪随接，成活率高。砧木既可以是当年硬枝扦插苗或播种砧木苗，也可以是头一年的扦插苗或播种砧木苗。注意选择接穗枝条的粗度和成熟度要一致，成活率高。用快刀片将接穗切成单芽段，置于装有凉水的水桶中保湿。嫁接时在芽上方 2～2.5 厘米处平削，在芽下方 0.5～0.8 厘米处从芽的两侧向下削成两个斜削面、长 2.5～3 厘米的切口，将接穗插入砧木的切口，使二者形成层对齐，用薄膜条包扎嫁接口，仅留接芽于外边。

五、接穗的采集及处理

选择适应当地生产条件，具备早实、丰产、优质，引入嫁接代数少，生长健壮的母树；选取生长充实的一年生外围粗壮发育枝或结果枝，在落叶到萌芽前的整个休眠期进行采集，一般结合修剪进行采集，随剪随采，按品种 50 或 100 条为一捆，并挂上标签。

穗条采回整理后，要及时放在低温保湿的深窖或山洞内贮藏，温度要求低于 4℃，湿度达 90%以上。在窖内贮藏时，应将穗条下半部埋在湿沙中，上半截露在外面，捆与捆之间用湿沙隔离，窖口要盖严，保持窖内冷凉，这样可贮至 5 月下旬到 6 月上旬；在贮藏期间要经常检查沙子的温度和窖内的湿度，防止穗条发热霉烂或失水风干。若无地窖也可在土壤结冻前在冷凉干燥背阴处挖贮藏沟，沟深 80 厘米、宽 100 厘米，长度依穗条多少而定。入沟前先在沟内铺 2～3 厘米的干净河沙（含水量不超过 10%），穗条倾斜摆放沟内，充填河沙至全部埋没，沟面上盖防雨材料。也可将整理好的穗条放入塑料袋中，填入少量锯末、河沙等保湿物，扎紧袋口，置于冷库中贮藏，温度保持 3～5℃；其优点是省工、省力，缺点是接穗易失水，影响成活率，所以现在推广使用蜡封接穗。

蜡封接穗，使接穗减少水分的蒸发，保证接穗从嫁接到成活一段时间的生命力。其方法是接穗采集后，按嫁接时所需的长度进行剪截，一般接穗枝段长度为 10～15 厘米，保留 3 个芽以上，顶端具饱满芽，枝条过粗的应稍长些，细的不宜过长。剪穗时应注意剔除有损伤、腐烂、失水及发育不充实的枝条，并且对结果枝应剪除果痕。封蜡时先将工业石蜡放在较深的容器内加热融化，待蜡温 95～102℃时，将剪好的接穗枝段一头迅速在蜡液中蘸一下（时间在 1 秒以内，一般为 0.1 秒），再换另一头速蘸。要求接穗上不留未蘸蜡的空间，中间部位的蜡层可稍有重叠。注意蜡温不要过低或过高，过低则蜡层厚，易脱落，过高则易烫伤接穗。蜡封接穗要完全凉透后再收集贮存，可放在地窖、山洞中，要保持窖内温度及湿度。

六、操作技术

要求嫁接操作时具有熟练的嫁接技术，在正确的操作条件下，嫁接的速度越快，成活率也越高。无论砧木还是接穗，切口和削面必须平滑，接合要严密，形成层要对齐，即“快、平、准、紧、严”五字方针。

第四节　苗木的挖掘、分级、包装和假植

一、苗木的挖掘

苗木挖掘的时期，依果树种类及地区的不同而异。落叶果树多在苗木新梢停止生长、秋季落叶时进行。常绿果树苗木可周年出圃，但必须在每次新稍停止生长并充分成熟时进行；一般在春秋两季较多。

一般小型苗圃多用铁锹人工起苗；大型苗圃因起苗工作量大，多用起苗机进行。起苗时，应尽量避免伤根和碰伤苗干。苗木如需带土时，起苗后应立即用稻草或塑料薄膜包扎牢固。不带土的苗木可进行适当修剪，应将根系中挖伤及劈裂的部分剪掉，并将不充实的枝梢剪掉。按不同品种分好，根据苗木质量进行分级。

二、苗木的分级

苗木的分级对保证出圃的苗木质量具有重要作用。苗木起出后，根据国家或当地规定的苗木出圃规定进行分级。不合格的苗木列为等外苗，仍留在苗圃内继续培养。

三、苗木的检疫和消毒

苗木检疫和消毒是防止病虫害传播的有效措施。苗木检疫应由国家植物检疫部门来进行，地点限在苗木出圃地，一般可按批量 10%的样量只有随机抽样进行检疫，对珍贵、大规格苗木和特殊规格质量要求的苗木要逐株进行检疫，检疫合格后才能运输。有检疫对象的苗木，

禁止出圃外运。

苗木包装前要进行药剂消毒，消毒一般用喷洒、浸药和熏蒸等方法。喷洒多采用 3～5 波美度石硫合剂；浸苗多用等量式 100 倍波尔多液或 3～5 波美度石硫合剂浸 10～20 分钟。消毒后的苗木必须用清水冲洗。

四、苗木的包装

苗木经分级、检疫、消毒后，进行包装运输或假植。包装时先将湿润物放在包装材料上，然后将苗木根对根放在上面，并在根间加些湿润物（如苔藓、湿稻草、湿麦秸等），或者将合乎规格的单干苗 50～100 株、或圃内整形的果苗 25～50 株捆成一捆，根部蘸满泥浆。带土球苗木，为了防止土球碎散，减少根系水分损失，挖土球后要立即用塑料膜、蒲包、草包和草绳等进行包装；珍贵树种的苗木土球用木箱包装，包装时应在材料外附上标签，注明树种的苗龄、苗木数量、等级、苗圃名称等。包装好的苗木即可发运，在运输途中保持水分以防苗木抽干。

五、假植

苗木不能及时外运和定植时，必须进行短期假植；如果需要第二年春季定植的，则要进行越冬假植或储藏。短期假植可挖浅沟，将根部埋在沟内即可。越冬假植，则应选择地势平坦，避风、不积水处挖沟，一般沟深 40～50 厘米、沟宽 80～100 厘米，南北延长开沟，苗向呈 45 度倾斜放入，一层苗木一层土，培土厚度为露出苗高的 1/3～1/2。在严寒地区，最好用草类、秸秆等，将苗木的地上部分加以覆盖。在风沙危害较严重的地区，可在迎风面设置防风障。假植时详加标记，严防混杂。

第五节　果树结构与根枝芽特性的观察

一、观察乔木果树地上部的基本结构

(1)主干　地面至第一主枝。

(2)中心干　树冠中的主干垂直延长部分。

(3)主枝　中心干上的永久性枝。

(4)侧枝　主枝上的永久性分枝。

(5)骨干枝　组成树冠骨架的永久性枝的统称，例如中心干、主枝、侧枝等均称骨干枝。

(6)延长枝　各级骨干枝先端的延长部分。

(7)结果枝组　由结果枝和生长枝组组成的一组枝条。

二、观察果树枝条和芽的类型

1. 枝条类型

(1)一年生枝　一年生枝春季萌发后叫一年生枝。

(2)二年生枝　落叶以后到萌芽以前的枝条叫二年生枝。

(3)新梢　落叶以前的当年生枝叫新梢。

(4)副梢　二次枝以上的枝条的统称。

(5)春梢　春季芽萌发至第一次停止生长形成的一段枝条。

(6)秋梢　春梢停止生长或形成顶芽之后继续萌发生长的一段枝条。

(7)一次枝　春季萌芽后第一次生长的枝条。

(8)二次枝　当年由一次枝上抽生的枝条。

(9)营养枝(生长枝)　所有生长枝的总称。包括长、中、短三类生长枝、叶丛枝、徒长枝。

①长枝(长生长枝)　生长较健壮的一年生枝。仁果类一般指未形成花芽,长度在15厘米以上。

②中枝(中生长枝)　长度10～15厘米。

③短枝　长度在5厘米以内。

④徒长枝　树冠内萌发出来的垂直生长的枝条。生长快,节间长,组织多不充实,多由潜伏芽发出。

⑤叶丛枝　节间短,叶片密集,常成莲座状的短枝,长度在1～3厘米。

(10)结果枝　着生花芽的枝条。

(11)果台　苹果、梨着生果实部位膨大的当年生枝。

(12)果台副梢　结果枝开花结果后,由果台上抽出的新梢。

2.结果枝类型

(1)苹果和梨

①长果枝　长度15厘米以上。

②中果枝　长度5～15厘米。

③短果枝　长度5厘米以下。

④短果枝群　短果枝分枝后的总称。

(2)桃、李和樱桃

①徒长性果枝　长度60厘米以上。

②长果枝　长度30～60厘米。

③中果枝　长度15～30厘米。

④花束状果枝　长度在5厘米以下,节间明显可见。

⑤花簇状果枝　长度在2～3厘米以下,节间极短而不可分,花芽长成一簇。

3.芽的类型

①花芽　开花或开花结果的芽。

②叶芽　萌发枝叶的芽。

③混合芽　一个芽内包括枝,叶和花。

④纯花芽　一个芽内只有花器。

⑤腋花芽　在新梢叶腋间形成的花芽。

⑥单芽　在一个节位上着生一个芽。

⑦复芽　在一个节位上着生两个以上的芽。

⑧潜伏芽　一年生枝上未萌发而潜伏下来的芽叫潜伏芽。

三、观察果树的根系结构

1. 根颈

指果树根部与地上部交接处。

(1)实生树 具有真根颈,即是种子的上胚轴与下胚轴的交界处。

(2)自根果树(如葡萄) 是假根颈,即不是由胚轴形成的。

(3)嫁接树(如苹果等) 具有真根颈或假根颈。用实生苗作砧木的,具有真根颈;用无性繁殖苗作砧木的,如苹果矮化砧果苗,则具有假根颈。

2. 主根

向垂直方向和向水平方向分布的粗大根。实生树和用实生苗作砧木的嫁接树,都具有强大的主根,而自根树一般没有明显的主根。

3. 侧根

着生在主根上比较粗大的根。有水平生长的,也有垂直生长的。而自根树的侧根,直接生长在根干上,而以根干的节上和基部发根较多。

4. 须根

着生在主根和侧根上的纤细根。寿命较短,是根系最活跃的部分,具有吸收和输导功能。

5. 吸收根

着生在须根尖端的未木栓化的白色新根,为初生结构组织。在根系旺盛生长期,此类根发生较多,但寿命较短,主要功能是吸收作用。

6. 过渡根

由吸收根转变成的浅灰色初生结构的根。过一段时间就自疏死亡;但也有的经过一段时间,变成次生结构的输导根。

7. 输导根

由过渡根转变为黄褐色次生结构根。它的功能是输导作用。

8. 根毛

着生在白色吸收根上。需挖掘带根土块,用水轻轻冲洗,在解剖镜下观察。

9. 菌根

盘旋着生在白色吸收根上。需挖掘带根土块,带回室内,用水轻轻冲洗,在解剖镜下观察其形态。

第六节 果树的施肥方法

一、土壤施肥方法

1. 环状施肥法

于根冠下比树冠大小略往外的地方,挖一宽 30～60 厘米、深 30～60 厘米的环状沟。将肥料撒入沟内或肥料与土混合撒入沟内,然后覆土。此法适于根系较小的幼树。基肥、追肥均可采用。

2. 放射状施肥法

于树冠下距树干约1米处，以树干为中心向外呈辐射状挖4～8条沟，沟宽30～60厘米、深15～60厘米，距树干越远，沟要逐渐加宽加深。将肥料与土混合撒入沟内，然后覆土。此法适用于成年树施肥。

3. 条沟施肥法

以树冠大小为标准，于果树行间或株间开1～2条沟。沟宽50～100厘米、深30～60厘米，将肥料施入沟内，覆土。如果两行树冠接近时，可采用隔行开沟，次年更换的方法。此法可用拖拉机开沟。适于成年果树施基肥。

4. 全园撒肥法

先将肥料均匀撒于果园中，然后将肥料翻入土中，深度约20厘米。当成年果树根系已布满全园时，用此法较好。

5. 盘状施肥法

先在树盘内撒施肥料，然后结合刨树盘，将肥料翻入土中。幼树施追肥可用此法。

6. 注入施肥法

即将肥料注入土壤深处。可用土钻打眼，深度钻到根系分布最多的部位，然后将化肥稀释后，注入穴内。适于密植园。

7. 穴施法

于冠下挖若干孔穴，穴深20～50厘米，在穴内施入肥料。挖穴的多少，可根据树冠大小及需要而定。此法适用于追施磷肥、钾肥或干旱地区施肥。

8. 压绿肥

压绿肥的时期，一般在绿肥作物的花期为宜。压绿肥的方法，可在行间或株间开沟，将绿肥压在沟内，一层绿肥一层土；压后灌水，以利绿肥分解。

以上几种施肥方法的深度，在操作时要注意，基肥可深、追肥要浅。根浅的地方宜浅，根深的地方宜深。要尽量少伤根。施肥后必须及时灌水。

二、根外追肥

将矿质肥料或易溶于水的肥料配成一定浓度的溶液，喷布在叶面上，利用叶面吸收的方法。一般矿质肥料、草木灰、腐熟的人尿、微量元素、生长素均可采用根外追肥。此法简单易行，用肥量少，发挥作用快，可随时满足果树的需要。还可与防治病虫的药剂混合使用，但要注意混合用后无药害和不减效。

1. 根外追肥的使用浓度

应根据肥料种类、气温、树种等条件而定，在使用前可做小型试验。一般使用浓度为：

尿素0.3%～0.5%；

过磷酸钙1%～3%浸出液；

硫酸钾或氯化钾0.5%～1%；

草木灰3%～10%；

腐熟人尿10%～20%；

硼砂0.1%～0.3%。

2. 根外追肥的时间

最好选择无风较湿润的天气进行，在一天内则以傍晚时进行较好。喷施肥料要着重喷叶背，喷布要均匀。

第七节　果树的夏季修剪

一、花前复剪

从芽开绽到开花期进行，主要是调整花芽数量，使之达到合适的叶芽与花芽的比例，促进营养生长和生殖生长的平衡。根据萌发花芽数量的多少，再次进行调整。对花芽过多的果树，适当修剪花芽；花芽量少的果树，对误认为是花芽而保留下来的枝组，适当缩减更新。腋花芽枝，一般剪留 2～4 个腋花芽。过密成串的花芽枝，一般留下 1～3 个花芽。对于萌芽率低的品种，剪除长枝顶端已萌发的几个芽，可促使下部芽萌发，增加中短枝数量，有利于花芽形成。

二、除萌和疏梢

芽萌发后除去或剪去嫩芽为除萌或抹芽；疏除过密新梢为疏梢。当枝条长至 30～40 厘米或开花期后 1～2 周时进行疏枝；疏枝在整个生长季节内均可进行，疏枝可以改善冠内通风透光条件，减少养分消耗，有利于生长和花芽形成。疏除对象包括徒长枝、剪锯口处的萌蘖枝、竞争枝、衰弱枝、病虫枝、内向枝等。

三、摘心和剪梢

摘心是摘除幼嫩的梢尖，剪梢包括部分成叶在内；摘心和剪梢可削弱顶端优势，暂时提高植株各器官的生理活性，改变营养物质的运转方向，增加营养积累，促进分枝。因此，摘心和剪梢必须在急需养分调整的关键时期进行。对生长势很强的幼树，当延长枝生长到 40～50 厘米时，可进行短截，去掉 5～10 厘米，或略早进行摘心，促使第二次枝萌发，以达到缓和树势，利用二次枝整形的目的。

四、扭梢

在新梢基部处于半木质化时，从新梢基部扭转 180 度，使木质部和韧皮部受伤而不折断，新梢呈扭曲状态。对生长旺盛的枝条，如竞争枝、直立枝、徒长枝、强旺枝和果台副梢，可在芽萌动前后至新梢基部半木质化时进行扭梢。

五、拿枝

亦称捋枝。在新梢生长期用手从基部到顶部逐步使其弯曲，伤及木质部，响而不折。不同时期拿枝，效果不同。如苹果春梢停长时拿枝，有利于旺盛停长和减弱秋梢的生长势，形成较多副梢，有利于形成花芽。秋梢开始生长时拿枝，减弱秋梢生长，形成少量副梢和腋花芽。秋梢停长后拿枝，能显著提高次年的萌芽率。

六、开张角度

在萌芽前后进行。利用拉、撑、坠、压等方法，加大分枝角度。开张角度可缓和树势，利于冠内通风透光，提高坐果率，增进果树色泽和品质，促进花芽形成。

七、环状剥皮

简称环剥，即将枝干韧皮部剥去一圈；环割、环状倒贴皮、大扒皮等都属于这类，只是方法和作用程度有差别。绞缢也有类似的作用，都是暂时切断或阻碍光合产物的向下运输，抑制营养生长、促进花芽形成的。环剥在枣、苹果、梨、柿、柑橘等多种果树上都有应用。

环剥时应注意以下几点：

(1)环剥时间与环剥目的有关，为促进花芽分化，宜在花芽分化前进行；为提高坐果率，宜在花期后进行。

(2)环剥的适宜宽度，以在急需养分期后能愈合为宜。苹果环剥的宽度一般为枝直径的1/10～1/8、环剥的适宜深度为切至木质部。对环剥敏感的树种和品种，可采用绞缢、多道环割，也可采用留安全带的环剥法，留下约10%的部分不剥。

(3)幼树在春季不宜过早环剥，因其叶面积小，环剥效果差，甚至无促花效果。

(4)在不需要控制整株树生长的情况下，宜对部分枝实行环剥。

(5)为防止病虫害对切口的危害和促进切口的愈合，可用报纸进行包扎。如愈合不良，可用塑料膜严密包扎。

第八节　果树高接技术

一、高接的时期和方法

高接时期分为春季和夏秋季。春季以枝接为主，多用劈接、皮下接。在萌芽后至开花前后嫁接成活率较高，但接穗必须贮放于冷凉处(如深井、土窖、地窖、冷库)保持未萌发状态；夏秋季多采用芽接法。可根据不同地区、不同树种品种和树龄枝龄，确定当地最适宜的嫁接时期和方法。

二、高接的部位

一般按树龄确定高接的部位。通常在3～4年生幼树上进行高接时，多在中心干和主、侧枝上进行嫁接。在中心干上嫁接的部位，多距最上一个主枝30～50厘米处进行；在主枝上高接，多距该主枝基部20～30厘米处进行；在侧枝上高接，多距该侧枝基部15～20厘米处进行；其他辅养枝如进行高接时，多距该辅养枝基部15厘米左右处进行。

5年生以上的树，宜采用多头高接，即在树冠的1～3年生枝上，距该枝母枝15～20厘米处进行高接。中心干的延长枝，应在最上一个分枝的上方，距该分枝40厘米左右处进行高接。各级骨干枝的枝头应在该枝头最上一个分枝的上方，距该分枝30厘米左右处进行高接。

风大地区，接芽或接枝应接在迎风方向。采用芽接方法时，还要根据品种和枝条的生长势，确定芽接的具体高接位置。一般生长直立的品种和枝条，多接在枝条背下或两侧；生长开张的品种或斜生的枝条，多接在枝条的两侧；生长极开张的可接在背上。

采用芽接法，在当年新梢上嫁接最好，成活率较高。枝接在2～4年生枝上嫁接成活率较高。在5年生以上的大枝嫁接时，可根据砧穗粗度，采用单穗接、双穗接或四穗接。

要注意接后的防风和保湿工作。

第九节 人工授粉

一、授粉前的准备

授粉工作是一项复杂而细致的工作，在进行授粉前必须有周密的计划和充分的准备，才能保证授粉工作的顺利进行。授粉计划是根据授粉任务和植物本身的特点，确定授粉量、所需花粉量及所需投入的人力和物力。

二、花粉的采集、贮藏和生活力的鉴定

用生活力高的花粉进行授粉是保证良好授粉质量的前提，这需要在授粉前，选择强壮的花枝和花蕾，疏去过多的花蕾，以使养分集中，所选花粉具有更高的生活力。在花蕾“气球期”采集花粉，25℃下干燥，将所采集的花粉装在黑光纸包裹的玻璃瓶中，放在冷凉、干燥处备用。

授粉前对所采集的花粉进行生活力检测是保障授粉质量必不可少的重要环节。常采用形态检测法、染色法、培养基发芽试验法和授粉检验法。

三、去雄

去雄是指在花药开裂前，取出雄性器官或杀死花粉的操作，目的是为了避免自交，是在育种中获得目的性杂交必不可少的环节。去雄包括拔除雌雄异株植物的雄株；摘除雌雄异花的雄花，以及摘除雌雄同花的雄蕊。常用的方法有用镊子人工去雄、水冲洗去雄和化学药剂去雄。

四、花粉的稀释

为了节约花粉用量，应根据花粉发芽率加以稀释。常用的稀释方法有粉剂（滑石粉、甘薯淀粉、面粉）稀释和液剂（水）稀释。

1. 花粉稀释

稀释倍数：人工点授为 1∶10，机械喷粉为（1∶250）～（1∶500），机械喷雾为 1∶10 000 左右。

2. 稀释方法

①粉剂稀释　按稀释比例分别称量花粉和稀释剂。先取花粉的几倍量稀释剂，与花粉充分搅拌均匀，作为母粉，再将母粉分成数份，与全部稀释剂分别混合均匀，放置一起，即可使用。

②液剂稀释　将花粉放入瓷盆中（勿用塑料盆，因为盆壁粘留花粉，使稀释倍数不准确），加入少量水搅成糊状，将其放入喷雾机带动的水箱内，用水冲刷瓷盆多次，倒入水箱。加到配置比例所需水量，然后用喷头把花粉搅拌均匀，使花粉不浮于水面，即可喷雾。

五、授粉时间

在盛花期选择温暖无风或微风的天气进行授粉，一天中最适授粉时间一般为日出后至午前或 15 时至傍晚，应避免中午高温干燥下授粉，这种条件下不利于花粉萌发。

六、人工授粉

在盛花期进行人工授粉，常采用人工点授、机械喷粉和机械喷雾等方法。

1. 人工点授

可用毛笔、羽毛、橡皮、气门芯等用具进行，点授时每蘸一次花粉可授5～10朵花，每花序点授一两朵。

2. 机械喷粉

一般采用农用喷雾器进行，喷粉要用力均匀，不得太快，亦不可太慢。要顺风进行，使花粉均匀落在柱头上。喷粉机距花的距离以喷粉时不使花序摇动，又稍有吹动为宜。

3. 机械喷雾

果树人工授粉工作量大，可采用机械喷雾法。小面积时可用农用喷雾器；大面积授粉时用机动喷雾器。喷雾时一定要喷均匀，用量一定要适中，一般对大树，1分钟可喷两三棵，每株用花粉水悬液7.5～12.5千克。

第十节　疏花疏果

一、苹果疏花疏果

苹果的疏花疏果方法很多，主要根据依树定产、按枝定量、看枝疏花、看梢疏果的原则。首先要根据树龄、树势确定具体单株的适当负载量，然后根据各主枝的大小，强弱来分担产量。一般强树强枝多留花果，病弱树、弱枝少留。果台副梢生长强势的多留，弱的少留或不留。有按距离16～20厘米留1果；或按果枝比例疏果，每2～4个长新梢或5～6个短新梢(包括叶丛枝)留1果；或一个花序留1～2个果，另一花序不留果；或按副梢长度疏果，梢长的多留果，短的少留果。也可疏花序，其优点是：疏花序比疏果更能节约养分；此时叶片少而小，花序明显，且是疏除全序，工作简便，工效较高；按枝组类型合理负担，果实分布均匀，符合营养物质的分配规律；留下较多的空台，有利于形成花芽，克服大小年。现将其步骤和方法简述于下。

(1)根据树冠大小、树势强弱和花芽多少，参照估产情况，大体确定该树的预计产量。然后根据该品种的坐果率高低和果个大小，推算出实现预估产量需要保留的花序数量；为了预防意外损失，应多留10%～20%。

(2)根据树的大、中、小型枝组的数量，结合各地枝组的实际大小，确定各类枝组应当保留的花序数量。

(3)按各类枝组应留的花序数，再参照枝组的具体情况，灵活掌握。强枝组适当多留、弱枝组少留，枝组的中上部适当多留、中下部少留；留下的花序要分散均匀。

(4)具体到花序的去留上，则留强壮果枝的花序，疏除瘦弱果枝的花序。疏花序时，要将全花序的花蕾疏净，保留莲座叶。

(5)注意事项　若树上的花芽分布不均时，花序多的大枝上适当多留，以保证株产量。疏花疏果时，应按主枝顺序依次进行，以免漏枝。每留一花序，可放入衣服口袋1个幼果或花蕾；疏完一主枝后，计算口袋中幼果(花蕾)数，即可知道该主枝已留多少花序(或果数)。疏完全树将各主枝疏留花序数相加则得出全树疏留花序(果)数。如留量尚过多，则再根据各主枝情况疏到预定应留数。

无论疏花、疏花序或疏果，均应在花梗或果梗中间剪断，勿伤花台或果台，保护好留下来的莲座叶和附近的花序或果实。

二、桃树疏花疏果

(1)按大枝、枝组依次进行，以防漏枝。对一个枝组来说，上部的果枝多留，下部的果枝少留，壮枝多留，弱枝少留。先疏双蕾双果、病虫果、萎缩果、畸形果，后疏过密果、小果等。

(2)各类果枝的留果标准，一般为长果枝 3～4 个，中果枝 2～3 个，短果枝 1～2 个，花束状果枝 1 个或不留。上层枝、外围枝或大、中型枝组的先端长果枝，可以多留果(5～7 个)。采果后，将之疏去，用下边的长果枝代替之。

也可疏蕾，各类果枝的留蕾数量，应提高 1～2 倍。

第十一节　果实分类与构造的观察

将各类果实，用水果刀切成纵剖面和横剖面，观察果实内部的构造。

一、仁果类果实

包括苹果、梨、花红(沙果)、海棠果、山楂等果实，以苹果(或梨)为代表。果实主要由子房及花托膨大形成。子房下位，位于花托内，由 5 个心皮构成。子房内壁革质，外、中壁肉质，可食部分为花托。

二、核果类果实

包括桃、杏、李、樱桃和枣等果实，以桃(或杏)为代表。果实由子房发育形成。子房上位，由 1 个心皮构成，子房外壁形成果皮，子房中壁发育成柔软多汁的中果皮(果肉部分)，子房内壁形成木质化的内果皮(果核)。可食部分为中果皮。

三、浆果类果实

包括葡萄、柿、猕猴桃、草莓等果实，以葡萄为代表。果实由子房发育形成。子房上位，由 1 个心皮构成。子房外壁形成膜质状外果皮，中、内壁发育形成柔软多汁的果肉。可食部分为中、内果皮。浆果类果实因树种不同，果实构造有很大差异。除柿的可食部分和葡萄相同外，草莓的可食部分为花托，树莓为中、外果皮。

四、坚果类果实

包括核桃、山核桃、板栗、榛子等果实，以核桃为代表。果实由子房发育形成。子房下位，由 2 个心皮构成。子房外、中壁形成总苞，子房内壁形成坚硬内果皮，可食部分为种子。

五、柑橘类果实

包括柑橘、橙、柚、柠檬等果实，以柑橘为代表。果实由子房发育形成。子房上位，由 8～15 个心皮构成。子房外壁发育成具有油胞的外果皮，中壁形成白色海绵状中果皮，内壁发育成囊瓣,内含多数柔软多汁的纺锤状小砂囊。可食部分为内果皮。

第十二节　果树产量的预估

估产计有休眠期估产、花期估产、幼果期估产及采果期估产等。以休眠期估产为例。

要使估产可靠,需要根据花芽数量(桃树则为长中短果枝的数量),历年产量、树势强弱和管理水平等方面的材料。方法步骤如下。

一、选择标准树

根据果园的大小、品种排列情况,确定分区、分片或分品种进行,并确定是调查一个对角线、两个对角线,或是按不同地段、不同品种,选择有代表性的植株进行调查。

二、调查花芽数量

每株调查一个主枝的花芽数,再推算出全树的花芽数(桃树则调查长中短果枝数)。

三、估计单株产量

花芽量多的树(桃树则为结果枝多的树),可根据历年的管理和产量情况、树势强弱,结合当时管理水平,确定其合理的负担量。一般上年产量较低,当年管理水平有所提高的,产量可以提高些;反之,则应低些。

对于树势弱而花芽数量特别多的树,往往坐果率甚低,不能单纯地按照花芽数量估产。

花芽数量较少的树,根据不同品种的坐果率,计算每一花序可能的坐果数(桃树则按各类结果枝的留果数)推算全株的果实数量。然后再根据各品种的果个大小,推算出株产量。

四、计算总产量

先将调查树分别按品种,计算其平均株产量,乘以该品种的株数,则为某一品种的产量;各品种产量之和,即为全园总产量。

若面积较大或各区树龄不同,或树势差异较大的果园,则应分区或分片进行估产,然后再将各区、片的产量相加,即为全园总产量。

第十三节　果树防寒技术

一、防寒时期

在土壤封冻之前。具体时间在黑龙江省和新疆的北疆,均为10月下旬到11月上旬,即霜降前后。不同地区可以根据当地、当年的气候条件而定。

二、一般果树的防寒

直立果树的防寒,通常包括以下几项:

1.适时灌水

北方果树在土壤冻结之前灌一次封冻水，有助于土壤的保温，并可防止土壤的干旱和裂缝。灌水的时期以在土壤开始冻结期效果最好。

2.枝条涂白

枝干涂白，可以减缓树体内因日光直射而引起的温度激变，预防日烧。秋天在落叶后即可进行涂白。

涂白剂的配制方法是：先用少量的水，将生石灰化开，将化开的动物油（植物油也可）倒入石灰水中，充分搅拌。再加定量的水，制成石灰乳。最后加入石灰硫磺合剂原液和盐水，即成涂白剂。

配制涂白剂的各种原料用量如下：

水	18 千克
生石灰	6～7.5 千克
动物油或植物油	0.1 千克
石硫合剂原液	1 千克
盐	1 千克

也可仅用石灰、水加少量的盐制成。

3.树体包草

北方果树在越冬前，将树干和主枝的基部用草包住，目的在于防止日光的直射，避免树体温度的激变。包草时，最好将主干以及主枝分叉处都包起来，避免树枝叉处受冻。包草之后，树颈处用土培起来。

4.幼树根颈培土防寒

河北、山东等地，在越冬前对幼树根颈处培土，土堆高 30 厘米左右；或者在树北面做一个 1 米长、40 厘米高的半圆形土围子防寒。

三、果树埋土防寒

葡萄果树的埋土防寒可以实培，也可以先用草或草帘子将树体盖住，然后进行培土。实培用土量大，比较费工，而且撒土时容易损伤枝芽，要特别注意。

实培的具体操作方法为：

(1)先放好“枕头土”(为了使枝条不被压折，必须先将主干弯曲处的下面垫上土，叫做枕头土)，垫土高度以填满主干与地表中间的空隙为准。

(2)将枝条合拢起来，用成块的土将先端树梢部分压住，不使枝条竖起。

(3)全树培土。将整个树体用土埋起来。埋土的大致标准为：将整个树体埋住，并在上面加厚约 20 厘米的土即可。要求土壤细碎，埋土一定要严密，无裂缝，无漏洞，不透风。培土后，过几天再检查一遍，如果有土壤下沉、裂缝、出洞的情况，应立即用土弥补。主干弯曲处要特别注意埋土的厚度，因为此处是全树的最高点，往往由于埋土太薄，或者是埋土的厚度不够，在弯曲弓背上的土很容易滑落下来，使树体裸露，造成冻伤。

如果是先用草帘子覆盖，可以先将树冠收拢起来，再盖上草帘，然后埋土。一定要把草帘子全部埋入土中，否则草帘外露，正好造成漏风的空隙，不利越冬。

如果用铲抛机防寒，可以用拖拉机牵引，将行间的土壤抛到行上，把树冠埋起来。埋土不严的地方,可以人工加以修补,工作效率可以大大提高。

四、葡萄防寒

在冬季绝对低温低于－15℃的地区,冬季都需要进行埋土防寒。

1. 防寒时期

秋季落叶修剪后进行埋土防寒;在较温暖的地区,可在温度降至0℃左右土壤将封冻时,一次埋土。在寒冷地区、特别是温变大的地区,可分2次埋土。

2. 防寒方法

防寒方法有地上实埋和地下实埋防寒。顺行间就地埋土叫地上实埋;顺行向挖沟将葡萄放入沟中再埋土,叫地下实埋防寒。在覆土较少的地区,多采用地上实埋法;在严寒地区,则常采用地下实埋法。

地上实埋法:葡萄于冬季修剪后随即下架,将枝蔓顺行向用草绳捆好,按顺序排列,一株压一株,翘起的部分应当压下。在比较寒冷的地区,宜先在枝蔓上盖一层(可就地取材,高粱秸、玉米秸、麦秸等均可),然后从行间取土进行覆盖。取土时应注意不要离植物过近,以免从侧方冻根。覆土时土块一定要打碎盖严,以免透风而减低防寒效果。

防寒土堆的厚度与宽度随地区与繁殖方法而不同。自根苗在冬季绝对低温－20℃左右的地区,土堆宽度1米左右,厚度20厘米左右。在绝对低温达到－30℃左右的地区,防寒幅度与厚度都必须相应增加,土堆宽度为2米左右,厚度40～60厘米。利用抗寒砧木的嫁接苗,埋土厚度与幅度可减少1/3～1/2。

采取分次防寒法时,第一次在气温下降至0℃左右时进行,先覆盖秸秆,并用土将枝蔓盖上,待将封冻时再覆盖至应有厚度。